U0263446

新疆天山地区孢粉学研究
——方法、理论与实践

杨振京 张 芸 孔昭宸 杨庆华等 著

科 学 出 版 社
北 京

内 容 简 介

本书以新疆中部天山为核心研究区，围绕天山南北坡及山麓尾闾湖进行空气、表土和沉积剖面中的孢粉学研究。旨在根据现代植被与气温、降水等气象因子的关系，建立表土花粉和气候的数学模型，结合来自典型湖沼沉积的具有^{14}C测年序列支持的较高时间分辨率的孢粉学研究，恢复并定量重建该区中全新世以来植被与气候演变规律，从而探讨天山中部南北坡地区花粉的传播规律和机制，进而诠释气候环境及人类活动影响下的植被格局和植物多样性的变化。该研究不仅补充和丰富了新疆地区历史植被与气候变化的研究资料，而且对促进该地区人类与自然和谐发展、文化遗存保护等生态建设内容提供重要参考。

本书可供第四纪环境学、植物学、生态学、气候学、沉积学、地理学、地貌学及全球变化和环境演变相关专业的科研人员与高校师生参阅。

图书在版编目(CIP)数据

新疆天山地区孢粉学研究：方法、理论与实践 / 杨振京等著. —北京：科学出版社，2020. 6

ISBN 978-7-03-065294-2

Ⅰ. ①新… Ⅱ. ①杨… Ⅲ. ①现代沉积物-孢粉学-研究-新疆 Ⅳ. ①P588. 2

中国版本图书馆 CIP 数据核字（2020）第 092530 号

责任编辑：韦 沁 陈娇娇 / 责任校对：张小霞
责任印制：肖 兴 / 封面设计：北京图阅盛世文化传媒有限公司

科学出版社 出版
北京东黄城根北街 16 号
邮政编码:100717
http://www.sciencep.com
北京九天鸿程印刷有限责任公司 印刷
科学出版社发行 各地新华书店经销
*
2020 年 6 月第 一 版 开本：787×1092 1/16
2020 年 6 月第一次印刷 印张：20 3/4
字数：492 000

定价：298.00 元

（如有印装质量问题，我社负责调换）

作者名单

杨振京　张　芸　孔昭宸　杨庆华
阎　顺　王　婷　赵凯华　冯晓华
潘艳芳　张　卉　李玉梅　王　力
杨云良　段晓红

本书获得以下项目资助：

中国科学院知识创新西部行动重大项目（KZCX-10-05）；

国家自然科学基金重点项目：中国西部环境和生态科学重大研究计划（NSFC90102009）；

国家自然科学基金项目（40972212、41971121、41272386、41572331、40601104和41261025）；

中国地质科学院基本科研业务费专项经费资助项目（YYWF201627）；

中国地质科学院水文地质环境地质研究所基本科研业务费专项经费资助项目（SK07009）；

中国博士后科学基金资助项目（2003033253）

序

新疆地区深居欧亚大陆腹地，远离海洋，沙漠广布，植被稀疏，干旱少雨，沙尘暴频发，生态环境极其脆弱，给当地的生产和生活带来极大的影响，独特的自然环境是制约新疆社会经济可持续发展的重要因素，对其生态环境的研究极为重要。全新世的气候与环境变化，与人类活动和生存环境关系密切，研究其规律及形成机制，是预测未来环境变化和指导经济发展规划的重要依据。该区自小冰期以来，在全球气候变暖主导因素总体控制下，多认为趋向于暖干的方向发展，促使冰川加速融解退缩，河流径流量减少，湖泊水位下降逐步萎缩，林线上升，森林面积减少，生物多样性锐减，生态环境恶化。新疆中部天山山麓绿洲及山前平原区是人口密集区，随着人类活动的增加，湿地、绿洲、湖泊相应地出现明显变化，表现为水资源短缺，荒漠化加剧，土地资源流失严重，自然灾害频发，植被逐渐退化等现象，如何合理开发和保护环境是当前社会经济持续发展面临的重大课题。

植被是受环境变化直接影响的重要研究指标，尤其在生态环境脆弱的地区极其敏感，通过对古植被的演替过程研究可以恢复古气候古环境变化，孢粉又是沉积物中保留最好的植被信息，被称为历史时期古气候的温度计。《新疆天山地区孢粉学研究——方法、理论与实践》一书主要运用孢粉学为研究手段，通过对现代植被空气中的花粉监测、表土水平与垂直样带取样和典型湖泊剖面样品孢粉分析研究，取得了丰富的数据和资料，并用现代植被状况与环境信息的对应关系建立了孢粉与植被关系的数学模型，定量恢复重建了该区中全新世以来的古植被及古气候变化，揭示了该区不同地带不同环境作用下过去与现在的植被状况，对当地未来农林规划具有重要的参考价值。

《新疆天山地区孢粉学研究——方法、理论与实践》一书内容丰富，图文资料翔实，运用理论与实践相结合的原则，科学而又客观地对该区的古植被信息做了深入研究，推动和补充了该领域的科学认知，对未来生态环境建设和经济可持续发展具有重要的指导作用。特此对该书出版表示祝贺。

俄罗斯自然科学院院士
中国地质科学院水文地质环境地质研究所所长、研究员
2019 年 7 月 17 日

前　言

在我国西部，包括新疆、甘肃河西走廊、青海柴达木盆地在内的干旱区，土地面积约占中国陆地面积的1/4。历史上这些地区的一些低海拔而水源充足的地区和冷湿的高山山地，植被繁盛，生物多样性丰富。进入20世纪50年代以来，由于人类活动影响的加剧，特别是在对这些地区进行经济开发的过程中，因对自然规律和经济规律认识不足，产生过许多失误，由于开荒、樵采和放牧，生态环境的破坏已导致生物多样性大量丧失。而地处我国西部干旱区的新疆，则是该地区自然植被和生境多样性退化最严重的地区之一。

至20世纪90年代末，我国政府提出了西部大开发的战略决策，成为我国当前的一项重要任务和基本国策；特别是2013年习近平总书记访问中亚四国期间提出了“一带一路”的倡议，无疑为处于新丝绸之路经济带核心区的新疆的新一轮西部大开发的战略实施提供了契机，从而有利于推进当地生态文明建设，保护物种多样性，减轻土地沙漠化，但也许因在经济和生态建设关系上处理不当，在一定程度上会加速部分地区毁林开荒、放牧，导致水土流失、沙漠化等自然灾害。若不加强环境保护，必将加速濒危物种丧失，造成生态失衡。但面对西部极其脆弱的生态和人类赖以生存的不断恶化的自然环境，如何解决好开发和环境治理的关系一直是摆在自然科学和社会科学工作者面前的一项复杂而又必须着手解决的重大课题。在新疆社会经济的可持续发展模式建立过程中，如何保护好作为生态环境重要组成部分的生物多样性无疑成为西部大开发的主要任务之一。然而环境整治方法的建立，生物多样性保护策略的提出，都要以对自然环境的充分认识为基础。但在我国新疆地区，我们对其地质时期的自然植被状况尚缺乏认识，特别是在与现代可资对比大致一万年时段范围内的气候、土壤与植被的关系所知较少，对多样化的自然植被、生态系统和个体多样性的动态过程尚缺少了解，这些问题已成为我国“一带一路”倡议和西部大开发生态保护和环境建设的障碍，因此揭示西部地区的环境变化及人类活动的影响，无疑对西部大开发总体战略的实施具有很重要的意义。

通常认为植被既是进行环境研究的综合体，又是划分自然景观的重要标志。而在干旱区的山地森林植被在时间和空间的分布格局则能更好地反映水热状况。基于历史时期气候干旱化、森林减少、土地沙漠化、草场退化、物种多样性趋向简单化等一系列生态问题，对当今西部地区旱涝变化及其冷暖干湿对比和对脆弱生态与环境影响的揭示具有重要的理论意义和参考价值。

对新疆历史植被和人类生存环境的揭示，就像一面镜子，将会启迪人们认识过去，了解现在，憧憬未来。而对古植被、古气候和古环境的研究工具中，孢子和花粉（简称孢粉）可称得上是最直接、最可信的古环境信息之一。孢粉由于其产量高、个体微小、形态各异、外壁坚实、易于传播和保存等特点，以及有逐渐发展起来的坚实理论基础和多种分析方法，其在植物系统发育、植物种群扩散和迁移、植物区系形成和发展、植物进化、植被演替、环境变迁、气候历史、地层划分对比及先民生存环境的恢复等诸方面得到了广泛应用。

近年来，利用孢粉记录作为环境替代指标进行全球变化定量研究已成为一种新的发展趋势，如对不同时间和空间尺度古气温、古降水量的重建，大空间尺度古植被和古气候模拟等。这些研究是利用花粉数据通过类比法、转换函数法、花粉–气候响应面法、生物群区法等进行植被和气候的转换和模拟。其中，最关键的问题是要有高时间分辨率的孢粉数据和揭示孢粉（现代植被）与现代气候要素之间的关系。因此，开展空气花粉、现代表土孢粉及其沉积过程研究业已成为上述研究中最基本的任务。

空气孢粉学在医学、大气环境科学、植物地理学、植物生态学、古气候学等领域具有广泛的基础和应用研究潜力。研究实践得知，在新疆中部地区，空气花粉大致能反映当地和附近周边方圆约50km的植被状况，通过对空气花粉组合特征与当地现生植被分布及表土孢粉的对比研究，可以较好地寻找花粉与植被的关系。由于花粉的传播受气流影响，因此，长期对空气花粉雨的取样实验与分析对化石花粉谱的解释和古植被的恢复具有指导意义，所以空气花粉分析可称得上是第四纪古生态学研究中有效的辅助手段。

建立在统计学基础上的孢粉学，面临的最基本且重要的问题是弄清花粉与植被的数量关系。不同植物具有相差悬殊的花粉产量、不同的授粉方式及它们在不同环境条件下“没有规则”的传播途径等因素，在很大程度上干扰了孢粉学家解读其“确切的”来源信息。所以，正确把握花粉与植被数量关系，是孢粉学研究人员能否正确利用化石花粉数据来重建古植被与古气候“真实面貌”的关键问题。事实上，花粉与植被的数量关系一直是最难定量测量，却又是孢粉学研究中恢复古植被景观时必须考虑的最基本问题之一。植物的花粉产量、授粉方式、花粉本身的物理结构与化学性质有所不同，而导致花粉保存数量上的差异，然而花粉在土壤表层和地层里的沉积过程和降解差异又受到诸多环境因素的制约，从而对花粉与植被数量关系的解释带来了困难，致使对花粉谱解译的不确定或具有多解性。鉴于此，在第四纪孢粉学研究中，如果要分析某一地区的地层花粉样品，经常需要对当地的表土花粉和空气花粉类型与数量进行调查，因为这些现代花粉的信息与现代植被关系最为密切，所以表土和空气花粉分析对古生态学研究具有很好的指导意义。

在国内外均有学者应用地层孢粉来重建其相应时期的植被状况，这是因为植被对气候的响应相对比较敏感，历史上的众多气候事件也可以通过孢粉研究得以体现。国内外全新世以来的孢粉数据在古植被演变中起着重要作用，当前国际上孢粉学的时间序列已达百年尺度，局部地区甚至已突破几十年乃至几年的时间分辨率，多种古气候的定量重建方法大量运用，可以深刻揭示不同时间尺度的冷、暖和干、湿等气候事件及其对湿地植被演化的影响。

本书相关研究基于国内外取得的大量孢粉学基础研究成果和对相关问题的思考、认识，得益于来自不同单位的老中青三代科研工作者同心协力进行的近20年持续研究。2000年起，中国科学院植物研究所马克平研究员和中国科学院新疆生态与地理研究所潘伯荣研究员共同主持了中国科学院知识创新西部行动重大项目“西部生态环境演变规律与水土资源可持续利用研究”中的干旱区生物多样性变化课题，开展了“2000年来新疆中部历史时期植物种类与植被动态古生物学研究”（编号：KZCX-10-05），其中的孢粉学研究已取得初步成果。紧接着，2002年，中国科学院植物研究所倪健研究员获准主持了国家自然科学基金重点项目：中国西部环境和生态科学重大研究计划“西部干旱区（新疆天山中段）植被演变研究”（编号：NSFC90102009）。2003年以来，中国科学院植物研究所张芸副研究员先后主持了国家自然科学基金项目“4000年以来新疆石河子湿地环境变迁与人类活动”（编号：40601104）、“新疆北部典型湿地7000a B. P. 植被演变及环境因素分析”（编号：41272386）、“五千年以来自然和人为干扰对新疆北部小叶桦湿地生态环境的影响研究”（编号：41572331）及“新疆帕米尔高原塔什库尔干湿地5000a B. P. 以来环境演变和古代文明”（编号：41971121），中国地质科学院水文地质环境地质研究所杨振京研究员主持了国家自然科学基金项目“新疆天山中段晚全新世以来气候与植被变化的孢粉学研究”（编号：40972212），石河子大学冯晓华博士主持了国家自然科学基金项目“天山北坡东段历史时期环境演变及人地关系研究”（编号：41261025）。杨振京研究员主持了中国博士后科学基金资助项目“新疆天山样带表土花粉的定量生物群区划”（编号：2003033253）。中国地质科学院水文地质环境地质研究所杨振京研究员、刘林敬高级工程师共同主持了中国地质科学院基本科研业务费专项经费资助项目“西北干旱半干旱地区表土花粉研究及数据库建设”（编号：YYWF201627）。杨振京研究员主持了以新疆孢粉学为题的中国地质科学院水文地质环境地质研究所基本科研业务费专项经费资助项目“新疆中部近2000年的环境演变研究”（编号：SK07009）。上述以孢粉学为主体的研究，除已将各阶段部分研究成果发表在中、外文核心期刊外，现将研究取得的基础资料和成果集中展示在即将付梓出版的《新疆天山地区孢粉学研究——方法、理论与实践》一书中。

本书着重对以下三个方面的研究进行讨论：①以天山植被垂直分带表土孢粉分析资料作为历史植被及气候恢复时的参考，据此选出代表样方，进行植被调查和采样。并以森林地区的天池气象台站及草原地区的阜康站、荒漠地区边缘的北沙窝两个生态站为依托，进行长达2~3年的大气花粉资料的收集，目的是弄清花粉散布特点与植被植物组成间的函数关系，更好地解释森林、草原和荒漠植被区的植被变化，这不仅有助于环境解释，更有助于孢粉的基础性研究，是较客观解释环境变化及人为影响的有力工具。②通过对赋存丰富气候信息的湖沼相沉积进行高时间分辨率（数十年乃至数年）的孢粉分析，辅以大植物遗存（植物残体）研究、炭屑含量统计及有机物的分析，有助于重建最近5000年来的环境状况及探讨气候突变事件。尽管孢粉分析（定性，定量）是当今历史气候和历史植被恢复研究的有价值工具，然而应用孢粉分析资料对气候做出定量解释时，则因基础资料研究不足，在应用时又令人迷惑。③进行综合性研究，通过详细而科学的研究区现代植被调查和历史植被采样，并融入多途径的研究手段，取得可靠的测年资料，其无疑是揭示中天山地区时空变化的重要依据。为了取得最近数十年，乃至数年的气候变化证据，从考古遗址取得木材及对森林线生长的树轮进行气候因子分析十分必要。

本书在结构安排上，根据孢粉的研究，对现代花粉、表土花粉和地层花粉分析数据进行了分别阐述，从而较全面地探讨研究区花粉的散布特征及花粉与植被的关系，诠释花粉学的基础性问题。然后，根据不同海拔、不同植被带和不同沉积年代的地层剖面的多代用环境指标数据，提取气候与环境演变信息，分析新疆中部植被-生态系统动态演化的过程情景，另外，由于横亘于亚洲中部的天山山系是一个完整的自然地理单元，山地植被和土壤具有垂直分布明显和区域性差异大的特点，故对花粉的传播、保存、搬运与沉积具有重大影响，因此通过比较天山南北坡的现代和地层花粉数据，对南北坡植被演变的古环境信息及自然和人文因素进行对比分析，为探讨天山山系在西北干旱区植被演变中的地位和作用及对全球变化的响应等方面研究提供重要资料。

全书写作分工为：前言由杨振京、张芸、孔昭宸、杨庆华执笔；第一章由杨振京、杨庆华执笔；第二章由杨振京、张芸、阎顺、孔昭宸、杨庆华、张卉、李玉梅、冯晓华、王力执笔；第三章由杨振京、潘艳芳、阎顺执笔；第四章由张芸、孔昭宸、杨振京、阎顺、赵凯华、段晓红执笔；第五章由阎顺、张芸、孔昭宸、杨振京、王婷、冯晓华、杨云良执笔；感悟与后记由孔昭宸执笔。全书由杨振京、张芸、孔昭宸、杨庆华负责编排和统稿。

本书得到国家自然科学基金委员会、中国地质科学院水文地质环境地质研究所、中国科学院植物研究所、中国科学院新疆生态与地理研究所、北京大学考古文博学院碳十四实验室、兰州大学、石河子大学、河北师范大学、河北省科学院地理科学研究所等多个部门的大力支持，孢粉前期分析由中国科学院新疆生态与地理研究所孢粉实验室承担，后期由中国地质科学院水文地质环境地质研究所孢粉实验室完成。本书在编辑中，中国地质科学院水文地质环境地质研究所孢粉实验室实验员马建梅参与文字整理、核对工作，实验员刘倩、李云岭和中国科学院植物研究所陈怀成老师、乔鲜果博士参与整理书中部分图件，并对孢粉图版、植物标本进行鉴定。还有若干参与野外植被调研、野外取样和实验室鉴定的工作人员付出了巨大努力，特别值得提出的是，河北师范大学许清海教授、北京大学刘耕年教授、中国科学院植物研究所徐兆良研究员、新疆阿勒泰地区林业科学研究所王健教授级高工、石河子大学阎平教授及内蒙古农业大学高润红教授指导了野外调研和取样。中国地质科学院水文地质环境地质研究所毕志伟助理研究员、刘林敬高级工程师、王攀助理研究员、严明疆研究员，中国科学院植物研究所任海保助理研究员，中国科学院新疆生态与地理研究所侯翼国助理研究员，河北省科学院地理科学研究所阳小兰教授级高级工程师、张茹春副研究员，新疆农业大学任杉杉老师，内蒙古农业大学硕士研究生牛若凯和侯艳青参加了野外调查和取样。此外，这项持续近 20 年的野外和室内的研究总结得到了诸多单位专家学者的支持和帮助，还有未列名于本书的研究者们，他们在野外和室内孢粉鉴定和数据处理过程中做出过重要贡献，在此未能一一列出，一并致以谢意。最后应指出书中所论述的只是我们工作的探索性总结，难免存在对原始资料的解释及认识不尽如人意之处，敬请专家及读者不吝指正，期待今后的研究能对本书的不足予以补偏救弊。

作　者

2019 年 6 月 10 日

目　　录

第一章　研究区概况

第一节　自然地理概况

一、地理位置

新疆维吾尔自治区地处欧亚大陆腹地，雄踞于我国西北边陲，地域宽广，其面积达165万km^2，约占中国陆地面积的六分之一。天山山脉横亘于新疆中部，东起哈密市以东的星星峡戈壁，西至中国与吉尔吉斯斯坦边界，整体呈东西走向，在中国境内绵延约1760km，平均高度为4000m左右，最高峰托木尔峰高达7443.8m，是准噶尔盆地与塔里木盆地之间的天然分界线，两者之间的高差最大可达3000m（胡汝骥，2004）。依据山形及构造在地貌上的不同表现，可将天山划分为北天山、中天山和南天山三大部分。

北天山位于中天山与准噶尔盆地之间，全长可达1300km，以乌鲁木齐—吐鲁番一线为界，可将其划分为西段北天山与东段北天山。其中西段北天山主要由东西向和北西向构造带构成，自东向西主要包括阿拉套山、别珍套山、科古琴山、婆罗科努山、依连哈比尔尕山、喀拉乌成山等（杨发相，2011）。东段北天山呈北西西—东西—南东东的走向，南坡高而陡，北坡低而缓，自西向东包括博格达山、巴里坤山、哈尔里克山及麦钦乌拉山（巴里坤北山）等，平均山体高度在3500m左右，仅有博格达山的平均高度高于4000m。

中天山横贯于伊犁地区、巴音郭楞蒙古自治州、吐鲁番地区境内，山脊走向近东西，总长度约为800km，总体而言较北天山低缓，平均海拔在3000m左右。山脉主要分布于伊犁河与开都河之间，自西向东包括依什格力克山、那拉提山、艾尔温根山、阿拉沟山、觉罗塔格山等。中、北天山以伊犁河盆地、喀什河谷地、小尤尔都斯盆地、吐鲁番盆地为界，中、南天山则以昭苏盆地、大尤尔都斯盆地、焉耆盆地等作为界线（新疆百科全书编纂委员会，2002）。

南天山西起克孜勒河源，东至博斯腾湖附近，北与中天山相望，南临塔里木盆地。全长在1100km左右，平均海拔维持在4000m附近。西段南西-北东走向，包括阿赖山、黑尔塔格山、柯坪塔格山等；中段和东段呈东西走向，包括天山南脉和哈尔克他乌、科克铁克山、霍拉山、库鲁克塔格等。其中天山山脉的最高峰——托木尔峰就位于其中部偏西，是该区的巨大山汇。以东地区的山势则逐渐降低，渐成丘陵（新疆百科全书编纂委员会，2002）。

二、地质构造

新疆现有的地质构造格局是漫长的地质历史时期中不同的地质作用共同作用的最终结

果。根据板块构造的观点，新疆这一地质块体，是由以塔里木板块为主体辅以其他几大板块的局部而组成，分别为西伯利亚板块、哈萨克斯坦-准噶尔板块、华北板块、华南板块及藏北板块。

天山地区位于新疆中部，因板块碰撞或碰撞后产生的挤压，山体隆升，地壳因褶皱、冲断和叠覆等增厚，具有多层叠覆的结构特征，形成了多个低阻层及低速层。这些在北天山及中天山地区发育的活动性深大断裂控制着天山山脉之间山间盆地的形成及演化，同时也是大地构造单元及山地阶梯状地貌的天然界限。

总的来看，天山山脉的构造基地在震旦纪—寒武纪完全固结，但是中天山、北天山及以北地区与南天山及以南地区的固结并非同步进行，以北地区在古元古代末即已实现完全固结，而以南地区则滞后至新元古代末。早古生代早期中天山地区地壳扩张成洋，直至加里东运动初期实现了伊犁-伊塞克湖微板块与哈萨克斯坦板块的拼接才得以闭合；伴随着中天山洋形成，同时产生了北天山古生代活动大陆边缘构造带。古南天山洋壳向北强烈俯冲而缩减，在泥盆纪早中期形成残留的海盆。北天山地区因阿尔泰以北的萨彦-蒙古洋的闭合而受到猛烈拉张，形成北天山洋，最终在晚石炭世—早二叠世早期，北天山和古南天山的海盆几乎同时闭合，陆壳发生碰撞挤压，山体隆升，故而形成今天天山山脉的构造格局。天山地区的地壳活动集中在中生代初期至新近纪末期之间，天山地区的内营力较为平稳，无大幅度地壳活动，但长期的强烈剥蚀作用使得山间断陷盆地处于沉降状态，并与因接受剥蚀的碎屑物质沉积而抬升的山前拗陷地区共同形成低海拔的准平原。在上新世及早更新世期间，强烈的断块差异升降运动使得准平原隆升为高大山体，山间拗陷盆地下沉接受碎屑物质沉积，逐步形成现代天山的地貌格局（程捷，2005）。

三、地貌

阿尔泰山、天山、昆仑山及准噶尔盆地、塔里木盆地构成了新疆总的地貌格局，三大山系均表现为西高东低，其总的地势也表现为西高东低、南高北低。在内营力与外营力的共同作用下，新疆全境地貌类型多样，主要包括熔岩地貌（昆仑山阿什库里和库木库里山地及周围盆地）、冰川地貌（高山及极高山区）、冰缘地貌（现代高川外围地区）、流水地貌、黄土地貌、干燥地貌（前山低山带）、风成地貌（沙漠外围与沙漠地区）、湖成地貌（湖泊及其周围地带）等。新疆地貌的基本特点为：①各大山系走向与深大断裂方向一致；②多山间盆地且与山地高低悬殊；③山地层状地貌明显；④沙漠面积广大；⑤山地气候地貌的垂直分带存在差异；⑥地貌类型组合呈环状结构（袁方策和杨发相，1990）。

四、气候

在纬度、海陆位置、地形等地带性与非地带性因素的共同作用下，新疆地区最明显的气候特征为干旱，表现为光热丰富、降水稀少，具有强烈的大陆性特点。天山横亘于新疆中部，阻挡冷空气南侵，造成新疆南北气候差异显著。新疆北部属于温带干旱和半干旱区，较新疆南部气温更低而尤其寒冷，降水略多而稍湿润，其年平均气温为6～8℃，年降水量一般为150～200mm，平均在150mm以上；新疆南部则属暖温带干旱和极端干旱区，年均温为10～11℃，年均降水量仅10～90mm，平均不到40mm。

五、风沙活动

新疆是我国著名的多风区，风力强、大风日数多且持续时间长。年平均风速1.0～5.0m/s，一般在2.5m/s左右，并且多八级以上大风。风沙活动地区分布特点与大气环流形势及地形有关，总体表现为新疆北部多于新疆南部，西部、东部多于中部地区，平原地区大风多于中、低山区。由北向南有以下几个最大风口：哈巴河、老风口、克拉玛依、阿拉山口、达坂城和七角井，大风日数50～155天。新疆地区大风的季节性特点表现为春季最多，这主要是因为春季冷暖空气交替频繁，夏季因气层不稳定而多阵性大风天气，但较春季次之，秋冬空气则较为稳定。春夏之际常出现旱风，频繁和强劲的大风常形成风沙，除影响植物的生存之外，也给天然植被和栽培植被直接带来损害（中国科学院新疆综合考察队，1978）。

六、水文水资源

新疆是我国乃至亚洲中部最大的内流区域之一，共有大小河流四百余条，绝大部分属于内流河，仅有鄂毕河的最大支流额尔齐斯河注入北冰洋，是新疆也是我国唯一流入北冰洋的外流河。新疆境内的主要大河，基本分布于天山南北坡及阿尔泰山的西南坡，其次分布于西部地势最高和冰川发育的西部昆仑山和帕米尔高原东部，这些高山中冰川与积雪广泛分布并且储量丰富，是多数河流的主要补给来源。例如，发源于阿尔泰山及塔城周围山区的河流，因春季天气变暖冰雪消融而河水上涨形成春汛；天山、昆仑山的河流也因冰雪消融加上降雨的增加，形成6～8月的多水期，甚至泛滥成灾；另外，降水与地下水对某些河流的补给也具有举足轻重的地位，这类河流的水量季节分配较为均匀，以春秋水量较大但夏季因蒸发强度增加而使水量减少为特征（郭敬辉，1966）。

七、土壤

新疆地处亚欧大陆腹地，水汽稀少，因而土壤的形成过程与区域分布主要因太阳辐射的差异，表现出明显的纬度地带性，随气候由北向南水平带状分布。北部的塔城盆地、托里谷地、和布克谷地与准噶尔盆地北部形成了典型的棕钙土，与荒漠草原植被相适应。随着纬度向南荒漠性逐渐增强，棕钙土渐渐过渡为额尔齐斯河及乌伦古河两河流域的淡棕钙土，植被类型也由荒漠草原转变为盐柴类小半灌木荒漠植被。伊犁谷地，准噶尔盆地中部、南部，天山北麓，天山南麓，塔里木盆地，东疆戈壁，昆仑山北麓，阿尔金山北麓等南部地区的荒漠性进一步加强，荒漠土壤及对应的典型荒漠植被广泛分布。

新疆平原内非地带性土壤包括“吐加依”土、草甸土、沼泽土、盐土。“吐加依”土发育于“吐加依”林或“吐加依”灌丛下，主要分布在地下水位较高、矿化度较低的各大河流沿岸及山麓洪冲积扇的扇缘地带；草甸土主要为发育在各类盐化草甸植被下的盐化草甸土，分布于河漫滩、三角洲、洪积扇扇缘地下水溢出地带；沼泽土的分布面积不大，但各区均有分布，其中阿尔泰山南麓、天山北麓、塔里木河谷平原、焉耆盆地、伊犁谷地等地区分布较广，主要的分布部位为地下水位高甚至地表积水的扇缘洼地、扇间泉水或积水洼地，大河河漫滩与淡水湖湖滨低地上，常生长芦苇（*Phragmites australis*）、香附子（*Cyperus rotundus*）、香蒲（*Typha orientalis*）等植物，有草滩或者草湖之称；盐土广泛分布在新疆全境平原内的洪积-冲积扇边缘、干三角洲中下部、大河三角洲下部和边缘、现代冲积平原的河滩地和河间低地及湖滨平原等地貌部位上，特别是在新疆南部地区分布更为广泛。

灰钙土仅处于伊犁谷地的山前平原黄土状母质上，这是由于该区向西敞口的谷底地形可以接收较多西风带来的湿润水汽，中亚北部的北方灰钙土便得以向东延续至伊犁谷地。荒漠灰钙土发育在天山北麓黄土母质上，形成大面积的蒿属（*Artemisia*）类荒漠和红砂（*Reaumuria soongarica*）荒漠。灰棕色荒漠土是新疆北部干旱荒漠气候条件和粗粒母质相互作用的产物，与小灌木荒漠、半灌木荒漠相适应，广泛分布于准噶尔西部平原及东部戈壁的砾质洪积扇、剥蚀台地或石质残丘上。棕色荒漠土是暖温带极端干旱气候条件与石砾质母质结合的特殊土壤类型，灌木荒漠紧密相关，多分布在矿砾或砾质洪积物、洪积-冲积物及石质残积-坡积物上（中国科学院新疆综合考察队，1978）。

新疆山地位于不同土壤水平带内的各山地的土壤垂直带结构及各土壤垂直带分布的海拔高度均有明显的差异。

天山北坡西部：高山草甸土2800～3500m，亚高山草甸土1800～2800m，山地灰褐色森林土1800～2700m，山地黑钙土1500～1800m，山地栗钙土1100～1500m；

天山北坡中部：高山草甸土3000～3600m，亚高山草甸土2500～3000m，山地灰褐色森林土1800～2500m，山地黑钙土1600～2000m，山地栗钙土1100～1600m，山地棕钙土800～1100m，山地棕色荒漠土800m以下；

天山南坡中部：高山草甸土高于2800m，亚高山草原草甸土2600～2800m，亚高山草原土2400～2600m，山地灰褐色森林土2400～3000m，山地栗钙土1800～2600m，山地棕钙土1700～1800m，山地棕色荒漠土1700m以下（中国科学院新疆综合考察队，1978）。

八、植被

新疆地处亚欧大陆腹地，水汽难以到达，植被的水平地带性表现出强烈的大陆性特点，但因新疆地域辽阔，植被的水平地带变化甚是复杂；此外天山、阿尔泰山、昆仑山等高大山体亦具有明显垂直地带性的山地植被。

新疆植被由北向南出现荒漠草原—温带荒漠—暖温带荒漠—高寒荒漠的水平地带性更替。

草原带主要分布在阿尔泰山南麓与准噶尔盆地北缘之间，呈狭窄带状。该区发育的并非典型的草原而是由旱生微温的草原生草丛禾草［沙生针茅（*Stipa glareosa*）、新疆针茅（*Stipa sareptana*）、针茅（*Stipa capillata*）、托氏闭穗（*Cleistogenes thoroldii*）、沙生冰草（*Agropyron desertorum*）等］、旱生多年生杂草类［碱韭（*Allium polyrhizum*）、柳叶风毛菊（*Saussurea salicifolia*）等］及超旱生的小灌木［小蒿（*Artemisia gracilescens*）、毛蒿（*Artemisia schischkinii*）、亚列氏蒿（*Artemisia sublessingiana*）、小蓬（*Nanophyton erinaceum*）、

盐生假木贼（*Anabasis salsa*）、木地肤（*Kochia prostrata*）、驼绒藜（*Ceratoides latens*）等］为优势种组成的荒漠草原，成为新疆境内仅有的水平地带性草原植被。荒漠带占据着新疆大部分领域，广泛分布于新疆辽阔的冲积平原、三角洲、山前冲积扇及河流阶地等，包括准噶尔荒漠亚地带及塔里木荒漠亚地带。其主要的植被构成为超旱生的小半乔木、半灌木、小半灌木及灌木，以梭梭（梭梭柴，*Haloxylon ammodendron*）、蒿亚属（Subgen. *Artiemisia*）、假木贼属（*Anabasis*）、猪毛菜（*Salsola collina*）、驼绒藜、红砂、戈壁藜（*Iljinia regelii*）、合头草（*Sympegma regelii*）、白刺（*Nitraria tangutorum*）、草麻黄（*Ephedra sinica*）、沙拐枣（*Calligonum mongolicum*）、霸王（*Sarcozygium xanthoxylon*）、裸果木（*Gymnocarpos przewalskii*）等属种为群落的建群种。荒漠地带的隐域植被主要为耐极端干旱耐盐碱的胡杨（*Populus euphratica*）林、柽柳（*Tamarix chinensis*）灌丛、盐生或荒漠化的草甸及多汁盐柴类荒漠。藏北帕米尔高原高寒荒漠区以特殊耐寒、抗旱和抗风的高寒荒漠植物类型为主，如垫状驼绒藜（*Ceratoides compacta*）和西藏亚菊（*Ajania tibetica*）。此外因帕米尔高原高寒荒漠相较湿润，故增添粉花蒿（*Artemisia rhodantha*）高寒荒漠区系及高山垫状植被带。

新疆的山地植被垂直带结构具有中纬度（温带）大陆性山地植被的性质（张新时，1963；李世英和张新时，1966）。例如，旱生的植被垂直带——山地荒漠和草原带十分发达；中生植被类型——森林和草甸构成的垂直带往往会因旱化被不同程度的草原取代；高山和亚高山植被垂直带亦表现出强烈的大陆性植被特征（中国科学院新疆综合考察队，1978）。

山地荒漠垂直带：主要组成成分为超旱生的小半灌木植物，建群种包括红砂、假木贼属、天山猪毛菜（*Salsola junatovii*）、圆叶盐爪爪（*Kalidium schrenkianum*）、合头草等；此外常伴有部分荒漠灌木，如喀什霸王（*Sarcozygium kaschgaricum*）、裸果木、喀什麻黄（*Ephedra kaschgarica*）等。

山地草原垂直带：荒漠草原垂直亚带、真草原垂直亚带和草甸草原垂直亚带随海拔更迭。荒漠草原垂直亚带植被的优势建群种为草原旱生禾草，并混生有相当多的荒漠小半灌木；真草原垂直亚带建群植物为旱生禾草与杂草类，包括针茅、羊茅（*Festuca ovina*）、扁穗冰草（*Agropyron pectiniforme*）、糙隐子草（*Cleistogenes squarrosa*）、蓬子菜（*Galium verum*）、茸毛委陵菜（*Potentilla strigosa*）、穗花婆婆纳（*Veronica spicata*）、冷蒿（*Artemisia frigida*）、蒙古黄耆（*Astragalus membranaceus*）、棘豆属（*Oxytropis*）、金丝桃叶绣线菊（*Spiraea hypericifolia*）、小叶忍冬（*Lonicera microphylla*）、多叶锦鸡儿（*Caragana pleiophylla*）及叉子圆柏（*Sabina vulgaris*）等；草甸草原垂直亚带以草原禾草为主，但夹杂大量猫尾草（*Uraria crinita*）、牛至（*Origanum vulgare*）、丘陵老鹳草（*Geranium collinum*）等中生、旱中生的草甸草原。

山地森林-草甸垂直带或森林草原垂直带：森林通常分布在较陡斜的阴坡和山坡中上部，与最大降水带相符合，一般为针叶林，如新疆落叶松（*Larix sibirica*）、西伯利亚云杉（*Picea sibirica*）、新疆冷杉（*Abies sibirica*）、新疆五针松（*Pinus sibirica*）、雪岭云杉（*Picea schrenkiana*）等；草甸群落则通常分布在缓坡、坡麓、开阔的谷地和台地等土层深厚处，主要建群种为中生的高大多年生禾草与杂类草，常见的有鸭茅（*Dactylis glomerata*）、短柄草（*Brachypodium sylvaticum*）、拂子茅（*Calamagrostis epigeios*）、无芒雀麦（*Bromus inermis*）、丘陵老鹳草、高乌头（*Aconitum sinomontanum*）、羽衣草（斗篷草，*Alchemilla japonica*）等；随着海拔的增加，便开始出现珠芽蓼（*Polygonum viviparum* ）、金莲花（*Trollius chinensis*）等高山-亚高山草类。与之不同的是，森林草原带内的草甸草原群落则出现大量草原草类甚至开始占主导地位。

亚高山植被垂直带：该带较为狭窄，包括亚高山匍生圆柏（*Sabina chinensis*）灌丛、阔叶灌丛和亚高山中草草甸，主要分布在山地森林-草甸垂直带的森林上限以上，至高山植被垂直带之间；但是在无林的干旱山地就表现为亚高山草原或草甸草原植被。

高山植被垂直带：与上部无植被的高山裸岩和冰川恒雪带相邻，以藓类、地衣为主，并包含许多高山草类和小灌木加入的高山冻原。整体而言，新疆大部分高山带占优势的植被类型以青藏型的高山嵩草（*Kobresia pygmaea*）草甸和碎石质坡上的高山垫状植物为主（中国科学院新疆综合考察队，1978）。

第二节　地质历史时期天山地区的环境变化

现今的天山南坡在古生代后期尚为海滨，以二叠纪的轮叶［星轮叶（*Annularia stellata*）、纤细轮叶（*A. gracilescens*）］、东方栉羊齿（*Pecopteris orientalis*）、科达（*Cordaites principalis*）等为代表的植物群生存繁衍于此（中国科学院新疆综合考察队，1978）。

自三叠纪末期至侏罗纪，新疆北部和南部地区仍为海洋，但天山地区已开始出现较低的山体，因当时气候炎热湿润，因此森林广泛分布。但与西伯利亚及海滨帕米尔相比，天山地区表现出明显的气候干旱性，形成了以银杏（*Ginkgo biloba*）区系为代表的乔木、下木为苏铁目（*Cycadales*）及本内苏铁目（Bennettitinae）为代表的常绿灌木混合的森林景观。早侏罗世的化石植物包括仄叶凤尾银杏（*Phoenicopsis angustifolia*）、胡氏银杏（*Ginkgo huttoni*）、线银杏（*Czekanowskia rigida*）、披针苏铁杉（*Podozamites lanceolatus*）；中侏罗世的化石植物主要有海庞枝脉蕨（*Cladophlebis haiburnensis*）、塔什凤尾银杏（*Phoenicopsis taschkessiensis*）、大同锥叶蕨（*Coniopteris tatungensis*）等（中国科学院新疆综合考察队，1978）。

西天山吉尔吉斯山脉发现的晚白垩世植物以常绿或落叶阔叶树为主，如三球悬铃木（*Platanus orientalis*）、楤木（*Aralia elata*）、柿（*Diospyros kaki*）、月桂（*Laurus nobilis*）、檫木（*Sassafras tzumu*）、马甲子（*Paliurus ramosissimus*）、古刺榆（*Planera antiqua*）等被子植物，体现出该地区由亚热带向暖温带过渡的旱生特征（中国科学院新疆综合考察队，1978）。

进入古近纪后，新疆北部有落叶阔叶林分布，而广阔的南部地区仅发育微弱稀疏的亚热带稀树草原植被，另外在河谷地区有走廊状森林分布。

中新世时，新疆地区的植被景观已开始分化，表现出一定的复杂性。如北部的阿尔泰一带因温度较低而湿度大，多生长落叶阔叶林，与此同时，山地上部开始向泰加林分化。松属（*Pinus*）、云杉（*Picea asperata*）主要集中在阿尔泰山、准噶尔西部山地及天山地区。此外还包括存留至今的忍冬属（*Lonicera*）［奥尔忍冬（*Lonicera olgea*）、矮小忍冬（*Lonicera humilis*）］、绣线菊（*Spiraea salicifolia*）、花楸树（*Sorbus pohuashanensis*）同一些阿尔卑斯草甸植物［斗篷（羽衣）草（*Alchemilla vulgaris*）、阿拉套羊茅（*Festuca alatavica*）、丘陵老鹳草]，这些均属于该种森林区系成员。值得注意的是，这种森林只存在于朝向西方的山坡，如西天山、北天山、纳拉特山北坡前山带、凯特明山北坡峡谷及博罗霍洛山的西南坡的峡谷等。天山山间盆地的植物群系表现出杜加依性质，主要覆盖着杨属（*Populus*）、旱柳（*Salix matsudana*）、榆树（*Ulmus pumila*）等落叶小叶树组成的森林，其间并未出现常绿植物。与此同时，圆柏因其耐旱且适应寒冷的优势得到广泛扩展。与山地地区不同，准噶尔平原地区多是以灌木和小灌木为代表的植被，而在水分充沛的河谷及前山带则为落叶阔叶林景观（中国科学院新疆综合考察队，1978）。

第四纪新疆植被因山地剧烈上升、气候的大陆性增强、冰期的到来等因素发生了巨大变化。更新世前半期的气候已由新近纪末期冷湿转变为较为温暖，天山西部及伊塞克湖盆地区荒漠和荒漠化的草原广泛发展，植被组成以旱生的蒿属、藜科（Chenopodiaceae）、草麻黄、白刺为主，另外夹杂少量禾本科（Gramineae）、莎草科（Cyperaceae）等杂草。山地森林的植被组成包括云杉、松、桦木（*Betula*）、榆等乔木及沙棘（*Hippophae rhamnoides*）、旱柳、忍冬等灌木。更新世后半期的气候由较湿润向进一步干旱转化，稍冷于现今，乔木种类贫乏，以桦木、日本桤木（*Alnus japonica*）、松、云杉为主，草本植物占据明显优势，如蒿属、藜科及麻黄属（*Ephedra*）等。天山中部南坡阿拉沟冰碛层的花粉研究结果表明该时期气候干旱，以草本植物为主，森林面积明显缩减（中国科学院新疆综合考察队，1978）。

全新世末期，天山西部地区仍以旱生植物为主要植被组成，蒿属、藜科及麻黄属等组成的荒漠在低山、前山地区分布广泛。但是因全新世气候湿度条件曾有所改观，海拔较高的山上乔木所占比例增加，以雪岭云杉为代表，另有松、桦木、冷杉（*Abies fabri*）等混生（中国科学院新疆综合考察队，1978）。

第三节　天山地区人文活动

新疆人类活动历史悠久，是我国较早出现人类活动的地区之一。阿图什市阿湖出土的“阿图什人”头骨化石经^{14}C测年鉴定为17000年以前的人类化石，说明早在旧石器时期新疆地区就有古人类繁衍生存（贺继宏，2013）。自汉代西域三十六国开始，人类活动范围逐渐扩大，文化遗址呈增多趋势，广泛分布于新疆各地。受干旱气候的影响，新疆地区的古文化遗址多分布在塔里木盆地及准噶尔盆地环沙漠边缘的绿洲地带，这说明人类活动与水资源关系密切，在河流两岸或泉水溢出带等水源充足的地区人类活动频繁。塔克拉玛干沙漠北缘的天山南麓地带受塔里木河的影响，该区开发历史较早，人类活动繁荣稳定，所保留的早期古文化遗址也较多；而天山北麓人类活动则分布在准噶尔盆地周围的绿洲地带，战国两汉时期，多分布于山前低山、丘陵地带，以游牧生活为主，唐宋时期，逐渐分布到地势平坦、土壤肥沃的冲积平原地带，但从时序上看，准噶尔盆地的古文化遗址仍以清代为主。此外，交通道路的兴衰对历史时期人类活动具有重要作用，丝绸之路的开辟极大地促进了新疆南、北部经济的发展，继而留下一大批人类活动遗址。在人类生产力水平提高的同时，其视野及活动区域逐步扩展，一系列的生产活动对绿洲的存亡也有影响，如不合理地用水或毁林，加速了绿洲的衰亡（尹泽生和杨逸畴，1992）。

平原生态系统相较山地生态系统而言其稳定性较差，尤其是河流和湖泊的抗干扰性极差，生态系统较为脆弱，甚至引起局地小气候及生物群的变化。近2000年来，由于气候变化和人类活动的影响，平原地区的水系变化较为明显，尤其是清朝及中华人民共和国成立以来，人类对环境的影响日益加深。河流流量减少、流程缩短、湖泊面积萎缩甚至消亡(如罗布泊、台特马湖、艾丁湖、玛纳斯湖、乌伦古湖、艾比湖、博斯腾湖和巴里坤湖等)、土地沙漠化扩展、河岸林与草场退化等成为普遍现象。

罗布泊是由断裂而形成的一个构造拗陷区，附近的塔里木河、孔雀河及车尔臣河等河水都向这个洼地汇集。历史上塔里木河常发生周期性的改道：先秦至汉、晋时期的罗布泊，塔里木河经由孔雀河入罗布泊，水域广阔；隋唐时期罗布泊水源主要取决于台特马湖余水，水体局限于湖盆的南部，罗布泊南移甚远；乾隆年塔里木河改道，罗布泊水体再度北移。1875年塔里木河改道注入台特马湖，气候干燥，湖面蒸发强，罗布泊的面积大大退缩；罗布泊北部地壳抬升，南部地堑下陷，湖盆逐渐向西南倾斜。1924年，因在塔里木河干流上筑堤堵水，使塔里木河向东与孔雀河相汇后越过沙漠注入罗布泊，罗布泊再次北移并扩大起来。1952年在拉伊河口修筑塔里木大坝，塔里木河重新注入台特马湖，罗布泊因失去水源而日渐退缩。近年来，因塔里木河、孔雀河、车尔臣河等流域新辟的农场截去了这些河流的水源，罗布泊趋向于全面干涸，并随着人们对塔里木河水资源的无节制开发，位于塔里木河三角洲的孔雀河下游的河道也将消失，罗布泊将成为历史遗迹。

第二章　新疆天山表土花粉与植被的关系

第一节　天山地区的植被概况

天山地区自然地理结构异常复杂，植被的生存环境多种多样。虽然植物种类成分较少，但天山东依蒙古戈壁荒漠，南接塔里木盆地和昆仑山，西连哈萨克斯坦，北靠准噶尔盆地和阿尔泰山等，导致天山各地段植被类型、植物区系的巨大差异，形成了多彩的植被景观。

天山东部地区有丰富的荒漠山地植物，荒漠植被类型中的建群种有蒿属［博乐蒿（*Artemisia borotalensis*）、喀什蒿（*Artemisia kaschgarica*）、小蒿、地白蒿（*Artemisia terrae-albae*）］、假木贼属［盐生假木贼、无叶假木贼（*Anabasis aphylla*）］、小蓬、白梭梭（*Haloxylon persicum*）、梭梭柴、红砂。在沙漠南缘较高的沙丘上，为白梭梭、蒿类、双穗麻黄（*Ephedra distachya*）、囊果薹草（*Carex physodes*）、近全缘千里光（*Senecio subdentatus*）、鹤虱（*Lappula myosotis*）等形成的群落；较低沙丘和较宽的丘间薄沙地上，则多覆盖着梭梭柴、沙生四齿芥（*Tetracme recurata*）、小车前（*Plantago minuta*）、齿稃草（*Schismus arabicus*）、角果藜（*Ceratocarpus arenarius*）、沙蓬（*Agriophyllum squarrosum*）、猪毛菜属（*Salsola*）形成的群落。以沙拐枣属（*Calliqonum*）植物为建群种或共建种组成的植物群落，是亚非荒漠区种类很独特的植被，它在新疆南北的荒漠中广泛分布（毛礼米，2008）。

构成天山中段山地森林、灌丛、草甸和高山植被的主要植物有林地早熟禾（*Poa nemoralis*）、编花斑叶兰（*Goodyera schlechtendaliana*）、细叶水团花（*Adina rubella*）、北方拉拉藤（*Galium boreale*）、准噶尔蓼（*Polygonum songaricum*）、黄花野罂粟（*Papaver orocaeum*）、粟草（*Milium effusum*）、龙胆（*Gentiana scabra*）、东北羊角芹（*Aegopodium alpestre*）、球茎虎耳草（*Saxifraga sibirica*）、驼绒藜、骆驼蓬（*Peganum harmala*）等，垫状植被以四蕊高山莓（*Sibbaldianthe tetrardra*）、囊种草（*Thylacospermum caespitosum*）、双花委陵菜（*Potentilla biflora*）等为主，高山带在海拔 2700～3100 m 的细质土坡上，以线叶嵩草（*Kobresia capillifolia*）的群系占优势。在较湿润的平缓坡地或谷地则有薹草-杂类草的高山草甸，以细果薹草（*Carex stenocarpa*）、珠芽蓼、高山火绒草（*Leontopodium alpinum*）、棘豆属等为主。高山植被带中主要有珠芽蓼、大花虎耳草（*Saxifraga stenophylla*）、高山梯牧草（*Phleum alpinum*）、双叶梅花草（*Parnassia bifolia*）、高山红景天（*Rhodiola cretinii*）、报春花（*Primula malacoides*）等植物，以及新疆天山特有的雪岭云杉和准噶尔盆地的特有种角果藜。

天山南北坡植被的分布及性质有明显的不同：天山北坡因受西来湿气流的影响，气候比较湿润，山地森林-草原植被垂直带谱比较完善，自下而上依次为荒漠带、山地草原带（包括荒漠草原、山地真草原、山地草甸草原）、山地森林和亚高山草原带、亚高山草甸带、高山草甸带和高山石堆稀疏植被带。天山南坡因受蒙古-西伯利亚干燥反气旋的控制，呈近东西走向海拔高达5500m的博罗科努山阻挡了来自伊犁河谷的湿气流向北运行，从而气候异常干旱，南坡的植被垂直带谱自下而上依次为山地荒漠带、山地草原带、亚高山森林草原带、高山芜原与草甸带、亚冰雪带。

天山中段南坡由于气候的炎热和干旱，荒漠植被上升，荒漠植被的植物区系以亚洲中部成分为主，主要有合头草、膜果麻黄（*Ephedra przewalskii*）、红砂、圆叶盐爪爪、短叶假木贼（*Anabasis brevifolia*）、霸王、戈壁藜、沙生针茅、刺叶彩花（*Acantholimon alatavicum*）等植物，主要科属为藜科和菊科（Compositae），其次为蒺藜科（Zygophyllaceae）、豆科（Leguminosae）、禾本科、柽柳科（Tamaricaceae）、蓼科（Polygonaceae）、麻黄科（Ephedraceae）、石竹科（Caryophyllaceae）、旋花科（Convolvulaceae）等。藜科中的梭梭属（*Haloxylon*）（梭梭、白梭梭）、猪毛菜属［珍珠猪毛菜（*Salsola passerina*）、木本猪毛菜（*Salsola arbuscula*）等］、假木贼属（短叶假木贼）、驼绒藜属（*Ceratoides*）（驼绒藜）及盐生植物盐爪爪属（*Kalidium*）［盐爪爪（*Kalidium foliatum*）］、盐角草属（*Salicornia*）［盐角草（*Salicornia europaea*）］、碱蓬属（*Suaeda*）［碱蓬（*Suaeda glauca*）］和沙生植物沙蓬，以及霸王属（*Sarcozygium*）和豆科中的锦鸡儿属（*Caragana*）［柠条锦鸡儿（*Caragana korshinskii*）、狭叶锦鸡儿（*Caragana stenophylla*）］、棘豆属［猬刺棘豆（*Oxytropis hystrix*）］、岩黄耆属（*Hedysarum*）［蒙古岩黄耆（*Hedysarum mongolicum*）、红花岩黄耆（*Hedysarum multijugum*）］、甘草属（*Glycyrrhiza*）［甘草（*Glycyrrhiza uralensis*）、胀果甘草（*Glycyrrhiza inflata*）］、沙冬青（*Ammopiptanthus mongolicus*）等药用植物构成了多样的荒漠群落。其荒漠植被自上而下可分山地石质圆叶盐爪爪半灌木荒漠群系、猪毛菜半灌木荒漠群系、山地砾石红砂荒漠群系和无植被区。

分布在北坡低山带和山前冲洪积扇地区的荒漠植被植物区系主要有小叶碱蓬（*Suaeda microphylla*）、无叶假木贼、博乐蒿、盐生假木贼、蒿叶猪毛菜（*Salsola abrotanoides*）、天山猪毛菜、散枝猪毛菜（*Salsola brachiata*）等植物。随海拔升高，自下而上其植被可分为无叶假木贼和盐生假木贼群系、小叶碱蓬和蒿类加假木贼群系、博乐蒿和高原蒿（*Artemisia youngii*）群系、植被极其稀疏区。无叶假木贼和盐生假木贼群系在北坡荒漠植被带有着大片分布，属亚洲中部荒漠成分的短叶假木贼、合头草、盐生草（*Halogeton glomeratus*）等，以及属于哈萨克斯坦荒漠成分的盐生假木贼、无叶假木贼、小蓬和角果藜等在天山北坡中段低山带和山前冲洪积平原上得到了很好的发育。由蒿属的蒿亚属不同种类构成的蒿属荒漠在天山中段北坡的低山带和山前倾斜平原上是占优势的植被类型。

天山草原植被主要由针茅、克氏针茅（*Stipa krylovii*）、沟叶羊茅（*Festuca valesiaca*）等草原禾草与紫苞鸢尾（*Iris ruthenica*）、无芒雀麦、冷蒿、木地肤等中生杂草类构成。山地草原，除针茅与羊茅外，还有落草（*Koeleria cristata*）、扁穗冰草等。草原的石质坡常出现大量金丝桃叶绣线菊、平枝栒子（*Cotoneaster horizontalis*）、弯刺蔷薇（*Rosa beggeriana*）等灌木，有时还有沙地柏。荒漠草原亚带中有喀什蒿、木地肤、驼绒藜等的加入。北坡山地草原具有哈萨克斯坦型草原的特点，带内有一些亚洲中部草原类型的侵入，气候春季较湿润，夏季雨水较多、干旱程度较低；南坡具有典型亚洲中部草原类型的特点，气候春季干旱、夏季湿润，亚高山草原和亚高山灌丛草原在南坡有很好的发育。

位于大尤尔都斯盆地内的巴音布鲁克草原，其植被以沼泽草甸和亚高山草原为主，靠潜水补给生长的隐域植被——沼泽草甸，一般分布在海拔2400～2500m，植被盖度为85%以上，亚高山草原植被一般分布在海拔2500～2900m的范围内，植被盖度平均为56.3%。在大尤尔都斯盆地南端海拔2500m处分布高山嵩草草甸植被，而在海拔2800m分布的是亚高山草原植被，海拔3100m分布的却是亚高山草甸植被，这种奇巧的自然景观，为巴音布鲁克草原增添了神秘而迷人的色彩。

天山中段山地森林几乎完全由雪岭云杉为建群种形成的森林组成，森林植物区系种类组成贫乏，森林群落类型单纯，林内灌木和草本植物种类也较稀少。雪岭云杉的纯林掩盖着中山带整片的阴坡，在其分布带上限与高山芜原、亚高山草甸和圆柏灌丛交错；分布下限云杉呈小块状分布于阴坡，与山地草甸和草原群落相交错，成为山地森林草原景观，林内有草甸草原的桦木类，林下灌木增多，有黑果栒子（*Cotoneaster melanocarpus*）、忍冬（*Lonicera japonica*）、野蔷薇（*Rosa multiflora*）、黑茶藨子（*Ribes nigrum*）、中亚卫矛（*Euonymus semenovii*）和华北卫矛（*Euonymus maackii*）等。伊犁谷地具有“海洋性”气候特色的落叶阔叶林——野果林大片分布，在伊犁谷地的果子沟，野果林分布于山地草原带的深切峡谷中，不具有垂直带性意义，而在那拉提山北坡却位于山地针叶林之下，形成一条具有垂直带意义的阔叶林带，这些野果林的存在使得那拉提山的植被垂直带谱具有与华北及西欧山地温带落叶阔叶林地带的植被垂直带谱的相似性。雪岭云杉林具有明显的五层结构：乔木-小乔木-灌木-草类-苔藓，通常为乔木-草类-苔藓三层结构。天山东部，雪岭云杉林内混交或伴生的树种不多，伴生的阔叶树有欧洲山杨（*Populus tremula*）、几种桦木［如天山桦（*Betula tianschanica*）］；天山花楸（*Sorbus tianschanica*）和崖柳（*Salix floderusii*）是雪岭云杉内最常见的小乔木。山地河谷内分布着密叶杨（*Populus talassica*）的稀疏河谷林或与云杉相混交，博格达山下河谷中，还有白榆的疏林。

草甸植被分为中山草甸、亚高山草甸、高山草甸、草本芜原4个类型，在天山中段南北坡的分布明显不同。中山草甸、亚高山草甸和高山草甸仅在北坡较湿润的地段有分布，建群种和优势种主要为各种小杂类草、中杂类草及大禾草；南坡库车的山地只有高山嵩草芜原草甸植被的分布；天山东段的巴尔库山只有高山薹草草甸和芜原化草甸及蒿草芜原分布。草甸植被由偏生斗蓬草（*Alchemilla cyrtopleura*）、蓝花老鹳草（*Geranium pseudosibiricum*）、山地糙苏（*Phlomis oreophila*）、帕米尔嵩草（*Kobresia pamiroalaica*）、高山早熟禾（*Poa alpina*）、勿忘草（*Myosotis sylvatica*）、斜升龙胆（*Gentiana decumbens*）、新疆龙胆（*Gentiana Karelinii*）等构成。亚洲中部高山上独特的嵩草（*Kobresia myosuroides*）和薹草组成的高山草甸在天山中段得到了较好的发育。天山中段草甸植被与阿尔泰山、昆仑山及藏北高原的草甸植被相比，在群落类型和分布范围上，没有阿尔泰山（尤其是西北部）的发达，高山五花草甸仅见于依连哈比尔尕山海拔高于3000m的高山带，却比昆仑山和藏北高原的草甸植被丰富，干旱或高寒荒漠气候的昆仑山和藏北高原，仅在高山谷地底部出现盐化的嵩草和薹草-嵩草草甸。

梭梭和白梭梭是构成准噶尔荒漠植被的建群植物和优势植物，菊科、十字花科（Cruciferae）、柽柳科、蒺藜科、蓼科、麻黄科、豆科、禾本科等不占显著地位。柽柳科植物中的红砂经常形成大面积的荒漠群落（即红砂群落），柽柳是荒漠河岸植被中的重要建群植物［多枝柽柳（*Tamarix ramosissima*）］，水柏枝属（*Myricaria*）种类不多，仅在高山河谷形成小面积的灌丛（中国科学院新疆综合考察队，1978）。

第二节　表土花粉的研究进展

能否正确地利用孢粉资料解释环境、恢复古植被与古气候，在很大程度上取决于孢粉资料的准确性。不同的孢粉种类既有产量大小的差异，也有保存难易的区别，从而产生了孢粉的代表性问题，即组合中的孢粉数量和百分比、浓度、沉积率比例不一定与实际植被中该植物的数量和比例完全一致，而通过研究表土孢粉谱与大气花粉雨，弄清孢粉与植被的对应关系是解决这一问题的关键之一。因此，现代花粉谱和表土孢粉组合的研究已普遍受到重视（于革和韩辉友，1998；Menzel and Estrella，2001；Herzschuh et al.，2003；郑卓等，2008；许清海等，2009；Yang et al.，2016），探讨表土孢粉与现代植被之间的转化关系，对于准确恢复古植被和古气候有着重要意义。苏联一些孢粉学家所做的表土孢粉谱与现代植被关系的研究（王开发等，1983），至今仍有重要价值。Davies 和 Fall（2001）对约旦中部现代花粉雨与植被的关系研究得出，约旦雷伏特（Rift）地区在海拔 1700～300m 范围内，现代花粉雨能够反映出主要的植被带，特别是植被类型可以以花粉谱来划分，高含量的蒿属花粉代表较湿润的高海拔地区生长的以艾（*Artemisia argyi*）为主的草原，相反，高含量的藜科花粉代表低海拔地区的荒漠。我国学者对中国东北地区（周昆叔，1984；孙湘君和吴玉书，1988；童国榜等，1996a；李宜垠等，2000；Li et al.，2000；Zhang et al.，2010）、华北地区（张佳华和孔昭宸，1996；姚祖驹，1989；于澎涛和刘鸿雁，1997；杨振京等，2003，2004b）、西北地区（李文漪，1991b；翁成郁等，1993；阎顺，1993；阎顺等，1996；潘安定，1993b，1993c；Yang et al.，2016）、青藏高原（黄赐璇等，1993；吕厚远等，2004；陈辉等，2004；Zhang et al.，2015）、华东地区（李文漪，1985；于革和韩辉友，1995）、华中地区（李文漪，1991a；刘会平和谢玲娣，1998；刘会平等 2001a，2001b）、西南地区（吴玉书和孙湘君，1987；吴玉书和肖家仪，1989；童国榜等，2003）、台湾（于革等，2002）和海南岛（于革和韩辉友，1998）等地区也进行了表土孢粉与植被关系的研究，尽管这些研究所采集的表土孢粉样品点基本覆盖了全国的主要生态类型区，但是样品点分布很不均衡，西部较少，东部较多，甚至局部样品点非常密集。中国第四纪孢粉数据库工作小组自 1995 年建立以来，已在全国收集到 696 个现代表土孢粉样点（倪健，2000；倪健等，2010），样点既注意垂直带也注意到水平地带，而且往往和古植被、古气候研究地点同步进行，取得了明显的进展。宋长青等（2001）应用 641 个样点的表土孢粉资料，以及 686 个孢粉类群、31 个植物功能型和 14 种生物群区，利用孢粉生物群区方法，模拟了中国现状生物群区，在生物群区的垂直分异和水平梯度分析方面均取得理想结果，为重建地质历史时期的古生物群区和古气候分析奠定了基础。

第三节　表土花粉研究的技术与方法

孢粉的产量、传播、结构和保存等方面的不同，导致了孢粉组合与实际植被之间总是存在着一定的差异，从而产生了孢粉的代表性问题，即组合中的孢粉数量和百分比、浓度、沉积率比例与实际植被中该植物的数量和比例并非完全一致（王开发，1983），这就需要对现代植被与表土花粉的对应关系进行深入的研究，保证为利用化石孢粉重建古植被提供可靠的基础。近几十年以来，表土孢粉的研究涉及孢粉来源、传播、沉积、孢粉和植被的对应关系等诸多方面，用以定性或半定性研究的各种参数经过长久的发展已有了较显著的成果。

通过研究表土孢粉谱与大气花粉雨，弄清孢粉与植被的对应关系是解决这一问题的关键方法之一。其中 Davis（1963）提出的校正系数 *R* 值的概念就是为了进行植物和花粉之间数量关系的研究，即为了能根据花粉组成来推论该种植物的数量；孙湘君等（1994）指出使用蒿属/藜科（*Artemisia*/Chenopodiaceae；A/C）值可作为干燥程度的一个指示参数，对气候、环境恢复具有很大意义；木本植物花粉/非木本植物花粉（arboreal pollen/nonarboreal pollen；AP/NAP）值被广泛地用来推断森林草原环境的景观空旷度。

1. *R* 值

20 世纪 60 年代，Davis（1963）提出了校正系数 *R* 值的概念，为花粉与植被关系的研究做出了重大贡献，即用花粉的百分含量与其相应植物在植被中所占的百分含量的比值表示植物与花粉间的数量关系（许英勤等，1996）。一些研究表明以松属为代表的具双气囊花粉具有明显的超代表性，其 *R* 值明显偏高，为 2.5 ~ 6.0；常见的阔叶树花粉如栎属（*Quercus*）、锥属（*Castanopsis*）、柳属（*Salix*）、榆属（*Ulmus*）、椴树属（*Tilia*）、槭属（*Acer*）、栗属（*Castanea*）、胡桃属（*Juglans*）、枫香树属（*Liquidambar*）和桃金娘科（Myrtaceae）等亚热带、温带植物花粉代表性略低，其 *R* 值为 0.75 ~ 0.95；在寒温带和中温带比较多见的桦木属（*Betula*）、鹅耳枥属（*Carpinus*）和榛属（*Corylus*）代表性适中或略高，其 *R* 值为 1.0 ~ 1.2；大多数蕨类植物孢子的代表性也比较适中（阎顺和许英勤，1989；阎顺等，1996；杨振京等，2004b；吴玉书和孙湘君，1987；罗传秀等，2007；许清海等，2005）。一个花粉类型的 *R* 值是随着地理位置不同而变化，求准确稳定的 *R* 值是复杂的，一个植被带的几个样方中，*R* 值不是一定的，但是这些 *R* 值可以求出一个 *R* 值的比值，用这个相对 *R* 值校正后所得出的植被百分含量值，能够较真实地反映地质时期的植被状况（许英勤等，1996；李宜垠，1998）。

2. 蒿属/藜科花粉含量值（A/C 值）

蒿属/藜科（A/C）值作为指示环境变化的一个重要指标，在许多研究者的成果中体现出来。翁成郁等（1993）研究了西昆仑地区表土花粉组合特征及其与植被的数量关系，指出 A/C 花粉含量值可作为干燥程度的一个指示参数，对气候、环境恢复具有很大意义。杨振京和徐建明（2002）认为高含量的蒿属花粉代表较温湿的高海拔地区的干草原，高含量的藜科花粉代表低海拔地区的荒漠；许清海等（2003）在研究全新世岱海盆地古气候时发现 A/C 值与降水量在某些时段不一致，在研究孢粉记录的岱海盆地 1500 年以来气候变化时 A/C 值与降水量一致（许清海等，2004）；孙湘君等（1994）指出使用 A/C 值恢复古环境时，其前提条件是蒿属与藜科花粉之和必须占优势，起码超过花粉总数的一半 A/C 值才有指示旱生植被的生态意义，荒漠区的 A/C 值在 0.5 以下，荒漠草原在 0.5 ~ 1.2，草原区大于 1.0。但是 A/C 值的应用在表土和剖面样品中的指示价值不尽相同，张芸等（2008）对新疆草滩湖村剖面的研究显示，在 4550 ~ 1810a B. P. 时，A/C 值达到剖面最高值（1.2），2500 ~ 1810a B. P. 期间，该值降低为 1.0，1810 ~ 1160a B. P. 时又较带Ⅱ减少

(0.2～0.6)，1160～650a B. P. 时该比值继续减少至 0.1，而 651a B. P. 至今，其值仍偏低，从广大表土孢粉研究中的 A/C 值指示意义来看，该剖面的 A/C 值并不能作为区分草原和荒漠植被的指标，也无法反映气候的干湿程度（Yan et al., 1999）。在一些情形下，当地盐度状况能够影响藜科花粉的百分比，在湿地环境中藜科植物花粉耐盐碱的特性可以作为盐度的指示参数（El-Mslinmany, 1990）。在干旱半干旱地区藜科植物的扩张可能暗示了人类活动导致的植被的退化（张芸等，2008；Zhao et al., 2012）。Van Campo 等（1996）的研究表明，A/C 值可以用来区分温带草原和沙漠，并且可以用来重建当地降水量的变化状况。

前人对新疆地区表土孢粉的研究结果表明不同地区、不同植被带的 A/C 值相差较大，在某一花粉谱中的 A/C 值越低，则指示环境越干旱（阎顺，1991；翁成郁等，1993）。同时，人类活动对植被中的 A/C 值的影响较大，人类活动对应着藜科花粉含量的增加，从而导致 A/C 值与天然植被中的实际比值不一致，用于重建古气候时应该予以考虑（张芸等，2008）。

3. 木本植物花粉/非木本植物花粉值（AP/NAP 值）

AP/NAP 值被广泛地用来推断森林草原环境的景观空旷度，同时，在我国东北和西北的研究中，其对半干旱和高山地区的湿度和温度的变化具有指示意义（Yan and Mu, 1990；Liu et al., 2002b；Zhang et al., 2010）。

Ulrike Herzschuh 的研究显示，AP 值仅仅在林线附近的森林区域和亚高山灌木区域大于 5%，而在其他植被带如温带草原、沙漠和草甸等，AP 值都小于 5%（Strauche et al., 2007）。Liu 等（1999）对内蒙古森林草原边界的现代孢粉样品的研究显示，在茂密的森林中，AP/NAP 值高达 8.5，但是在开阔的林地，其值降至 4 左右，无林草原区低于 0.2，AP 与年降水量明显相关，而与 7 月平均气温关系不大，在非森林地区，AP 能有效地指示植被密度。结果显示 AP/NAP 值能作为区域内降水量变化的半定量指示参数（Liu et al., 1999）。

但是，不能忽略的是木本植物的花粉不仅仅出现在森林区域，它还能随空气被搬运到很远的地方（Strauche et al., 2007），因而经常在没有树木生长的环境中分析鉴定出木本植物的花粉。所以，在应用 AP/NAP 值时应该慎重对待。

孢粉与植被不是简单的线性关系，它们之间的关系仍存在许多不确定性，而建立花粉与植被的定量关系一直是孢粉学家追寻的目标，并建立起了诸多模型（Prentice, 1985；Sugita, 1994；Zhang et al., 2016）。但如何建立可信的花粉-植被关系模型仍是有待解决的问题。另外，孢粉可成为人类出现、活动和找到土地利用的证据，大量栽培作物花粉以及伴人植物花粉则被认为是人类活动的良好指示体（Li et al., 2015；Xu, 2015），可以用来评价人类活动对环境的干扰（Zhang et al., 2015）。因此，人类活动对花粉传播和保存的影响也是不可忽视的（Zhang et al., 2010）。

花粉现代过程研究是第四纪花粉分析的基础，对正确解释地层花粉组合，定量恢复古植被、古气候至关重要。花粉现代过程研究包括花粉产量、花粉传播、花粉来源范围、花粉沉积、花粉保存等方面（Xu et al., 2006, 2012, 2016）。近年来，我国孢粉学者在花粉现代过程研究方面开展了很多卓有成效的工作，取得了长足进展（Zheng et al., 2014），但仍显不足。因此，孢粉学研究不应单独进行，通过吸收相关学科资料（包括分子生物学）的互补和整合，无疑是非常重要的。

第四节 天山北坡表土花粉与植被研究

天山山地是一个完整的自然地理单元，对花粉的传播、保存、搬运与沉积具有重大影响，它是研究我国古环境演化过程、规律，探索其在全球气候变化过程中位置的重要区域。但天山南北的气候和植被差异较大，导致孢粉与植被的关系更为复杂。近20年来，学者利用表土花粉数据，初步揭示出天山北坡表土花粉的空间分布规律及其与现代植被和人类活动的关系（潘安定，1993b；闫顺，1993；闫顺等，1996；杨振京等，2004；Yang et al.，2016）。

我们在对天山北坡表土样品进行分析时，根据表土岩性及经验确定分析样品重量，花粉含量较高的黑色和灰色土质样品取20～50g，花粉含量较低的粉砂和砂质样品取80～120g。在实验过程中采用常规的酸、碱处理和重液浮选进行离心沉淀悬浮的方法进行花粉提取。应用奥林巴斯（Olympus）光学显微镜对孢粉进行鉴定和统计，以所有花粉总数为基数，计算出各属种孢粉的百分含量，运用Tilia软件进行孢粉图式制图。

一、新疆博尔塔拉河流域表土花粉散布特征

博尔塔拉河，地处博尔塔拉蒙古自治州西部79°53′～83°53′E，44°02′～45°23′N，流经温泉县、博乐市、精河县，最后注入艾比湖。流域内植被和土壤具有十分明显的垂直分布和区域性差异大的特点。研究区的海拔在210～3235m，年降水量700～800mm（吴敬禄，1995），最冷月（1月）平均气温-18.5℃，最热月（7月）平均气温18.7℃。最冷月和最热月的月平均气温相差37.2℃。研究区内地貌和植被类型垂直带分带明显，从流域上游至下游可分为高山草甸带，以薹草属（*Carex*）、黑麦草属（*Lolium*）、委陵菜属（*Potentilla*）等植被为主；亚高山草甸草原带，以石竹科、羊茅属（*Festuca*）、蒿属等植物为主；森林灌丛带，以金露梅（*Potentilla fruticosa*）、铺地柏（*Sabina procumbens*）、锦鸡儿属等灌丛为主，沿沟谷生长有云杉属（*Picea*）；灌丛草原带，以铺地柏、锦鸡儿属、金露梅等灌木为主；荒漠草原带，以紫菀属（*Aster*）、艾、羊茅等为主；荒漠植被带，其中单纯荒漠植被带中以白刺属（*Nitraria*）、藜（*Chenopodium album*）为主，在自然保护区中乔木的盖度最高能达到70%，且以桦木属为主。

植被调查和表土采集与分析由博尔塔拉河入湖口开始，经由温泉-孟克沟，博乐市，到达艾比湖湖区，自西向东设置一条从海拔210m到温泉县海拔为3235m的洪别林达坂（别珍套山和阿拉套山交界点）中哈边境线的长约200km的样带，选取天然植被区或人为干扰较少的地区（如自然保护区），共采集表土花粉样品49个（图2.1）。样品基本按照海拔的顺序进行编号（表2.1）。样品主要采集物为地表的枯落物和苔藓、地衣，少量采自表土。

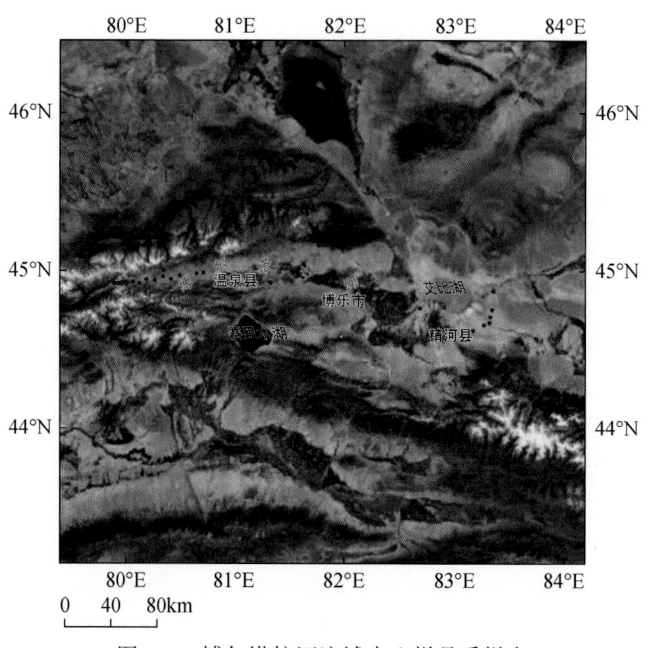

图 2.1　博尔塔拉河流域表土样品采样点

表 2.1　博尔塔拉河流域各表土样品对应的地理位置与现代植被带类型

样号	经度（E）	纬度（N）	海拔/m	植被带类型
1	80.91°	44.87°	2714	高山草甸带
2	80.91°	44.88°	2607	高山草甸带
3	80.91°	44.88°	2498	高山草甸带
4	80.91°	44.89°	2402	高山草甸带
5	80.91°	44.90°	2314	亚高山草甸带
6	80.92°	44.91°	2210	亚高山草甸带
7	80.94°	44.91°	2103	亚高山草甸带
8	80.97°	44.91°	2004	亚高山草甸带
9	80.99°	44.91°	1908	亚高山草甸带
10	80.99°	44.91°	1908	森林灌丛带
11	51.00°	44.93°	1809	森林灌丛带
12	81.02°	44.93°	1701	森林灌丛带
13	81.04°	44.93°	1601	森林灌丛带
14	81.05°	44.95°	1500	森林灌丛带
15	79.89°	44.91°	3235	森林灌丛带
16	79.90°	44.91°	3134	灌丛草丛带
17	79.92°	44.91°	3028	灌丛草丛带
18	79.92°	44.91°	2929	灌丛草丛带
19	79.95°	44.91°	2826	灌丛草丛带

续表

样号	经度（E）	纬度（N）	海拔/m	植被带类型
20	79.98°	44.91°	2730	灌丛草丛带
21	80.01°	44.93°	2633	灌丛草丛带
22	80.07°	44.93°	2521	灌丛草丛带
23	80.13°	44.92°	2414	灌丛草丛带
24	80.19°	44.94°	2311	灌丛草丛带
25	80.27°	44.94°	2212	灌丛草丛带
26	80.35°	44.96°	2106	灌丛草丛带
27	880.42°	44.95°	2013	灌丛草丛带
28	80.49°	44.96°	1910	荒漠草原带
29	80.57°	44.96°	1813	荒漠草原带
30	80.65°	44.98°	1720	荒漠草原带
31	80.71°	44.99°	1610	荒漠草原带
32	80.55°	45.01°	1517	荒漠草原带
33	80.88°	45.00°	1259	荒漠草原带
34	81.33°	44.93°	217	荒漠草原带
35	83.17°	44.62°	227	荒漠植被带
36	83.26°	44.65°	218	荒漠植被带
37	83.31°	44.67°	223	荒漠植被带
38	83.32°	44.70°	218	荒漠植被带
39	83.33°	44.71°	221	荒漠植被带
40	83.34°	44.75°	210	荒漠植被带
41	83.35°	44.87°	201	荒漠植被带
42	83.73°	44.57°	353	荒漠植被带
43	83.74°	44.57°	354	荒漠植被带
44	83.74°	44.57°	356	荒漠植被带
45	83.74°	44.57°	354	荒漠植被带
46	83.75°	44.57°	355	荒漠植被带
47	83.74°	44.57°	356	荒漠植被带
48	83.79°	44.55°	385	荒漠植被带
49	83.79°	44.55°	388	荒漠植被带

49个孢粉样品统计孢粉总数21619粒，平均每个样品约441粒，共鉴定78个科属，均为新疆现生植物科属。其中乔木花粉主要有松属、云杉属、桦木属；旱生灌木和草本植物花粉主要有麻黄属、白刺属、藜科和蒿属等；中、湿生草本植物花粉有禾本科和莎草科等；蕨类植物孢子以水龙骨科（Polypodiaceae）为主。依据表土采样点中孢粉种类特点，该区表土孢粉谱从上至下可分为6个孢粉组合带（图2.2）。

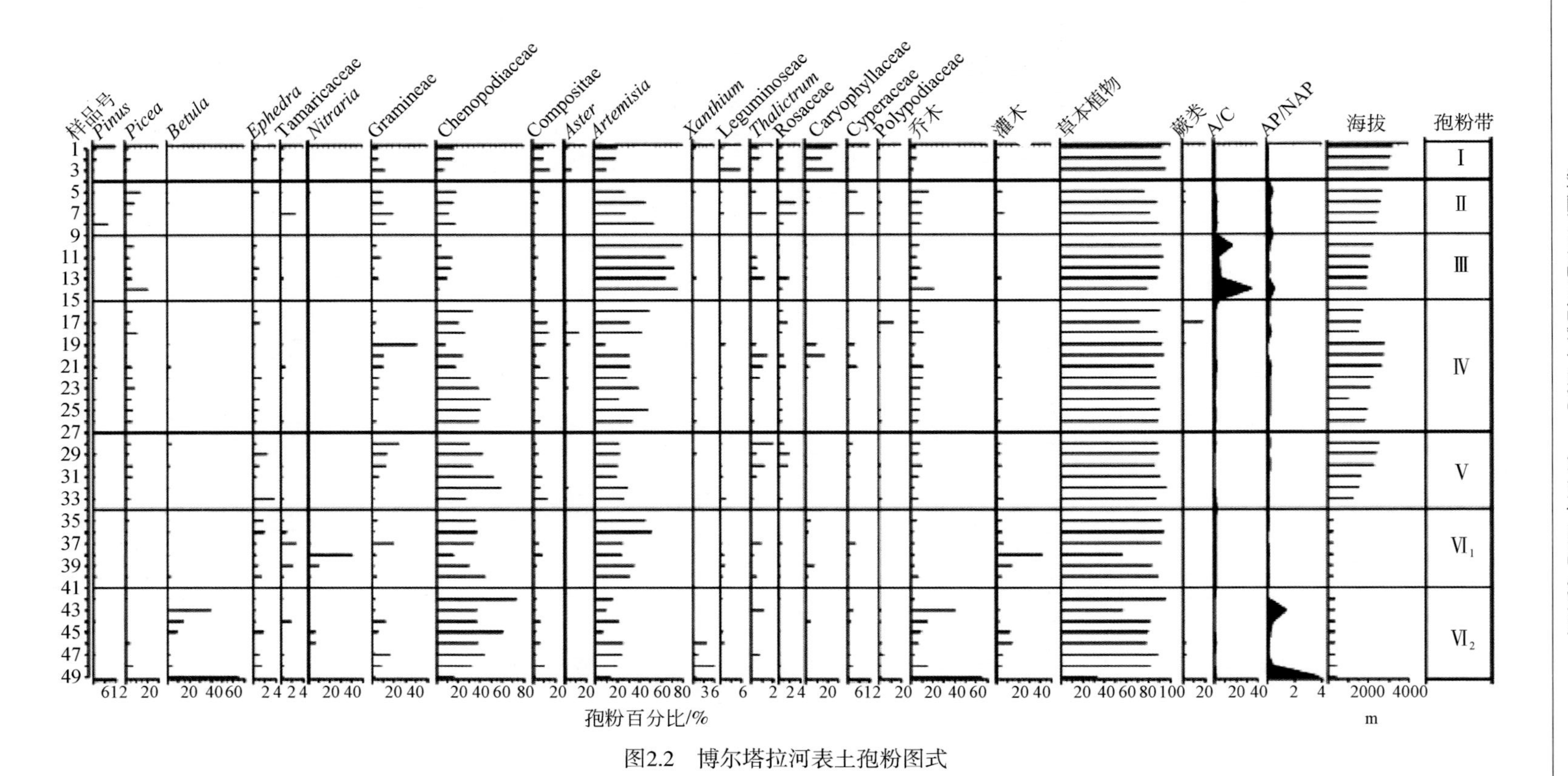

图2.2　博尔塔拉河表土孢粉图式

带Ⅰ：高山草甸带，本带包括4个样品，海拔3235～2929m。孢粉组合中以草本植物花粉为主，其含量为92.31%，草本植物花粉中以石竹科（18.94%）和蒿属（17.98%）为主，其次为藜科（15.7%）和禾本科（9.22%）；木本植物花粉所占的含量很小，仅为4.62%，以云杉属花粉（3.24%）为主，有少量松科（Pinaceae）花粉（1.42%）；灌木和蕨类植物孢粉含量均较少，分别为灌木1.54%，蕨类1.51%；A/C值在本带的平均值为1.2。

带Ⅱ：亚高山草甸草原带，本带包括5个样品，海拔为2714～2314m。孢粉组合中依然以草本植物花粉为主，但木本植物花粉含量较上带显著增加，上升至12.58%，其中以云杉属为主（9.24%）；草本植物花粉中以蒿属为主（36.82%），其次为藜科（17.03%）和禾本科（12.31%），而该带中石竹科的含量急剧减少，降至2.65%；灌木花粉含量则上升至3.50%；A/C平均值上升为2.23。

带Ⅲ：森林灌丛带，本带包括6个样品，海拔为2210～1809m。孢粉组合中草本植物花粉含量为88.97%，且蒿属花粉含量持续增加至67.69%，藜科花粉较前两带减少，为10.10%；木本植物花粉占9.35%，较上一带减少，而云杉属花粉出现了达20.99%的峰值；A/C值的大幅度增加最高可达11.73。

带Ⅳ：灌丛草原带，该带包括12个样品，海拔为2826～1013m。孢粉组合中以草本植物花粉为主，占88.46%，其中藜科增至32.61%，蒿属下降至32.58%；木本植物花粉含量占7.65%，云杉属花粉占5.76%，较带Ⅲ有所减少；灌木花粉含量较上带有所增加，但其仅占1.80%。该带中A/C值为1.12。

带Ⅴ：荒漠草原带，该带包括7个样品，海拔为2521～217m。孢粉组合中，草本花粉占89.93%，以藜科（38.61%）为主，其次是蒿属（25.78%）和禾本科（11.09%），木本花粉占6.29%，以云杉属为主，但含量（4.09%）继续降低。该带A/C值为0.76。

带Ⅵ：荒漠植被带，该带共包括15个样品，海拔为388～210m。孢粉组合带中，蒿属、藜科等典型的荒漠植物明显占优势，但由于部分样品采自艾比湖自然保护区内，其孢粉组合有较大的差异，有必要将带Ⅵ划分出两个亚带：

亚带$Ⅵ_1$：本带包括7个孢粉样品，木本植物花粉含量为3.28%，草本植物花粉含量为85.44%，灌木花粉含量为11.19%，在灌木花粉中以白刺属花粉（8.55%）为主，草本植物花粉中以蒿属含量最高（32.44%），其次主要为藜科（31.66%）和禾本科（10.67%）等。本带虽是以蒿属、藜科为主的荒漠植被类型，但A/C值为1.11。

亚带$Ⅵ_2$：本带共包括8个样品，孢粉组合中，木本植物花粉含量为19.59%，较上带显著增加；草本植物花粉含量为74.31%，仍占优势，在木本植物花粉中桦木属（16.84%）植物花粉含量突增，云杉属（1.64%）为最低值。草本植物花粉以藜科（42.30%）为主，其次为蒿属（16.54%）和禾本科（5.78%）。A/C值为0.5。该带虽以草本植物花粉为主，但在艾比湖保护站内生长着一定数量的濒危物种小叶桦（*Betula microphylla*），而使得AP/NAP值上升至0.4，成为研究区中AP/NAP值最高的孢粉带。

二、夏尔希里自然保护区表土花粉散布特征

新疆夏尔希里自然保护区于1998年划归中国，此前该地区受人类活动直接影响小，

生态系统几乎处于原始状态，具有较高的自然性和原始的自然平衡状态（克德尔汗和吴金莲，2008；赵彩凤等，2013），是研究植被与环境的理想区域。夏尔希里自然保护区位于天山支脉阿拉套山山地南坡，地形北高南低，自西北往东南方向倾斜，山脉呈北东东走向，最高峰海拔3670m，最低处310m，地貌具山地垂直结构分明、自下而上成阶梯状隆起的特征，昼夜温差大，日照时间长，年平均降水量为600～1000mm，属于我国寒温带原始山地生态系统，山地植被和土壤具有垂直分布的特点，对花粉的传播、保存、搬运与沉积具有较大影响。研究区内植被带分为山地森林带，以云杉属、桦木属、蔷薇科、栒子、针茅、赖草、疆矢车菊属（*Centaurea*）和伞形科等植物为主；山地干草原带，主要有铺地柏、羊茅属、芨芨草、蒿属、荨麻科（Urticaceae）、老鹳草属（*Geranium*）和小檗属（*Berberis*）等植物；山地草原化荒漠带，主要有藜科、菊科和锦鸡儿属等植物。

本次调查取样在81°59′48.4″～81°47′23.7″E，45°13′53.6″～45°6′7.7″N范围内，从阿拉套山南坡的山地干草原开始，向北-向西-向南，经过海拔为2426m的玉科克管户站，最高海拔为2426m，最低海拔降至1042m，途经山地草原化荒漠带和山地森林植被带。共采集表土花粉样品33个（图2.3）；在采样的同时对每个采样点进行植被样方调查（表2.2），并记录采样点的地理坐标，样品编号基本上按照海拔的顺序进行。

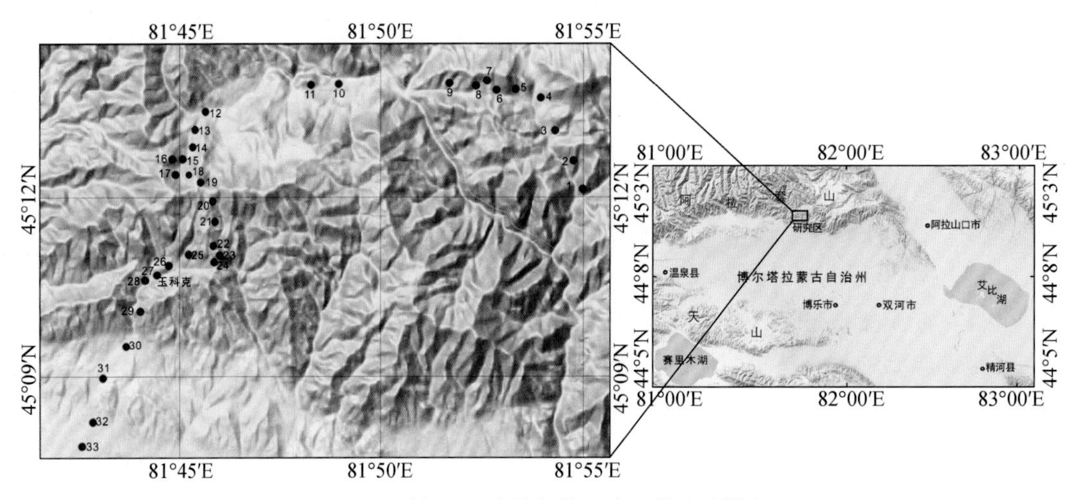

图2.3　夏尔希里自然保护区表土样品采样点

表2.2　夏尔希里自然保护区表土样点及其现代植被类型

样号	经度（E）	纬度（N）	海拔/m	植被带类型
1	81.985°	45.218°	1689	山地森林
2	81.980°	45.227°	1795	山地森林
3	81.969°	45.229°	1898	山地森林
4	81.961°	45.229°	1985	山地森林
5	81.961°	45.229°	1985	山地森林
6	81.957°	45.232°	1861	山地森林
7	81.953°	45.230°	1769	山地森林
8	81.942°	45.231°	1650	山地森林
9	81.897°	45.230°	1651	山地森林

续表

样号	经度（E）	纬度（N）	海拔/m	植被带类型
10	81.885°	45.230°	1743	山地森林
11	81.840°	45.223°	1856	山地森林
12	81.837°	45.218°	1950	山地森林
13	81.836°	45.219°	2048	山地森林
14	81.831°	45.210°	2152	山地森林
15	81.827°	45.210°	2250	山地森林
16	81.828°	45.205°	2353	山地森林
17	81.838°	45.203°	2426	山地森林
18	81.844°	45.198°	2342	山地森林
19	81.845°	45.192°	2240	山地森林
20	81.845°	45.185°	2133	山地森林
21	81.847°	45.182°	2035	山地森林
22	81.845°	45.180°	1935	山地森林
23	81.833°	45.183°	1835	山地森林
24	81.826°	45.179°	1729	山地森林
25	81.997°	45.201°	1486	山地干草原
26	81.993°	45.209°	1594	山地干草原
27	81.816°	45.175°	1620	山地干草原
28	81.814°	45.167°	1514	山地干草原
29	81.808°	45.157°	1399	山地干草原
30	81.799°	45.178°	1307	山地干草原
31	81.795°	45.119°	1214	山地草原化荒漠
32	81.790°	45.129°	1164	山地草原化荒漠
33	81.811°	45.102°	1042	山地草原化荒漠

33块孢粉样品中共鉴定统计了14062粒孢粉，平均每个样品约427粒，共鉴定出56个科属，孢粉浓度较高，总浓度平均达5917粒/g。鉴定出的乔木花粉类型主要有云杉属、松属、桦木属和榆属等；灌木植物花粉类型主要有麻黄属、白刺属和柳属等，草本植物花粉类型主要有藜科、菊科、禾本科、紫菀属、蒿属、蒲公英属、蓝刺头属（*Echinops*）、毛茛科、唐松草属、豆科、蓼科、茄科、荨麻科、唇形科、伞形科、蔷薇科、石竹科、虎耳草科（Saxifragaceae）、十字花科、老鹳草属、百合科、罗布麻属（*Apocynum*）和莎草科等；蕨类植物孢子类型主要有阴地蕨属（*Botrychium*）、水龙骨科、卷柏属（*Selaginella*）和铁线蕨属（*Adiantum*）等。根据表土孢粉组合特征和现代植被样方调查资料结合聚类分析结果，将垂直带表土孢粉自低海拔至高海拔划分为3个孢粉组合带（图2.4）。

带Ⅰ，山地草原化荒漠带：共5个样品，海拔为1042～1399m。孢粉总浓度平均为2914粒/g，在整个垂直带中最低。孢粉组合中以草本植物花粉（76.13%～90.42%，平均80.74%）占绝对优势，其次为乔木花粉（7.5%～23.7%，平均17.5%），灌木植物花粉（0.2%～2.0%，平均1.3%）和蕨类孢子（0～1.6%，平均0.5%）较少。草本植物花粉

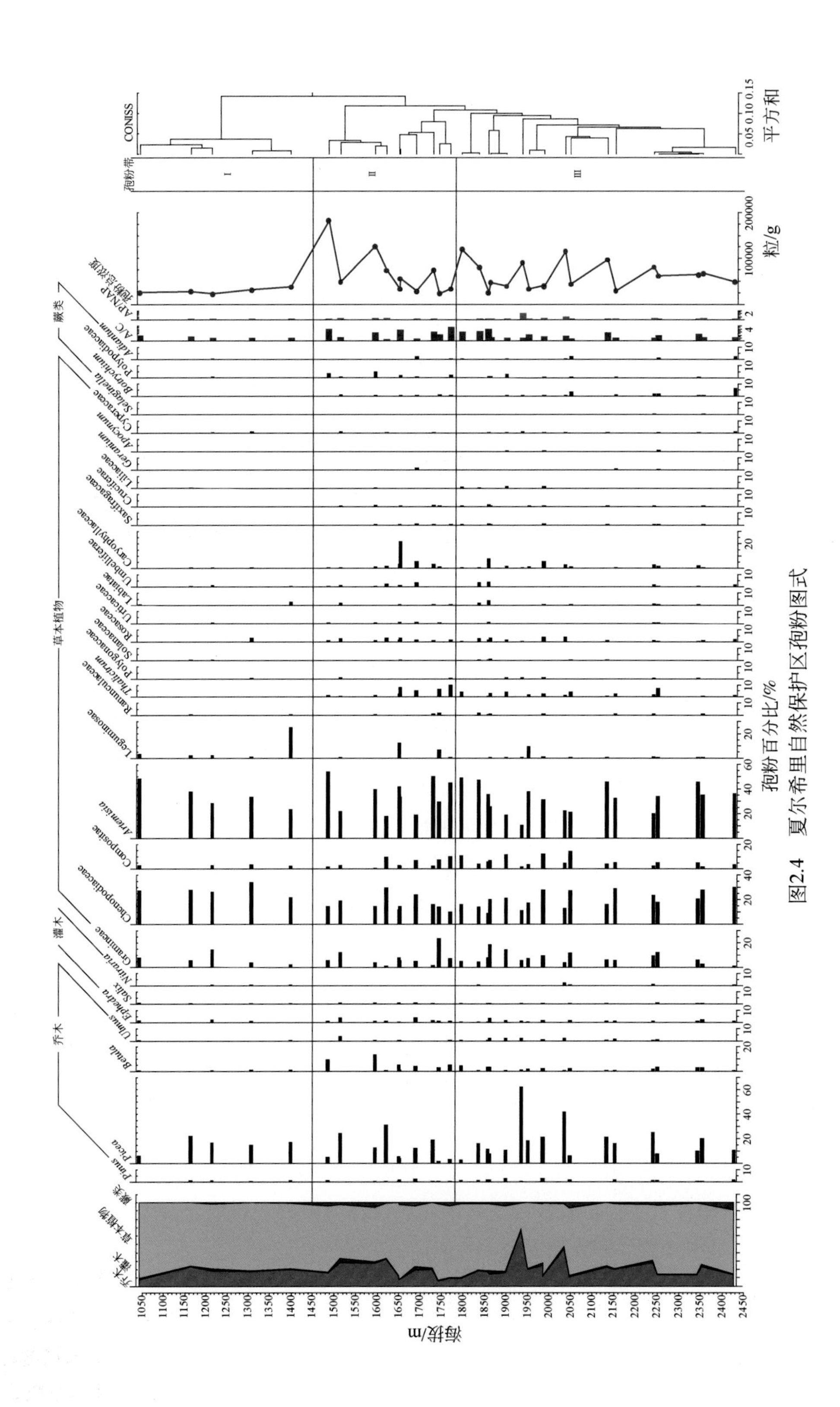

图2.4 夏尔希里自然保护区孢粉图式

主要有蒿属（34.4%）、藜科（27.3%）、豆科（6.9%）、禾本科（6.7%）、菊科（2.3%），还有少量蔷薇科、毛茛科、唇形科和伞形科等；乔木花粉主要有云杉属（15.6%），其次是松属、桦木属和少量的榆属等；灌木植物花粉有少量麻黄属、柳属和白刺属等。蕨类植物孢子有少量阴地蕨属、水龙骨科和铁线蕨属。A/C 值为 1.26，AP/NAP 值为 0.24，且在所有植被带中最低。

带Ⅱ，山地干草原带：共 10 个样品，海拔为 1399 ~ 1769m。孢粉总浓度平均为 6809 粒/g，较Ⅰ带明显增多。孢粉组合中草本植物花粉（64.9%~91.5%，平均 78.0%）仍占主要地位，乔木花粉（6.0%~32.5%，平均 17.8%）、灌木植物花粉（0 ~4.8%，平均 1.7%）和蕨类孢子（0 ~5.9%，平均 2.4%）相对较少。草本植物花粉主要有蒿属（35.2%）、藜科（16.7%）、禾本科（7.2%）、菊科（4.5%）、石竹科（3.9%）、唐松草属（3.6%）、豆科（2.1%）和蔷薇科（1.6%），还有少量唇形科、伞形科、毛茛科、十字花科和莎草科等；乔木花粉主要有云杉属（12.1%）、桦木属（4.3%），还有松属、榆属等；灌木植物花粉有麻黄属（1.4%）、柳属；蕨类孢子阴地蕨属、水龙骨科（1.4%）、铁线蕨属等；A/C 值为 2.48，较Ⅰ带含量增大，AP/NAP 值为 0.27。本带乔木花粉较带Ⅰ略增，但孢粉的种类、百分含量及孢粉浓度都比上一植被带显著增加。

带Ⅲ，山地森林带：共 18 个样品，海拔为 1769 ~2426m。孢粉总浓度平均为 6255 粒/g，较带Ⅱ略为减少。孢粉组合中仍以草本植物花粉（31.96%~88.92%，平均 74.77%）占据优势，其次为乔木花粉（9.4%~66.1%，平均 21.7%），灌木植物花粉（0.3%~3.3%，平均 1.4%）和蕨类孢子（0 ~8.6%，平均 2.2%）相对较少。草本植物花粉主要有蒿属（31.6%）、藜科（20.1%）、禾本科（7.5%）、菊科（5.8%）、唐松草属（2.1%）、石竹科（1.8%）、蔷薇科（1.3%）、豆科（1.0%），还有少量唇形科、伞形科、毛茛科、十字花科和莎草科等，乔木花粉主要有云杉属（17.7%）、桦木属（2.1%）、松属（1.1%）和少量的榆属等；灌木植物花粉有麻黄属、柳属和白刺属；蕨类孢子有阴地蕨属（1.2%）、水龙骨科、铁线蕨属等。A/C 值为 1.77，AP/NAP 值为 0.38，较带Ⅱ增大。本带乔木花粉较带Ⅰ、Ⅱ显著增加，云杉属花粉明显增多，孢粉的种类、百分含量及孢粉浓度都与带Ⅱ相近。

夏尔希里表土孢粉分析结果表明，3 个孢粉组合带的特征与对应的山地草原化荒漠带、山地干草原带和山地森林带的植被面貌基本一致。麻黄属花粉呈现出超代表性分布特征，可能是受区域山地气流和地形变化影响，被气流从低海拔河谷地带或石质戈壁荒漠传播到山地高海拔的区域外花粉所致，桦木属花粉和豆科花粉与对应的针阔混交林及锦鸡儿灌丛植被群落有较好的相关性（杨庆华等，2019）。

三、乌鲁木齐河流域表土花粉散布特征

乌鲁木齐河源区位于天山中部喀拉乌成山主脉北坡（图 2.5）。在大地构造单元上属于天山地槽褶皱带。区内一般山脊海拔 4100 ~ 4300m，主峰 4486m，现代雪线 4000 ~ 4100m，冰舌末端 3650 ~3700m，多年冻土下界为 3200 ~3300m，森林带上限则为2600 ~ 2900m。该区属于大陆性山地气候，垂直分带性明显，低山带以下极为干燥，随着海拔升高其降水增加，气温下降，但各地段的梯度值不同。根据海拔 3588m 的大西沟气象站资料

记录，年均温为-5.4℃，气温年较差为35.9℃，年降水量为430.2mm，降雪量占全年总降水量的74.5%。降水主要集中在夏季6～8月，占全年的66%（刘潮海，1991；朱诚和崔之久，1992）。

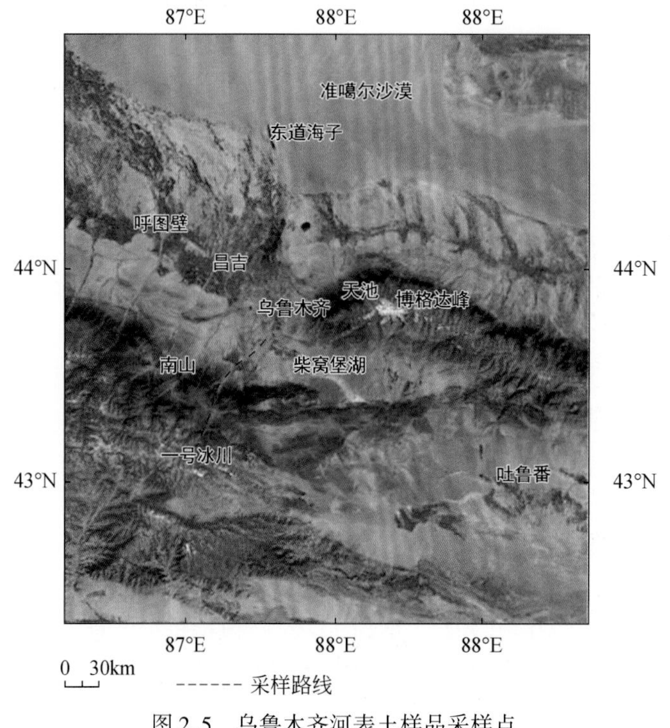

图2.5　乌鲁木齐河表土样品采样点

本次调查从乌鲁木齐河源区海拔3780m的冰川前缘表层开始，沿大西沟以海拔每下降100m采集一个表土花粉样品，到接近乌鲁木齐的大西沟口（海拔2200m）为止，调查中采得的14块表土样品共鉴定4794粒花粉，平均每个样品约342粒，分属39个科属，均为新疆地区的现生植物种类，选取云杉属、柳属、麻黄属（*Ephedra*）、柽柳属（*Tamarix*）、蒿属、藜科、菊科、禾本科、唐松草属（*Thalictrum*）、毛茛科（Ranunculaceae）、蔷薇科（Rosaceae）、石竹科、十字花科、莎草科、蓼属（*Polygonum*）、红景天（*Rhodiola rosea*）16个主要科属做出孢粉图式（图2.6）。将整个孢粉剖面可划分为4个孢粉组合带。

带Ⅰ：位于海拔4000～3700m，属于高山垫状植被带。现代植被主要有薹草、四蕊山莓草（*Sibbaldia tetrandra*）和高山红景天等植物类型，该类植被适应高山地区恶劣、多变的环境条件，整个植株紧缩成密实的垫状体，分布于这一地区的空冰斗中、下部分及空冰斗以下的新冰期终碛中、上部。孢粉组合中灌木和草本植物花粉占绝对优势，含量在66.8%～94.5%，平均为85.5%，主要为莎草科15.8%（0.6%～35.0%）、麻黄属12.4%（7.9%～14.0%）和蔷薇科10.3%（0～23.0%），其次有蒿属9.7%（0～40.5%）、藜科7.2%（2.4%～11.4%）和菊科6.0%（0.6%～12.3%），还见少量的红景天、石竹科、唐松草属、十字花科、禾本科、柽柳属、毛茛科和蓼属等；乔木花粉含量在5.5%～33.2%，平均为14.5%，其中主要有云杉属14.1%（5.5%～32.6%）；还见少量蕨类孢子，为2.2%（0～4.9%）。

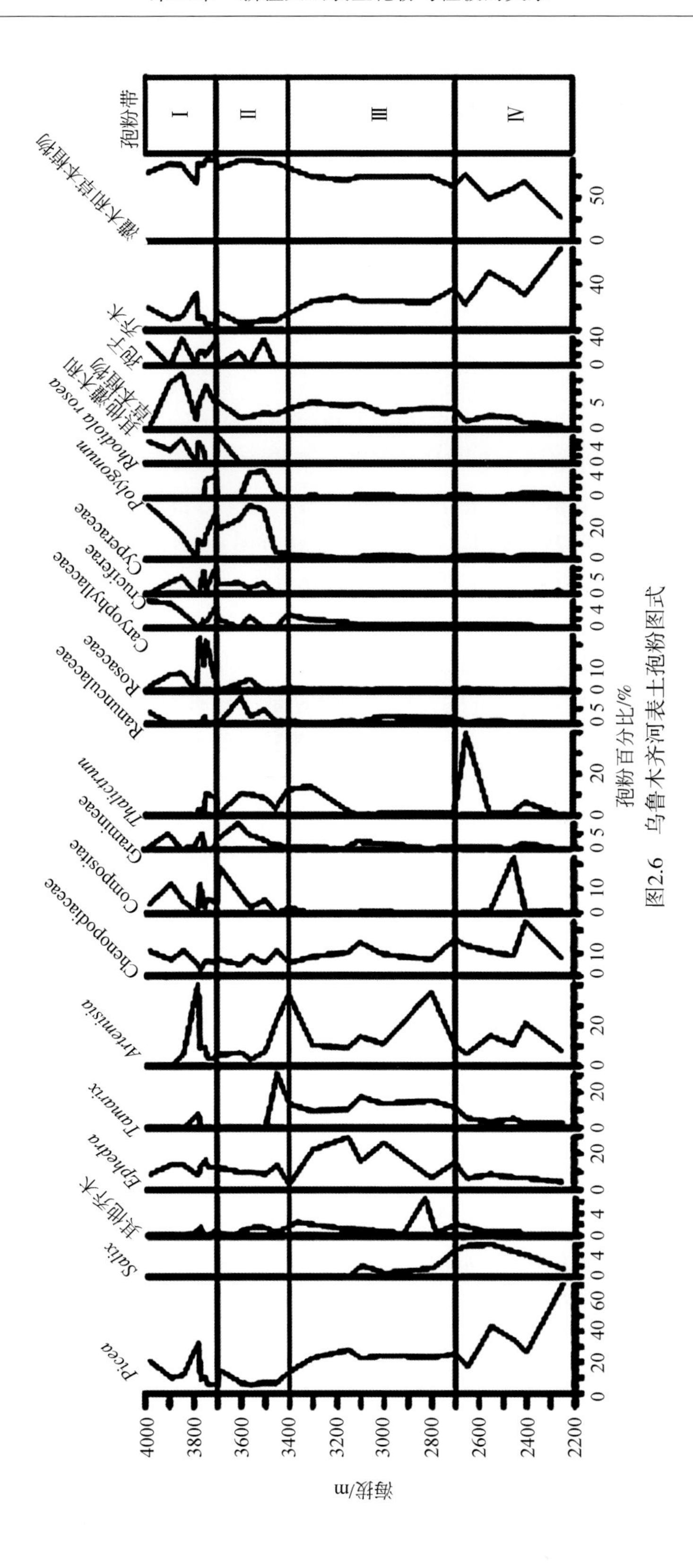

图2.6　乌鲁木齐河表土孢粉图式

带Ⅱ：位于海拔3700～3400m的高山草甸带。高山草甸植被主要由薹草草甸组成，其次有嵩草（*Kobresia myosuroides*）草甸和以珠芽蓼为主要成分的杂类草草甸。孢粉组合中灌木和草本植物花粉仍占绝对优势，含量为91.6%（84.3%～94.9%），主要为莎草科24.3%（4.1%～35.0%）和麻黄属11.1%（8.6%～13.7%），其次有蒿属8.3%（3.3%～22.9%）、藜科7.3%（4.8%～11.1%）、唐松草属6.8%（0～10.5%）和菊科6.5%（0～19.4%），还见少量的禾本科、毛茛科、十字花科、蓼属、蔷薇科、石竹科和红景天等；乔木花粉占8.4%（5.1%～15.7%），其中主要有云杉属7.6%（5.1%～14.8%）；还有少量的蕨类孢子，为1.9%（0～4.7%）。

带Ⅲ：位于海拔3400～2700m的亚高山草甸带。植被组成主要是嵩草草甸，伴生有冷蒿、高山唐松草（*Thalictrum alpinum*）、高山早熟禾、准噶尔金莲花（*Trollius dschungaricus*）、珠芽蓼和准噶尔蓼等植物群落，海拔2900m以下出现稀疏的云杉林。孢粉组合中尽管灌木和草本植物花粉含量有所下降，但仍占优势，为73.9%（63.2%～85.8%），主要为蒿属18.2%（9.0%～36.5%）、麻黄属16.8%（2.6%～29.1%）、柽柳属13.0%（9.2%～17.7%）和藜科10.3%（5.8%～16.1%），还有少量的唐松草属、莎草科、毛茛科、石竹科、禾本科、蔷薇科、菊科和蓼属等；该带的乔木花粉含量增至26.1%（14.2%～36.8%），主要为云杉属22.8%（13.6%～28.0%）和少量的柳属。

带Ⅳ：位于海拔2700～2250m的雪岭云杉林地带。植被组成主要是天山云杉林，林间混生有一些山柳（*Salix pseudotangii*），林间空地上生长有以藜科、蒿属、唐松草属和菊科植物为主要成分的杂草草丛。孢粉组合中灌木和草本植物花粉含量降至56.4%（27.5%～77.0%），主要为藜科12.9%（7.8%～23.8%）和蒿属12.1%（6.0%～21.3%），其次唐松草属9.7%（0～39.5%）、麻黄属6.4%（4.1%～8.7%）和菊科5.1%（0.6%～22.8%），还有少量的柽柳属、莎草科、毛茛科、禾本科、石竹科、蓼属、蔷薇科和十字花科等；乔木花粉含量增加，为43.6%（23.0%～72.5%），主要是云杉属38.3%（16.8%～70.5%），其次有少量的柳属。

四、石河子南山表土花粉散布特征

表土采样点（图2.7）所在的石河子南山，距乌鲁木齐75km，属北天山的喀拉乌成山北麓，地处中山与低山过渡带，平均海拔1922m，年降水量400～600mm，最冷月（1月）平均气温-10.4℃，最热月（7月）平均气温12.4℃。无霜期77天，平均降水量为456.3mm，年平均蒸发量为1008.3mm，夏季多雨，冬有积雪，这一地区的气候、地貌和植被垂直带分带明显，具有多种植被带类型，从下至上可分为典型荒漠带、蒿类荒漠带、森林草原过渡带和山地云杉林带等（中国科学院新疆综合考察队，1978）。

在南山地带采集的23块孢粉样品共统计孢粉总数为21128粒，它们分属于42个植物科属。乔木花粉主要有云杉属、落叶松属（*Larix*）、桦木属；中旱生灌木和草本植物花粉主要有麻黄属、白刺、藜科和蒿属等；中生或湿生草本植物花粉有禾本科和莎草科等。依据表土花粉特点和现代植被调查，该区表土孢粉谱从上至下可分为4个孢粉组合带（图2.8）。

带Ⅰ：森林植被带（2400～1700m），该带植被以云杉属为主，林下生长着多种类型的灌木及草本植物，以珠芽蓼、乌头（*Aconitum carmichaelii*）、忍冬和天山花楸等较多。

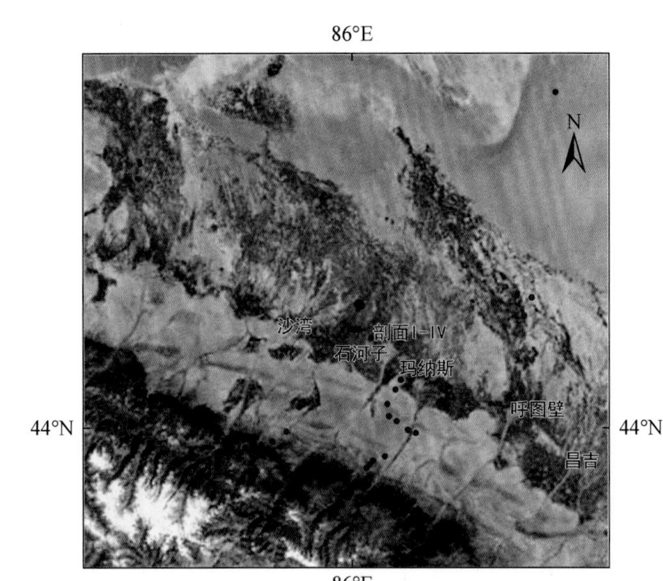

图 2.7　天山北坡表土花粉和地层剖面采样点分布图

另外，林下还见较多的水龙骨属（*Polypodiodes*）植物。孢粉组合中乔木花粉含量为 71.3%~88.89%，平均值高达 81.07%，其中云杉属花粉含量最高（平均值为 81.02%），桦木属和榆属等花粉类型含量较少。灌木和草本植物花粉含量为 11.11%~28.66%，平均值为 18.93%，其中藜科（14.76%）、蒿属（1.78%）、麻黄属（1.34%）为主要成分，还见少量的禾本科和石竹科花粉。该带的孢粉种类较多，达 29 个植物科属，除了云杉属（81.02%）、藜科（14.76%）含量较高外，其他种类仅占很小的比例，部分科属的孢粉仅有几粒。

带Ⅱ：森林草原过渡带（1700 ~ 1350m），植被以豆科中的锦鸡儿（*Caragana sinica*）和小檗科（Berberidaceae）灌丛为主，其次主要有蒲公英属（*Taraxacum*）和牛蒡（*Arctium lappa*）等草本植物。孢粉组合中乔木花粉含量占 2.94%~65.96%，并随海拔降低而显著减少，平均值为 36.16%，较带Ⅰ明显降低。其中云杉属花粉的均值为 35.47%，其他乔木如桦木属、落叶松属含量较低。灌木和草本植物花粉含量为 34.04%~97.06%，均值为 63.84%，比带Ⅰ含量增高，其中藜科（50.13%）占主要部分，蒿属（7.8%）、蓼属（2.32%）等含量也较高，还见少量禾本科、菊科、石竹科等。尽管该带较带Ⅰ的孢粉种类有所减少，但仍鉴定有 21 个植物科属。

带Ⅲ：蒿类荒漠带（1350 ~ 750m），植被以蒿属、藜科和麻黄属等植物为主，主要有绢蒿属（*Seriphidium*）、薹草、角果藜和骆驼蓬等。孢粉组合中的乔木花粉含量较带Ⅰ、带Ⅱ低，其值为 0.19% ~ 1.71%，平均值为 0.96%。而灌木和草本植物花粉含量高达 98.29%~99.81%，平均值为 99.04%，主要为藜科（62.36%）、蒿属（34.33%）、麻黄属（1.99%），还见少量的蓼科、白刺、菊科等。与前两带相比，该孢粉带的孢粉种类较少，仅有 16 个植物科属，其中只有几粒蔷薇科、伞形科（Umbelliferae）、柽柳属和胡颓子科（Elaeagnaceae）等植物花粉。

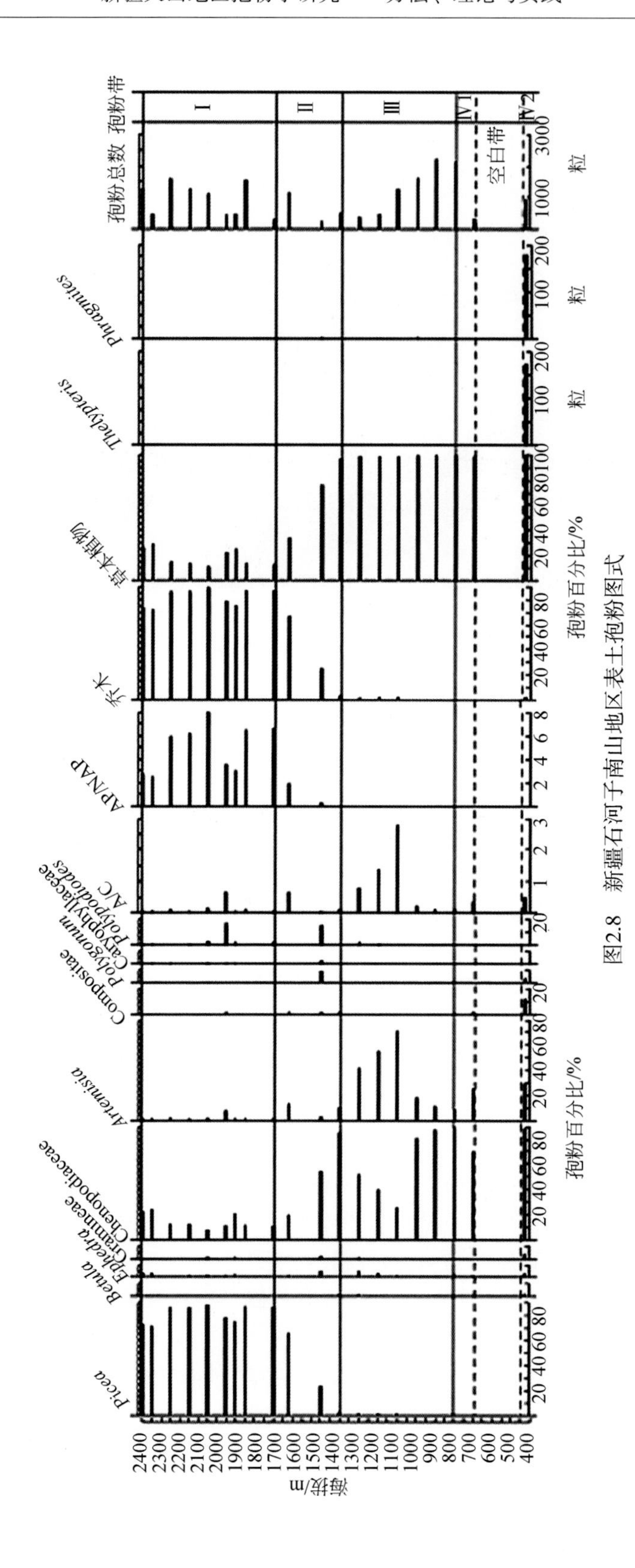

图2.8　新疆石河子南山地区表土孢粉图式

带Ⅳ：典型荒漠带（750～350m），该孢粉组合带中，蒿属、藜科等典型的荒漠植物明显占优势。但在400m以下的样品中却含有大量的沼泽蕨（*Thelypteris palustris*）孢子和芦苇植硅体，因此有必要划出两个亚带。

亚带Ⅳ1（750～650m）：乔木花粉含量平均值仅为0.56%，灌木和草本植物花粉含量却占99.39%～99.48%，平均值为99.44%，成为整个垂直带谱的最高值，其中藜科（79.55%）、蒿属（17.12%）和麻黄属（1.66%）含量较高，还有少量的菊科、白刺、柽柳属和禾本科植物花粉。值得注意的是，该孢粉带的孢粉种类有24个植物科属，较带Ⅲ增多，除出现蓝盆花属（*Scabiosa*）、豆科、十字花科外还出现了挺水的香蒲属（*Typha*）、黑三棱属（*Sparganium*）和沉水的眼子菜属（*Potamogeton*）等沼生植物的个别花粉。

亚带Ⅳ2（400～350m）：位于草滩湖区范围内，孢粉组合虽以藜科、蒿属为主，但该带还出现了大量湿地上生长的沼泽蕨孢子和芦苇扇型植硅体，似乎该特征与草滩湖地层剖面中泥炭层的孢粉特征类似，推测该土样并不能完全代表近年的表土沉积，而是兼具历史沉积物与表土沉积物的特征。

五、天山北坡表土花粉与植被关系的机理探讨

探讨现代花粉组成、空间分布及与地区和区域植被之间的关系，对于正确解释地层花粉谱特征，并依此进行第四纪古植被重建、古气候恢复等诸方面具有重要意义（Wright，1967；Parsons and Prentice，1981；Bradshaw and Iii，1985；Gajewski et al.，2002；Herzschuh et al.，2003；郑卓等，2008；许清海等，2009；Zhang et al.，2010）。由于孢粉的产量、传播、散布、搬运、沉积、保存等一系列基础性问题得不到解决，会影响孢粉学理论和应用研究，因此世界上不少学者已对不同区域开展了现代孢粉-植被关系研究，如山地和平原（Caseldine and Pardoe，1994；Davies and Fall，2001；Yu et al.，2001；Berrío et al.，2003；Lv et al.，2008）、岛屿（Jackson and Dunwiddie，1992；Mcglone and Moar，1997；Larocque et al.，2000）、河流（Solomon et al.，1982；Smirnov et al.，1996）、湖泊（Jackson，1990；Walker，2000；Wilmshurst and McGlone，2005；Zhao et al.，2009b）、荒漠（Newsome，1999；Luo et al.，2009；Li et al.，2011）、草原（许清海等，2009）、海岸以及海洋区域（Dupont and Wyputta，2003；Fontana，2003；Rousseau et al.，2003；Stutza and Prietoab，2003）。

山地由于具有特殊的地形及花粉扩散和传播的气流机制，成为研究现代孢粉和植被关系的重要区域（Markgraf，1980；Solomon and Silkworth，1986；Sergei and Yazvenko，1991；Fall，1992a，1992b；Davies and Fall，2001；Lu et al.，2008，2011）。而研究区基带为荒漠地区的山地，由于拥有低地荒漠、草原、山地森林和高山草甸等不同的植被类型，显得尤为重要（Fall，1992a；Davies and Fall，2001；Berrío et al.，2003）。对这些地区经常采用设置样带的方法进行花粉-植被的关系研究（Markgraf，1980；Solomon and Silkworth，1986；Sergei and Yazvenko，1991；Davies and Fall，2001；Pan et al.，2010）。另外，多种生态学统计分析方法，如聚类分析（CA）、主成分分析（PCA）、降趋对应分析（DCA）等已被广泛应用于现代花粉研究中（Zhang et al.，2010）。

以往根据不同山区的现代花粉雨和植被关系的研究，已表明现代表土花粉组成与其现代植被之间有着很好的对应关系。故基于不同海拔的现代植被带可根据花粉谱来划分

(Anupama et al., 2000; Davies and Fall, 2001; Yu et al., 2001), 从而为在山区使用表土花粉谱来重建古植被组成提供了可靠依据。位于中国西北干旱区的新疆，全新世以来环境已受自然和人类活动的干扰，尤其近百年以来，强烈人类活动导致生态环境发生了巨大变化，古植被的重建需要有更精确的现代孢粉和植被关系的研究结论来支撑。过去 20 年来，尽管已在该区开展了一系列的关于现代孢粉和植被关系的研究，并积累了较为丰富的研究资料（阎顺和许英勤，1989；潘安定，1992，1993b；阎顺，1993，1996；许英勤等，1996；阎顺等，2004a；Luo et al., 2009），但常出现植被样方调研和表土孢粉的采集不能同步进行，因此特别强调对具有特殊地形和多个植被带的天山中段地区进行详细研究，应用统计分析及与气候参数之间的相关分析，将有助于研究不同海拔的花粉谱特征及与现代植被之间的定量关系。

在天山中段北坡从海拔 460 ~ 3510m 设置样带进行表土花粉采集和现代植被的调研（图 2.9，表 2.3），按每隔海拔 20 ~ 100m 设置 20m×20m 的 2 ~ 3 个样地。在每个植被样地里，按乔木、灌木和草本植物三层进行调查，分别记录乔木层树木的种类、树号和冠幅；在样地里划出 10m×10m 的 4 个样方，统计灌木种类、编号、高度和冠幅。在每个样方里随机选择两个 1m×1m 的小样方，记录草本植物种类、高度、编号和盖度。灌木种群的盖度采用样线法测定，即在试验区内以两对角线方向设置两条样带，样带两侧各两条样线，共 4 条样线，测量各灌木种植冠在线上的投影长度，并分种累加，再除以样线总长，即得各灌木种群的盖度。草本植物盖度则采用目测法。海拔 460 ~ 3510m 共调查了 79 个植被样方（表 2.3）。在样方调查的同时，沿着垂直带谱采集不同植被样方中的表土花粉样品。按梅花点状分布法从海拔 460 ~ 3510m（表 2.3）共采集 80 个表土样品，每个样重达 100g。

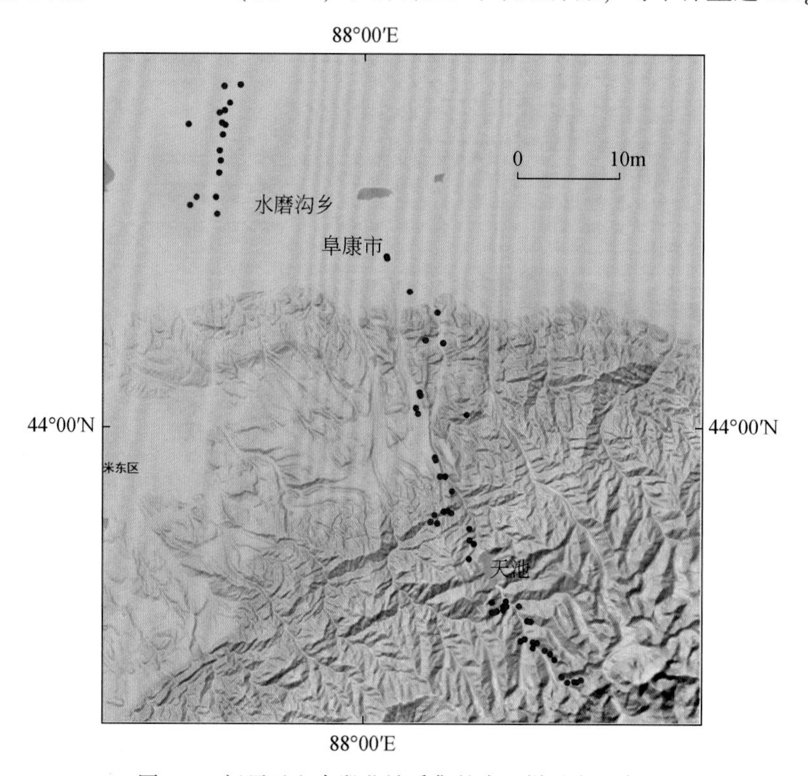

图 2.9　新疆天山中段北坡采集的表土样品点示意图

表 2.3　沿海拔梯度的天山中段样带的植被和现代孢粉特征

植被带	植被样方号	海拔/m	优势种及盖度	孢粉带	孢粉样品号	海拔/m	主要花粉类型及百分比
带Ⅰ：高山垫状植被带	未采集	>3500	囊种草，双花委陵菜（总盖度25%~60%）	孢粉带Ⅰ	BH1	3510	乔木 20.6%：云杉属 11.4%，柳属 8.7%，桦木属 0.5%； 灌木 14.3%：麻黄属 11.4%，白刺属 7.4%； 草本植物 65.1%：蒿属 37.3%，藜科 16.2%，菊科、唐松草属、毛茛科、石竹科和禾本科等
带Ⅱ：高山和亚高山草甸带	BD1 ~ BD17	2600 ~ 3390	早熟禾属（*Poa*）3.3%，羊茅属 10.2%，薹草 16.2%，唐松草属 4.0%，珠芽蓼 8.8%	孢粉带Ⅱ	BH2 ~ BH20	2600 ~ 3420	乔木（20.6%~43.8%）：云杉属 29.8%，柳属 5.1%； 灌木（1.3%~13.8%）：麻黄属 8.5%，柽柳科 1.4%，白刺属 0.6%； 草本植物（43.6%~65.6%）：藜科 20.4%，蒿属 18.3%，菊科 0.9%，禾本科 0.9%，唐松草属 3.5%，石竹科 4.4%，毛茛科 1.5%
带Ⅲ：山地云杉林带	BD18 ~ BD37	1800 ~ 2600	东北羊角芹 12.9%，野青茅（*Deyeuxia pyramidalis*）1.9%，岩参（*Cicerbita azurea*）7.7%，雪岭云杉 59.2%，早熟禾 1.0%，唐松草属 0.8%	孢粉带Ⅲ	BH21 ~ BH47	1720 ~ 2600	乔木 66.2%（22.6%~94.0%）：云杉属 62.4%，柳属 3.2%； 灌木 7.1%（1.4%~24.6%）：麻黄属 4.1%，柽柳科 2.8%； 草本植物 26.7%（4.6%~52.8%）：藜科 12.7%，蒿属 6.7%
带Ⅳ：森林-草甸过渡带	BD38 ~ BD50	1300 ~ 1720	东北羊角芹 7.4%，野青茅 6.1%，蒿属 4.9%，薹草属 8.9%，栒子属（*Cotoneaster*）12.9%，绿草莓（*Fragaria viridis*）4.7%，北方拉拉藤 4.7%，草原老鹳草（*Geranium pratense*）2.1%，忍冬属 4.6%，早熟禾属 2.9%，蔷薇属 16.9%，天山花楸 3.5%，柳属 2.9%，雪岭云杉 17.5%，林荫千里光（*Senecio nemorensis*）3.5%，绣线菊 2.8%，唐松草属 1.7%	孢粉带Ⅳ	—	1300 ~ 1720	乔木 23.2%（20%~27.6%）：云杉属 14.7%，柳属 7.1%； 灌木 21.1%（16.9%~23.5%）：麻黄属 11.1%，柽柳科 9.4%； 草本植物 55.7%（50%~63.1%）：藜科 27.1%，蒿属 15.4%，唐松草属 3.7%
带Ⅴ：蒿类荒漠带	BD51 ~ BD63	700 ~ 1230	山蒿（*Artemisia brachyloba*）14.5%，羊茅属 2.8%，皂荚属（*Gleditsia*）16.5%，薹草属 5.4%	孢粉带Ⅴ	BH48 ~ BH59	700 ~ 1230	乔木 11.1%（7.9%~16%）：云杉属 3.7%，柳属 6.2%； 灌木 12.6%（9.1%~19.2%）：麻黄属 5.6%，柽柳科 6.7%； 草本植物 76.3%（64.7%~81.8%）：藜科 18%，蒿属 53%
带Ⅵ：典型荒漠带	BD64 ~ BD79	460 ~ 620	山蒿 7.6%，梭梭 3.5%，叉毛蓬（*Petrosimonia sibirica*）4.8%，猪毛菜属 4.5%，囊果碱蓬（*Suaeda physophora*）2.9%，红砂属（*Reaumuria*）6.9%，刚毛柽柳（*Tamarix hispida*）3.3%	孢粉带Ⅵ	BH60 ~ BH80	460 ~ 620	乔木 16.6%（8.2%~27.6%）：云杉属 1.7%，柳属 4.5%，榆属 10%； 灌木 11.6%（4.7%~28.1%）：麻黄属 4.2%，柽柳科 6.6%； 草本植物 71.8%（51.7%~84%）：藜科 49.3%，蒿属 17%，唐松草属 1.5%

80 块孢粉样品共统计孢粉总数为 32502 粒，它们分属于 47 个植物科属（图 2.10）。在分析的孢粉样品中，其中乔木主要有云杉属、柳属、桦木属和榆属，个别为胡桃属、槭属和桤木属（*Alnus*）等；中旱生灌木和草本主要有藜科、蒿属、白刺属和麻黄属等；中生或湿生草本有禾本科和莎草科等。依据表土花粉特点和现代植被调查，将该区表土孢粉谱从上至下分为 6 个孢粉组合带（图 2.10、图 2.11）。

带Ⅰ：高山垫状植被带，分布的海拔是 3400 ~ 3900m，以囊种草和双花委陵菜为主（李光瑜等，1995）。虽在该带没有设植物样方，但在海拔 3510m 处采集了 1 块表土样品（表 2.2）。从该带到海拔 5445m 的博格达峰主要是冰川和常年积雪带，这是天山地区森林、牧场和农业的主要水源。在海拔 3420 ~ 3510m，草本植物花粉含量较高（65.1%），以蒿属（37.3%）和藜科（16.2%）为主，还见含量较少的菊科、唐松草属、毛茛科、石竹科和禾本科（1.2%~2.7%）等。乔木花粉含量为 20.6%，以云杉属（11.4%）和柳属（8.7%）为主，偶见桦木属花粉（0.5%）。灌木花粉含量为 14.3%，以麻黄属（11.4%）和白刺属（7.4%）为主。

带Ⅱ：高山和亚高山草甸带，又被划分为两个亚带：3000 ~ 3400m 的高山草甸带和 2700 ~ 3000m 的亚高山草甸带，以珠芽蓼、耐寒委陵菜（*Potentilla gelida*）、高山唐松草、火绒草（*Leontopodium leontopodioides*）、薹草和羊茅属植物为主，该亚带土壤贫瘠，山谷中多分布大块岩石。亚高山草甸带的植物类型与高山草甸带相似，但稀疏分布着高 10 ~ 60cm的新疆方枝柏（*Sabina pseudosabina*）小灌木，唯在海拔 2800m 处最为集中。该带草本植物花粉含量（43.6%~65.6%）较高，以藜科（12.7%~24.7%）和蒿属（11.6%~37.3%）花粉占优势，但它们在海拔 2755 ~ 3420m 处并没有相应植被生长。尽管云杉属、柳属和桦木属等乔木，以及麻黄属、白刺属等灌木花粉含量也很高，但却未见到可对应的现代植被。石竹科、唐松草属、菊科、毛茛科和禾本科花粉也有一定含量（≤10%）。而早熟禾属、羊茅属、薹草属、唐松草属和珠芽蓼等的花粉则出现在该带海拔分布的现代植被的孢粉谱中。

带Ⅲ：山地云杉林带，海拔 2700 ~ 1720m，主要为山地云杉林带（雪岭云杉）。在海拔 2200 ~ 2700m，主要有雪岭云杉，伴生有刺柏属（*Juniperus*）灌木及丰富的草本植物，如东北羊角芹（0 ~ 32.5%）、岩参。在海拔 1720 ~ 2200m，乔木层以云杉属为主，还有欧洲山杨、柳属、天山花楸等。灌木层中见有云杉属的实生幼苗和黄刺玫（*Rosa xanthina*）、忍冬属，一些草本植物有纤毛野青茅（*Deyeuxia arundinacea*）、草原老鹳草、唐松草属、准噶尔繁缕（*Stellaria soongorica*）、早熟禾属和羊茅属等。该带以高含量的云杉属花粉（10.4%~93.3%）和低含量的灌木和草本植物花粉为特征。云杉林分布的海拔为 1720 ~ 2755m，其花粉平均含量为 62.4%，而该植被的平均盖度为 52.5%，在海拔 2100m 处云杉属花粉含量达到最高值（93.3%）。

带Ⅳ：森林-草甸过渡带，该带分布有占优势的灌木：宽刺蔷薇（*Rosa platyacantha*）、腺齿蔷薇（*Rosa albertii*）、黑果栒子、多叶锦鸡儿、刚毛忍冬（*Lonicera hispida*）等（灌木层盖度为 47.4%），以及主要的草本植物：野青茅、扁穗冰草、披碱草（*Elymus dahuricus*）、早熟禾、拂子茅、羊茅、东北羊角芹、薹草属、蒿属、林荫千里光和阿尔泰狗娃花（*Heteropappus altaicus*）等（草本层盖度为 84.8%）。在海拔 1230 ~ 1720m，含量较高的为草本植物（50.0%~63.1%）和灌木植物花粉（16.9%~23.5%），云杉属花粉含量

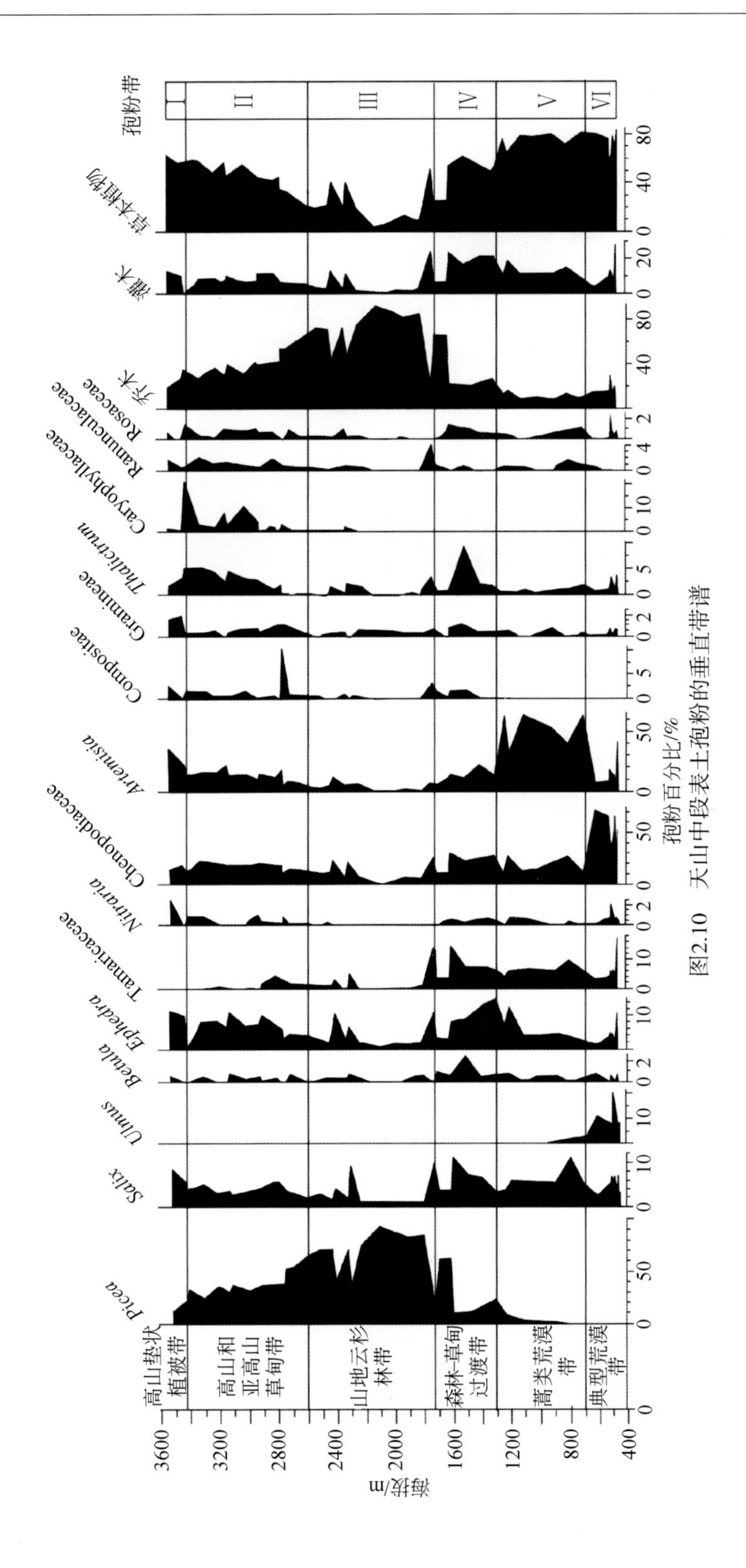

图2.10 天山中段表土孢粉的垂直带谱

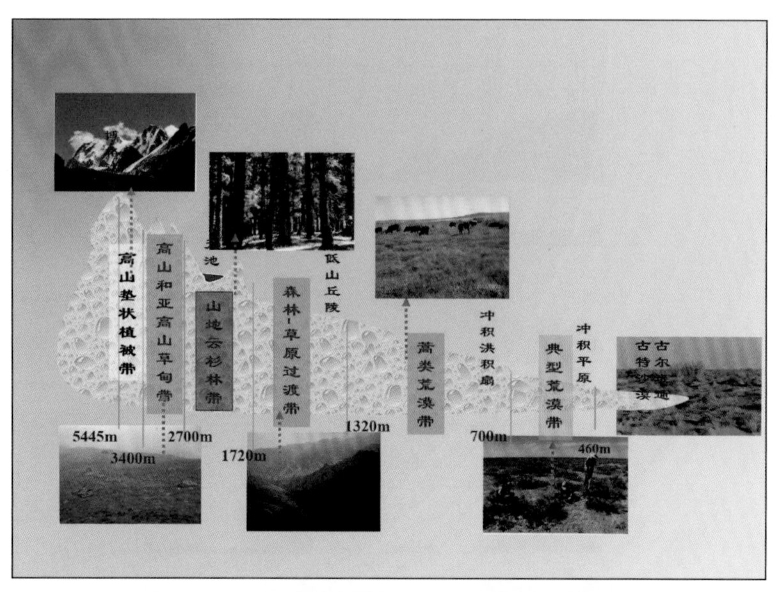

图 2.11 天山中段植被垂直带与表土花粉样点

则迅速降至10%~20%，其他乔木如柳属和桦木属花粉含量则有所增高。灌木如麻黄属和柽柳科花粉含量也显著增高。草本植物花粉在该带开始占优势，其中以蒿属、藜科、唐松草属、菊科和毛茛科为主。这些花粉主要来自于这个植被带的灌木和草本植物。

带Ⅴ：蒿类荒漠带，该带分布于海拔 700～1300m，主要为灌丛荒漠带。灌木植被有多叶锦鸡儿、皂荚属等，一些荒漠非禾本植物，如蒿属、角果藜、驼绒藜和猪毛菜也主要分布于该带。角果藜、蒿属、木地肤、小蓬和叉毛蓬等荒漠植被主要分布在海拔 600～800m 处。总之，这是一个半灌木荒漠植被带，以高含量的蒿属花粉（31.2%～61.5%），低含量的乔木、灌木和草本植物花粉为主要特征。云杉花粉含量仅占乔木花粉总含量的1%～5%，而柳属和榆属花粉含量增加。灌木如麻黄属、柽柳科和白刺属的花粉与孢粉带Ⅲ相比有所下降，草本植物花粉则以蒿属和藜科为主。

带Ⅵ：典型荒漠带，一些荒漠植被分布在海拔 460～700m，如红砂、梭梭、里海盐爪爪（*Kalidium caspicum*）和盐爪爪等，还有一些荒漠植物，如叉毛蓬（0～32.6%）、囊果碱蓬（0～26.3%）、红砂属（0～26.3%）、刚毛柽柳（0～27.0%）、梭梭（0～41.2%）、白刺属和猪毛菜属等。该带藜科花粉（25.4%～72.4%）占绝对优势，表明典型荒漠植被以藜科的灌木和草本植物为主。

六、结果与讨论

1. 孢粉比值应用

在中国西部和北部的半干旱地区，AP/NAP 值被广泛应用于推测森林草原和亚高山环境植被景观的稀疏状况，也可指示湿度和温度的变化情况（Liu et al., 2002b; Herzschuh et al., 2006），而 A/C 值也用来指示气候的干湿程度（El-Mslinmany, 1990; 孙湘君等,

1994；Herzschuh，2007）。图2.12是天山北坡6个植被带的AP/NAP值和藜科/蒿属（C/A）值变化情况，它表明蒿、藜科和木本植物花粉的空间变化情况。蒿类荒漠带C/A值最低，表明此时蒿属花粉的含量远比藜科高，而该值在典型荒漠带最高，表明此时出现藜科花粉的最高值。海拔1300～3500m大多数C/A值>1，海拔700～1300m是蒿类荒漠带，其值<1，然而在海拔低于700m的地带该值突然增加，平其均值上升为6.2，在海拔620m处，甚至达到13.5。山地云杉林带的木本植物花粉的含量最高，除了山地云杉林带，其他带的AP/NAP值都很低。

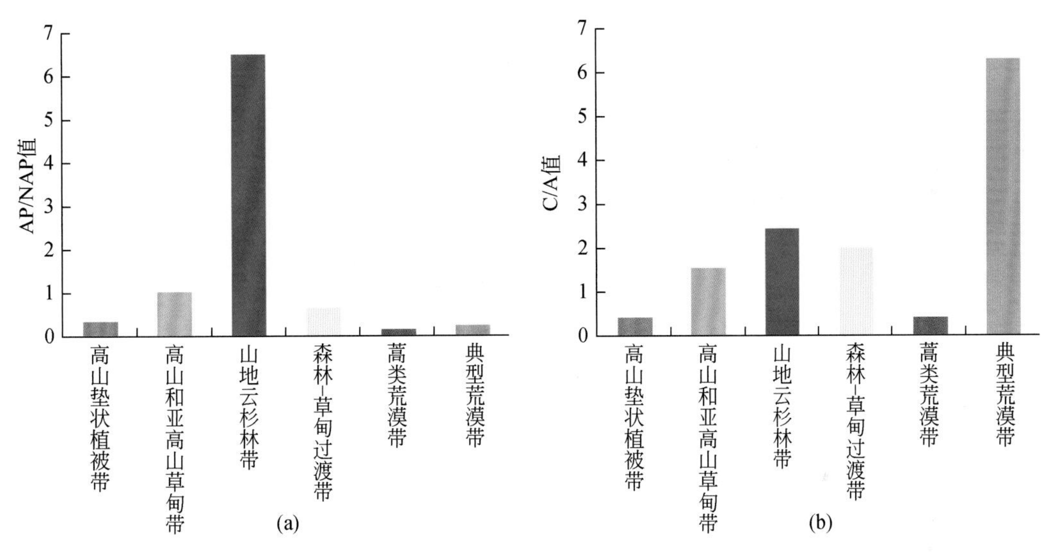

图2.12　天山北坡表土花粉的AP/NAP值和C/A值

2. 孢粉组合和环境变量

从统计的孢粉类群中选取百分含量超过0.5%的花粉，即云杉属、桦木属、柳属、麻黄属、柽柳属、白刺属、藜科、菊科、蒿属、毛茛科、唐松草属、石竹科、莎草科、蔷薇科、禾本科、豆科和伞形科17个花粉类型的百分含量作为植被数据矩阵，经Canoco软件实现降趋对应（DCA）排序（ter Braak and Smilauer，2002）。另外，收集天山北坡的6个气象台站（阜康、奇台、乌鲁木齐、天池、小渠子和大西沟）1951～2000年的多年气温和降水量等数据，与花粉数据进行相关系数计算，并对天池地区2001～2006年各月风向频率资料进行分析。

DCA排序结果（图2.13）表明，前两个轴的特征值分别为0.468和0.103，共解释了60.3%的累积方差，第三和第四轴的特征值分别为0.052和0.025，明显低于第一和第二轴，可见花粉数据和样品点排列主要受第一和第二轴所代表的环境因素控制，其中第一轴代表的环境因子则更为重要。从图2.13可以看出，除了带Ⅰ的高山垫状植被带、带Ⅴ的蒿类荒漠带和带Ⅵ的典型荒漠带的样品可以单独分成不同的组，而其他的植被带则无法完全分开。但是不同植被带的样品所对应的指示性孢粉种属还是较为清楚，带Ⅰ主要对应蔷薇科花粉，带Ⅱ主要对应菊科花粉类型，带Ⅲ主要与云杉属对应，带Ⅳ对应于麻黄属和莎草科，带Ⅴ则与蒿属花粉对应，而藜科主要对应于带Ⅵ。第一轴排序值较低的有云杉属花粉类型，排序值较高的是一些典型荒漠植被类型，如藜科和蒿属等，所以第一轴主要反映湿度的变化。第二轴最低排序值为蒿属，最高排序值为藜科，这样的排序规律尚不明显，还需进一步探讨。另外，图 2.13 还显示出了一个中心两个极点的分布模式，即以湿润区植被类型（各类草甸和雪岭云杉林）为中心，向山地蒿属荒漠和典型荒漠的两个干旱极点过渡的分布模式，这种分布模式明显地反映出天山北坡湿度变化的情况。

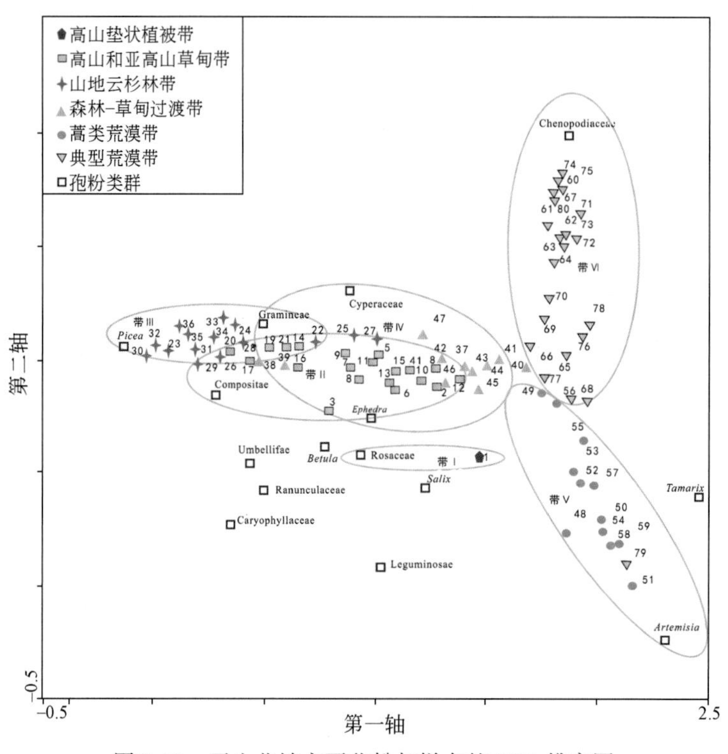

图 2.13　天山北坡主要花粉与样点的 DCA 排序图

3. 表土花粉与植被关系的分析

DCA 排序结果表明带Ⅰ主要对应蔷薇科花粉，而该植被带中属蔷薇科的双花委陵菜的盖度较大；带Ⅱ与菊科花粉对应，在植被带中菊科的盖度较高；云杉属花粉主要出现在海拔 3500 ~ 1000m，其中在海拔 2800 ~ 1800m 处，其含量高达 40%~90%。然而在没有云杉林分布的 3500 ~ 2800m 和 1600 ~ 1200m 处的表土花粉中，也分别占到 20%~30% 和 10%。落叶乔木花粉如柳属和桦木属则出现在所有海拔上，它们的含量分别为 5% 和 1%。榆属花粉仅见于海拔低于 1600m 的地方。麻黄属、柽柳科、菊科、禾本科、唐松草属、毛茛科和蔷薇科花粉也分布于整个垂直带，其中麻黄属花粉含量在没有森林分布的地方（6%~8%）高于有森林分布的地方（2%~6%），柽柳科花粉在云杉林分布下限处（<1800m）含量较高（4%~10%），菊科花粉高值出现在高海拔（3500 ~ 2800m）和中海拔（1800 ~ 1400m）地区，禾本科、唐松草属、毛茛科和蔷薇科花粉含量均很低。石竹科花粉则出现在海拔 3500 ~ 2800m 地区。白刺属花粉主要分布在没有森林分布的地方。藜科花粉和蒿属花粉在整个垂直带的含量都较高（10%~70% 和 10%

~60%），但总体上看在森林分布区含量低于非森林区，而最高值出现在低海拔处，尤其是在荒漠地区。

现代孢粉谱基本上反映了天山北坡的现代植被特征，大部分孢粉来源于原地植被。例如，云杉林中云杉花粉含量高于50%，而在荒漠中低于5%。蒿类荒漠带中蒿属花粉的平均含量为53%，典型荒漠带中藜科花粉的平均含量为49%。

然而，在某些地段的表土花粉谱并不能完全代表现代植被。例如，在海拔3400~2700m的草甸植被区的表土花粉组合中，云杉属花粉的含量占11%~40%。海拔2600~2700m现已是现代云杉林的分布上限，在2700m以上的草甸带已没有云杉分布，因此该带的云杉花粉主要来自于2700m以下的云杉林。同样地，在带Ⅴ和带Ⅵ的荒漠带也没有云杉生长，但云杉花粉含量平均占1%以上。相对产量和代表性都较低的草本植物花粉在计算占孢粉总数百分比时，常会导致云杉花粉百分含量相对较高。

4. 典型乔木（云杉）花粉含量与植被关系的探讨

空气中花粉主要是现生植物当年生长产出的花粉，盛花期的花粉数量能较好地反映当地和附近周边方圆约50km的植被状况，因此，从天山北坡3个不同海拔梯度的天池气象台站（43°53′58.38″N，88°07′15.75″E，海拔1942.5m）（图2.14）、中国科学院阜康荒漠生态系统定位研究站（44°17′27.41″N，87°55′52.65″E，海拔477m）（图2.15）和北沙窝（44°22′40.74″N，87°55′9.74″E，海拔443m）草炭试验站（图2.16）安置的3个风标式空气花粉收集器所收集的2001年7月至2006年7月的5年的空气花粉雨的研究结果（杨振京，2004；毛礼米，2008；潘燕芳等，2011）不仅有助于说明该地区的表土花粉分析结果，而且可以更好地研究花粉与植被的关系。研究结果表明，雪岭云杉的花粉百分比与体积浓度随海拔梯度呈现明显的变化，在云杉林带含量最高，在6月初云杉林带盛花期间的花粉含量占50%，而在低海拔的阜康和北沙窝地区该含量则低于3%，这与表土花粉的表

图2.14　天池空气花粉收集器

现特征较为一致，两者都表明云杉属花粉主要为原地沉积。

图 2.15　阜康空气花粉收集器（毛礼米拍摄制作）

图 2.16　北沙窝试验地花粉收集器

前述表土花粉带Ⅲ的山地云杉林带的云杉属达 62.4%，可与该带的植被盖度相对应（53.7%），较好地指示了植被数量，显示代表性适中。尽管带Ⅰ和带Ⅱ未见云杉生长，云杉属花粉含量却占 10% 以上，显然取样点的海拔已高出云杉林分布上限 1710m，造成这种现象很大可能是受到山谷风的影响，前人在该区的研究已经证明了这一点（阎顺等，2004；杨振京等，2011）。云杉作为新疆北方针叶林的主要建群树种，由于花粉传播和搬运的途径不同，其散布的距离、方向及沉积过程是完全不同的（Rousseau et al.，2003）。

当在强烈的上升气流和山谷风的共同作用下，云杉花粉散播的数量也有明显的变化。根据天池的气象站数据从2001～2006年连续5年记录计算出风向频率，可以看出天池风向是以西北与东南为主，白天谷风的风向为西北风，夜间谷风的风向转为东南风，山风频率以冬季最大，谷风频率以春夏之交最大，这种高频率的风向是受天山地区特殊的山谷地形影响的结果，无疑会对花粉搬运和传播产生显著的影响。由于云杉花粉浓度峰值也出现在初夏（毛礼米，2008），因此在云杉盛花期，山风南东的频率在夏季6～8月最小，而谷风北西在春夏之交频率最高，所以此时云杉花粉产量最大，而由谷风向上携带的云杉数量远超出下降气流携运的量。加利福尼亚山（Solomon and Silkworth，1986）、科罗拉多洛基山（Fall，1992）、Niederhorn山/谷地带（Markgraf，1980）和约旦裂谷中部（Davies and Fall，2001）等地区的研究同样表明在山区，孢粉粒常被上坡风和下坡风传播，但以上坡风为主，这就为云杉林分布上限的云杉属花粉含量高于分布下限的研究结论提供了证据（图2.10）。空气花粉的研究结果还证明了在一定条件下，这种上升气流搬运花粉的数量和能力是十分可观的（毛礼米，2008）。天山全年4～6月风速较大，因此在云杉盛花期，较大的风力也易将较多的云杉花粉吹扬到空气中，随风向上飘移一段时间后又沉降下来，成为表土花粉，从而导致在云杉林分布上限的云杉属花粉含量较高。而在其他季节风向由北西转向南东，云杉植物由于不是盛花期，花粉产量不高，此时只有少量的云杉表土花粉被南东风由高海拔地区携带到低海拔地区，因此在低海拔地区虽有云杉花粉存在，但含量都偏低。

表2.4展示了花粉比值、花粉百分含量与年平均降水量（MAP）、年平均气温（MAT）、海拔（LAT）及7月平均气温（JMT）的相关系数，云杉属花粉百分含量与MAP、LAT在0.01水平上呈显著的正相关关系（0.815和0.616），与MAT和JMT在0.01水平上呈显著的负相关关系（-0.566和-0.592），类似的相似性如木本花粉（AP）百分含量。而非木本花粉百分含量则呈现相反的情况，与MAP和LAT呈显著的负相关关系，与MAT和JMT呈正相关关系。这说明木本植物，尤其是云杉属花粉含量与海拔或湿度梯度具有良好的对应关系，这与雪岭云杉耐阴习凉的生态习性较为吻合。

表2.4　花粉比值、花粉百分含量（*Picea*、Chenopodiaceae、*Artemisia*）与年平均降水量、年平均气温、海拔及7月平均气温的相关系数

花粉比值、花粉百分含量	MAP	MAT	LAT	JMT
Picea	0.815**	-0.566**	0.616**	-0.592**
AP	0.764**	-0.512**	0.560**	-0.527**
NAP	-0.764**	0.512**	-0.560**	0.527**
AP/NAP	0.416**	-0.155	0.190	-0.166
Chenopodiaceae	-0.717**	0.525**	-0.568**	0.604**
Artemisia	-0.342**	0.26*	-0.269*	0.201
C/A	-0.413**	0.366**	-0.385**	0.434**

** 显著度为0.01。

5. 典型草本植物花粉与植被

藜科和蒿属植物是荒漠群落中的优势植物，其花粉百分含量高。对蒿属、藜科植被和花粉之间的数量关系的研究将有助于解释现代孢粉和荒漠植被之间的关系。新疆地区的以往研究表明，当盖度超过30%的藜科和蒿属植物在植物群落占优势时，它们的孢粉含量和盖度是相等的。植被盖度非常低而孢粉含量较高，这可能是因为它们有很高的花粉产量。然而，由于大多数藜科和蒿属植物是低矮的灌木和草本，其花粉易降落在植物体周围，因此孢粉和植被关系变得较为简单。在天山样带的蒿类荒漠带，蒿属孢粉含量为31.2%~61.5%，其植被盖度为0.3%~54.4%；在典型荒漠带，藜科花粉含量为25.4%~72.4%，而其植被盖度为5.6%~56.3%。因此当孢粉组合以藜科和蒿属为主时，它们的含量可以用来解释现代植被的组成。如果群落组成较为简单，它们的孢粉百分比和植被盖度基本可以等同。高含量的蒿属植物花粉往往代表较湿润的天山山前蒿类荒漠植物生长的冲积平原植被景观，相反，高含量的藜科植物花粉则代表低海拔干旱的古尔班通古特沙漠生长典型荒漠植被。天山北坡空气花粉的研究结果（杨振京等，2004b）也与表土一致，在天池附近，藜科和蒿属花粉具有超代表性。但在北沙窝附近藜科花粉在表土样品、空气花粉样品中与植被盖度成正比，表明其代表性较好，蒿属花粉在阜康附近的代表性也较好，这与李月丛的研究较为一致（李月丛等，2005a）。尽管在海拔1230m以上很少见到藜科和蒿属组成的植被，然而它们的花粉含量并不低（图2.12），这些花粉主要来自低海拔地区，这也是因为以西北为主导的谷风使低海拔的花粉流向上传播，同时也造成了外源花粉对本地花粉谱信息的干扰。空气花粉的研究也证明了天池附近的较多的蒿属和藜科花粉是从蒿类荒漠带和准噶尔盆地的典型荒漠带被上升气流携带上山的，又落到地表成为表土花粉（杨振京等，2004b）。

从表2.4可以看出，藜科花粉百分含量与年平均降水量和海拔呈显著的负相关关系，而与年平均气温和7月平均气温呈较显著的正相关关系（$P<0.01$），可见该花粉与海拔或湿度梯度呈现反向关系，而藜科空气花粉的峰值主要出现在夏季（杨振京等，2004b；毛礼米，2008），表明它对温度变化较为敏感。C/A值则与MAP和LAT呈负相关关系，而与年平均气温和7月平均气温呈正相关关系，因此该值还是能反映干旱区气候的干湿变化情况。而蒿属对这些气候参数反应并不敏感，这与蒿属空气花粉的峰值出现在秋季（杨振京等，2004b；毛礼米，2008）并且呈现双峰现象有一定关系。

6. 结论

通过研究分析新疆中部天山北坡3510～460m的沿海拔梯度的植被和表土花粉之间的关系，得出以下结论：

（1）天山北坡表土花粉谱基本反映山地植被分布格局。高含量的孢粉主要来自原地，然而孢粉谱和植被之间存在差异，如云杉孢粉带的分布高度高于云杉林，云杉属、藜科和蒿属花粉的含量比现代植被的相对盖度高，这些花粉是超代表性的。然而，云杉属花粉已远离云杉林外，藜科和蒿属花粉分布到海拔高于1300m处，这些都表明它们大多数是由上升气流携带的外来花粉。

（2）当孢粉组合以蒿属和藜科花粉为主时，其花粉的含量基本上能反映植被情况。如果植物群落组成简单，它们的花粉含量和植被盖度基本可以等同。因此，孢粉组合中藜科和蒿属的比值可以反映干旱地区现代植被的干湿特征。

（3）来自天山北坡3个不同海拔地区的空气花粉的研究结果辅助证明了天山北坡西北方向的高频率风向为解释该点的花粉来源提供了有力证据，云杉林带的云杉属花粉及低海拔地区的荒漠植物花粉常被西风为主导风携带至高海拔地区。花粉的传播使得在高海拔地区依靠花粉组合来认识其植被类型变得尤为困难，因此孢粉工作者在进行表土分析或对晚第四纪地层样品进行分析时，既要详尽地调查采样地周围的现代植被分布状况，也要对当地取得的气象水文资料进行分析，只有通过对表土和地层中的孢粉组合做出正确的解释，才能做到较客观地恢复当时的历史植被。

第五节　天山南坡表土花粉与植被研究

近些年对天山南坡的表土研究成果相对较少，已有的资料也因其尺度大、样本点偏少、植被数据不足等诸原因，难以对该区孢粉与植被的基本关系进行深入阐述（许英勤等，1996；Luo et al.，2009）。为了了解天山中段不同区域、不同地貌条件和不同沉积物中花粉谱的差异和内在动力机制，2008年8月在新疆天山中段南坡地区选择合适的样带进行了表土花粉采集，以探讨表土花粉与现代植被的关系，进而深入揭示花粉的气候指示意义，从而为研究区的第四纪定量环境分析提供重要依据和参数。

一、巴音布鲁克表土花粉散布特征

巴音布鲁克草原位于新疆境内天山南坡中段的高位山间盆地，海拔在2400～4500m，因其三面基本封闭，形成了干燥、多风、寒冷的高寒山区气候，年平均气温为-4.5℃，年平均降水量为276.2mm，植被类型为以高寒草甸、高寒草原和高寒低地沼泽草甸为主的草地（李晓兵等，2000）。

植被调查与表土取样起始于海拔4000m的一号冰川老虎口（胜利达坂），沿黑熊沟以海拔每下降大致100m采集表土花粉样品，经高位山间盆地的小尤尔都斯盆地和天鹅湖沼泽区，最终到达和静县城（海拔1200m）为止，共采得38块表土样品（图2.17）。根据表土花粉特点和现代植被调查，该处表土孢粉谱可划分为5个孢粉带（图2.18）。

带Ⅰ：高山流石滩稀疏植被带（4000～3850m），分布于本区高山带碎石堆积之处，因土质疏松、富含物理风化作用而形成的碎石块，在岩缝生长有少量的禾草和菊科植物，植被盖度仅为1%～3%。孢粉组合中草本和半矮灌木花粉的含量高达66.8%～94.5%，其中主要为蒿属（34.7%）、麻黄属（16.6%）、藜科（15.8%）和菊科，还见少量的白刺属、禾本科、毛茛科、石竹科。乔木花粉含量仅占4%～23%，平均值达14.6%，其中以云杉属花粉为主（平均值为10.8%）。菊科花粉含量达到整个垂直带谱的最高值（平均值为0.2%）。该孢粉带的孢粉类群较少，仅有16个科属，但见个别的蕨类植物孢子。

带Ⅱ：高山草甸带（3850～3000m），植被以嵩草属（*Kobresia*）和薹草属等莎草科植物为主。孢粉组合中草本和灌木植物花粉含量为30%～92%，平均值为69.0%，尽管较带Ⅰ有所下降，但蒿属（26.2%）、藜科（11.8%）和麻黄属（6.0%）含量仍很高，莎草

图 2. 17　巴音布鲁克地区表土花粉采样点

科花粉百分含量较高，是整个垂直带谱中该花粉含量的最高值（30. 2%），这与该带以嵩草为主的高山草甸带植被类型比较一致。乔木花粉含量较带Ⅰ增多，平均含量在 31% 左右，仍以云杉属花粉为主，其平均含量增至 18. 9%，松属花粉为 10. 8%。与带Ⅰ比较，该带的孢粉种类增多，达 28 个植物科属。

带Ⅲ：亚高山草甸草原带（3000 ~ 2300m），除了海拔 2300 ~ 2400m 的天鹅湖区附近分布有以薹草、珠芽蓼和嵩草为主要组成的典型高寒沼泽草甸植被，大多数植被为亚高山草原类型，以禾草为主，有针茅属、羊茅、冰草（*Agropyron cristatum*）和早熟禾等植物。孢粉组合中的灌木和草本花粉含量占优势，除蒿属（29. 5%）、藜科（18. 5%）和麻黄属（8. 8%）含量较高外，还见到莎草属（2. 7%）和黑三棱等湿生和水生植物花粉。乔木花粉含量虽较带Ⅰ有所下降，但是其中的云杉属花粉含量却较带Ⅱ大幅度增加，其最高值竟占 80% 左右，平均为 21. 5%。

带Ⅳ：山地荒漠带（2300 ~ 1650m），植被以蒿类植物为主，有白刺、黑果枸杞（*Lycium ruthenicum*）、芨芨草（*Achnatherum splendens*）、锦鸡儿、藜科和禾草等植物，总盖度为 20%~30%，孢粉组合中灌木和草本植物花粉平均含量达到 98. 9%，其中主要为蒿属花粉（最高值为 71. 9%，平均值为 47. 1%），其次为藜科花粉（平均值为 26. 5%），蒺藜科和白刺属等典型荒漠植物的花粉含量上升为整个垂直带谱的较高值。乔木花粉含量较带Ⅲ迅速减少，平均值为 1. 1%，其中云杉属花粉仅占 0. 81%。

带Ⅴ：典型荒漠带（1650 ~ 1100m），植被以藜科植物为主，其次有锦鸡儿、黑果枸杞灌丛、铁线莲（*Clematis florida*）、萝藦科（Asclepiadaceae）、骆驼蓬、狗娃花（*Heteropappus hispidus*）、新疆亚菊（*Ajania fastigiata*）、紫草（*Lithospermum erythrorhizon*）、野韭（*Allium ramosum*）、蒿类、狗尾草（*Setaria viridis*）、芨芨草和少量禾草等，植被盖度为 1%~10%。此带中的灌木和草本植物花粉较高，但灌木花粉含量稍高于草本植物，藜科花粉含量可达 40. 2%，最高值为 77. 7%，成为垂直带谱含量的最高值。作为典型荒漠植物的麻黄属、柽

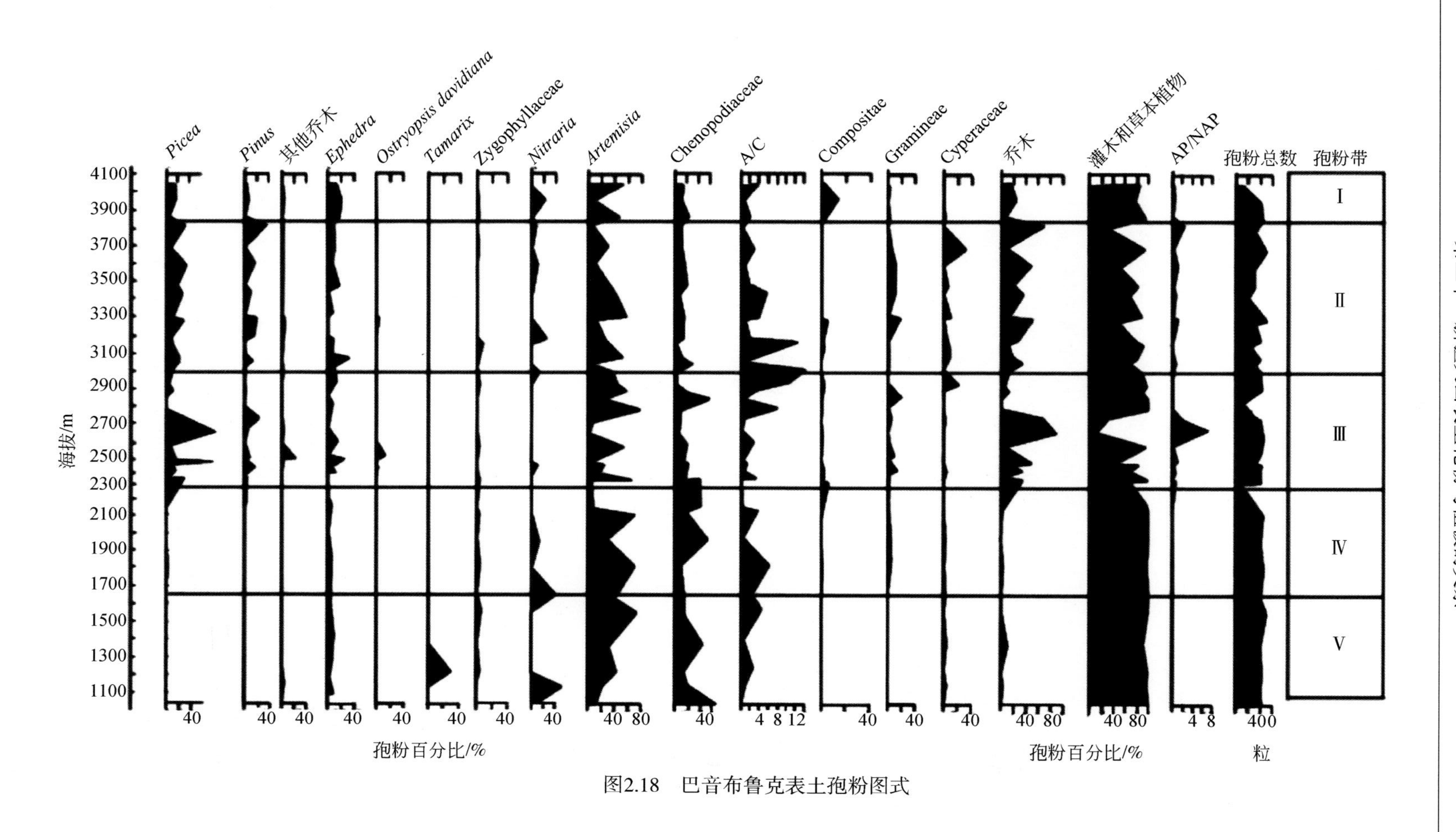

图2.18 巴音布鲁克表土孢粉图式

柳属、白刺属、蒺藜科和骆驼蓬属（*Peganum*）等花粉类型含量较高，尤其白刺属花粉最高值达 49.8%。乔木花粉含量和带Ⅳ相差不大，均小于 0.5%。

二、吐鲁番盆地表土花粉散布特征

研究区吐鲁番地区位于天山东段，地理位置 87.27°～91.92°E，41.20°～43.67°N，是我国地势最低的内陆盆地，其三面环山，盆地最低处的艾丁湖海拔仅为-154.31m。研究区气候为典型的暖温带干旱荒漠气候，年降水量 16mm，夏季平均最高气温在 38 ℃以上，被称为“火洲”，同时又有“风库”之称，年平均大风日数在 100 天以上，风力最高可达 12 级（张新庆，1998）。水系多发源于北部高山，主要靠冰雪融水及山区降水进行补给，最终汇入艾丁湖（王亚俊和吴素芬，2003）。此外，盆地内的植被垂直分布规律具有明显的干旱环境植被特点，由高到低分别为山地荒漠草原和荒漠植被带、戈壁砾石带、典型荒漠带及盐沼植被带，植被普遍稀疏矮小，主要优势种为驼绒藜、短叶假木贼、大翅驼蹄瓣（*Zygophyllum macropterum*）、膜果麻黄等。另外，低地草甸植被为隐域植被类型，主要分布于农区外缘至艾丁湖之间的平原低地，植被为骆驼刺（*Alhagi sparsifolia*）群落。

吐鲁番盆地的植被类型也反映了干旱环境特有的垂直地带性分布规律。就整体而言，吐鲁番盆地植被分布稀疏，主要有人工种植的毛白杨（*Populus tomentosa*）、葡萄（*Vitis vinifera*），以及天然生长的骆驼蓬、沙棘、芨芨草、沙鞭（*Psammochloa villosa*）、柽柳、籽蒿（*Artemisia salsoloides*）、黑沙蒿（*Artemisia ordosica*）、沙冬青、多枝柽柳、芦苇、香蒲等。其中，在新月形沙丘底部及覆沙的丘间低地，垅条状固定和半固定沙丘、沙平地及固定堆积沙丘以生长沙鞭、籽蒿、黑沙蒿、白刺为主。在土壤水湿化及盐渍化湿地，生长

图 2.19　吐鲁番地区表土花粉采样点

芦苇及芨芨草，在这些地区，植被覆盖率可达30%。在地势较低的河流两侧的河漫滩和第一阶地生长较茂盛的白杨林（人工种植），给人以荒漠绿洲的感觉。

在研究区从海拔2000m开始，沿大河沿河、干沟、煤窑沟每下降100m采集36个无人为干扰的表土花粉样品（图2.19），同时对样点进行植被调查及GPS定位，最终到达艾丁湖附近。样品基本上按照海拔顺序依次进行编号（表2.5）。

表2.5　新疆吐鲁番地区各样品对应的海拔与现代植被带类型

样号	海拔/m	植被带类型	样号	海拔/m	植被带类型
1	1990	山地荒漠草原和荒漠植被带	19	500	戈壁砾石带
2	1936	山地荒漠草原和荒漠植被带	20	400	戈壁砾石带
3	1850	山地荒漠草原和荒漠植被带	21	400	戈壁砾石带
4	1700	山地荒漠草原和荒漠植被带	22	260	典型荒漠带
5	1600	山地荒漠草原和荒漠植被带	23	300	典型荒漠带
6	1500	山地荒漠草原和荒漠植被带	24	220	典型荒漠带
7	1400	山地荒漠草原和荒漠植被带	25	100	典型荒漠带
8	1300	山地荒漠草原和荒漠植被带	26	-45	盐沼植被带
9	1200	山地荒漠草原和荒漠植被带	27	-160	盐沼植被带
10	1300	山地荒漠草原和荒漠植被带	28	-180	盐沼植被带
11	1120	山地荒漠草原和荒漠植被带	29	-180	盐沼植被带
12	1100	山地荒漠草原和荒漠植被带	30	-90	盐沼植被带
13	1010	山地荒漠草原和荒漠植被带	31	-110	盐沼植被带
14	900	戈壁砾石带	32	-130	盐沼植被带
15	730	戈壁砾石带	33	-120	盐沼植被带
16	630	戈壁砾石带	34	-130	盐沼植被带
17	510	戈壁砾石带	35	-140	盐沼植被带
18	600	戈壁砾石带	36	-150	盐沼植被带

36块表土花粉样品共统计花粉13050粒，分属于23个植物科属，均为新疆地区现生植被的陆生植物区系成分。依据研究区地貌特征及现代植被调查的相关资料，将该区表土孢粉谱划分为4个孢粉组合带（图2.20）。

带Ⅰ：山地荒漠草原和荒漠植被带（1000～2000m），该带山地裸露，主要优势种有盐穗木（*Halostachys caspica*）、驼绒藜、短叶假木贼、猪毛菜、霸王及膜果麻黄等。孢粉组合中以麻黄属（25.2%）、白刺属（23.3%）、藜科（22.3%）、蒿属（15.5%）等旱生灌木和草本植物花粉为主，乔木花粉平均值为9.0%，其中云杉属花粉为5.8%，松属达3.2%。麻黄属和白刺属的花粉百分含量均为整个孢粉谱的最高值。该带A/C值较高（0.99），AP/NAP值却较低（0.12）。

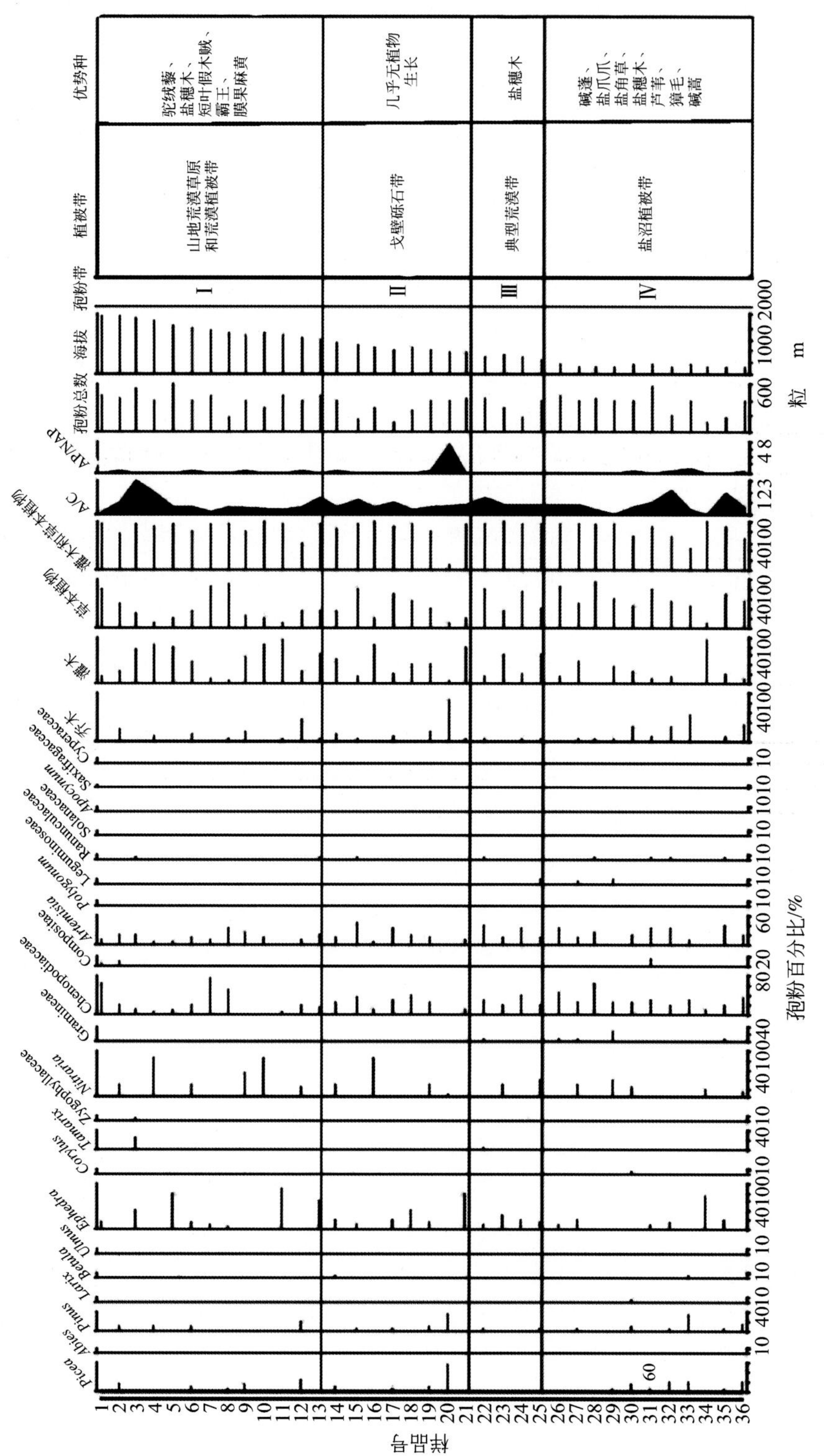

图2.20　吐鲁番表土孢粉图式

带Ⅱ：戈壁砾石带（400～1000m），该带几乎无植被生长，孢粉组合中灌木和草本植物仍占优势（83.1%），麻黄属（23.6%）、藜科（20.7%）、白刺属（18.0%）的花粉含量比带Ⅰ少，而蒿属含量增至17.9%。值得注意的是，带Ⅱ的乔木花粉含量增至16.9%，云杉属花粉的平均含量（10.9%）成为整个孢粉带谱的最高值，此外还见到少量松属花粉等。尽管该带的A/C值下降至0.84，但AP/NAP值却成为整个孢粉垂直带谱的峰值（0.94）。

带Ⅲ：典型荒漠带（0～400m），除绿洲外仅生长少量盐穗木等耐盐耐旱植物，但河道或沟渠旁有杨、榆等阔叶树生长，并见牛皮消（*Cynanchum auriculatum*）、铁线莲等缠绕草本及天山蒲公英（*Taraxacum tianschanicum*）、大果沙枣（*Elaeagnus moorcroftii*）、芦苇等植物，植被盖度高达70%。孢粉组合中灌木和草本植物花粉的含量达到最高（98.4%），以蒿属（25.9%）、藜科（25.7%）、麻黄属（21.4%）及白刺属（17.4%）为主。乔木花粉含量大幅度下降至1.61%，AP/NAP值也成为孢粉带谱最低值（0.02），但A/C值增至0.98。

带Ⅳ：盐沼植被带（-154～0m），该带主要为芦苇-碱蓬盐碱沼泽，伴生种包括盐爪爪、白梭梭、盐角草、盐穗木、獐毛（*Aeluropus sinensis*）、碱蒿（*Artemisia anethifolia*）等。孢粉组合中灌木和草本植物花粉含量下降至84.7%，以藜科（29.4%）和蒿属（21.4%）为主，麻黄属（14.5%）、白刺属（10.7%）均下降至孢粉带谱的最低值，禾本科花粉百分含量略微上升至4.4%。乔木花粉含量大幅增至15.3%，其中，云杉属和松属花粉含量在海拔最低处分别高达19.8%和12.4%。AP/NAP值有所增加，为0.25，但A/C值降为0.81。

三、天山南坡表土花粉与植被的关系

天山南坡的巴音布鲁克表土花粉组合特征在一定程度上能反映植被带的特征，如带Ⅰ中高含量的菊科花粉与植被带中有菊科植物生长有关，带Ⅱ中的莎草科花粉的高含量与该带以嵩草为主的高山草甸带的植被类型比较一致，带Ⅲ中含量较高的莎草科和黑三棱属等花粉与该带高寒沼泽草甸植被类型较为一致，带Ⅳ和带Ⅴ中分别以蒿属和藜科为主的花粉组合特征代表了这两个植被带的植被类型。但带Ⅲ高含量的云杉花粉并不能代表该带的实际植被组成。吐鲁番表土花粉组合特征与植被特征较为类似，如带Ⅰ～Ⅲ中以荒漠植物花粉类型为主，与荒漠的植被类型相类似。由于采样点附近未发现云杉林生长，巴音布鲁克表土花粉垂直带Ⅰ、带Ⅱ和带Ⅲ，以及吐鲁番垂直带Ⅰ、带Ⅱ和带Ⅳ中相对较高的云杉花粉含量与植被带类型明显不一致。

巴音布鲁克表土花粉研究表明，在海拔3000～3850m高山草甸带和亚高山草甸带，植被状况较好，湿度较大，其A/C值大于3，而在高山流石滩植被带和蒿类荒漠带，湿度比上述两带都低，A/C值介于2～3，在典型荒漠带A/C值一般小于1，所以大体变化趋势与前人研究一致（孙湘君等，1994）。吐鲁番植被带表土花粉的A/C值都小于1，反映了荒漠带的典型特征。

在巴音布鲁克表土孢粉垂直带谱中，虽然在植被稀疏的高山流石滩植被和高山草甸带，没有云杉生长，但云杉花粉含量却达10%以上，另外亚高山草甸带没有呈带状的云杉林分布，但是该带孢粉组合特征显示云杉花粉含量竟高达80%，吐鲁番的山地荒漠草原和荒漠带的云杉花粉含量也高达14.8%，这两处高含量的云杉花粉可能与附近河谷地带有云杉林生长有关，反映周围植被情况，而不能说明该区有云杉林生长。特别值得注意的是，在艾丁湖附近海拔最低处，已离开云杉生长带很远，云杉花粉含量达21.3%，这可能与吐鲁番是我国著名的“大风库”有关，强升压气流形成狂风使得山脊或迎风山坡易于携带花粉于低处沉积，盆地西北部的“三十里风区”和东北部的“百里风区”时有陆地上罕见的大风，素有“风库”之称（李新和尹景原，1993）。另外，艾丁湖是吐鲁番盆地水系的归宿地，汇入艾丁湖的水系是东天山博格达山南坡诸河，主要有白杨河、大河沿河、塔尔朗河、煤窑沟、黑沟、吐拉坎沟、二唐沟和天格尔山南坡的阿拉沟，还有觉罗塔格北坡的季节性河流和地下水（王亚俊和吴素芬，2003），这些河流都有可能沿途把河谷区的云杉花粉携带到此沉积下来。因此，对该区高含量的云杉花粉的解释宜考虑水流和风力对花粉传播的影响。

从巴音布鲁克表土花粉样品各孢粉组合中选取了含量超过0.5%的木本花粉，即云杉属、松属、桦木属、柳属、麻黄属、柽柳属、蒺藜科、白刺属、骆驼蓬、禾本科、藜科、菊科、蒿属、毛茛科、唐松草属、石竹科、莎草科、黑三棱属18个花粉类型的百分含量作为植被数据矩阵，由Canoco软件实现降趋对应（DCA）分析（ter Braak and Juggins，1993），结果表明前两个轴的特征值分别为0.418和0.236，共解释了56.1%的累积方差，第三和第四轴的特征值分别为0.122和0.072，明显低于第一和第二轴，可见花粉数据和样品点排列主要受第一和第二轴所代表的环境因素控制，而且第一轴代表的环境因子更为重要。图2.21是所选花粉类型与样品点的DCA排序结果，从图2.21中可以看出，除了带Ⅰ的高山流石滩稀疏植被带和带Ⅴ的典型荒漠植被带的样品可以单独分成不同的组，而其他的植被带则无法完全分开。同时，不同植被带的样品所对应的指示性孢粉种属也较为

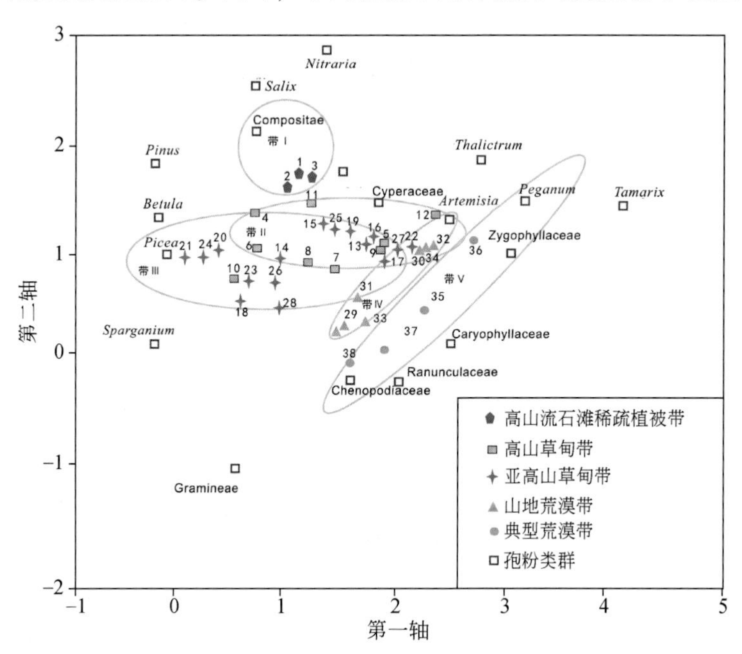

图2.21　天山南坡巴音布鲁克表土主要花粉与样点的DCA排序图

清楚，带Ⅰ主要对应菊科花粉，带Ⅱ主要对应莎草科花粉，而带Ⅲ主要与云杉属对应，带Ⅳ则与蒿属花粉对应，而带Ⅴ主要对应荒漠植被类型如藜科、骆驼蓬、蒺藜科等，第一轴排序值较低的主要有云杉属、松属、黑三棱属和桦木属等喜湿的花粉类型，排序值较高的是一些典型荒漠植被类型，如骆驼蓬和蒺藜科等，所以第一轴可能主要反映湿度的变化。第二轴最低排序值为禾本科，最高排序值为白刺属，这样的排序规律尚不明显，还需进一步探讨。

典型乔木（云杉）花粉与植被。在巴音布鲁克表土带Ⅱ和带Ⅲ的乔木花粉较高的含量，主要取决于松属和云杉属花粉。松属花粉的产量极大，而且因具有独特的双气囊结构（de Vernal and Hillaire-Marcel，2008），常被认为具有超代表性，其 *R* 值明显偏高，通常大于2（李文漪和姚祖驹，1990）。某些地区尽管没有松属植物的分布，但松花粉有时仍可达到30%（Erdtman and Wodehouse，1944；李文漪，1987），因此常被视为无松林区的外来花粉。然而据资料记载，在南坡海拔2500～3000m的向阳石质坡上，可能有面积不大的针叶灌丛存在，其中可能分布一些松属的个别衍生种（中国科学院新疆综合考察队，1978），因此在花粉带Ⅱ和带Ⅲ中的含量较高的松属花粉可能与附近有松属植物生长有关，并不一定都是外来花粉。

在天山南坡巴音布鲁克的表土孢粉垂直带谱中，虽然在植被稀疏的带Ⅰ和带Ⅱ中，并没有云杉生长，但云杉花粉含量却占10%以上，另外带Ⅲ也没有呈带状的云杉林分布，但该带云杉花粉含量却高达80%。根据一些学者对云杉花粉雨的试验研究说明，云杉花粉的传播效率比松要低，传播能力较为有限（Janssen，1966；李文漪，1991b），阎顺等（1996）通过对新疆天山、阿尔泰山、昆仑山、塔里木盆地、准噶尔盆地等不同植被带中的131个表土花粉样品中的云杉花粉含量进行百分比统计分析，发现在荒漠、荒漠草原表土中云杉花粉含量稳定在5%以下；林带内表土中云杉花粉含量稳定在30%以上。李文漪（1987）也认为当其含量大于20%，才能考虑是否当地有云杉树木生长。云杉作为新疆北方针叶林的主要建群树种，其实在天山北坡和南坡均有分布，许多文献记载天山南坡在海拔2000～3000m的中山地区，阴坡及峡谷常有小片雪岭云杉分布，但分布零散，长势低矮，郁闭度低，大多成为过熟云杉纯林，且生态恶化，极难更新恢复（雷杰等，1989；侯光良等，1993；中国自然资源丛书编撰委员会，1995），在森林上限，由较湿润的岩石与石堆上成丛生长的猫头刺（鬼见愁，*Oxytropis aciphylla*）、锦鸡儿与稀疏的雪岭云杉相结合构成，局部还见鬼见愁、锦鸡儿、雪岭云杉疏林类型；在海拔2100～2200m处河谷中分布有雪岭云杉（Xinjiang Surveying Team of CAS and Institute of Botany of CAS，1978）。尽管在植被调查中受条件限制，笔者未曾看到云杉林，但根据相关书籍记载在与带Ⅲ海拔相当的地方应该有云杉林。由于花粉传播和搬运的途径不同，其散布的距离和方向，以及沉积过程是完全不同的（许清海等，2006）。当在强烈的上升气流和山谷风的共同作用下，云杉花粉散播的数量具有明显的变化。例如，新疆北部的柴窝堡盆地为多风荒漠地带，且风速高达5m/s，在4～6月雪岭云杉花期前后，正处于全年最大风速季节，盆地表土中云杉花粉含量普遍增高，然而仅距云杉林3km以外的荒漠植被表土中，云杉花粉却降至2%～5%。在乌鲁木齐南山山地云杉林带以上的高山草甸地带，尽管海拔已高出云杉林上限500～800m，但取样点表土中所含云杉花粉仍占7.1%，天山北坡样带海拔3510～3420m的高山垫状植被带的云杉含量更高，达11.4%（杨振京等，2004b），因此这些云杉花粉可能是由于上升的气流携运而来的，在大西沟地区，受年较差控制的山谷风是常年存在的。山区河谷内风速可比附近山坡大1m/s左右（Zhang et al.，2010），其云杉数量远超出下降气流携运的量（李文漪，1987）。同样取自新疆天山、阿尔泰山、昆仑山塔里木盆地、准噶尔盆地表土中云杉花粉含量的统计分析也表明，云杉花粉含量在30%以上的样品采自海拔1300～2800m，含量在20%以上的样品都采自海拔1300～3300m，前者与林带的分布界限基本一致，均处于云杉林带，后者则明显超过了云杉林带的上限。从而可以看出，在林带上限以上500m甚至更高，表土中云杉花粉的含量可以达到20%以上，造成这种现象的最大可能是受山谷风的影响。就该区而言，大小尤尔都斯山间盆地的存在，也会造成山谷风或河谷风，在巴音布鲁克地区风速最大也有19.0～25.0m/s，相当于10级以上，年大风日数（7级以上）也有12～34天。

典型草本植物花粉与植被。蒿属和藜科花粉不仅产量高，而且易保存，传播能力也强，因此在表土花粉中具超代表性。当在花粉组合中出现少量的蒿属和藜科时，应视为外来花粉。但当它们在植被中的含量达到30%以上时，其花粉的含量能基本反映植被情况（李文漪，1987）。而天山北坡的表土花粉研究还表明在海拔3000～3850m高山草甸带和亚高山草甸带，植被状况较好，湿度较大，其A/C值大于3，而在高山流石滩植被带和蒿类荒漠带，湿度比上述两带都低，A/C值介于2～3，在典型荒漠带A/C值一般小于1（图2.22），所以大体变化趋势与前人研究（李文漪，1987；黄赐璇等，1993；翁成郁等，1993）一致。在巴音布鲁克地区，由于研究区受人为干扰并不明显，带Ⅳ和带Ⅴ的花粉组合分别是以蒿属和藜科植物花粉为主，样品中蒿属和藜科植物花粉的百分含量均超过30%，平均值接近50%，基本上反映出当地植被的情况。在本书结果中，菊科花粉含量较高的样点均分布在海拔高的地方，与当地植被状况的吻合性较好。

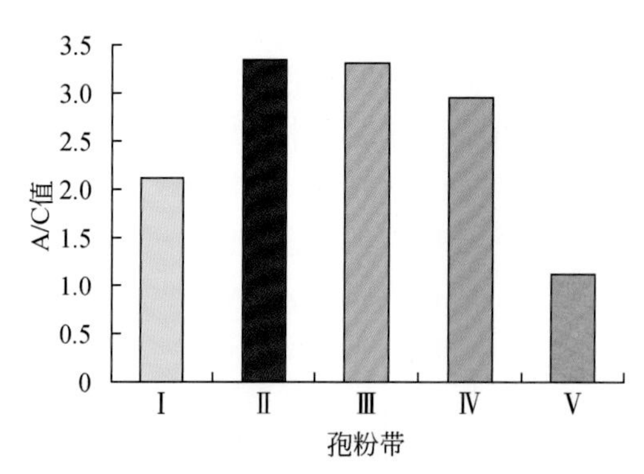

图2.22　新疆天山南坡巴音布鲁克表土花粉不同花粉带A/C值

第六节　天山南、北坡样带表土花粉特征比较

天山南坡和北坡植被垂直带谱存在显著差异，与北坡相比，天山南坡因处于背风坡，同时又受到蒙古-西伯利亚高压反气旋及塔里木盆地强烈的荒漠气候影响，山地明显旱化，缺失完整的森林带，只有片状森林分布，而北坡能够拦截北冰洋输送的湿润气流，植被垂直带谱较为完整。同时，相同植被带在天山南坡的分布高度又远高于天山北坡，甚至在南

北坡的典型荒漠带海拔差近1000m。天山南、北坡垂直带谱是两种不同的荒漠带谱系列，北坡相对湿润，南坡则相当干旱，荒漠性更强；因而南坡荒漠分布的高度要比北坡高。

天山南坡表土花粉垂直带谱中除了亚高山草甸带，其他带的孢粉组合特征与北坡基本相似，高山流石滩稀疏植被带相当于北坡的高山垫状植被带；高山草甸带和北坡的高山和亚高山草甸带一致；山地荒漠带和典型荒漠带则类似于北坡的蒿类荒漠带和典型荒漠带；亚高山草甸带的花粉组合特征与北坡的山地云杉林带相似，但由于分布区没有成带的云杉林分布，只在天山南坡2500～3000m海拔处的阴坡可能有云杉林片段分布。同时，天山南坡表土花粉组合带缺少森林-草甸过渡带，相同孢粉带在天山南坡的分布高度高于天山北坡（图2.23）。罗传秀等（2007）曾根据中国新疆地区218个样点进行植被调查及表土孢粉分析的研究结果表明，在天山南坡同一组合带的表土花粉含量最高值出现的海拔要比天山北坡的高。与北坡相比，吐鲁番地区植被垂直带结构更趋简化，缺失连续成片的森林植被带，只在河谷等地存在片状针阔叶混交林。此外，盆地环山带的内缘因洪水泛滥形成了以砾质为主的洪冲积扇山前倾斜平原，而后风力将细粒物质吹扬运移，形成典型的戈壁砾石带。艾丁湖外围平坦，湖底大量沉积厚层细粒盐土，形成了盐沼植被带。

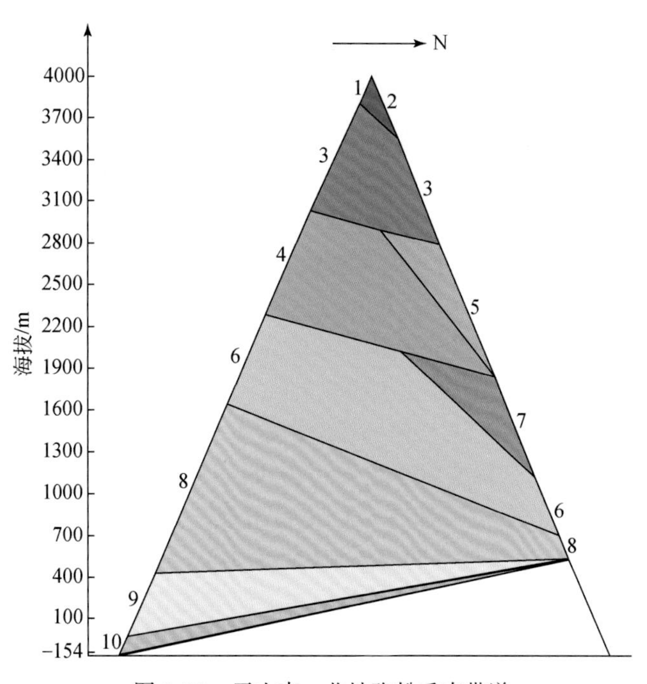

图2.23　天山南、北坡孢粉垂直带谱

1. 高山流石滩稀疏植被带（4000～3850m）；2. 高山垫状植被带（>3500m）；3. 高山（和亚高山）草甸带（南坡：3850～3000m；北坡：3500～2800m）；4. 亚高山草甸带（3000～2300m）；5. 山地云杉林带（2800～1800m）；6. 山地荒漠带（南坡：2300～1650m；北坡：1100～700m）；7. 森林-草甸过渡带（1800～1100m）；8. 典型荒漠带（南坡：1650～400m；北坡：700～500m）9. 戈壁砾石带（南坡：400～100m）10. 湖沼植被带（南坡：-154～0m）

天山北坡垂直植被带表土孢粉带的变化表明本区孢粉组合特征与植被组成相对应，在垂直方向上产生显著变化，有时对局部环境的分异也解释得很清晰，但在植被稀疏地段，外来花粉的存在是不容忽视的。

（1）各植被带的代表性成分不同。高山垫状植被带中虽然植物稀少，但以莎草科、蔷薇科、菊科和红景天等植物花粉，以及蕨类孢子为代表。高山草甸有较多的莎草科植物花粉，其次有唐松草属、蒿属、禾本科、十字花科、毛茛科和蓼等草本植物花粉，以及蕨类孢子。亚高山草甸中以蒿、唐松草和禾本科等草本植物花粉为代表。云杉林带以云杉花粉为代表。

（2）在天山垂直植被带中可依据建群种植物花粉含量峰值的位置划分植物群落。在高山垫状植被带中，莎草科、菊科、蔷薇科和红景天等植物花粉含量依次出现峰值，与其相应的植物群落有暗褐薹草（*Carex atrofusca*）群落、细果薹草群落、黑穗薹草（*Carex atrata*）群落、高山莓–高山红景天群落和高山莓–短叶羊茅（*Festuca brachyphylla*）群落等位置吻合；高山草甸带中，莎草科、唐松草、菊科和禾本科植物花粉依次出现峰值，与其相应的植物群落细果薹草群落、黑穗薹群落、暗褐薹草–珠芽蓼群落等位置吻合（阎顺等，1996）；亚高山草甸带中，蒿属、藜科、唐松草属等草本植物花粉依次出现峰值，与其相应的有冷蒿和高山唐松草为主要成分组成的群落（中国科学院新疆综合考察队，1978）；山地云杉林带中云杉花粉达峰值，代表天山云杉林，出现的蒿属、唐松草属和菊科花粉峰值代表林间空地上生长的以蒿、唐松草和菊科植物为主要成分的杂草草丛。

（3）外来花粉的相对性。各植被带的孢粉组合中均含有较多的外来花粉，根据 Davis（1963）提出的用表土中植物花粉含量与植物在植被中所占百分含量的比值，即 R 值探讨花粉含量与植被之间的关系，云杉属、麻黄属、藜科和蒿属等几种植物花粉明显表现为超代表性，尽管它们在一些植被带中并不出现，只是在周围数百米到数千米才有分布，然而在表土孢粉剖面的所有样品中均有这些花粉出现，且含量较高。这也许在大西沟地区，山谷风常年存在，山区河谷内风速可比附近山坡大 1m/s 左右（国土资源乌鲁木齐编辑委员会，1993）。在中国西部山区，这种上升气流携运大量花粉的现象经常出现（李旭和刘金陵，1988），它很可能是一种带有普遍意义的花粉传播现象。因此，在植被分析中绝不能依据几个数字来判断植被的类型，而要结合其他环境指标，对突出代表性花粉成分做全面的分析。

（4）云杉花粉的散布特征。云杉作为新疆山地垂直地带性植被的一种重要植物，其种类少，分布范围局限（新疆森林编辑委员会，1989），然而在新疆的孢粉研究过程中却发现，几乎所有植被带的表土孢粉中都有云杉花粉出现，这种现象引起了广大学者的关注（阎顺，2004a）。大西沟垂直植被带的表土孢粉剖面中，虽然在植被稀疏的高山垫状植被带和高山草甸带，没有云杉生长，但云杉花粉含量却可达 5. 0%~32. 6%，平均为 11. 1%。特别值得提出的是，在海拔 3780m 处现代冰川前缘采集的一块表土孢粉样品中，镜下统计孢粉共有 316 粒，其中仅云杉就有 103 粒，但是鉴定的云杉花粉大多个体较小，破碎的比较多，这很可能是因云杉花粉随山谷上升气流吹送到冰川地带，冰川前缘的陡坎阻挡山谷风而使其减速，大量云杉花粉降落而致；降落于冰川表面的云杉花粉又经过冰川的摩擦碰撞作用而破碎，后被冰川融水将其搬运到冰川前缘地带较低的地方沉积下来长期富集所致。同样，周昆叔等（1981）在研究乌鲁木齐河源第四纪沉积物中的孢粉时，采集的 1 号冰川表层样中云杉花粉占有很高的含量（图 2. 24）。

图 2.24　乌鲁木齐河源 1 号冰川前缘（从左到右为许清海、孔昭宸、刘耕年、杨振京）

在新疆地区，云杉花粉的分布很广，一般认为在孢粉组合中花粉超过 30%，即可判定附近有林（阎顺等，2004a；杨振京等，2004b）。距云杉原生的距离直接影响着云杉花粉的含量，据阎顺等（2004a）对新疆表土中云杉花粉的研究数据显示，当在距林地水平距离 10km 以上时，云杉花粉平均含量为 4.7%；距林地 20km 以上，云杉花粉平均含量为 4.2%；距林地 100km 以上，云杉花粉平均含量则降为 3.2%；距林地 200km 以上，云杉花粉平均含量仅占 3.1%。从总体趋势上看，距林地的水平距离越远，云杉花粉含量越低。

阎顺等（1993）的研究中显示，平原河谷林和平原低地草甸（多发育在与河流有联系的洼地）中的云杉花粉含量不稳定，这表明流水对云杉花粉具有明显的积极搬运作用。大量的研究还表明云杉花粉的搬运也受到气流的影响，从新疆云杉花粉的研究发现在林线以上的植被中的云杉花粉含量要比同距离林线下方的植被中的含量明显偏高，这说明高山气流形成的山谷风对其的搬运作用非常明显（阎顺等，2004a）。

（5）松属花粉的散布特征。新疆地区表土孢粉的研究中，松属花粉几乎在所有的地表样品中都有出现，但是通过对天山地区的研究时还发现，当地松属植物实际上只分布在南坡，而北坡几乎没有，在其他地区的研究中也有同样的发现，这显然说明新疆地区的松属花粉的分布与松属的实际分布是不符的。造成这种现象的原因可能是松属花粉特殊的气囊结构使得其传播距离较大，所以，低含量的松属花粉并不能代表当地有松林存在，甚至不能代表附近有松林，广大学者的研究结果表明只有在含量较高时，至少在 5% 左右时，才有可能说明附近有林地（阎顺和许英勤，1989；罗传秀等，2007）。所以松属花粉的研究还有待进一步改善。

（6）杨属和桦木属的散布特征。阎顺等对新疆阿尔泰山地区的表土孢粉研究中，当地生长以各种杨树为主的河谷林，但是 9 个表土样品中，只有 6 个见到杨属花粉，而桦木属只分布于近山区的河谷，其花粉含量却远远超过杨属花粉。由此可知，杨属花粉在表土中的含量不能代表植物个体的含量，前者往往要偏低数倍或更多（阎顺和许英勤，1989），这也许与杨树花粉不易保存和鉴定有关。

杨属植物花粉在塔里木盆地含量达10%以上，与塔里木盆地各河谷冲积平原发育大面积的胡杨林和灰杨林有关。另外，杨属花粉在喀什含量也较高，个别样点含量在5%，可能与村落附近和城市种植的钻天杨有关（罗传秀等，2008）。在第四纪的时候，新疆平原有许多河谷林，杨树应是重要植物区系部分，表土杨属花粉含量与植株间明显的差距值得我们在恢复古植被与古气候时予以重视。

罗传秀等（2008）对新疆地区表土孢粉空间分布规律的研究结果还表明，桦木属花粉主要分布在阿尔泰山的针叶林和天山的云杉林带，含量为5%~10%，最高达30%。在阿勒泰和干旱地区的其他研究均发现桦木属花粉具超代表性（阎顺和许英勤，1989；李文漪，1991b；程波等，2004）。

（7）灌木植物的代表性研究。本地区旱生的灌木主要有麻黄属、白刺属和柽柳科植物，其中麻黄属主要分布在新疆南部草原带，其花粉占组合的5%~20%，准噶尔盆地周围及塔里木盆地边缘的半灌木和灌木荒漠表土中也有麻黄属花粉的分布，甚至最高达20%（阎顺和许英勤，1989；罗传秀等，2007，2008）。麻黄属花粉在本区分布较广泛，各带均有出现，且含量较高，其花粉具超代表性。罗传秀等（2008）对新疆地区表土孢粉的空间分布规律的研究结果表明，麻黄属花粉主要分布在天山和塔里木盆地西部及北部边缘，含量高达50%以上，在准噶尔周围较低，为10%~20%。许多学者在干旱区的研究结论一致认为麻黄属花粉呈现明显的超代表性（阎顺和许英勤，1989；许英勤等，1996；杨振京等，2004b）。

白刺属花粉含量受年降水量因子的影响较蒿属和藜科大，这是因为白刺属植物作为荒漠植物区系中的优势种或建群种，耐盐碱耐干旱，广泛分布于整个新疆地区，但在荒漠区河流沿岸阶地、湖盆边缘及山前洪冲积扇的扇缘带等地势较低而地下水位较高的盐化荒漠或盐土中可呈灌丛状分布（杜乃秋等，1983）。

罗传秀等（2007，2008）的研究中柽柳植物分布广泛，但其花粉含量相对较低，主要出现在塔里木盆地东南部及天山，含量最高在15%，因此呈低代表性。魏海成等（2010）的研究表明柽柳属植物与年平均降水量呈负相关关系。

（8）草本植物的代表性研究。据前人的孢粉资料分析，新疆地区主要的草本植物主要有蒿属、藜科、禾本科和莎草科等（阎顺和许英勤，1989；罗传秀等，2007，2008）。

蒿属植物主要分布在昆仑山、阿尔泰山、天山、准噶尔盆地周围，表土中花粉的含量可达40%~65%。藜科植物主要分布在阿尔泰山、准噶尔盆地周围、天山、昆仑山，含量达40%~60%，在塔里木盆地东南部含量为20%~40%（罗传秀等，2008）。这几种植物为新疆荒漠区及荒漠草原区的建群植物，分布广泛，因而在各植被带的孢粉样品中都有其花粉存在，而且，它们的 *R* 值普遍大于1，具有超代表性（吴玉书和孙湘君，1987；许英勤等，1996；阎顺等，1996；杨振京等，2004b；罗传秀等，2007，2008）。

禾本科和莎草科植物均为高山草甸和高山草原的建群植物。这些花粉的传播能力不强，大部分为原地降落，再加上禾本科和莎草科花粉的外壁较薄，易褶皱或破碎，不易在地层中保存，所以，两者的花粉一般为低代表性。但在高山草甸植被带中，禾本科和莎草科植物花粉却具有等代表性或超代表性（即 *R* 值为1或1.5），其影响因素主要是因多数植物花粉的低代表性，相应地提高了禾本科和莎草科植物在花粉百分比统计中的百分含量（许英勤等，1996；罗传秀等，2008）。

综上所述，在表土孢粉组合分析中必须对其所处的环境有一个全面的了解；探讨孢粉-植被-气候关系时必须建立在统计学的基础上，只有依据不同植被环境中的大量表土孢粉资料才能得到比较正确、完整的孢粉-植被-气候关系模型。

吐鲁番地区的乔木花粉类型以云杉属和松属为主，大量研究表明这两种花粉产量高且具备远距离传播能力，常表现出明显的超代表性（李文漪和姚祖驹，1990；阎顺，1993；罗传秀等，2008；张卉等，2013）。

带Ⅰ山地荒漠草原带和荒漠植被带中的云杉属与松属花粉含量高达23.75%和18%。根据文献记载，南坡海拔2500～3000m向阳石质坡处的针叶灌丛中可能存在松属的个别衍生种，博格达山南坡海拔2400～2800m的个别山谷及海拔2100～2200m河谷中分布有雪岭云杉（中国科学院新疆综合考察队，1978），一种可能是山谷风的下沉气流把较高处的云杉属和松属花粉搬运到该处沉积；另一种可能是天山北坡的山谷上升气流非常强烈，翻越天山分水岭后，随气流下沉将云杉属和松属花粉携带在此沉积，此种现象后面将继续讨论，其他学者的研究也证实了类似现象的存在（杨振京等，2011）。带Ⅱ戈壁砾石带几乎无植被生长，但却出现云杉花粉含量峰值，这与该带样品孢粉浓度普遍较低（最低仅为98.1粒/g）有一定关系，新疆沙漠地区的表土花粉研究也说明过类似现象（阎顺等，2004a）。值得注意的是，带Ⅳ盐沼植被带已距云杉林带很远，但云杉属与松属花粉的百分含量却较高，这可能与吐鲁番是著名的风库有关。春季吐鲁番盆地升温迅速，产生较大的气压梯度力，高空受西北气流的强烈控制，形成偏北或西北风带，冷空气大规模南下并翻越天山分水岭。在南坡冷空气重力下沉，流经盐山和火焰山时流速加快形成狭管效应，致使下风方向的吐鲁番市及艾丁湖乡等地出现8级以上大风（张新庆，1998），近50年的气象监测数据表明该区春季最高风速可达250km/h，在此过程中北坡的云杉属及松属花粉便被携带至此沉积。另外，艾丁湖作为盆地中心，汇集了该区诸多河流及地下水，这些河流都有可能把沿途河谷区的云杉花粉携带在此沉积。因此对该区较高含量的云杉属和松属花粉的解释应考虑水流和风力作用。

整个孢粉垂直带谱中的草本植物花粉以蒿属和藜科为主，其花粉产量高，传播能力强，在干旱区表土花粉中常表现出超代表性（许英勤等，1996；阎顺等，1996；李文漪，1998）。大量孢粉研究表明，A/C值可用来指示干旱、半干旱区气候湿度的变化，可用以区分草原和荒漠，草原区其A/C值一般大于1，典型荒漠区则低于1；同时该值在一定程度上也反映局域环境下人类活动对植被的干扰程度（El-Moslinmany，1990；孙湘君等，1994；Zhang et al.，2010）。在本研究区中，各孢粉带的A/C值均小于1，反映了荒漠带的典型特征。值得提出的是，带Ⅳ的A/C值极低，这应与该带喜盐沼环境的藜科植物如盐穗木、盐爪爪、白梭梭等较多有关，尤其是28号样品，我们怀疑其采自人工种植的白梭梭纯群落，其孢粉组合中藜科花粉含量高达67.6%，反映出人类活动会对A/C值产生一定的干扰。

天山北坡表土花粉组合特征反映影响表土中云杉含量的最大因素是距离（阎顺等，2004a），但天山南坡似乎并未表现出该特点，也许是因为笔者对南坡植被调查并未能证实有云杉林的存在，所以无法研究该花粉含量与采样点距离的关系。另外，对天山北坡的表土花粉的研究也发现高海拔地区云杉花粉含量也较高，被认为是山谷上升气流在天山北坡垂直植被带的表土孢粉散布中起着重要的作用（阎顺等，2004；毛礼米，2008），假设该气流非常强，有可能翻越天山分水岭进入天山南坡，这就可以解释为什么在天山南坡海拔最高处的植被带中也存在含量较高的云杉花粉，因此南坡高海拔植被带中云杉花粉可能是河谷地带片段分布的云杉林的花粉被南坡山谷上升气流带来的，也可能是因北坡的上升气流将北坡的云杉花粉吹来，尤其是强冷空气能从新疆北部继续往南翻越天山，在天山南坡的西部吹偏西或西北大风，东部以偏北风为主，坡向的风力较大，持续时间较长，有时候强气流跨越山脊在背风面上因下沉增温作用产生一种焚风效应，事实上在吐鲁番地区焚风（韩宪纲，1958）是常见的自然现象，这也许是导致在天山南坡带Ⅲ中出现云杉花粉含量异常增高的原因。

在天山北坡的表土花粉（阎顺，1993；阎顺等，1996）和空气花粉（杨振京等，2004b；毛礼米，2008）的前期研究中，都未有松属花粉的存在，新疆 218 个表土样品中松属含量也非常低（韩宪纲，1958），在天山北坡仅有一个样点有松属花粉，而在南坡虽有两个样点，但其含量均小于 1%，天山北坡没有松属植被的记录，而天山南坡却有相关记载（中国科学院新疆综合考察队，1978），因此该带Ⅱ和带Ⅲ的花粉组合带中有松属花粉，存在着一定的可能性。

总之，天山特殊的地貌地形所形成的上升和下降气流在天山南北花粉传播中起着重要作用。尽管从文献中查到有云杉林和松属灌丛的分布记载，但是因缺乏分布点的具体记录及植被的实际调查资料，而笔者在南坡的以往调查中也未曾见到它们的存在，这将不利于探讨天山南坡的乔木表土花粉和植被的关系，故今后需要对南坡植被进行详细的调研，以求正确解释天山南坡表土花粉和植被之间的定量关系，有助于依靠地层孢粉恢复历史植被和环境状况。

第七节　新疆天山表土花粉与植被的定量重建

现代表土孢粉是研究古代植物区系、植物多样性组成，诠释和重建古生态和古气候变化的基础，也是植被和气候模拟的验证手段。只有对现代植被与表土孢粉的关系进行深入研究，才能将化石孢粉重建古植被的误差尽量减小。几十年来国内外孢粉学家对于孢粉来源、传播、沉积、孢粉和植被的关系、现代孢粉的定性和定量研究、现代孢粉谱和气候之间的关系、利用表土孢粉检验植被模拟和气候模拟等方面已经进行了大量的研究工作（潘安定，1993b；阎顺和许英勤，1995；于革和韩辉友，1998；倪健，2000；宋长青等，2001；于革等，2002；吴敬禄等，2003；阎顺等，2004a；李月丛等，2007；罗传秀等，2008）。表土孢粉与植被的关系是古植被定量重建的依据，本节将着重利用由 Prentice 等首先提出来的生物群区化技术模拟新疆表土孢粉与现代植被的定量关系。该方法是利用孢粉数据重建生物群区的一种标准化数量方法（Prentice and Iii，2002），在欧洲、北美、俄罗斯、非洲、中国、日本、澳大利亚等国家和地区的全新世植被制图中已取得了满意的结果，被证明是一种客观定量的古植被重建制图法。

1. 材料与方法

表土孢粉样品资料数据主要来源于各种植被带下的森林、草地、荒漠、荒漠草原、山地草甸和低地草甸等。本书的原始记录占绝大多数，主要包括 1986 ~ 2001 年的工作笔记；

古尔班通古特沙漠–天山样点（75 个）、乌鲁木齐河天山 1 号冰川样点（4 个）、天山下大西沟到冰川前缘样点（7 个）样品；仅天山南坡一个样点的 13 个样品数据是通过利用 Digitizer 软件数字化“天山南坡表土孢粉分析及其与植被的数量关系”一文中的孢粉图谱获取的（许英勤等，1996）。通过这两种途径共获取 200 个有效表土孢粉样点及有效孢粉样品。

2. *孢粉重建古植被的方法步骤*

古植被定量重建方法为孢粉生物群区化技术。在欧洲依据目前较多的孢粉数据在转换植被的研究和应用中，已做出重要的贡献，同时还为恢复古植被提供了一个较为客观的制图方法。

方法步骤如下：

（1）孢粉点→孢粉植物类群。产生一个由具详细地理位置的孢粉点和孢粉植物类群构成的数据资料矩阵（简称矩阵 $\boldsymbol{A}$）。该矩阵包括每个孢粉点的经纬度数据、海拔数据和各种类型孢粉植物的百分比数据。

（2）孢粉植物类群→植物功能型。该步骤产生一个植物功能型对孢粉类群的矩阵（PFT vs. pollen taxon matrix）。孢粉类群植物与植物功能型的对应关系构成了由 0 和 1 两种数值组成的二维矩阵，当孢粉类群赋予某个植物功能型时，则取值为 1，否则为 0。

（3）植物功能型→生物群区。以特征植物功能型定义生物群区类型，产生一个生物群区对植物功能型矩阵（biome vs. PFT matrix），一个生物群区可由一种或几种植物功能型组成。植物功能型与生物群区的对应关系构成由 0 和 1 两种数值组成的二维矩阵，当植物功能型赋予某个生物群区时，则取值为 1，否则为 0。

（4）孢粉类群→生物群区。在以上基础上，将植物功能型对孢粉类群矩阵和生物群区对植物功能型矩阵融合在一起，产生一个孢粉类群对生物群区矩阵（简称矩阵 B），表明哪些孢粉类群可以存在于哪个生物群区类型中（pollen taxon vs. biome matrix）。该矩阵由 0 和 1 组成。当一种孢粉类群 j 在生物群区 i 中出现时赋值 1，不出现时赋值 0。一些分布广泛的物种可能起不到区分生物群区的作用，在由广布孢粉类型占优势的生物群区中，指示种具有非常重要的意义。

（5）根据矩阵 $\boldsymbol{A}$ 和 $\boldsymbol{B}$ 计算相似性得分。一个生物群区中所有孢粉类群百分率得分总和便是任意给定的孢粉谱和生物群区的相似性得分，可由以下公式表示：

$$A_{ik} = \sum_j \delta_{ij} \sqrt{\{\max[0,\ (P_{jk} - \theta_j)]\}} \tag{2.1}$$

式中，生物群区 $i = 1, 2, \cdots, m$，$m = 15$（共 15 种生物群区类型）；k 为孢粉样品编号，则 A_{ik} 为孢粉样品 k 在第 i 类生物群区中的得分，选择高得分所属的生物群区类型为该样品的生物群区类型；$j = 1, 2, \cdots, n_k$，n_k 为样品 k 的所有孢粉类群；求和是对所有的分类群 j；δ_{ij} 为生物群区 i 和孢粉类群 j 构成的二维矩阵；max 即是在 0 与 $P_{jk} \sim \theta_j$ 的区间内取最大值，也就是保证其不为 0；p_{jk} 为矩阵 A 中样品 k 内第 j 类孢粉类群的百分率；θ_j 为孢粉百分率的阈值，其作用主要在于过滤一些孢粉长距离传输污染所带来的噪声，即小于该值的孢粉不参与运算；平方根运算有助于消除因不同植物类群孢粉产量差异巨大造成的“歪曲”的效应，并使孢粉数据正态化，从而稳定变量并增强较小百分比孢粉的作用。阈值 θ_j 的选择问题较多，Prentice 等（1998）对所有分类群都规定为 0.5%，根据新疆孢粉自身的特点及多次的计算机模拟测试，我们将孢粉阈值参数定为0.6%。

（6）植被重建（归并生物群区）。通过式（2.1）计算，每个孢粉样品便归并到拥有最高相似性得分的生物群区；这里有一个“子集优先”规则，也就是说，如果对一个孢粉样品来说有两个或多个生物群区的得分相同，那么，包含植物功能型数目最少的生物群区便是这个孢粉样品的生物群区类型。

（7）制图。获得所有孢粉点的生物群区类型之后，应用GIS等软件绘制不同时段的生物群区空间分布图。这些古植被图均以不同颜色的数据点表达，每种颜色代表一种生物群区类型，这种形式能清楚显示数据的来源，指出较大或较小可信度的区域，以及强调没有数据的地区而使其成为野外工作的重点。

3. 生物群区的水平梯度模拟结果

表土孢粉模拟的主要目的是对生物群区化方法在本区域应用的情况做一项检验，从而对新疆植物功能型和新疆生物群区类型设计进行适当的调整，以便为了更好地对地层孢粉进行模拟。在进行了数十次的程序运行，以及功能型和生物群区的对应调整后，这些表土样品基本覆盖了新疆的主要生态类型区，模拟结果较理想，但样点分布极不均匀。然而在广大的新疆南部、新疆东部和伊犁、塔城等地区，表土样品几乎处于空白。而在新疆北部样品较为集中，尤其是取自阿尔泰山和天山段的大量样品点可以用于反映海拔的变化。

为更好地对表土孢粉的模拟结果进行分析，以便确认应用其进行地层孢粉模拟的可行性，对照表土孢粉数据提供时的样点现代植被记录的背景信息，对所有孢粉样品的生物群区化模拟结果进行误差分析（表2.6）。

从表2.5可以看出，该模拟结果的总准确率为74.5%，总体较为理想。其中，常绿针叶林、温带落叶-阔叶林及低地草甸的模拟结果准确率均达到100%；针叶-阔叶混交林和山地草甸的模拟准确率接近90%；灌木-半灌木荒漠的模拟准确率为74%；草原的模拟准确率为62%，稍微偏低；而荒漠草原的模拟准确率最低，仅为56%，故应该对草原和荒漠草原这两种植物功能型和生物群区做出进一步的调整。尽管总体结果比较好，但为了对今后的工作有更好的指示意义，这里重点就其中出现的误差方面进行一定分析，便于进一步的完善和修改。

表2.6　表土孢粉生物群区化的误差分析　　（单位：个）

总准确率74.5%	常绿针叶林	针叶-阔叶混交林	温带落叶-阔叶林	灌丛	草原	荒漠草原	灌木-半灌木荒漠	耐盐荒漠	山地草甸	低地草甸	沼泽和水生植物	冻原	生物群区	准确率/%
常绿针叶林	9												9	100
针叶-阔叶混交林	1	8											9	89
温带落叶-阔叶林			1										1	100
灌丛													0	—
草原	6		2		18	1			2				29	62
荒漠草原					7	20	5		1	3			36	56
灌木-半灌木荒漠					2	8	53		5	4			72	74

续表

总准确率 74.5%	常绿针叶林	针叶-阔叶混交林	温带落叶-阔叶林	灌丛	草原	荒漠草原	灌木-半灌木荒漠	耐盐荒漠	山地草甸	低地草甸	沼泽和水生植物	冻原	生物群区	准确率/%
耐盐荒漠													0	—
山地草甸	1		1		2				38				42	90
低地草甸										2			2	100
沼泽和水生植物													0	
冻原													0	—
现代植被	17	8	4	0	29	29	58	0	46	9	0	0	200	0

1 个取自荒漠草原的样品被模拟成草原类型，这是由于荒漠草原和草原的主要优势植物功能型都是禾草，造成这样的偏差，是属于比较正常的。2 个山地草甸类型被模拟成了草原类型，这可能主要与山地草原中主要的优势类型为禾草和莎草有关，因为这两种植物功能型也正是山地草甸的优势类型。在模拟出的荒漠草原生物群区类型中，有 7 个草原类型和 5 个荒漠类型被模拟到了荒漠草原类型中，这与荒漠草原本身处于荒漠到草原过渡带的空间分布有很大的关系，出现这样的模拟偏差也属技术方法可以允许的误差，3 个低地草甸生物群区类型被模拟到了荒漠草原类型中，这可能主要因为低地草甸本身的地带性不是很强，而其中的禾草和耐旱杂类草等成分与荒漠草原有很大的相似性，而且由于孢粉的传输和保存等因素的影响，低地草甸的孢粉中可能鉴定出较多临近荒漠传输来的灌木孢粉，在生物群区模拟时，模型自动识别成了荒漠草原生物群区类型。

2 个草原类型的样品、8 个荒漠草原类型的样品被模拟到荒漠生物群区类型中，可能主要是由于非山地草原和旱化程度较重的荒漠草原，其耐旱灌木成分相对偏多，使得鉴定出的孢粉中耐旱成分及灌木成分占了绝对优势，从而进入荒漠生物群区类型。李文漪（1998）在对新疆干旱区孢粉谱主要特征的研究中表明荒漠植被、荒漠草原植被和草原植被的主要优势植物功能型基本上都为灌木、半灌木和草本植物孢粉。其中荒漠植被的灌木、半灌木、小灌木及草本植物的孢粉可占 95% 左右，并以藜科占绝对优势，A/C 值为 0.25 ~0.5；荒漠草原植被以灌木、半灌木、小灌木及草植物孢粉为主，A/C 值为 1，或略大于 1；草原植被中灌木和草本孢粉占优势，有较多的不耐旱杂类草孢粉。这种对表土孢粉数量较为细致的分析，在 BIOME 这样一个宏观模型中，其界定本身就存在一定的难度。

5 个山地草甸类型和 4 个低地草甸类型被模拟到荒漠生物群区类型中，这 5 个被模拟成荒漠的山地草甸主要出现在天山冰川等高山冻原、高山倒石堆及高山流石滩等高山植被带，其孢粉种类稀少，具有干燥的条件且多为一些灌木成分，从而造成了这样的模拟偏差。1 个常绿针叶林、1 个落叶阔叶林和 2 个草原类型被模拟到山地草甸生物群区类型中，这估计跟张芸等（2004）对云杉等孢粉受山谷风影响而形成孢粉雨传输现象等讨论有相似之处，同时在高海拔地段由于植被稀疏，外来孢粉的影响也就显得更大一些。

造成模拟偏差的原因是多方面的，包括 Biomisation 本身对各种参数的设定、植物功能型的设计、生物群区的设计及孢粉鉴定等。我们对新疆表土孢粉模拟的总准确率是 74.5%（0.745）。总体看来，对新疆表土孢粉进行的生物群区化模拟框架还是较为理想的。

4. 表土生物群区的垂直梯度分析

新疆表土孢粉生物群区化在水平梯度上表现较为理想，但却难以表达出垂直带上生物群区类型差异，从而难以检验生物群区化方法在分析生物群区垂直分异上的作用。为此，我们选择了采样点较为连续和集中的天山南坡和天山北坡的表土孢粉样品作生物群区的垂直带分析（图 2. 25、图 2. 26）。

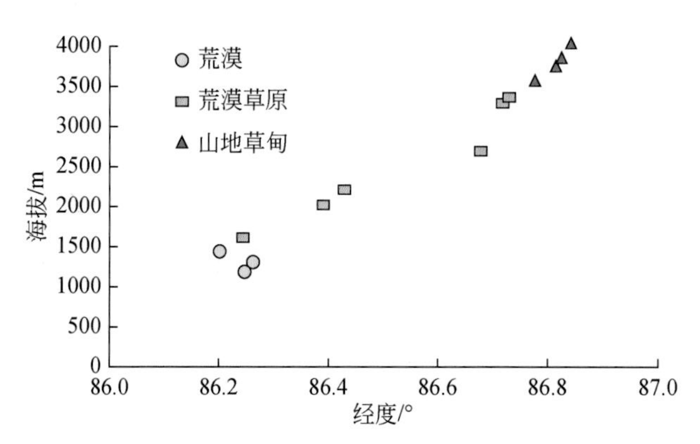

图 2. 25　天山南坡生物群区垂直梯度分析

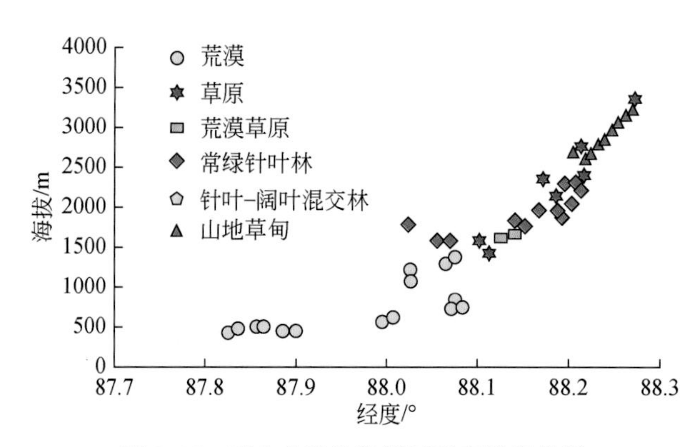

图 2. 26　天山北坡生物群区垂直梯度分析

天山南坡表土孢粉样品的工作区位于天山南坡、乌库公路冰达坂至和静段两旁 10km 范围内，分布于 86. 20° ~ 86. 87°E 、42. 43° ~ 43. 12°N，海拔 1260 ~ 3750m，共 13 个样品。这里由于山地海拔的变化和大气中温度垂直递减规律的影响，形成植被垂直分带。受干旱气候的影响，植被垂直带中缺失森林带和亚高山草甸带，而旱生的荒漠带和草原带类型十分发育，荒漠带上升到海拔约 1600m 处，其上限直接和高山草甸带相衔接。天山南坡表土孢粉模拟出的生物群区划分结果为：荒漠分布在海拔 1140 ~ 1500m；荒漠草原分布在 1500 ~ 2960m，仅在 2080m 处为荒漠，这主要是各种原因的模拟偏差所致；山地草甸分布在 3000m 以上（图 2. 25）。总体上来看，该生物群区化方法在天山南坡表土孢粉的模拟中可以较为客观地反映出该区域植被带的垂直分异。

天山北坡表土孢粉的样品工作区垂直跨度很大，从海拔 460m 的典型沙漠南缘区到海拔 3510m 的天山北坡高山垫状植被区。古尔班通古特沙漠位于新疆北部准噶尔盆地腹心，范围为44.18°~46.33°N、84.52°~90.00°E，面积达$4.88\times10^4km^2$，是我国最大的固定和半固定沙漠，其周围还零星分布有许多面积大小不等的沙漠或沙地。其南缘区与天山的冲积、洪积扇缘相接，构成了天山北坡至盆地自然垂直带的基带。从图2.26可以看出，海拔1300m以下分布着荒漠植被；荒漠草原植被主要在海拔1300~1500m一个较窄的带上过渡分布；1500~1700m主要分布着草原和荒漠草原，在1700m以上也还有草原分布，但只是零星的森林草原、高寒草原或草甸草原等分布；1700~2600m主要分布着常绿针叶林和针叶-阔叶混交林；2600m以上则主要分布着山地草甸植被，包括亚高山草甸和高山草甸植被。该结果与该区现代植被相比，差异不是很大，具有一定的吻合性和代表性。

经过采用生物群区化方法对新疆表土孢粉水平样带的模拟，其结果与现代生物群区分布有着较理想的吻合，并且在对天山南坡和古尔班通古特沙漠-天山两个山地垂直带孢粉模拟与现代植被的比较也获得了理想结果，这表明新疆表土孢粉的生物群区化在垂直尺度上也具有可行性。证明该表土孢粉的生物群区化模型还是较为可靠的，该模型可以用于重建新疆区域内过去地质历史时期关键时间段的古生物群区和进行生物群区的时空动态定量重建分析，从而为我们重建新疆全新世以来的古植被奠定了良好的基础。

第三章　新疆天山地区空气花粉研究

第一节　空气花粉研究的意义及其进展

国外最早进行空气花粉研究的是美国的渥德赫斯（王开发，1983），之后，世界各地学者对引起花粉热病和过敏症的空气中花粉和霉菌孢子进行过许多研究。在中国较早开展空气花粉研究的学者有宋之琛（1959）、张金谈等（1964，1984）、陈彦卓和汪敏刚（1964）、陈彦卓等（1979），后来的张玉兰和蒋辉（1992）、郑卓（1990，1994），以及叶世泰等（1989）发表的中国花粉过敏源的初步调查和乔秉善（2005）出版更新的比较全面的花粉过敏源植物与花粉调查。近年来，许多学者出自不同的应用目的，如在大气环境污染检测（郑卓，1990；Cerceau-Larrival et al.，1991；Jaeger et al.，1991；Grandjouan et al.，2000；D'Amato and Liccardi，2003）、花粉过敏症研究（张玉兰和蒋辉，1992；D'Amato et al.，1998；Sin et al.，2001；Banik and Chanda，2009）、农业收成预报（Cour and van Campo，1980；黄赐璇等，1997；Norris-Hill，1999；许清海等，1999；Rodríguez et al.，2000）和第四纪孢粉学研究（Fall，1992；Cour et al.，1999）等诸方面对空气中花粉进行了广泛的研究。

法国蒙比利埃（Montpellier）孢粉实验室（CNRS-USTL）（Cour，1974；Cour and van Campo，1980）对大气中作物花粉含量与作物产量关系的系统研究表明：地区性农作物花粉发送量的巨大年际变化与埃罗（Heroult）省郎格多克－鲁西荣（Languedoc- Rousillon）地区的葡萄、橄榄（*Canarium album*）、苹果（*Malus pumila*）及粱（*Setaria italica*）类的产量变化完全对应，其预报误差不超过实际产量的5%；国内黄赐璇等（1997）开展了应用花粉分析预报普通小麦（*Triticum aestivum*）产量的研究，许清海等（1999）对大气中栗（*Castanea mollissima*）花粉含量与板栗产量关系进行了3年系统的研究，建立了花粉－产量预报模型，他们的研究结果表明应用花粉分析预报农作物产量是一项预报精度高、预报期早、方法简便、适用范围广、成本低的产量预报新方法，具有广阔的推广应用前景，在农业生产中具有重要的实际意义；张玉兰和蒋辉（1992）通过对上海东北部空气中的孢子花粉与当地植被和花粉过敏症关系的研究后，指出上海地区主要的致敏花粉是构树（*Broussonetia papyrifera*）、桑（*Morus alba*）、二球悬铃木（*Platanus acerigolia*）、楝（*Melia azedarach*）、榆树、枫杨（*Pterocarya stenoptera*）、葎草（*Humulus scandens*）和蒿属等，已供临床使用；以前的研究（Cour，1974；Cambon，1981）已经表明空气花粉收集器接取的花粉能够反映方圆大约50km范围的植被，郑卓（1990）采用风标式收集器对广州地区空气中孢粉做了定量研究，得出采样点孢粉组合能够反映有效半径25km以内的植被状况；Fall（1992b）研究了美国科罗拉多落基山空气中孢粉散布的空间模式，认为空气中的孢粉能够提供有关现代孢粉汇集的资料，使其弥补了难以从地表和湖泊沉积中获得孢粉信息的不足，证明空气中的孢粉组合能够大致反映当地主要的植被类型。西藏西北部空气中花粉研究结果表明，在一年中，空气中主要是山地和高山荒漠、草甸区植物成分的花粉，如蒿属、藜科、柏科（Cupressaceae）和禾本科；同时在夏季花粉谱中有被风搬运来的温带和亚热带的森林成分，表明了来自南部和西南部的夏季风影响（Cour et al., 1999）。因此，利用空气中的孢粉，探讨现代孢粉谱中主要孢粉类型的空间分布及其变化规律，即现代孢粉的空间变化模式与区域植被的关系，将为研究孢粉散布、搬运和沉积机制，建立现代孢粉-植被-气候关系的模型提供可靠的依据。

基于笔者从2001年年初承担“新疆中部历史时期植物种类与植被动态的古生物学研究”课题，2001年7月就把对新疆天山中段北坡的空气花粉监测纳入了项目内容，在新疆中部天山北坡植被垂直带进行全面考察的基础上，选择新疆阜康市和吉木萨尔县为研究地点，设计了一条从天山博格达峰雪线附近开始分别沿三工河和吉木萨尔与北庭向北直至古尔班通古特沙漠长约100km、宽约20km的样带，沿样带从高山到沙漠分别在天池气象站（海拔1980m）、中国科学院阜康荒漠生态系统定位研究站（海拔460m）和北沙窝草炭试验地（海拔400m）设置了三套风标式花粉收集器收集空气中的花粉（图3.1），从2001年7月至2003年7月跨3个年度，连续完整地收集了两年的空气花粉雨，同时也收集同期当地的气象资料，结合现代植被调查和表土花粉研究，分析本地区空气中花粉的数量变化、传播和散布规律，进而研究空气中花粉与当地和周边植被的关系，旨在为进一步研究植被对气候变化的响应提供基础资料，同时也为该区的大气环境监测提供有重要价值的参考资料，这在新疆地区乃至全国尚属首次。

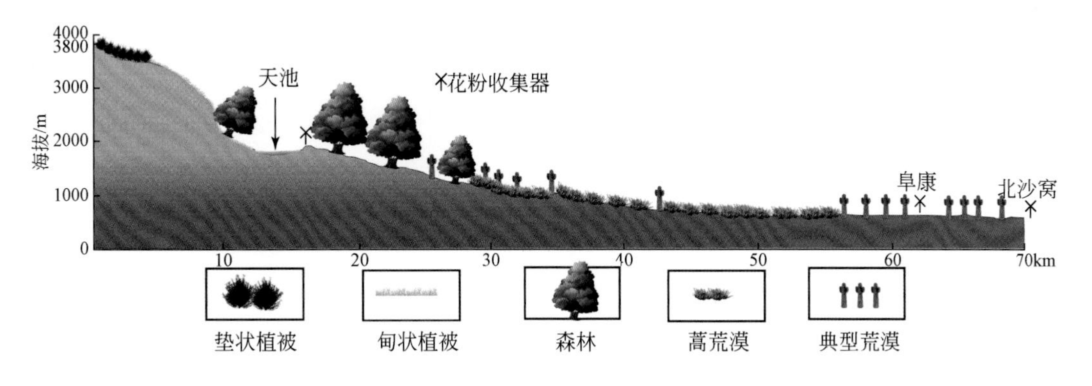

图3.1 天山中段北坡样带上空气花粉收集器位置和现代植被分布

大气中的各种孢子花粉，大多数是随着植物体中孢子和花粉的逐渐成熟被风吹入大气中的。进入大气中的孢粉，绝大多数均降落在地表，其中部分则被水搬运到一个低洼处埋没于泥沙中，只有少数孢子花粉被风力吹到很远的地方（王宪曾和王开发，1990），由此可见，空气中花粉与区域植被有着密切的关系。对大气中孢子花粉的研究不但具有理论意义，而且具有十分重要的实际意义。

第二节　空气花粉的采集与分析

一、花粉收集器

1. 空气花粉的收集

空气花粉的收集采用风标式花粉收集器（Cour and van Campo，1980；图 3.2），在风标的前方装有两个与风标垂直的滤网框，可定时更换框内滤网，风标随风向转动，滤网则始终处于迎风位置。滤网由 6 层浸透硅油的纱布组成，当空气通过时，空气中携带的花粉等颗粒则黏附在滤网上，每个滤网的面积为 20cm×20cm。收集器的纱网 5～10 月每周更换一次，11 月至翌年 4 月，每两周更换一次，一年一套花粉收集器可收集约 38 个空气花粉样品，以观察空气中花粉的变化情况。

图 3.2　2001 年在北沙窝草滩试验地许清海教授指导安装的空气花粉收集器

滤网的制作及安装过程如下：

（1）将纯棉纱布洗净，加 10% Na_2CO_3 煮沸 30 分钟后洗净晾干；

（2）用硅油浸泡纱布 2 小时，晾干后装入锡铂袋中封存备用；滤网的制作环境要封闭，尽量避免外界花粉的干扰；

（3）安装时将滤网从封存的袋子中取出装入滤网框中，同时记录上网时间；

（4）换网时，将换下的滤网装回袋中封存，送实验室备检，同时记录卸网时间。

2. 滤网的室内处理

室内处理的目的是将滤网上截获的花粉提取出来，以备镜鉴分析，具体方法如下：

（1）取滤网 1/2 进行处理，另 1/2 保留以备检验。

（2）将 1/2 滤网放入烧杯中，加 50mL 浓 H_2SO_4 浸泡 4 小时，至滤网完全分解。

（3）用蒸馏水洗至中性，将沉淀物倒入塑料杯中，加 20mL HF。放置通风橱中过夜，再水洗至中性。

（4）加 20% HCl 100mL，煮沸 5 分钟，水洗至中性。

（5）加 10% NaOH 150mL，煮沸 5 分钟，水洗至中性。

（6）混合液处理，离心、水洗、加定量甘油，以备镜鉴。

3. 花粉的镜下定量分析

每块滤网收集到的花粉量相当大，因此，要想把收集到的花粉逐个鉴定统计是不可能的。为此，采用了容积法进行定量分析，基本方法如下：

（1）精确测量每个样品的总体积（甘油滴数）；

（2）定量抽取微量样品进行镜鉴（每滴甘油理论上可以制作 10 个 20mm×20mm 薄片），多数到属，少数到科；

（3）观察的基本粒数为 250 ~ 350 粒；

（4）观察的基本行数为 2 ~ 3 行；

（5）每个样品观察的基本片数为 2 ~ 3 片；

（6）计算每个滤网所收集孢粉总数的公式为

$$Q=\frac{S}{N}\times N_0\times 10d\times 2$$

式中，Q 为孢粉总数；S 为镜鉴统计的孢粉数；N 为镜鉴总行数；N_0 为镜鉴总行数/玻片；d 为制样甘油滴数。

（7）大气中孢粉浓度计算公式为

$$C=\frac{Q}{V\times T\times S_0}\times 1000000$$

式中，C 为孢粉浓度，粒/10^6m^3 空气；Q 为每个滤网的孢粉总数，粒；V 为该滤网收集期内的平均风速，m/s；T 为该滤网收集时间，s；S_0 为滤网截面积，m^2。

二、研究区气候和植被

研究区位于新疆中部天山的北坡，随地势升高而温度递减，由炎热的荒漠气候变为低温的山地草原、森林以至高山寒冷的气候，在海拔 3500m 以上常有冰川和常年积雪，终年处于冰冻条件下。从表 3.1 中 1 月温度变化可以看出，在天山北坡的山地，冬季有明显的逆温现象，而年降水却随海拔的升高而增多。

山区植被垂直带明显（图 3.1），3900m 以上为冰川恒雪带，3900 ~ 2600m 为高山和亚高山草甸带，2600 ~ 1700m 为山地云杉林带，1700 ~ 1500m 为山地针茅草原，1500 ~ 1000m 为山地荒漠草原，1000m 以下为蒿类荒漠、半灌木盐柴类荒漠、白梭梭荒漠、芨芨草荒漠草甸及河漫滩与沼泽草甸等。由于山前冲积扇地下水位较高，低地盐化草甸分布较广，植物以多汁木本盐柴类为主，如盐穗木、小叶碱蓬、盐爪爪、盐节木（*Halocnemum strobilaceum*）等，也有芨芨草草丛和柽柳灌丛，在近代洪积扇上和河沟内还有白榆疏林分布（中国科学院新疆综合考察队，1978）。

表 3. 1　天山北坡不同高度的温度与降水

气象站	海拔/m	年平均温度/℃	1 月平均温度/℃	7 月平均温度/℃	全年降水量/mm
阜康	450. 5	7. 0	−16. 2	25. 4	227. 3
乌鲁木齐	902. 7	6. 65	−13. 9	24. 2	256. 8
天池站	1980. 0	2. 0	−11. 5	15. 2	533. 2
小渠子	2160. 0	2. 2	−10. 7	15. 0	540. 1

资料来源：新疆气象局 1961 ~ 2000 年气象资料

三、空气花粉分析结果

2001 年 7 月至 2002 年 7 月 3 个地点共收集 114 个样品，在镜下共统计鉴定孢粉 33671 粒，平均每个样品约 295 粒。通过计算得出，一年中总共收集到花粉 16623728 粒，其中天池气象站 228724 粒，阜康试验站 4178117 粒，北沙窝 12216887 粒，这些花粉类型分属 39 个科属植物，主要为新疆中部地区的现生植物（表 3. 2），具体成分如下：

云杉属、桦木属、胡桃属、柳属、桤木属、杨属、榆属、麻黄属、柽柳科、水柏枝属、白刺属、柏科、胡颓子科、蔷薇科、榛属、忍冬属、藜科、蒿属、百合科（Liliaceae）、车前属（*Plantago*）、川续断科（Dipsacaceae）、唇形科（Labiatae）、豆科、禾本科、菊科、狼毒属（*Stellera*）、蓼科、龙胆科（Gentianaceae）、马齿苋科（Portulacaceae）、毛茛科、伞形科、莎草科、十字花科、石竹科、酸模属（*Rumex*）、唐松草属、旋花科、黑三棱属及一些未定种属。

表 3. 2　空气花粉收集地点地理位置、花粉类型（镜鉴）及其周围植被

收集地点	海拔/m	地理位置	花粉类型	周围植物成分
天池气象站	1980	43°53′N 88°7. 25′E	云杉属	雪岭云杉
			柳属	山柳
			榆属	
			桦木属	
			杨属	欧洲山杨
			胡桃属	
			桤木属	
			蔷薇科	天山花楸、蔷薇、少花枸子（*Cotoneaster oliganthus*）、天山羽衣草（*Alchemilla tianschanica*）、西伯利亚羽衣草（*Alchemilla sibirica*）、草莓（*Fragaria ananassa*）
			麻黄属	
			柽柳科	
			水柏枝属	
			胡颓子科	
			忍冬属	忍冬

续表

收集地点	海拔/m	地理位置	花粉类型	周围植物成分
天池气象站	1980	43°53′N 88°7.25′E	柏科	圆柏
			白刺属	
			榛属	
			藜科	
			蒿属	白莲蒿（*Artemisia stechmanniana*）
			菊科	岩参、蒲公英（*Taraxacum mongolicum*）
			禾本科	早熟禾、野青茅
			唐松草属	唐松草
			毛茛科	西伯利亚铁线莲（*Clematis sibirica*）
			豆科	高山黄耆（*Astragalus alpinus*）
			唇形科	全缘叶青兰（*Dracocephalum integrifolium*）
			莎草科	薹草
			石竹科	二花米努草（*Minuartia biflora*）、二岐卷耳（*Cerastium dichotomum*）、大苞石竹（*Dianthus hoeltzeri*）、石竹（*Dianthus chinensis*）、无心菜（*Arenaria serpyllifolia*）、新疆种阜草（*Moehringia umbrosa*）、繁缕（*Stellaria media*）
			蓼科	珠芽蓼、高山蓼（*Polygonum alpinum*）
			狼毒属	
			伞形科	东北羊角芹
			旋花科	
			车前属	北车前（*Plantago media*）
			十字花科	小花糖芥（*Erysimum cheiranthoides*）、葶苈（*Draba nemorosa*）
			龙胆科	龙胆
			百合科	
			川续断科	
			马齿苋科	
			黑三棱属	
			酸模属	
			未定花粉	凤仙花（*Impatiens balsamina*）、北方鸟巢兰（*Neottia camtschatea*）、小斑叶兰（*Goodyera repens*）、北点地梅（*Androsace septentrionalis*）、报春花、苔藓、双叶梅花草、虎耳草（*Saxifraga stolonifera*）、新疆梅花草（*Parnnassia laxmannii*）、堇菜（*Viola verecunda*）、新疆缬草（*Valeriana fedtschenkoi*）、柳兰（*Chamerion angustifolium*）、美姿藓（青藓）（*Timmia megapolitana*）、原拉拉藤（*Galium aparine*）、荨麻（*Urtica fissa*）、党参（*Codonopsis pilosula*）、草原老鹳草、独丽花（*Moneses uniflora*）、勿忘草、小花紫草（*Lithospermum officinale*）、鹤虱、野罂粟（*Papaver nudicaule*）、橙黄罂粟（*Papaver croceum*）、黄堇（*Corydalis pallida*）、冷蕨（*Cystopteris fragilis*）、水龙骨（*Polypodiodes nipponicum*）

续表

收集地点	海拔/m	地理位置	花粉类型	周围植物成分
阜康试验站	460	47°17.56′N 87°56.02′E	云杉属	
			柳属	
			榆属	
			桦木属	
			杨属	
			麻黄属	
			柽柳科	红柳，红砂
			水柏枝属	
			胡颓子科	
			忍冬属	
			柏科	
			白刺属	白刺、骆驼蓬
			蔷薇科	毛樱桃（*Cerasus tomentosa*）
			藜科	香藜（*Chenopodium botrys*）、角果藜、假木贼属、盐爪爪、盐穗木、梭梭、猪毛菜、叉毛蓬、小蓬
			蒿属	蒿子
			菊科	沙地粉苞菊（*Chondrilla ambigua*）、花花柴（*Karelinia caspia*）
			禾本科	毛叶獐毛（*Aeluropus pilosus*）、小獐毛（*Aeluropus littoralis*）、芦苇
			唐松草属	
			毛茛科	
			豆科	黄耆属、骆驼刺
			唇形科	
			莎草科	
			石竹科	
			蓼科	淡枝沙拐枣（*Calligonum leucocladum*）、新疆蓼（*Polygonum schischkinii*）
			狼毒属	
			伞形科	
			旋花科	
			车前属	
			十字花科	
			未定花粉	大叶补血草（*Limonium gmelinii*）、精河补血草（*Limonium leptolobum*）、珊瑚补血草（*Limonium coralloides*）、驼舌草（*Goniolimon speciosum*）、黑果枸杞
北沙窝草炭试验地	400	44°21.99′N 87°55.6′E	云杉属	
			柳属	
			榆属	

续表

收集地点	海拔/m	地理位置	花粉类型	周围植物成分
北沙窝草炭试验地	400	44°21.99′N 87°55.6′E	桦木属	
			杨属	
			麻黄属	
			柽柳科	红柳、红砂
			水柏枝	
			胡颓子科	
			忍冬属	
			白刺属	白刺、骆驼蓬
			蔷薇科	毛樱桃
			藜科	藜科、香藜、角果藜、假木贼属、盐爪爪、盐穗木、梭梭、猪毛菜、叉毛蓬、小蓬
			蒿属	蒿
			菊科	沙地粉苞菊、花花柴
			禾本科	毛叶獐毛、小獐毛、芦苇
			唐松草属	
			毛茛科	
			豆科	黄耆属、骆驼刺
			唇形科	
			莎草科	
			石竹科	
			蓼科	淡枝沙拐枣、新疆蓼
			狼毒属	
			伞形科	
			旋花科	
			未定花粉	大叶补血草、精河补血草、珊瑚补血草、驼舌草、黑果枸杞

第三节　空气花粉散布的时空变化规律

从天池、阜康和北沙窝空气花粉数据分析结果（表3.3，图3.3）可以看出，一年（2001年7月至2002年7月）四季中（以农历二十四节气划分四季），空气中花粉数量夏季最高，秋季次之，冬季最低，春季略高于冬季。3个地点比较，北沙窝数量最高，天池最低，相差几倍到几十倍。在花粉组成中，3个地点秋、冬、春三季节灌木和草本植物花粉占据优势，为65.3%~100%，乔木花粉为0~34.7%，但在夏季，天池空气花粉中主要是乔木花粉（图3.4），占85.6%，而且主要是云杉属花粉，占80.7%（图3.5），阜康和北沙窝主要是灌木和草本植物花粉占绝对优势（图3.6），分别为79%和99%。

表 3.3　空气中主要花粉类型季节平均浓度和百分比

（单位：粒/$10^6 m^3$ 空气）

主要花粉类型	秋						冬						春						夏					
	2001 年 8 月 7 日—2001 年 11 月 6 日						2001 年 11 月 7 日—2002 年 2 月 3 日						2002 年 2 月 4 日—2002 年 5 月 5 日						2002 年 5 月 6 日—2002 年 8 月 8 日					
	天池		阜康		北沙窝		天池		阜康		北沙窝		天池		阜康		北沙窝		天池		阜康		北沙窝	
	浓度	百分比	浓度	百分比	浓度	百分比	浓度	百分比	浓度	百分比	浓度	百分比	浓度	百分比	浓度	百分比	浓度	百分比	浓度	百分比	浓度	百分比	浓度	百分比
孢粉总浓度	648175		3483382		4289357		18430		45442		36069		31896		184547		2084518		1422642		1318982		8179695	
乔木	4008	0.6	4940	0.1	4305	0.1	4435	24.1	1231	2.7	0	0.0	7927	24.9	31594	17.1	722348	34.7	1217680	85.6	276479	21.0	83123	1.0
灌木和草本植物	644167	99.4	3478443	99.9	4285052	99.9	13995	75.9	44211	97.3	36069	100.0	23969	75.1	152952	82.9	1362170	65.3	204961	14.4	1042022	79.0	8096572	99.0
云杉属	1056	0.2	1732	0.0	299	0.0	3591	19.5	235	0.5	0	0.0	6809	21.3	198	0.1	1030	0.0	1147472	80.7	54031	4.1	5816	0.1
柳属	1176	0.2	2261	0.1	3603	0.1	495	2.7	743	1.6	0	0.0	532	1.7	14072	7.6	712602	34.2	5032	0.4	36169	2.7	71010	0.9
榆属	1639	0.3	0	0.0	0	0.0	0	0.0	0	0.0	0	0.0	430	1.3	9475	5.1	93	0.0	185	0.0	177687	13.5	0	0.0
桦木属	137	0.0	947	0.0	403	0.0	350	1.9	254	0.6	0	0.0	0	0.0	505	0.3	7076	0.3	42740	3.0	5510	0.4	6296	0.1
麻黄属	705	0.1	2334	0.1	5640	0.1	330	1.8	610	1.3	0	0.0	343	1.1	3818	2.1	14625	0.7	22095	1.6	138855	10.5	878870	10.7
柽柳科	2775	0.4	5979	0.2	16138	0.4	1255	6.8	787	1.7	1196	3.3	2374	7.4	18145	9.8	16905	0.8	11555	0.8	14130	1.1	77882	1.0
白刺属	0	0.0	0	0.0	213	0.0	167	0.9	0	0.0	0	0.0	48	0.2	0	0.0	0	0.0	814	0.1	1734	0.1	3830	0.0
藜科	300382	46.3	1491669	42.8	1335802	31.1	3962	21.5	17798	39.2	12611	35.0	6149	19.3	44408	24.1	911482	43.7	94132	6.6	728257	55.2	6553817	80.1
蒿属	298234	46.0	1789713	51.4	2836496	66.1	5389	29.2	22023	48.5	21710	60.2	10880	34.1	17910	9.7	391730	18.8	32207	2.3	89064	6.8	343272	4.2
菊科	7439	1.1	61830	1.8	46514	1.1	350	1.9	996	2.2	0	0.0	414	1.3	10836	5.9	9138	0.4	6108	0.4	13671	1.0	64029	0.8
禾本科	7803	1.2	68276	2.0	11460	0.3	627	3.4	356	0.8	0	0.0	803	2.5	4412	2.4	5262	0.3	8207	0.6	11568	0.9	51801	0.6
唐松草属	4684	0.7	9705	0.3	2685	0.1	107	0.6	254	0.6	0	0.0	235	0.7	1959	1.1	5843	0.3	1741	0.1	8972	0.7	0	0.0
豆科	1685	0.3	2285	0.1	4389	0.1	0	0.0	254	0.6	451	1.2	97	0.3	3033	1.6	0	0.0	1639	0.1	1887	0.1	0	0.0
唇形科	5416	0.8	0	0.0	0	0.0	83	0.5	254	0.6	0	0.0	130	0.4	0	0.0	1030	0.0	1436	0.1	540	0.0	543	0.0
莎草科	4692	0.7	30719	0.9	18227	0.4	1303	7.1	625	1.4	102	0.3	744	2.3	0	0.0	1925	0.1	2060	0.1	2788	0.2	877	0.0
石竹科	2613	0.4	7372	0.2	646	0.0	0	0.0	254	0.6	0	0.0	48	0.2	0	0.0	0	0.0	1052	0.1	5869	0.4	7363	0.1
蓼科	720	0.1	2093	0.1	633	0.0	0	0.0	0	0.0	0	0.0	0	0.0	1011	0.5	0	0.0	82	0.0	1073	0.1	120	0.0
蔷薇科	514	0.1	4060	0.1	415	0.0	0	0.0	0	0.0	0	0.0	145	0.5	3538	1.9	0	0.0	4630	0.3	645	0.0	13387	0.2

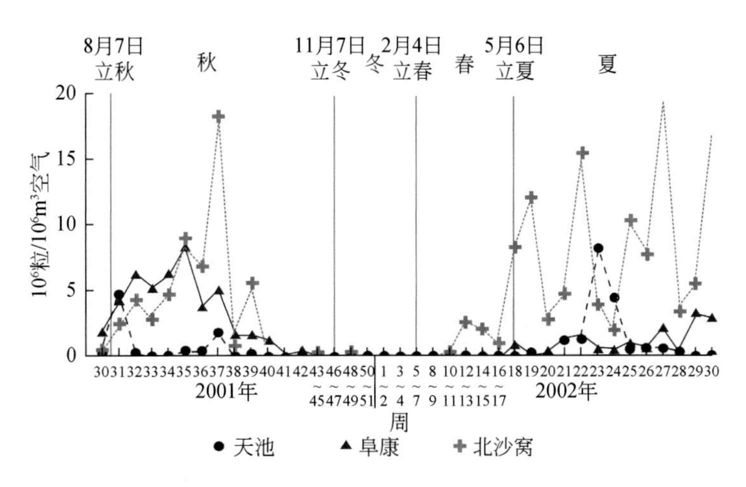

图 3.3　空气中花粉一年的数量变化

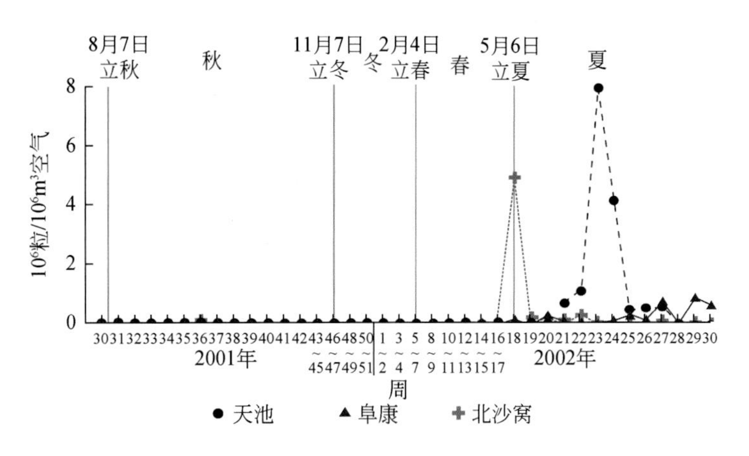

图 3.4　空气中乔木花粉一年的数量变化

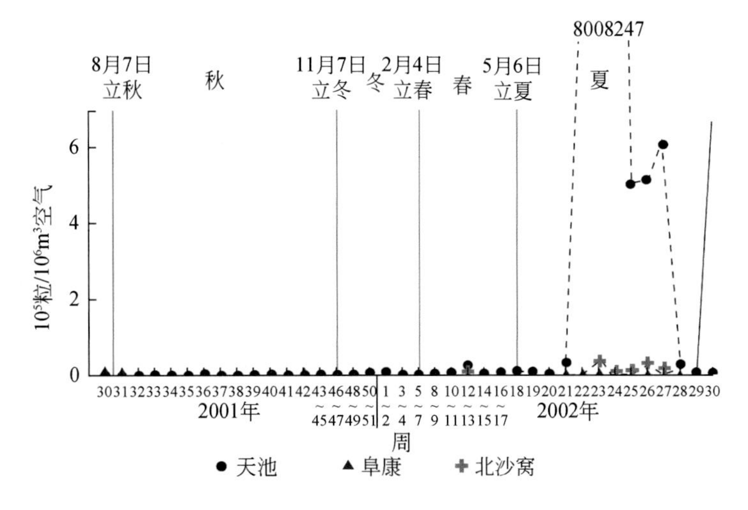

图 3.5　空气中云杉属植物花粉一年的数量变化

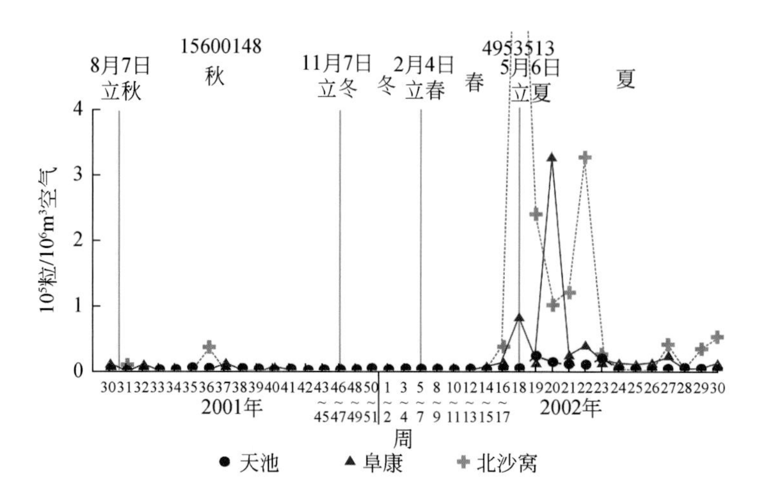

图 3.6　空气中灌木和草本植物花粉一年的数量变化

一、空气中的孢粉特征

空气中的乔木花粉主要是云杉属，秋、冬季节，3 个地点相差不多，数量多在 4000 粒/10^6m^3 空气；春季增多，北沙窝最高达 722348 粒/10^6m^3 空气，天池最低，为 7927 粒/10^6m^3 空气；夏季乔木花粉数量最高，如在 2002 年第 23 周（6 月 3 ~ 10 日），天池达最高峰，花粉数量为 8008247 粒/10^6m^3 空气，主要是云杉花粉（图 3.5），其次为柳属、榆属和桦木属（表 3.3，图 3.7 ~ 图 3.9）。空气中灌木和草本植物花粉数量在夏、秋季节高（图 3.6），主要是藜科（图 3.10，6.6% ~ 80.1%）和蒿属（图 3.11，2.3% ~ 66.1%），其次是菊科、禾本科、柽柳科和麻黄属（图 3.12 ~ 图 3.15），其余空气中的唐松草属、豆科、唇形科、莎草科、石竹科、蓼科、蔷薇科和白刺属等灌木和草本植物花粉数量多在 10000 粒/10^6m^3 空气以下（表 3.3，图 3.16 ~ 图 3.23）。

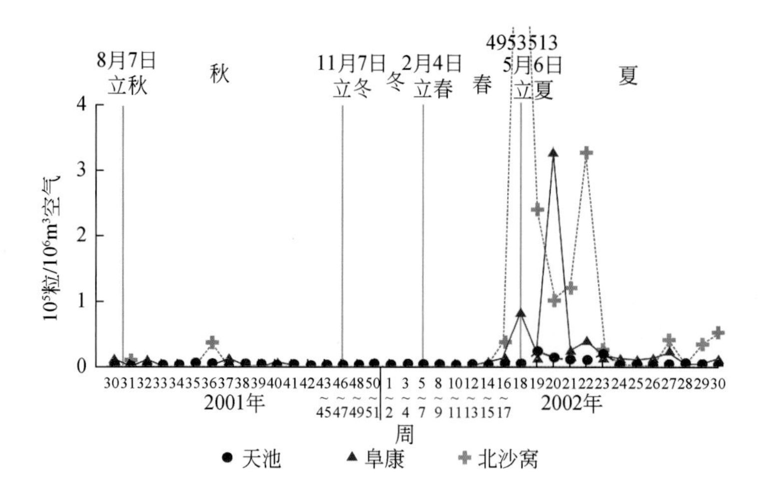

图 3.7　空气中柳属植物花粉一年的数量变化

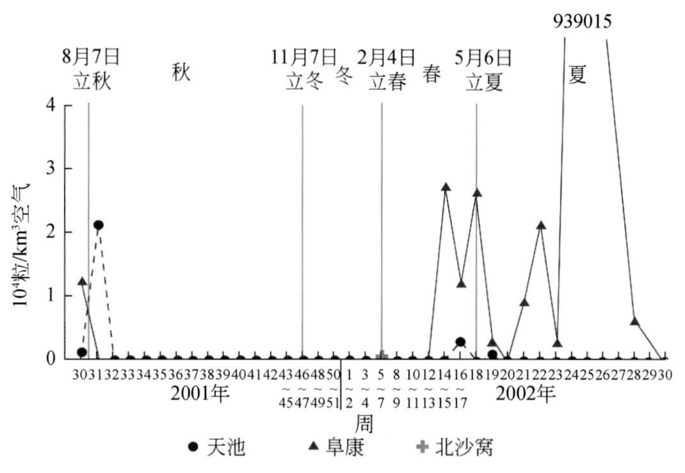

图 3.8　空气中榆属植物花粉一年的数量变化

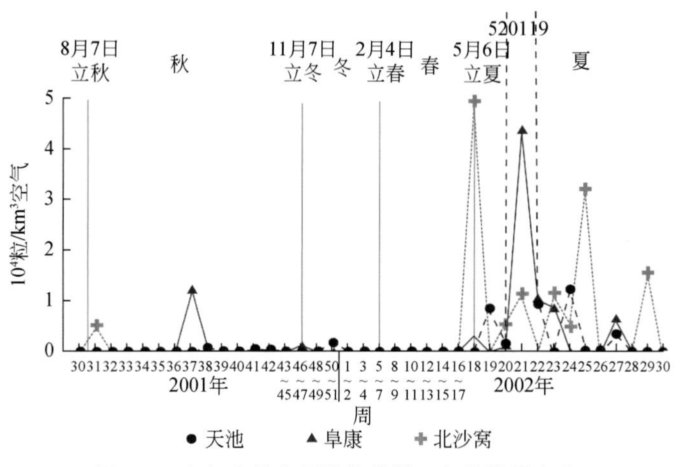

图 3.9　空气中桦木属植物花粉一年的数量变化

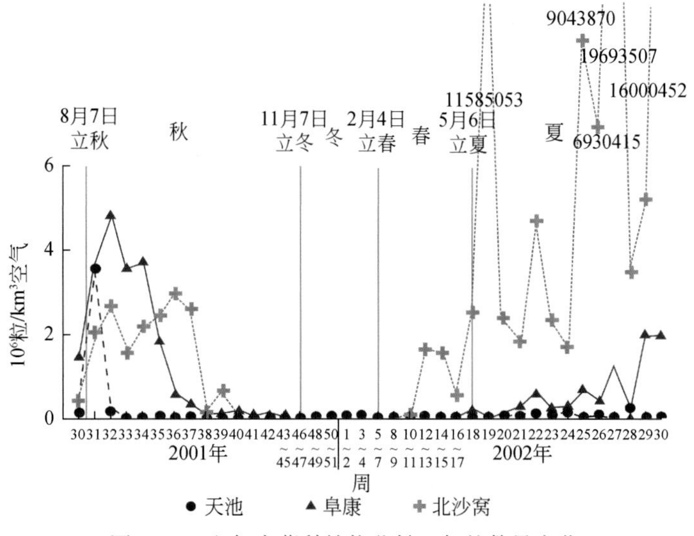

图 3.10　空气中藜科植物花粉一年的数量变化

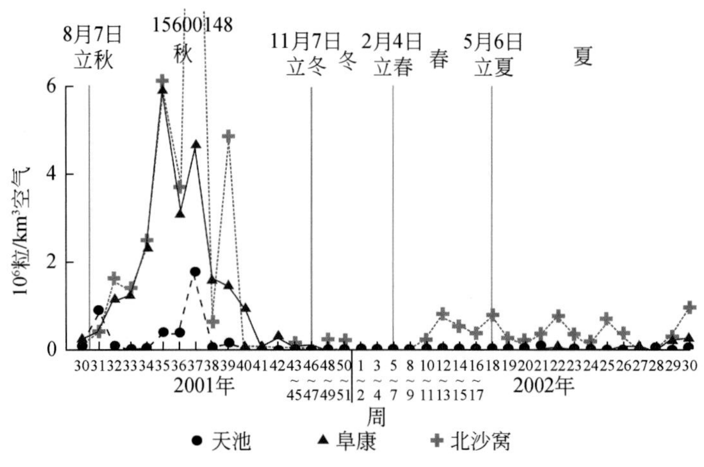

图 3.11　空气中蒿属植物花粉一年的数量变化

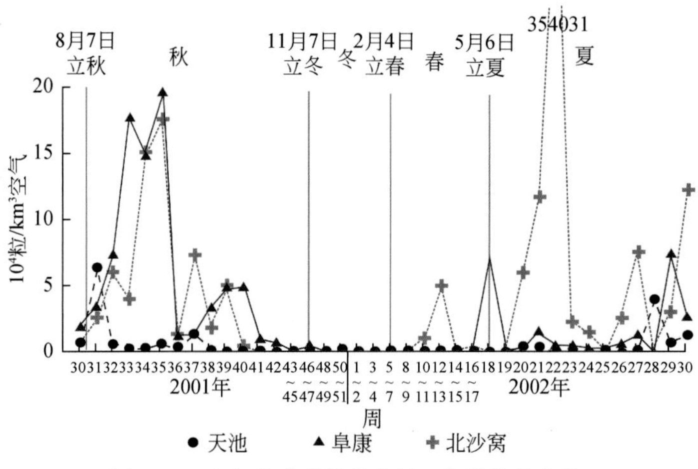

图 3.12　空气中菊科植物花粉一年的数量变化

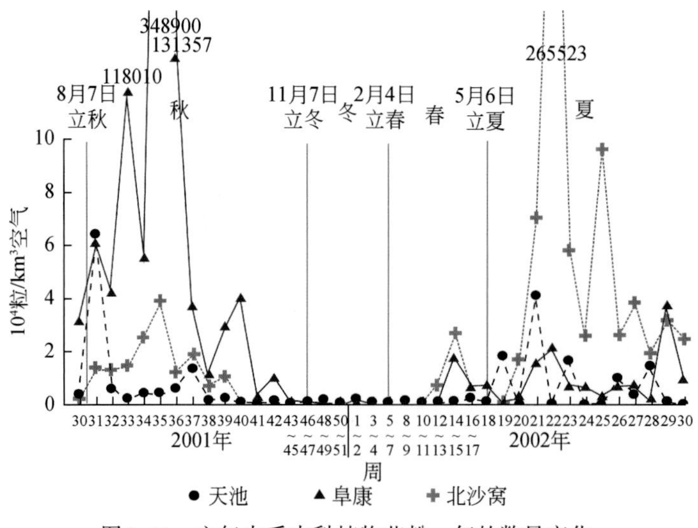

图 3.13　空气中禾本科植物花粉一年的数量变化

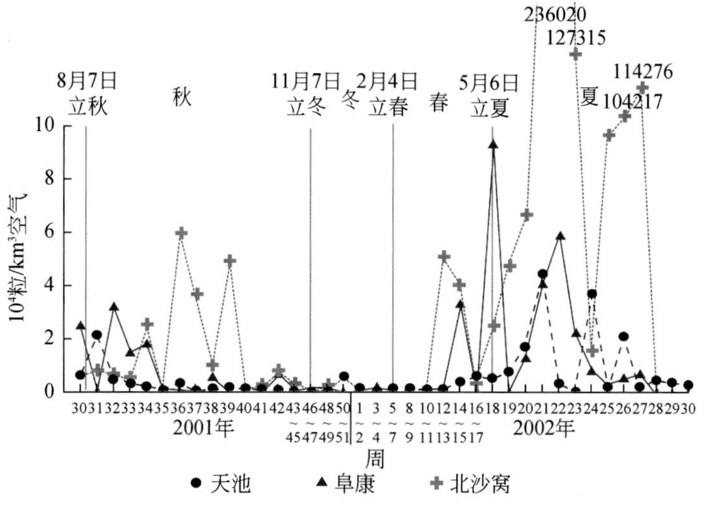

图 3. 14　空气中柽柳科植物花粉一年的数量变化

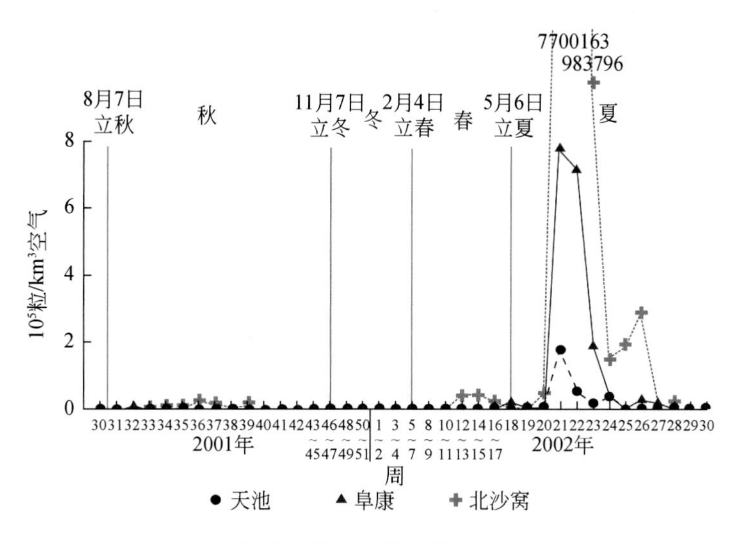

图 3. 15　空气中麻黄属植物花粉一年的数量变化

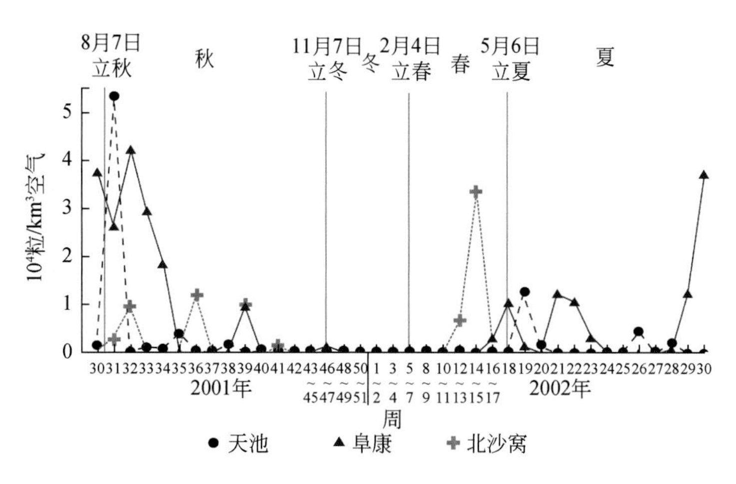

图 3. 16　空气中唐松草属植物花粉一年的数量变化

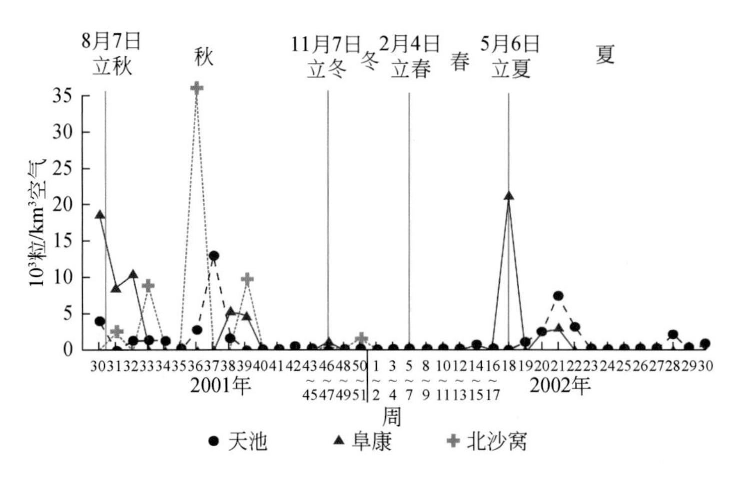

图 3.17　空气中豆科植物花粉一年的数量变化

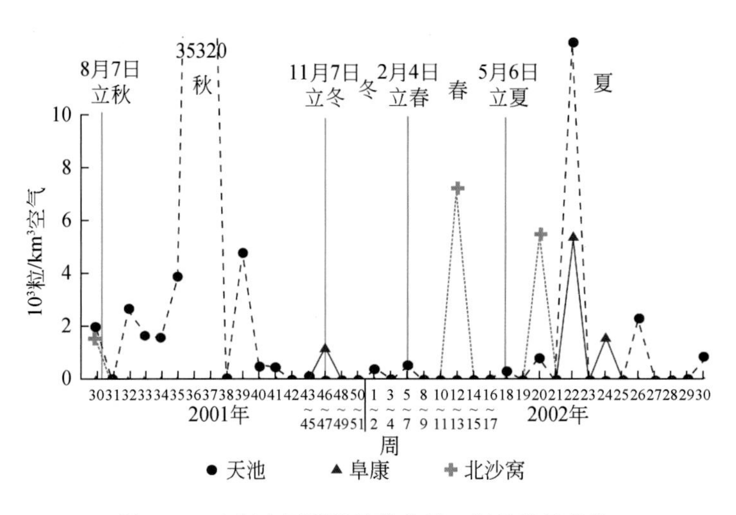

图 3.18　空气中唇形科植物花粉一年的数量变化

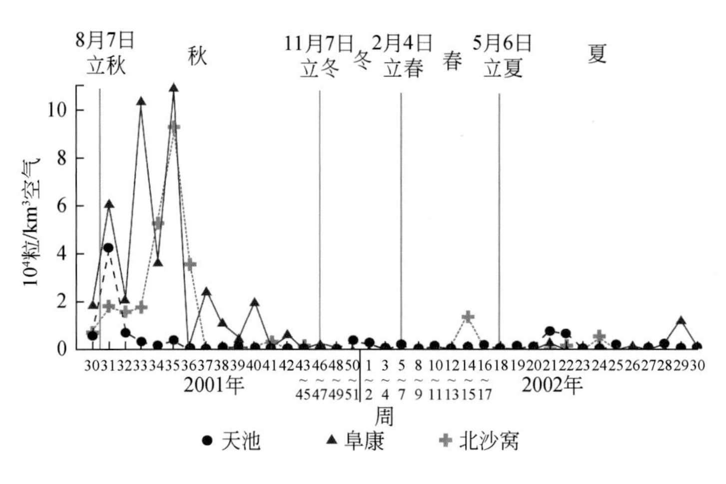

图 3.19　空气中莎草科植物花粉一年的数量变化

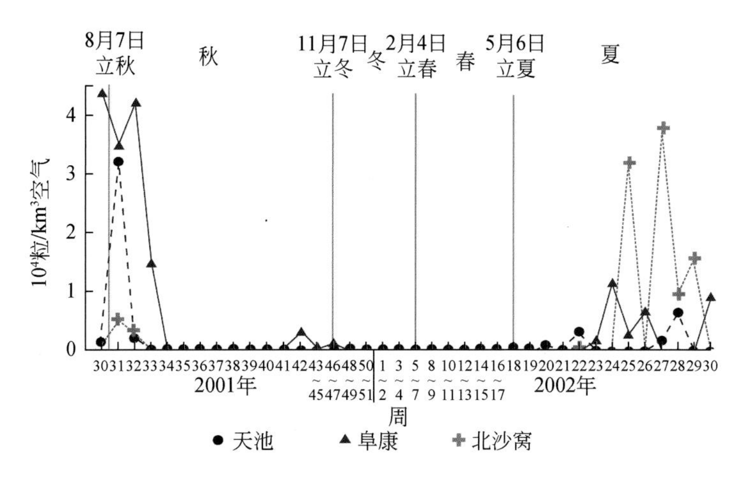

图 3. 20　空气中石竹科植物花粉一年的数量变化

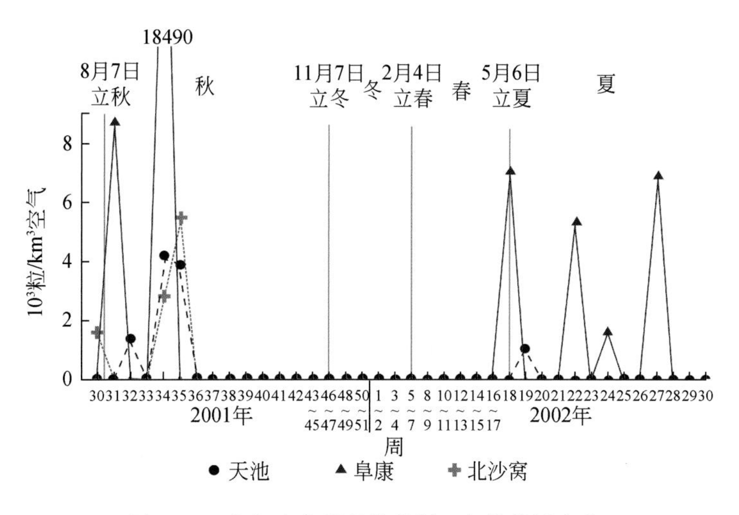

图 3. 21　空气中蓼科植物花粉一年的数量变化

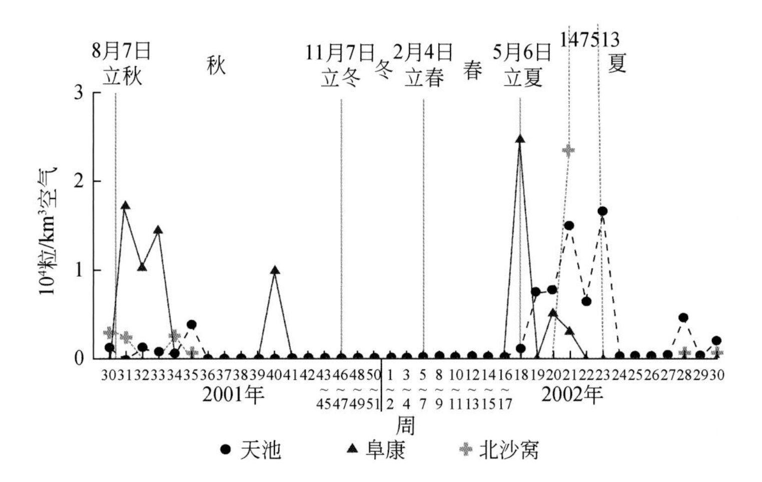

图 3. 22　空气中蔷薇科植物花粉一年的数量变化

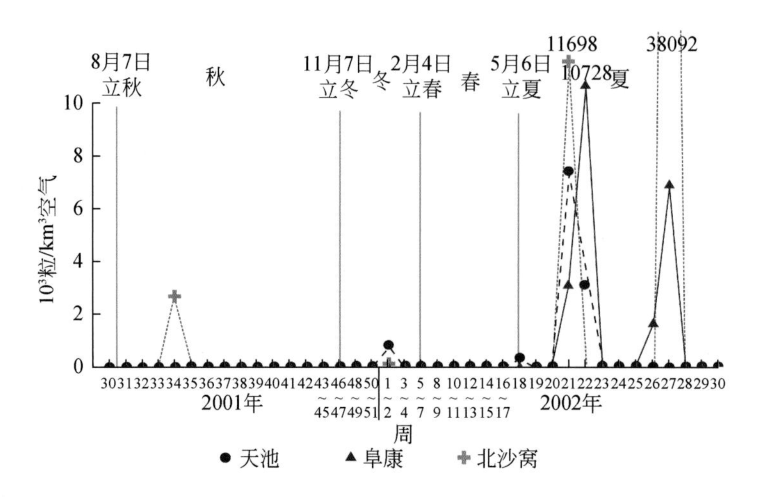

图 3.23　空气中白刺属植物花粉一年的数量变化

二、空气中花粉数量与植物开花期

由于植物开花期的不同，每个时期空气中出现的花粉种类及数量并非一致。在春夏之交是大多数乔木的开花时期，所以乔木花粉夏季在空气中数量最多（表 3.3，图 3.4），特别是雪岭云杉花粉（图 3.5），在第 29 周到第 35 周，即 5 月末至 7 月初，数量高达几百万粒花粉/$10^6 m^3$，其次是柳属、榆属和桦木属植物花粉（图 3.7～图 3.9），在春末和夏季，空气中花粉数量在几万粒/$10^6 m^3$ 到几十万粒花粉/$10^6 m^3$ 不等。盛花期空气中云杉花粉数量，显现出天池>阜康>北沙窝，而柳属和桦木属植物花粉数量，则是北沙窝>阜康>天池，但是榆属植物花粉（图 3.8），则阜康最多，天池和北沙窝空气中几乎未见。

空气中灌木草本植物花粉数量随着季节的不同有很大的变化。夏、秋季节是灌木草本植物的扬花季节，特别是草本植物，花粉中数量较多的是藜科、蒿属、菊科、禾本科、柽柳科、麻黄属和白刺属，其次是唐松草属、豆科、唇形科、莎草科、石竹科、蓼科和蔷薇科（表 3.3）。由于藜科、菊科、禾本科、唇形科、蓼科、蔷薇科和柽柳科在夏秋季节空气中数量多，花期高峰多在 5 月初至 7 月初（图 3.10、图 3.12～图 3.14、图 3.18、图 3.21、图 3.22），如北沙窝每百万立方米空气中藜科植物花粉数量在 2002 年第 27 周（7 月 1～8 日）高达 19693507 粒。禾本科植物花粉在夏、秋季节都出现高峰，夏季出现在北沙窝，秋季出现在阜康，这可能是阜康处于山前绿洲农业区，秋季农作物如玉米（*Zea mays*）、高粱（*Sorghum bicolor*）等开花所致。蒿属、唐松草属、豆科和莎草科植物花粉在秋季空气中数量多，高峰多在 8 月、9 月（图 3.11、图 3.16、图 3.17、图 3.19），如北沙窝每百万立方米空气中蒿属植物花粉数量在 2001 年第 37 周（9 月 17～24 日）竟高达 15600148 粒。麻黄属、白刺属和石竹科花粉在夏季空气中数量最多，麻黄属高峰在 5 月中旬至 6 月中旬（图 3.15），白刺属高峰期在 5 月中旬至 7 月中旬（图 3.23），石竹科（图 3.20）高峰期在 6 月中旬至 9 月初。

由于早春季干旱，开花植物种类少，花粉数量少，而整个冬季无植物开花，是全年中花粉最少的一个时期。空气中孢粉的多少和种类在四季分明的地区，受季节变化的影响最为明显，空气中各种花粉繁盛期与各种植物的开花时节相对应。空气中大多数的孢子和花粉对人类和自然环境是无害的，但也有少数孢子和花粉是引起各种过敏性疾病的病源。例如，北京地区蒿属花粉是花粉症的重要变应原，豚草（*Ambrosia artemisiifolia*）花粉往往引起枯草热病，另外尚有不少禾草花粉也是引起花粉症的主要因素（潘建国，2002）。当了解到某地区内大气中含有某些致病的花粉时，可以通过研究大气中这些花粉的发生规律，采取应对措施。因此，天山北坡的空气中花粉数量分析结果可为该区的大气环境监测提供有重要价值的参考资料。

三、空气中花粉含量与气象条件的关系

空气中花粉的数量不但与季节及植物开花期密切相关，而且也受到气温、风速、风向和降水等气象条件制约（Lerman，1987；Gonzalea-Minero et al.，1999；Rodríguez et al.，2000；Molina et al.，2001；Latalowa et al.，2002；Green et al.，2003；Porsbjerg et al.，2003；Ribeiro et al.，2003）。由于气候因子的变化，直接影响着植物盛花期和空气中花粉的高峰期，如板栗花粉的盛花期在6月（张宇和等，1989）。下面就研究区气温、风速、风向和降水气象条件与空气中花粉数量情况进行比较，分析如下：

（一）空气中花粉数量与气温的关系

温度对植物开花的影响非常重要，花的形成必须经过开花诱导，光和温度是两个重要的诱导条件（Hess，1975）。陈西庆（1987）认为不同地点山地暗针叶林分布的下限高程与6月、7月、8月三个月该高程上的平均温度有关（表3.4），吴锡浩（1983）通过计算认为，如把5～6月两个月的平均温度（11.2℃）作为暗针叶林生长的标志温度，最大误差仅±1.1℃。云杉为寒温性树种，其分布的下限主要受夏季温度控制（陈西庆，1987）。

表3.4　天山云杉林分布的下限高程与夏季平均温度关系

地点	海拔/m	纬度/°N	6月平均温度/℃	7月平均温度/℃	8月平均温度/℃	夏季平均温度/℃	温度理论计算值/℃	温度误差/℃
博格达山	1 900	43.5	12.2	16.0	14.9	14.1	15.07	-0.67
西沟	2 000	43.0	13.2	15.6	14.6	14.5	15.02	-0.52

资料来源：陈西庆，1987。

天山云杉林是一种凉温性针叶林，具有耐阴、抗寒、喜湿的特性，是雪岭云杉的一个变种（新疆森林编辑委员会，1989）。在天山中段北坡，天山云杉分布在海拔1250～1600m至2700～2800m之间的中山-亚高山带，构成了一条森林垂直带，林相整齐，混生有山柳、天山花楸、欧洲山杨，夏季周平均气温8.2～19.2℃（图3.23），因此在天山中段北坡海拔1600(1700)～2700(2800)m，是其生长的最适范围。通过对从天池空气中云杉花粉数量与天池气象站周平均气温比较（图3.5、图3.24），可以看出，空气中云杉花粉的繁盛期的周平均气温多位于10.7～16.5℃。其他乔木如柳属、榆属和桦木属等花粉，从阜康和北沙窝空气中花粉数量与阜康周平均气温的对比中（图3.7～图3.9、图3.24），可以看出，它们的花粉繁盛期多位于18.3～29.2℃。

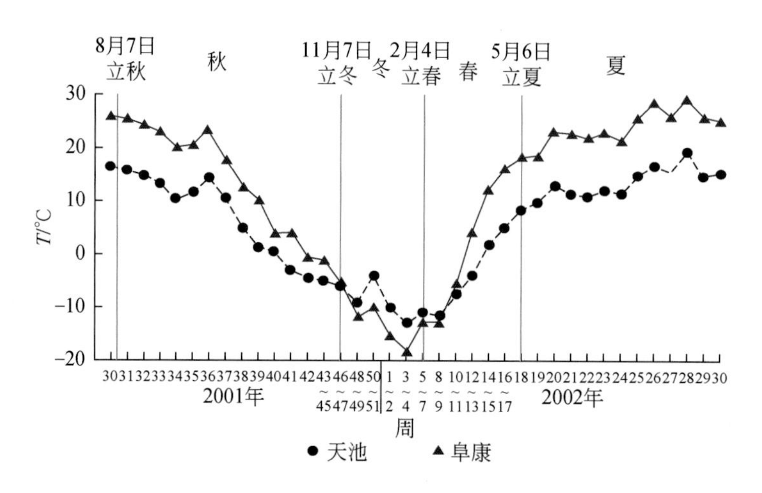

图 3.24　天池和阜康地区一年内周平均气温变化

灌木和草本植物的盛花期大多在夏秋季节（图 3.6），从阜康和北沙窝空气中灌木和草本植物花粉数量与阜康周平均气温（图 3.24）的对比，可以看出，空气中藜科、菊科、禾本科、蓼科、蔷薇科和柽柳科植物花粉繁盛期的周平均气温范围是 4.3 ~ 29.2℃（图 3.10、图 3.12 ~ 图 3.14、图 3.21、图 3.22）；麻黄属、白刺属和石竹科植物花粉繁盛期气温范围在 21.7 ~ 29.2℃（图 3.15、图 3.23、图 3.20）；蒿属、唐松草属、豆科和莎草科植物花粉繁盛期气温范围是 10.3 ~ 25.6℃（图 3.11、图 3.16、图 3.17、图 3.19）。空气中唇形科植物花粉数量天池最高（表 3.3，图 3.18），与天池夏秋季节周平均温度比较，其花粉繁盛期气温范围在 1.7 ~ 19.2℃。从图 3.13 可以看出，空气中禾本科植物花粉数量在夏季北沙窝最高，秋季阜康最高，与阜康周平均气温比较，其花粉繁盛期气温范围在 10 ~ 29.2℃。但是这些分析结果需要多年的空气花粉和植物物候连续观测记录来校正。

（二）空气中花粉数量与风速、风向的关系

风速和风向对空气中花粉的分布有很大影响，通常风大有利于植物传粉。新疆天山地区，全年 4 ~ 6 月风速较大（图 3.25），天池周平均风速为 2.9 ~ 4.0m/s，最大日平均风速为 5.0m/s，阜康周平均风速为 2.1 ~ 3.7m/s，最大日平均风速为 5.7m/s，秋季风速略低于夏季，冬季和春季较低，而且风向多为西风和北风，但常出现大风，最大风速大于 17.1m/s（李文漪，1991b；周霞，1995）。乔木大部分花期在夏季，较大的风力将花粉吹扬到空气中，导致乔木花粉夏季在空气中达到最高数量（表 3.3，图 3.4）。来自西部和北部的风，将广阔的准噶尔盆地荒漠植被的植物花粉源源不断地吹送而来，导致了大部分的灌木草本植物花粉夏秋季节在空气中达到最高数量。在冬季和早春季节，空气中花粉数量最低，尽管也是多西风和北风，周平均风速为 2m/s（图 3.25），这可能因为当地没有植物在冬季和早春季节开花，空气中的花粉多来自地表尘土中沉积的花粉。一般情况下，本地区大部分空气中的花粉来自开花季节当地植被和准噶尔盆地的荒漠植被。

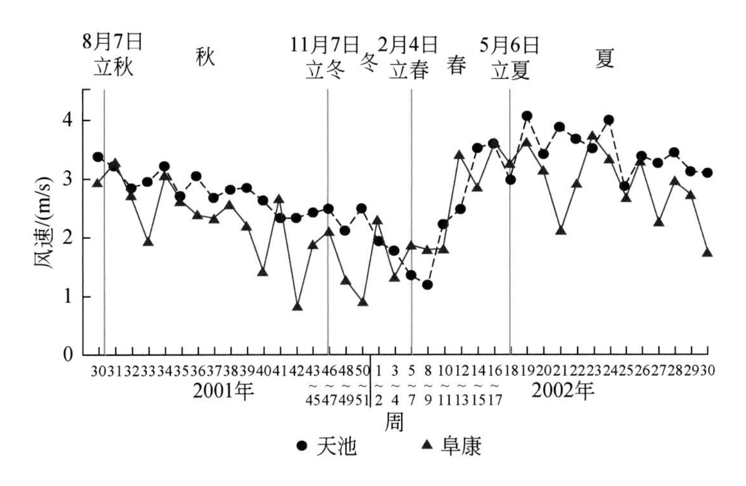

图 3.25　天池和阜康地区一年内周平均风速变化

（三）空气花粉数量与降水的关系

图 3.26 是天池和阜康一年内周平均降水量变化曲线，很明显天池高于阜康，天池全年降水量达 494mm，阜康只有 232.7mm，而且降水主要集中在 5 ~ 7 月，此时天山中段北坡最大降水带较宽（周霞，1995），而且正是当地大部分植物的盛花期（图 3.3），特别是云杉，喜湿润环境，表 3.5 是天山云杉林带海拔梯度的降水量统计，可见，在天山北坡地区云杉生长的年降水量范围以 450 ~ 560mm 最为合适。一般情况下，植物开花期降水充分，植物生长茂盛，花粉产量就高，空气中花粉的数量多，就会促进植物授粉和坐果，天池盛花期的降水量为 279.9mm，阜康为 88.6mm，但是降水过多也会影响植物的授粉和坐果，到底降水多少对植物最有利，尚需要多年对降水与空气中花粉数量峰值关系的观测和研究。

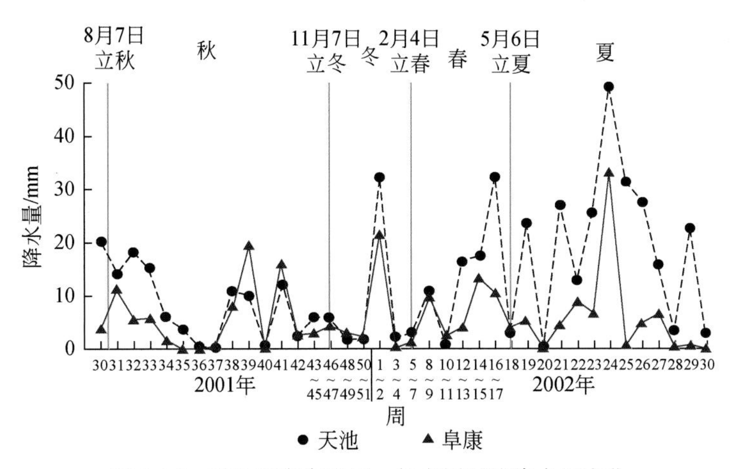

图 3.26　天池和阜康地区一年内周平均降水量变化

表 3.5　天山云杉林带降水量

海拔/m	2800	2700	2600	2500	2400	2300	2200	2100	2000	1900	1800	1700	1600
年平均降水量/mm	490	498.5	507	515.5	524	532.5	541	547.9	553.8	545.1	513.5	481.9	450.3

资料来源：新疆天池和阜康气象资料（1961 ~ 2000 年）计算得出。

四、空气中花粉与当地植被的关系

风标式花粉收集器能够反映的有效半径为25km（郑卓，1990），因此，天池、阜康和北沙窝空气中花粉的分析结果基本上代表了天山中段北坡和准噶尔盆地的植被状况（表3.2），空气中花粉数量的变化规律与当地各种植物的开花时节是基本吻合的。

天池气象站处于天山山地云杉林带，该林带分布在海拔1700～2700m，主要为雪岭云杉，林相整齐，混生有少量山柳、天山花楸、欧洲山杨，乔木层盖度为53.73%，群落结构简单；灌木层不发育，但草本层比较发育，盖度可达41.81%，以东北羊角芹、早熟禾、野青茅、珠芽蓼、高山蓼、天山羽衣草等为主要组成成分（表3.2）。盛花期天池空气中花粉反映了本植被带的植被情况，但是藜科、蒿属、麻黄属、柽柳科、蔷薇科、石竹科和唐松草属占有一定比例，而且在秋、冬、春季节藜科、蒿属和柽柳科等灌木草本植物花粉占优势（表3.3），它们多是被天山北坡的西风和北风形成的上升气流从下面的森林-草甸过渡带、蒿类荒漠带和典型荒漠带携带上来的外来花粉。

中国科学院阜康荒漠生态系统定位研究站和北沙窝草炭试验地处于典型荒漠带，位于海拔600m以下，植被类型以草本植物为主，其次为灌木。草本植物盖度为41.0%，主要成分是叉毛蓬、角果藜、盐蓬属（*Halimocnemis*）、猪毛菜、碱蓬、盐生草等藜科植物。灌木盖度为27.29%，主要成分是红砂、红柳、梭梭、盐爪爪、碱蓬、假木贼属、白刺、蒿子等（表3.2）。近邻的蒿类荒漠分布于海拔600～1200m，植被由半灌木、小半灌木和草甸组成。灌木丛盖度为32.4%，主要成分是皂荚（*Gleditsia sinensis*）和宽刺蔷薇，其次有金丝桃叶绣线菊；草甸盖度为29.2%，主要成分是蒿（14.1%）、薹草、羊茅、针茅、芨芨草和委陵菜（*Potentilla chinensis*）等。盛花期阜康和北沙窝空气中花粉反映了所处植被带的植被状况，全年灌木草本植物花粉比例都在65.3%以上，夏秋季的盛花期多在99%以上，夏季藜科花粉占优势，秋季蒿属和藜科花粉占优势，蒿属略高于藜科。但是也出现了少量云杉花粉，这些云杉花粉是由天山北坡的少量下降气流、回旋气流、南风及偏南风从云杉林带携带下来的外来花粉（表3.3）。

五、空气花粉与表土花粉的关系

植物开花后，其花粉大部分降落在植物周围成为表土花粉，一小部分则随上升气流飘飞到空气中成为空气花粉。表土中的一小部分花粉在遇到刮风时，又被风吹扬到空气中，成为空气花粉。空气中的花粉随风飘移一段时间后降落到地面，又成为表土花粉。因此，空气花粉和表土花粉之间既有不同，又有着密切的关系，空气花粉、表土花粉和现代植被三者之间的对比，可以较好地研究花粉与植被的关系。

从表3.6中空气花粉、表土花粉和现生植被之间的对比可以看出，盛花期空气花粉、表土花粉分别与现生植被有较好的对应，空气中的花粉是现生植物当年生长产出的花粉，表土中的花粉是多年花粉落地沉积的积累，在不考虑植物之间生产花粉能力和花粉飞翔能力的前提下，只要植物盖度大，该植物的花粉在空气中和表土中数量相对就大。如云杉林盖度为53.7%，盛花期空气中云杉花粉占80.7%，表土的云杉仅为66.2%，尽管在阜康和北沙窝当地已无云杉生长，但在云杉盛花期时段，阜康的空气中云杉花粉数量却在4.1%、而北沙窝则降至0.1%，在蒿类荒漠带表土中云杉花粉比例为3.7%、典型荒漠为1.7%。这说明盛花期时有少量云杉花粉从山上云杉林带飘落，并且降落到地表沉积下来成为表土中的云杉花粉，这正与阎顺等（2004）对新疆地区在荒漠、荒漠草原表土中云杉花粉含量稳定在5%以下的结论一致。藜科和蒿属花粉在云杉林带空气中和表土中也占有一定比例，特别是在云杉盛花期过后，藜科和蒿属花粉在空气中的比例分别升至46.3%和46.0%，这些花粉大多是从蒿类荒漠带和准噶尔盆地的典型荒漠带被上升气流携带上山的，散落到地表成为表土花粉。可见，在一定条件下，上升气流搬运花粉的数量和能力是十分可观的。天池到阜康水平距离约45km，距北沙窝50km左右，上述对比分析也说明了研究区空气花粉收集器反映的有效范围在方圆50km以内，这与郑卓（1990）在广州安装风标式花粉收集器反映的有效距离是25km不同，这是因为新疆地区地势辽阔，空气中的花粉被大风搬运的距离更远。禾本科植物虽有一定的盖度，但空气中禾本科花粉数量少，而表土中则更少，这与它们的花粉产量、飞翔能力和在土壤中的保存能力有关。麻黄属在样带上的现生植被样方中盖度几乎为0，但它的花粉在空气中和表土中却占一定比例，说明附近50km以内有麻黄属生长。非盛花期的冬春季节，空气中的花粉多是被风吹起的表土花粉。总之，这3个不同海拔地区的空气花粉散布特征可为本地区表土孢粉组合和地层孢粉组合的合理解释提供理论支撑，也为该区的大气环境监测提供有重要价值的参考资料。

表3.6　空气（盛花期）和表土中主要花粉类型百分含量与现生植被盖度对比　（%）

<table>
<tr><th rowspan="3">花粉类型</th><th colspan="4">天池（云杉林带）</th><th colspan="2">蒿类荒漠带</th><th colspan="2">阜康</th><th colspan="2">北沙窝</th><th colspan="2">典型荒漠带</th></tr>
<tr><th colspan="2">空气</th><th rowspan="2">表土</th><th rowspan="2">现生植被</th><th rowspan="2">表土</th><th rowspan="2">现生植被</th><th colspan="2">空气</th><th colspan="2">空气</th><th rowspan="2">表土</th><th rowspan="2">现生植被</th></tr>
<tr><th>夏</th><th>秋</th><th>夏</th><th>秋</th><th>夏</th><th>秋</th></tr>
<tr><td>乔木</td><td>85.6</td><td>0.6</td><td>69.2</td><td>55.1</td><td>11.1</td><td><0.1</td><td>21.0</td><td>0.1</td><td>1.0</td><td>0.1</td><td>16.6</td><td>0</td></tr>
<tr><td>云杉</td><td>80.7</td><td>0.2</td><td>66.2</td><td>53.7</td><td>3.72</td><td>0</td><td>4.1</td><td>0.0</td><td>0.1</td><td>0.0</td><td>1.7</td><td>0</td></tr>
<tr><td>柳</td><td>0.4</td><td>0.2</td><td>2.6</td><td>1.2</td><td>6.2</td><td>0</td><td>2.7</td><td>0.1</td><td>0.9</td><td>0.1</td><td>4.5</td><td>0</td></tr>
<tr><td rowspan="2">灌木(灌)和草本植物(草)</td><td rowspan="2">14.4</td><td rowspan="2">99.4</td><td rowspan="2">30.8</td><td>灌3.7</td><td rowspan="2">88.9</td><td>灌32.4</td><td rowspan="2">79.0</td><td rowspan="2">99.9</td><td rowspan="2">99.0</td><td rowspan="2">99.9</td><td rowspan="2">83.4</td><td>灌27.3</td></tr>
<tr><td>草41.8</td><td>草29.2</td><td>草41.0</td></tr>
<tr><td>藜科</td><td>6.6</td><td>46.3</td><td>11.9</td><td>0</td><td>18.0</td><td>2.7</td><td>55.2</td><td>42.8</td><td>80.1</td><td>31.1</td><td>49.3</td><td>28.5</td></tr>
<tr><td>蒿属</td><td>2.3</td><td>46.0</td><td>6.5</td><td><0.1</td><td>53.0</td><td>13.1</td><td>6.8</td><td>51.4</td><td>4.2</td><td>66.1</td><td>17.0</td><td>8.6</td></tr>
<tr><td>禾本科</td><td>0.4</td><td>1.2</td><td>0.6</td><td>6.7</td><td>0.4</td><td>5.1</td><td>0.9</td><td>2.0</td><td>0.6</td><td>0.3</td><td>0.4</td><td>5.4</td></tr>
<tr><td>麻黄属</td><td>1.6</td><td>0.1</td><td>3.8</td><td>0</td><td>5.6</td><td><0.1</td><td>10.5</td><td>0.1</td><td>10.7</td><td>0.1</td><td>4.2</td><td>0</td></tr>
<tr><td>柽柳科</td><td>0.8</td><td>0.4</td><td>1.8</td><td>0</td><td>6.7</td><td>0</td><td>1.1</td><td>0.2</td><td>1.0</td><td>0.4</td><td>6.6</td><td>12.4</td></tr>
</table>

研究通过对天池、阜康和北沙窝三地连续一年收集的空气中花粉资料的分析，讨论了与气温、风速、风向和降水等气象条件的关系，并且通过与表土花粉和现生植被进行对比，得出以下初步结论：

（1）空气中的花粉数量较好地反映了植物花期的季节性变化，特别是通过对盛花期空气中花粉的研究得知，云杉等乔木的盛花期在5月末至7月初，灌木和草本植物盛花期在夏秋季节。在冬季和早春季节当地基本无植物开花，空气中花粉应是盛花期散落在地表的花粉又被风吹扬到空中并携带一些外来花粉。

（2）天山北坡的空气中花粉数量分析结果可为该区的大气环境监测提供有重要价值的参考资料。

（3）空气中花粉数量与气象条件的关系研究表明，盛花期气温和降水对植物开花影响较大，影响着植物花粉的产量，从而也影响着空气中花粉的数量。多数植物空气中花粉繁盛期周平均气温在4.3～29.2℃，天池云杉林带降水量在279.9mm左右，阜康荒漠植被带降水量在88.6mm左右，但是温度和降水的最适宜范围，需要数年的连续观测研究并需要植物物候记录来校正。

（4）风速和风向对空气中花粉数量影响最大，部分乔木花期在夏季，较大的风力将花粉吹扬到空气中，导致乔木花粉夏季在空气中达到最高数量。来自西部和北部的风，将广阔的准噶尔盆地荒漠植被的植物花粉源源不断地吹送而来，导致了大部分的灌木草本植物花粉夏秋季节在空气中达到最高数量。

（5）天山中段北坡地区的西风和北风是形成上升气流的主要原因，从高海拔地区空气中和表土中的灌木草本植物花粉数量看，在一定条件下，上升气流搬运花粉的数量和能力是十分可观的。

（6）空气中的花粉是当地和附近周边地区植被状况的反映，通过空气花粉组合特征与表土花粉和当地现生植被分布的对比研究，可以较好地寻找花粉与植被的关系。盛花期空气中花粉与表土花粉和现生植被有较好的对应，空气中的花粉是现生植物当年生长产出的花粉，表土中的花粉是多年花粉落地沉积的积累，一般情况下，植物盖度大，该植物的花粉在空气中和表土中数量相对就大。

（7）在新疆地区，空气花粉能有效反映当地和附近周边地区方圆约50km范围内的植被，因此孢粉工作者在进行表土分析或第四纪地层样品分析时，一定要首先调查采样地周围的现代植被分布状况，才能对孢粉组合做出正确的解释，较客观地恢复当时的植被景观。

第四节　雪岭云杉大气花粉含量对气温变化的响应

过去100年里，全球气候经历了以变暖为主要特征的显著变化。已有观测资料表明，全球平均气温在100年内上升了0.6±0.2℃，并预测到2100年全球平均气温将上升1.4～5.8℃（Synthesis et al.，2007），大量的证据表明，随着全球气候的变化，特别是气温的变化，由气候驱动的植物生长期动态变化将导致物种间生产、竞争的改变及物种之间相互作用的变化，最终影响到生态系统的组织和结构，生物多样性也将响应这种变化（Sparks and Carey，1995；Fitter and Fitter，2002；Walther et al.，2002；Shi et al.，2007）。

生态系统对气候变暖的动态响应在北半球高纬度、高海拔地区及干旱区的表现更为明显（Tucker et al.，2001；Lenoir et al.，2008）。新疆处在亚欧大陆腹地，远离海洋，湿润的水汽很难到达，气候极端干旱，水资源短缺，生态环境脆弱。在全球变暖及日益增强的人类活动驱动下，20世纪80年代以来，该地气候、地表覆被及生态出现显著变化。一方面，该地区特别是新疆北部的温度和降水明显增加（施雅风等，2002），另一方面，该区生态系统受到严重干扰。因此新疆对全球气候变化的响应及未来气候是否向暖湿方向发展已引起了政府及社会的广泛关注，如何预测当前全球变暖和人为驱动下的土地覆被变化将会对该区植物和生态系统带来的影响，采取何种应对措施将是亟待解决的问题。

研究发现植物对温度变化极为敏感（Press，2010），而大气花粉是反映植物对气候变化响应的敏感指标（Mann et al.，1999；Schneiter et al.，2002）。气候变化对空气花粉的影响包括花粉数量、花粉高峰期、花粉的散布等方面（Beggs，2004）。如对西班牙比戈松科花粉的研究发现，影响大气中松树花粉浓度最主要的因素是温度（Jato et al.，2000），1982～2001年意大利中部松树的大气花粉传粉出现日期提前18天（0.9天/年），持续时间缩短10天（0.6天/年），与3月的平均气温有很强的相关性（Frenguelli et al.，2002），从对澳大利亚松属的花粉的研究发现，松属大气花粉高峰期出现的日期与月平均最低温度有关，花粉期延长与该时段最高气温有着直接关系（Green et al.，2003）。特别是经大量研究提出的强有力证据表明，植物春季和夏季花期提前（Menzel et al.，2001；Walther et al.，2002；Root et al.，2003；Traidl-Hoffmann et al.，2003）、北半球花粉高峰期出现日期提前与气温升高有密切的关系（Frei，1998；Emberlin et al.，2003）。

雪岭云杉是新疆山地森林中分布最广的树种。在中部天山林区内分布在海拔1500～2700m，对天山的水源涵养、水土保持和林区生态系统的形成与维护，起着主导作用（新疆森林编辑委员会，1989）。通过在东天山天池连续5年（2001～2006年）收集雪岭云杉大气花粉并进行的统计和分析，期望基于对雪岭云杉大气花粉含量、花粉高峰期变化及对气候变化的响应的研究，确定雪岭云杉响应气候变化的类型和机制，为进一步研究预测气候变化对该地区植物和生态系统的影响提供一定的理论参考依据。

（一）雪岭云杉大气花粉数量的变化

图3.27显示的是2002～2006年天池大气中雪岭云杉的月花粉浓度。首先，天池大气中全年都有雪岭云杉花粉，但变化比较大，尤其5月和6月的花粉浓度明显比其他月份都高，90%以上的大气花粉集中出现在这两个月，月花粉浓度最高出现在6月，5月次之，大气花粉高峰期出现的前一周花粉并没有明显的增多，随之花粉浓度急剧升高，上升为前一周的几十倍，甚至上百倍，但在花粉高峰期结束后，雪岭云杉花粉浓度并不是急剧的下降，而是逐渐减少。

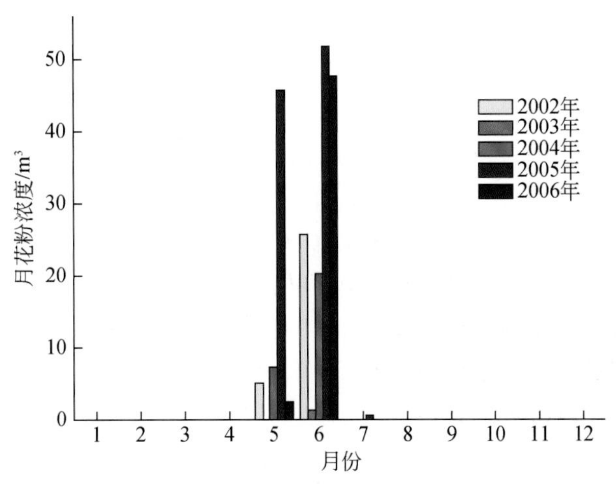

图3.27　2002～2006年天池各月雪岭云杉大气花粉浓度

通过对资料的分析发现夏季雪岭云杉大气花粉浓度最高，春季次之，冬季花粉浓度降至最低；从 2002 ~ 2006 年各月花粉的浓度变化图上可以看出，在大气花粉高峰期过后的 7 ~ 12 月花粉浓度呈逐渐下降的趋势，至 12 月或翌年 1 月花粉浓度降为最低，我们认为随着大气花粉高峰期的结束，大量的花粉降落到表土，漂浮在大气中的花粉则逐渐减少，翌年 2 月至花粉高峰期出现前花粉浓度呈逐渐上升的趋势，与春季的冰雪融化和多风有关。

表 3.7 显示雪岭云杉大气花粉数量的年度变化也比较大，相差几倍，甚至高达几十倍。其中 2003 年的花粉数与其他几年相比则更少，仅为 2.13 粒/m^3，作者认为这是与当年春季气温整体偏低，尤其在 4 月出现的倒春寒有直接关系，低温延迟雪岭云杉开花受精时间，且在开花期低温抑制花药散粉，因此，春季低温是导致 2003 年收集的大气中的雪岭云杉花粉数量较少的主要原因。然而 2005 年收集的雪岭云杉花粉明显地高于其他几年，约是 2002 年的 3 倍、2003 年的 50 倍、2004 年的 3 倍多，初步判断 2005 年春季及全年气温整体偏高是影响花粉数量高的一个重要因素。研究还发现，雪岭云杉具有周期性的结实现象，通常每隔 4 ~ 5 年出现一个种子丰年，2005 年花粉浓度明显高于其他几年，这是否与雪岭云杉花粉每隔 4 ~ 5 年出现一个花粉丰年相关，值得深入讨论。

表 3.7　2002 ~ 2006 年天池大气中国雪岭云杉花粉浓度统计表

年份	2002	2003	2004	2005	2006*	平均
花粉浓度/(粒/m^3)	31.76	2.13	28.71	99.54	51.15	42.66

* 2006 年花粉收集器收集了 1 ~ 7 月的花粉，通过对 2002 ~ 2005 年雪岭云杉花粉的统计发现，1 ~ 7 月的花粉占年花粉总数的 97.28%。

（二）雪岭云杉大气花粉高峰期的变化

表 3.8 与图 3.28 显示的是雪岭云杉大气花粉高峰期的起始时间的变化。大气花粉高峰期出现日期从 2002 年 5 月 29 日到 2006 年 5 月 22 日，呈逐年提前的趋势，2006 年比 2002 年雪岭云杉大气花粉高峰期出现日期提前了 7 天。高峰日一般是在花粉高峰期出现一周后，2002 年高峰日出现在 6 月 6 日，2006 年是 5 月 28 日，高峰日提前了 9 天。高峰期结束日期从 2002 年的 6 月 19 日到 2006 年的 6 月 25 日，结束日期呈逐年推后的趋势，5 年推迟了 6 天。由于雪岭云杉大气花粉高峰期在 2002 年为 21 天、2004 年为 24 天、2005 年为 31 天、2006 年为 34 天。不难看出，持续时间 2006 年较 2002 年，居然延长了 13 天。需要特别指出的是图 3.28 显示，2003 年雪岭云杉花粉高峰期出现日期、高峰日及结束日期却比其他几年都推后了几天，出现日期比 2002 年推后 4 天、高峰日推后 3 天、结束日则推后 11 天。

季节不同，植物的花期也不尽相同。大气花粉在全年的分布除受植物生长、开花规律的影响外，与气象因素有着密切关系。尤其是受气温、风速和风向的影响（Walther et al., 2002；Crimi et al., 2004）。气象因子的变化直接影响着植物盛花期和大气花粉高峰期，下面就气温、风速和风向等气象条件与研究区雪岭云杉大气花粉含量变化情况进行分析。

表 3.8　2002 ~ 2006 年天池雪岭云杉大气花粉高峰期变化

年份	出现日	高峰日	结束日	持续时间/天
2002	5 月 29 日	6 月 6 日	6 月 19 日	21

续表

年份	出现日	高峰日	结束日	持续时间/天
2003	6月2日	6月9日	6月30日	28
2004	5月25日	6月1日	6月18日	24
2005	5月23日	5月29日	6月23日	31
2006	5月22日	5月28日	6月25日	34

注：统计花粉时，累积花粉数量达到5%处花粉数突然升高，95%处花粉数突然降低，因此以累积花粉数量达花粉总数的5%为花粉高峰期的出现日、累积花粉数量达花粉总数的95%作为高峰期结束日（Jato et al.，2006）。

（三）雪岭云杉大气花粉含量及高峰期的变化与气温的关系

图3.28显示2002～2006年雪岭云杉大气花粉高峰期出现日、高峰日逐年提前的趋势，高峰期结束日期却有滞后的趋势，高峰期持续时间呈逐年延长的趋势。通过对天池2002～2006年3～5月日均气温和日最高气温的分析后发现（图3.29、图3.30），春季温度回升的幅度呈逐年增强的趋势。2004年4月的日最高气温波动较大，甚至出现下降的趋势，2005年和2006年4月的日最高气温回升相对平稳，但是2006年的回升幅度较大。2004～2005年和2006年5月中旬雪岭云杉展叶期至开花期的积温分别是56.5℃、75℃和89.5℃，呈逐年升高的趋势。对2004～2006年5月下旬雪岭云杉大气花粉高峰期出现时段的日均气温的分析发现，2004年气温波动较大，气温偏低，而2005年和2006年气温较高，气温的回升较平稳。

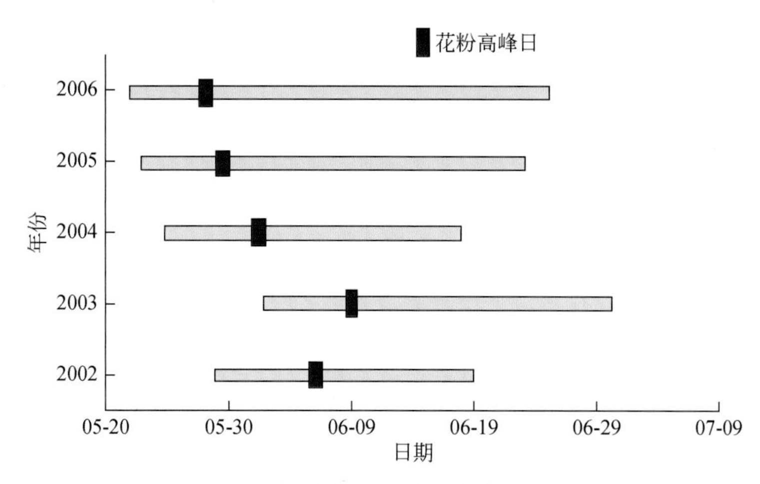

图3.28 2002～2006年雪岭云杉大气花粉高峰期起始日期变化图

中纬度地区植物春季物候的开始日期与其物候事件的前期温度具有显著的相关性（Price and Waser，1998；Menzel et al.，2001）。就北京而言，已有研究显示，其春季物候的关键影响因素是春季气温，温度越高，物候期越早。同时，春季物候现象与年平均气温有很高的相关性（张福春，1983；陈效逑和张福春，2001）。从张福春（1995）对北京木本植物物候的研究发现，影响北京春季树木物候的关键因子是温度，影响的关键时期是春季，春季树木开花期与春季气温的相关系数很高，却与其他季节气温的相关性不强（张福春，1983）。温秀卿等（2005）对云杉物候期的研究发现，云杉的芽开放时期与萌芽前

20～30 天内的平均气温呈负相关，萌芽期的早迟取决于这段时间气温的高低，冬末春初，气温回升快，萌芽提早，反之则推迟；云杉芽的开放至展叶期天数与此期的积温呈极显著的相关性；云杉展叶期至成熟期的天数则与此时期的积温无关。

通过分析认为，天山雪岭云杉林内 4 月日最高气温回升的快慢及 5 月中、下旬气温是否平稳升高是影响雪岭云杉大气花粉高峰期变化的最关键因素（图 3.29，图 3.30）。

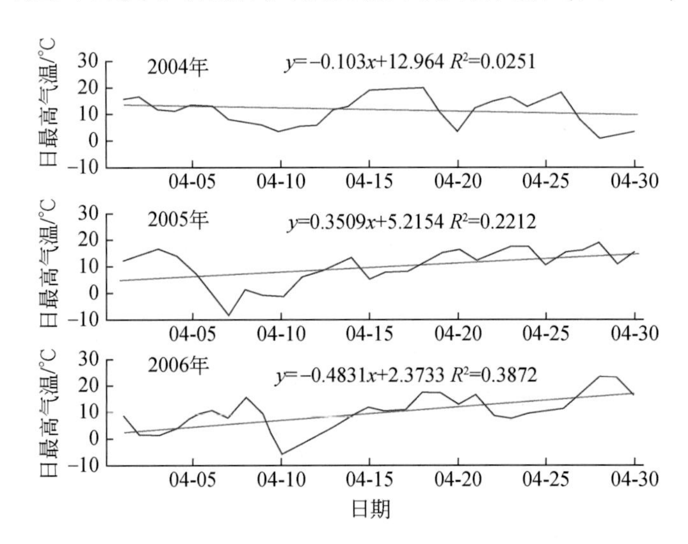

图 3.29　2004～2006 年 4 月天池日最高气温变化图

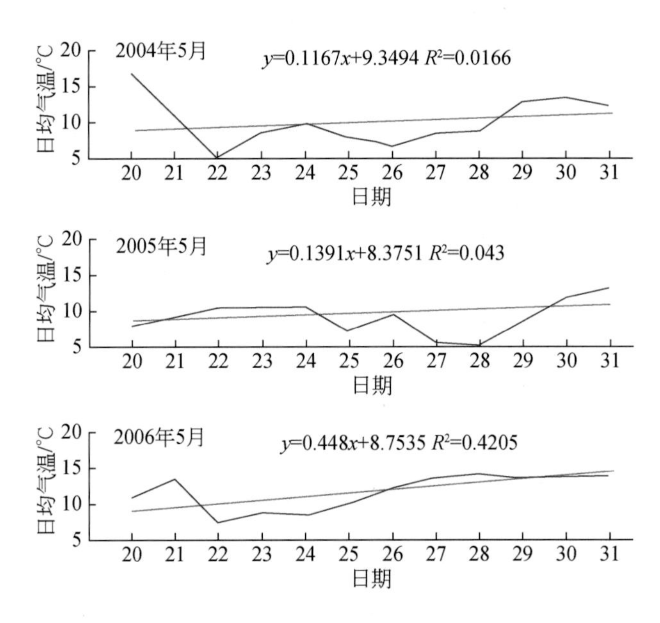

图 3.30　2004～2006 年 5 月下旬天池日平均气温变化图

（四）雪岭云杉大气花粉含量及高峰期的变化与风速、风向及其他气象因子的关系

风速和风向对大气花粉的分布有很大影响，风速大有利于植物传粉。经对天山中段雪岭云杉林区 2004～2006 年连续 3 年的气象观测资料进行分析后发现，研究区风向多为西

和北西，天池林间日平均风速为0.036～1.95m/s，日最大风速为0.17～3.36m/s，图3.31是天池林间月平均风速和月最大风速变化图，从图3.31中可以看出，各月的平均风速波动不大。2004年5月的平均风速最大，但与之对应的雪岭云杉大气花粉含量却不是最高（图3.27）。相反，2006年5月和6月的风速较低，而大气花粉含量则最高。冬季的平均风速和最大日风速都较低，而春季的相对较高，波动较大，与之相对应的大气花粉含量在冬季的12月和1月降至最低，而从2月开始至花粉高峰期出现前花粉含量则呈逐渐上升趋势。

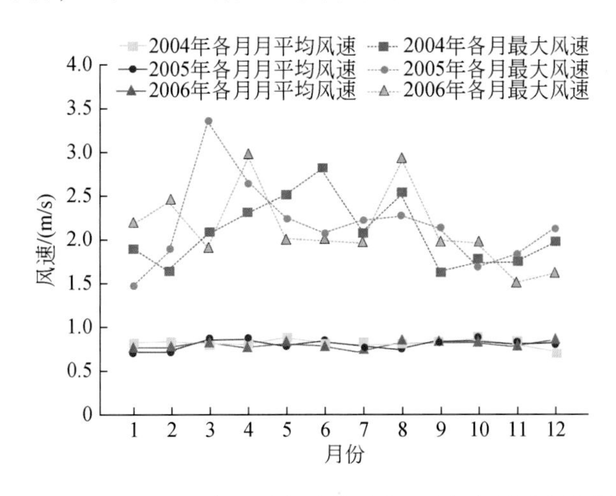

图3.31　2004～2006年天池各月月平均风速与各月最大风速图

吉春容等（2011）研究发现，天山中段雪岭云杉林内风速小，日变化不明显，静风的频率最大，冬、春林内平均风速分别为0.2m/s、0.3m/s（纪中奎和刘鸿雁，2009）。在雪岭云杉花药传粉时期的5月中旬至6月大气花粉含量及高峰期的变化受风速和风向影响较小。在高峰期结束后，雪岭云杉大气花粉含量受风速的影响较大。

此外，花期如遇多雨或过于干旱天气，授粉和坐果均受到不利影响（中国农业科学院果树研究所，1960）。天池的降水主要集中在夏季5～7月，正是雪岭云杉等当地植物的盛花期。但是由于降水的时空分布不均，降水多少对植物最合适，降水与雪岭云杉大气花粉含量及高峰期的关系，需要多年的观测和研究。

（五）雪岭云杉花粉的生态价值

雪岭云杉能产生大量花粉，表3.7显示出在天池大气花粉收集器每年收集大量的雪岭云杉的花粉，5年平均花粉浓度为42.66粒/m^3，最高的是2005年，浓度可达99.54粒/m^3。根据Erdtman（1969）所公布云杉花粉重量为72.8×10^{-9}g，如果按面积计算，粗略估算天山雪岭云杉平均每年每公顷降落到林带内的花粉量达61kg，新疆现有雪岭云杉52.84×10^{4}hm^2，其全年降落到林地内的花粉应为3223t。何业华等对10年生马尾松林的调查发现，平均每年每公顷的产量达755.7kg，Erdtman（1969）所估计的云杉对水青冈（山毛榉，*Fagus longipetiolata*）的相对产量指数是13.4，而松属则为15.8，因而，云杉的花粉产量是一个庞大的数字。

植物的花粉具有各种各样的生物活性物质如维生素、抗生素、氨基酸、微量元素、生长激素，且有丰富的细胞素，极易被微生物和其他生物所吸收（弗龙斯基等，1988）。由于云杉花粉具有大的双气囊和很强的飞行能力，有一部分花粉可以传播到云杉林周围及其他更远的地方［按雪岭云杉花粉产量 100kg/(hm^2 · a) 计算，新疆每年有 2148t 雪岭云杉花粉降落到林外其他地方］。对陆地不同自然带的表层土样的研究发现，在各植被带的表土中都有云杉花粉出现（李文漪，1991b；阎顺等，2004），即使在最贫瘠的戈壁土、风沙土中都含有云杉属、藜科、麻黄属等一些植物的花粉，长时间集聚的这些花粉可能是生物结皮、荒漠、沙漠等一些极端气候区先锋种植物营养物质的必要来源，具有重要的生态价值。

（六）结论

（1）在天池一年四季大气中都含有雪岭云杉花粉，花粉浓度季节变化比较大，夏季最多、春季次之、秋季很少、冬季则最少。90% 以上的大气花粉集中在 5 月、6 月的花粉高峰期，高峰期过后花粉浓度逐渐下降，到 12 月或 1 月降至最低，2 月开始至花粉高峰期前雪岭云杉花粉浓度呈逐渐上升趋势。

（2）空气花粉收集器每年收集大量的雪岭云杉花粉，但花粉浓度年变化比较大，最高年可达 99.54 粒/m^3，相差几十倍。

（3）天山雪岭云杉大气花粉高峰期出现在 5 月下旬至 6 月下旬，花粉高峰期出现日期是在 5 月 22 日至 6 月 2 日，峰值一般出现在花粉高峰期出现的一周后，结束日是在 6 月 18 日至 6 月 25 日，花粉高峰期平均持续 27 天。

（4）2001 ~2006 年，雪岭云杉大气花粉高峰期出现日、高峰日有逐年提前的趋势，5 年出现日期提前了 7 天、高峰日提前 9 天。结束日期有滞后的趋势，2006 年比 2002 年滞后 7 天。持续时间有逐年延长的趋势，2006 年比 2002 年延长了 12 天。相关分析表明，影响雪岭云杉花粉高峰期出现日、高峰日逐年提前，结束日滞后，持续时间延长的主要因素是春季温度的升高。

（5）雪岭云杉每年生产巨量的花粉，粗略估算天山的雪岭云杉平均每年每公顷由大气中降落到林带表土的花粉量达 61kg，新疆现有雪岭云杉 $52.84\times10^4hm^2$，其全年由大气降落到林带土壤表面的花粉量多达 3223t，通过起来搬运，花粉可以广泛传播到云杉林周围及更远的地方，其中一部分降落到戈壁、荒漠及沙漠等一些极端气候区的雪岭云杉花粉，为一些先锋种植物提供了必要的营养物质，具有重要的生态学意义。

第四章　新疆天山中全新世以来植被演替与环境变迁

第一节　天山全新世古植被与古气候变化研究意义

环境变迁、气候演化、植被演替是地球自身发展中内在规律的体现，现代环境与植被演化是在地球自身发展变化规律基础之上，叠加了人为因素的影响，是自然因素和人为因素共同作用的结果。研究过去，才能了解现在进而预测未来，过去全球变化（PAGES）的研究就是预测未来人类生存环境走向的关键。随着孢粉分析、鉴定，^{14}C 等测年技术的改进及数值分析方法的发展，第四纪孢粉学近些年来取得了长足的进步。近十余年来，随着人口增长、工业发展、植被破坏、环境恶化及众所周知的全球气候变化研究的发展，孢粉学家也开始十分关注现代孢粉组合与植被及人类现代生存环境的关系。

近年来，社会经济高速发展，而地球生态系统却受到了严重的干扰，全球变暖，冰雪融化，海平面上升（Vaughan et al.，2003；Mulvaney et al.，2012；Woodruff et al.，2013）；人类活动的加剧更是造成部分地区森林砍伐严重，荒漠化加速，湿地退化，水资源短缺（Haberle et al.，2006）。人们开始更多地关注这些气候事件对生态系统的影响，相似气候条件对人类生存状况的挑战及人类活动对植被、气候演变的影响等更为贴近民生问题（Bayon et al.，2012；Cañellas-Boltà et al.，2013；Haenssler et al.，2013）。了解全球气候变化的趋势和人类活动对地球生态系统的影响就显得尤为重要。过去作为认识现在和未来的一把钥匙，在这一过程中有着举足轻重的地位。在研究人类生存环境历史变迁驱动因子的过程中，我们需要关注地质历史时期是否出现过同样的事件，又是以怎样的方式进行的，古今环境变化的差异及导致这些差异的因素又有哪些（吴泰然等，1999）。

古气候环境演变的研究，能够帮助我们了解地质历史时期气候的变化规律和驱动机制，为预测未来的气候提供科学的依据。在自然因素中，植物对生存环境的反应最为敏感。由于孢子和花粉个体小、形态各异、外壁坚实、易传播和保存而成为第四纪植被发展和人类生存环境研究的重要手段之一（孔昭宸，2016）。利用孢粉组合可以恢复古植被，进而重建古气候、古环境（曹伯勋，1985；萧家仪等，1996；赵振明等，2007）。但是，不同植物的孢粉种类的产量、大小、保存、传播等诸多方面都存在差异，所以，孢粉组合中的孢粉数量和百分比、浓度、沉积率比例并不一定与实际植被中该植物的数量和比例完全一致（杨振京和徐建明，2002）。而表土孢粉与植被关系的研究是解决这一问题的关键，只有通过对现代植被与表土孢粉的关系进行深入的研究，才能将化石孢粉重建古植被的误差尽量减小（冯晓华等，2012）。然而，由于孢粉的产量、传播、散布、搬运、沉积、保存等一系列问题的复杂性与多变性，孢粉与植被和气候的关系成为孢粉学理论和实际应用中最基本也最困难的研究内容之一，世界各国学者都试图以不同的方法和途径寻求这一问题的解决。几十年来，孢粉学家在这方面做了大量的工作（潘安定，1993b；阎顺和许英勤，1995；宋长青等，2001；吴敬禄等，2003；阎顺等，2004a；罗传秀等，2008）。但是，总体上，相对我国东北和南部广大地区的孢粉研究来说，我国新疆地区的孢粉研究还比较少，需要更多的孢粉工作者投入研究工作（吴玉书和萧家仪，1989；van Campo et al.，1996；刘会平和谢玲娣，1998；Liu et al.，1999；于革等，2002；Strauche，2007）。

全新世（Holocene）作为最年轻的地质时期，对于揭示人类历史和现代人类文明社会的发展、进步、繁荣和富强具有重要的意义，全新世的气候变化在1万年的历史演变中扮演着重要的角色，不仅表现在冷热干湿的变化促使全球植被类型的演替，还在很大程度上影响着人类社会的迁徙与生存方式（陈发虎等，2006a；Haberle and David，2004）。

在不断的探索与前进中，全新世环境演变的过程和机制逐渐被人们所熟知，长久以来，气候变化和人类活动被认为是植被演变的影响因素，但是二者在这一过程中承担的比重一直是争论的焦点。有些学者认为气候是植被变化的主要影响因子（Ma et al.，2013；Thavorntam and Tantemsapya，2013），Wipf等（2013）指出在寒冷的高海拔和高纬度地区，气候变化对生态系统结构和功能有着重要的影响，温度是氮循环、植物生长和分布的非常重要的限制因素。极端气候事件，如长期的干旱和高温，或者降雪很少的冬季对植物和生态系统功能的影响尤其明显。另外一些人认为人类活动的作用要稍大一些（Abel-Schaad and López-Sáez，2012），Ren（2000）研究发现中晚全新世以来，长江流域北部的大部分区域森林呈现出减少的现象，最早发现的森林衰退于距今5000年以前的黄河流域中段，随后北部、东北部以及西北部的森林也开始减少。但是气候变化与森林衰退的这种时空模式关系并不大，相反，在黄河流域的中下游，古代农业和高密度的人类定居模式与森林衰退现象出奇地一致，表明人类活动在其中扮演着重要的角色。Guy等（1999）通过研究英国哥伦比亚南部中晚全新世以来植被的变化历史发现，小范围但是高强度的农业活动对当地的植被景观产生了极大的影响。在铜器时代，小规模的森林砍伐现象出现，而在铁器时代晚期，伴随着中世纪时期的林地更替出现了首次大面积的森林砍伐现象。当然，气候变化和人类活动对植被的影响应该从不同的地区和不同生态系统给予解释，McWethy等（2013）通过对4个温带生态系统古生态学数据的分析，认为生态系统对人为火的敏感性取决于该地区自然火发生的频率，在自然火很少见的地区，人为焚烧的影响非常显著，植被对火事件的适应性很差，生物量的燃烧也取决于是否持续和彻底。而在某些自然火事件频发并且植被能够很好地适应火的影响的情况下，人为火对植被的影响则很低。全新世以来的自然环境演变信息被广泛地记录在湖泊、山地冰川及古土壤中，湿地作为地球生态系统的重要组成部分，丰富的泥炭在几千年的沉积过程中携带了大量古植被和古气候的信息，在全新世环境演变研究中扮演着重要的角色（Shi et al.，1993；孔昭宸等，2011）。

横亘于亚洲中部的新疆天山山系是一个完整的自然地理单元，它处于西风环流、蒙古高压和季风环流的交汇地带，对气候变化的响应十分敏感，因此是研究我国古环境演化过程、规律，探索其在全球气候变化过程中位置的重要区域。同时天山南北的气候和植被差异较大，山地植被和土壤垂直分布明显，导致孢粉和古植被的关系更为复杂。因而，探讨天山中段不同区域、不同地貌条件和不同沉积物中地层花粉谱的特征，揭示该地区全新世以来植被格局的时空分布及主要环境驱动因子和驱动机理，对研究过去全球变化与植被空间分布格局的关系，预测未来植被的发展趋势，制订我国的可持续发展战略都具有重要的科学和实践意义。

第二节　古植被与古气候定量重建的方法、模型及实践

在运用孢粉数据定量重建古气候方面，研究方法在不断创新，并取得了一些突破，这主要得益于对现代表土层孢粉研究的广泛和深入。这些方法包括生物群区化、主成分分析、聚类分析、花粉-气候因子转换函数、花粉-气候响应面模型、关联度分析法等。通过对孢粉数据的研究，建立孢粉-古植被-气候序列，进而推测该地环境演化的动态过程，不仅可以深入研究影响环境演化的动力因子和各因子之间的动力学机制，还可进行更深层次的数据挖掘，建立合理且日趋完善的全球变化模型，为预测未来环境演化趋势提供可靠而有力的工具和手段。目前，国内外孢粉研究中应用的数值方法不仅被应用于孢粉组合带和孢粉分区的划分（沈才明和唐领余，1991），而且被应用于从具有较高时间分辨率予以支持的孢粉组合的变化去探讨历史植被与气候环境（孔昭宸等，1990）。Tarasov 等（2013）应用生物群区化方法重建了 Elgygytgyn 湖泊在晚上新世和全新世时期的植被状况，在全新世时段该地苔原占主导；在深海氧同位素阶段（Marine Isotope Stage，MIS）5.5 的间冰期出现了短时期的寒温带落叶森林；在 MIS31 和 MIS11.3 时期的很长一段时期泰加林占优势。Truc 等（2013）应用转换函数首次实现了南非地区以孢粉数据为基础的气候定量重建，指出在末次冰盛期（Last Glacial Maximum，LGM）和新仙女木事件（Younger Dryas，YD）时期，该地区温度比其他时期要低 6±2℃，末次冰期（Last Glacial）雨季的最大降水量大约是中全新世时期的一半，并且发现该地区的降水量随着莫桑比克海峡海面温度的变化而变化。在不断的应用和检验中，对各种方法的适用条件和应用范围的理解也将越来越透彻，研究结果的可信度也在逐渐提高。

近年来，为了更准确地讨论孢粉-植被-气候的关系，各种统计方法和转换函数的运用也越来越广泛，不仅验证了区域性表土花粉现代植被的对应关系，更为重要的是检验了现代孢粉数据用于重建古植被和古气候上的可行性，从而保证了研究的准确性和可信度。以下列出几种主要方法：

1. 生物群区化

孢粉的生物群区化（biomization）是由 Prentice 等首先提出来的，是利用孢粉数据重建生物群区的一种标准化数量方法，目前较多地用于表土孢粉的植被重建工作中（倪健，2000；于革等，2002；冯晓华等，2012）。冯晓华等（2012）应用该技术，对 36 个表土孢粉采样点（200 个表土孢粉样品）进行了新疆植被重建的模拟。利用表土孢粉样品在垂直海拔上重建的生物群区与现代自然植被表现出较好的一致性，在水平地带分布上也获得理想结果，证明该模型可用于重建新疆过去地质历史时期古生物群区。

2. 主成分分析

主成分分析（principal component analysis，PCA）可将有效的多个变量综合成少数综合变量而使实验简单有效，张佳华等（1997）曾根据已刊文章的原始统计数据应用主成分分析对北京地区晚更新世以来的植被与环境进行再分析，并取得较好的研究结果。罗传秀等（2008）对新疆表土孢粉的空间分布进行了研究，其主成分分析结果显示新疆的主要草本和灌木花粉分布主要受水文和湿度等因素的控制。其他研究也应用同样的方法得到了相

似的结论（周忠泽等，2003；程波等，2004）。主成分分析（PCA）、降趋对应分析（DCA）和冗余分析（redundancy analysis，RDA）等方法已经不仅局限于判别气候因子与植被变化的关系，目前通过更多参数（炭屑和 non-pollen-palynomorphs 等）的加入，已能够用来了解历史上的人类活动事件，Mighall 等（2012）便通过 PCA 结合其他相关指标，得出当地土地退化腐蚀与过度放牧和农业种植等活动密切相关。Zhang 等（2010）通过 DCA 和 RDA 对中国东北样带（Northeast China Transect，NECT）的孢粉组合和环境因子进行排序分析，区分出影响孢粉组合的人类活动和气候变化因素。

3. 聚类分析

聚类分析（cluster analysis，CLA）是孢粉学常用的多元数据统计分析方法之一（王开发，1983）。罗传秀等（2007）对 203 个样品 17 种主要旱生草本和灌木植物花粉含量的对数进行分层聚类，分成了 3 类，其聚类分析结果基本上反映研究区植物的主要生态组合类型。在采样点数量不多，且集中在一个较小区域的情况中，采用该方法减少了工作量，可以取得较好的效果。

4. 花粉-气候因子转换函数

转换函数法（Bartlein et al.，1984）是比较成功的方法之一，其原理是利用表土孢粉资料进行数理统计分析，建立部分组合和气候因子的回归模型，然后计算地层数据，进而得到古气候参数值。利用转换函数法，已在欧洲（Birks and Gordon，1985）、北美（Iii and Bryson，1972）、非洲（Bonnefille et al.，1992；Peyron et al.，2000）各地取得了令人信服的古气候研究结果。近几年，我国一些孢粉学家（宋长青等，1998；童国榜等，1996a，1998；刘会平等，2000）应用转换函数法在建立孢粉-气候数学模型方面也取得了满意的研究结果。转换函数的缺陷在于其基础是建立在一系列生态假设上的，因此其精确程度与表土样品的数量存在密切联系，与样品分析结果的准确性直接相关，由于转换函数法假定花粉与气候间具有线性关系，目前我国只适用于北方受破坏程度较低的地区。

5. 花粉-气候响应面模型

Bartlein 等（1986）提出了花粉-气候响应面（pollen-climate response surface）方法，这是生态响应面、地质趋势面在孢粉学中的应用，近年来已被广泛应用于 COHMAP 等各种重要的古气候研究项目（Huntley，1990；Webb et al.，1993；Bush，2000）。此法选取若干有代表性的花粉类型逐类地将现代花粉丰度在地理空间的分布转换为在气候空间（如年降水量与夏季气温为坐标）的分布，然后用二次或三次响应面函数的方法求出该类花粉分布的气候最佳条件（最高值）与极端条件（最低值），将化石花粉组合的数据与各种花粉的气候响应面对比，便可求得古气候参数。由于此法建立在逐类花粉的生态分布资料基础上，并且考虑到花粉与气候之间的非线性关系，因此具有广泛的使用范围，我国孢粉学家在中国北方花粉-气候响应面研究中也进行了有益的探讨（孙湘君等，1996；王琫瑜等，1997）。由于该模型能提供更多的气候变迁细节，且能提供定量的古气候数据，便于据此检验全球变化模型的可靠性及可信度，但花粉-气候响应面模型多针对某一小区域，一般不适应范围过大的区域。

6. 关联度分析法

为了尽快提高孢粉分析在新疆古植被古环境研究中的准确程度及工作效率，潘安定（1992）将灰色系统理论的概念引入孢粉研究工作，试用关联度分析权重指数法探讨植被生境与孢粉组合之间的关系。在孢粉类型简单，且以草本植物为主的新疆干旱区，应用这一方法在一定程度上提高了表土孢粉组合研究的实用性和准确性。

第三节　天山北坡山麓典型湖泊记录的古环境信息

研究区位于天山北麓中段部分，西起新疆塔城地区的乌苏市、东到昌吉州的木垒县，东西长约500km。天山北坡植被垂直带可分为高山垫状植被带（>3400m）、高山和亚高山草甸带（3400～2700m）、中山森林带（2700～1720m）、森林草原过渡带（1720～1300m）、半荒漠带（1300～700m）和典型荒漠带（<700m）（中国科学院新疆综合考察队，1978；新疆森林编辑委员会，1989）。研究区海拔3800m以上的区域多被冰雪覆盖、气候严寒。处于海拔2700～3400m的植被为高山和亚高山草甸；在海拔3588m的大西沟气象站年均温为-5.4℃，1月均温为-15.9℃，7月均温为4.7℃，年均降水量为430.2mm（朱诚和崔之久，1992）。处于海拔1720～2700m的植被为森林和草甸草原，阴坡以雪岭云杉为主，下部混生天山桦、山杨等树种；阳坡为草原和草甸草原（阎顺，2002），气候凉爽湿润。海拔1720～1300m的低山丘陵区，气候比较干旱，植被为草原和荒漠草原，石质山坡多有灌木丛。海拔在1300～450m的区域，气候温暖干旱，年均气温4～7℃，年均降水量200～300mm，自然植被以红砂和假木贼属等荒漠植被为主。沙漠覆盖区，气候干旱少雨，植物为旱生和超旱生型，主要有白梭梭、梭梭、柽柳、胡杨、沙拐枣、蒿、草麻黄等（阎顺等，2004b）。

最近十几年，笔者在天山北麓（坡）不同海拔、不同植被带、不同沉积相选取了8个剖面进行研究，剖面位置参见图4.1和表4.1。其中大西沟剖面位于天山乌鲁木齐河源区，

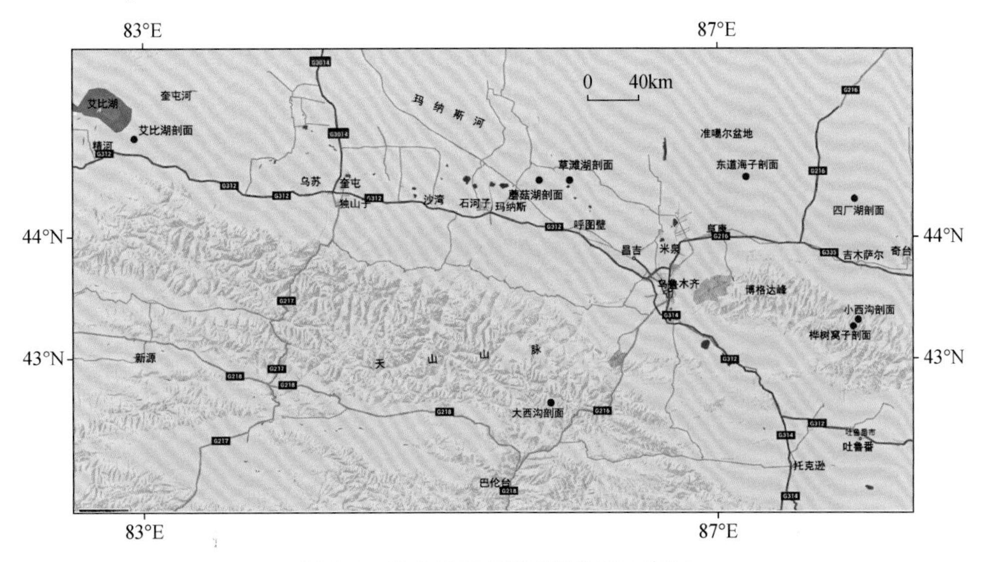

图4.1　天山北坡孢粉采样位置示意图

海拔 3450m，地处高山草甸带；小西沟、桦树窝子剖面位于东天山北麓，海拔 1340m，地处森林草原带；四厂湖剖面位于古尔班通古特沙漠东南缘沙漠内部丘间洼地，海拔 589m，地处荒漠带；东道海子剖面位于乌鲁木齐河下游尾闾湖泊，海拔 450m，地处荒漠带；草滩湖剖面位于新疆石河子市北的芦苇湿地，海拔 380m，地处荒漠带；蘑菇湖湿地位于新疆石河子市北 20km 处，海拔 380m，地处两河洪积扇扇间洼地；艾比湖剖面位于西天山北部艾比湖西南湖边，海拔 195m，地处荒漠带。各剖面主要依据^{14}C 测年，并根据沉积相、孢粉、粒度、磁化率及烧失量等分析结果来探讨环境演变。

表 4.1　新疆天山北坡地区 8 个沉积剖面特征

剖面	纬度（N）	经度（E）	海拔/m	地貌	植被带
大西沟	43°7.1′	86°51.2′	3450	乌鲁木齐河源区	高山和亚高山草甸带
小西沟	43°48.1′	89°7.3′	1360	吉木萨尔县天山北坡的前山区丘陵区	森林草原过渡带
桦树窝子	43°48.3′	89°8.0′	1320	吉木萨尔县天山北坡的前山区丘陵区	森林草原过渡带
四厂湖	44°18.6′	89°8.6′	589	吉尔班通古特沙漠东南缘丘间洼地	荒漠带
东道海子	44°41.7′	89°33.5′	430	乌鲁木齐河下游尾间湖泊	荒漠带
草滩湖	44°25.1′	86°1.3′	380	洪冲积扇缘泉水溢出带	芦苇沼泽
蘑菇湖	44°25.6′	85°54.6′	380	准噶尔盆地南缘平原湿地	小叶桦沼泽
艾比湖	44°34.3′	83°44.7′	355	湿地	小叶桦沼泽

一、大西沟剖面

大西沟剖面位于天山乌鲁木齐河源区，剖面地理坐标 43°7.1′N，86°51.2′E（图 4.2），海拔 3450m，剖面深 110cm，整个剖面分为 6 层。

第 1 层：0～5cm，厚 5cm，为棕色黏土层，含大量草根。

第 2 层：5～27cm，厚 22cm，为浅棕色砂质黏土层。

第 3 层：27～43cm，厚 16cm，为浅棕色含泥炭黏土层。

第 4 层：43～48cm，厚 5cm，为浅棕色含泥炭层，^{14}C 测年为 890±60a B. P.。

图 4.2　大西沟人工开挖自然剖面

第5层：48～97cm，厚49cm，为棕褐色泥炭夹黏土层，有未腐烂的枯草叶。

第6层：97～110cm，厚13cm，为棕黑色含黏土泥炭层，^{14}C测年为3640±60a B. P.。

根据剖面中沉积物孢粉总浓度、乔木、灌木和草本植物，以及云杉属、麻黄属、蒿科、藜科、莎草科等主要孢粉类型的百分含量变化，可将本剖面自下而上划分出5个孢粉带（图4.3）。在干旱区传统上以A/C值来指示气候的干湿程度（El-Moslimany，1990；Huang，1993），由于麻黄属生长在干旱山地与荒漠中，对生态具有较少的指示意义，因此作者又引入蒿属/麻黄属（A/E）值来进一步反映该区环境和植被的变化，当二者比值高时，应倾向偏潮湿的气候。

带Ⅰ（102～110cm，3.6～3.2ka B. P.），岩性为棕黑色泥炭，本带孢粉浓度较高。孢粉组合中，以雪岭云杉或称之天山云杉和蒿属为本带的主要成分。云杉属花粉百分含量和孢粉浓度均出现高丰值，尤其在深度为108cm处，其百分含量高达37%，而A/C值和A/E值在本带也出现明显的峰值。

带Ⅱ（74～102cm，3.2～2.0ka B. P.），岩性为棕黑色泥炭夹黏土层，本带统计陆生植物孢粉总数150粒以上，由于该带孢粉平均浓度很低，处于整个剖面谷值段。尽管云杉属花粉浓度很低，但因在计算百分比时种类间互相牵动，使其孢粉百分比组合仍以云杉属、蒿属、麻黄属为主。尽管云杉属花粉含量仍在25%～35%，但其浓度却较低，该带不仅缺少淡水硅藻和衣藻属（*Chlamydomonas*），而且植物种类较少。

带Ⅲ（60～74cm，2.0～1.4ka B. P.），岩性仍是棕黑色泥炭夹黏土层。本带孢粉总浓度较Ⅱ带又有增高。孢粉组合中草本植物花粉占40%左右。尽管云杉属花粉百分含量在逐渐减少，但其花粉浓度却较带Ⅱ增高，由于灌木状麻黄属逐渐增多，其孢粉组合以麻黄属和蒿属占优势，其次为莎草科等，A/C值和A/E值较高。

带Ⅳ（32～60cm，1.4～0.6ka B. P.），底部为棕黑色泥炭夹黏土层，中层为浅棕色泥炭层，上层为浅棕色含泥炭黏土层。本带孢粉浓度继续增高，并达到本剖面最丰值。尽管孢粉组合中仍以灌木和草本植物花粉为主，占60%左右。但云杉属花粉百分含量又开始增多，一般达到15%左右，少数已超过20%，麻黄属逐渐减少，水生植物孢粉浓度成为剖面峰值，A/C值和A/E值均较高。

带Ⅴ（0～32cm，0.6～0ka B. P.），底部为浅棕色砂质黏土层，上部为棕色黏土层。本带孢粉浓度较带Ⅳ下降，但平均浓度仍较高。云杉属花粉百分含量逐渐减少，但仍维持在10%左右，麻黄属开始增多，孢粉组合以麻黄属和蒿属占优势，A/C值和A/E值逐渐减少，水生植物含量也逐渐减少。

粒度分析资料为剖面的岩性特征提供了依据，而环境磁学物质通常作为环境变化和气候过程的替代性指标，尤其在陆相地层中研究沉积环境中磁性矿物的含量，有助于重建古环境、恢复古气候（Evans and Heller，2003）。在一般情况下，磁化率值可反映降水量的大小。因为降水量越大，土壤中生物量也越大，生化反映越活跃，越有利于磁性矿物的产生，因此，磁化率的高低在某种程度上可以反映出当时的古气候条件（Evans and Heller，2003）。烧失量（loss on ignition，LOI）的大小是沉积物有机碳含量多少的反映，在样品中有机质含量变化与古气候有着密切关系，通常在有机碳相对含量高的阶段代表相对湿润气候，而干燥的气候却不利于有机质的积累，因此，根据上述花粉记录和组合特征，并结合平均粒径、磁化率及烧失量测定结果，对本区3.6ka以来的古气候和环境演变分析如下：

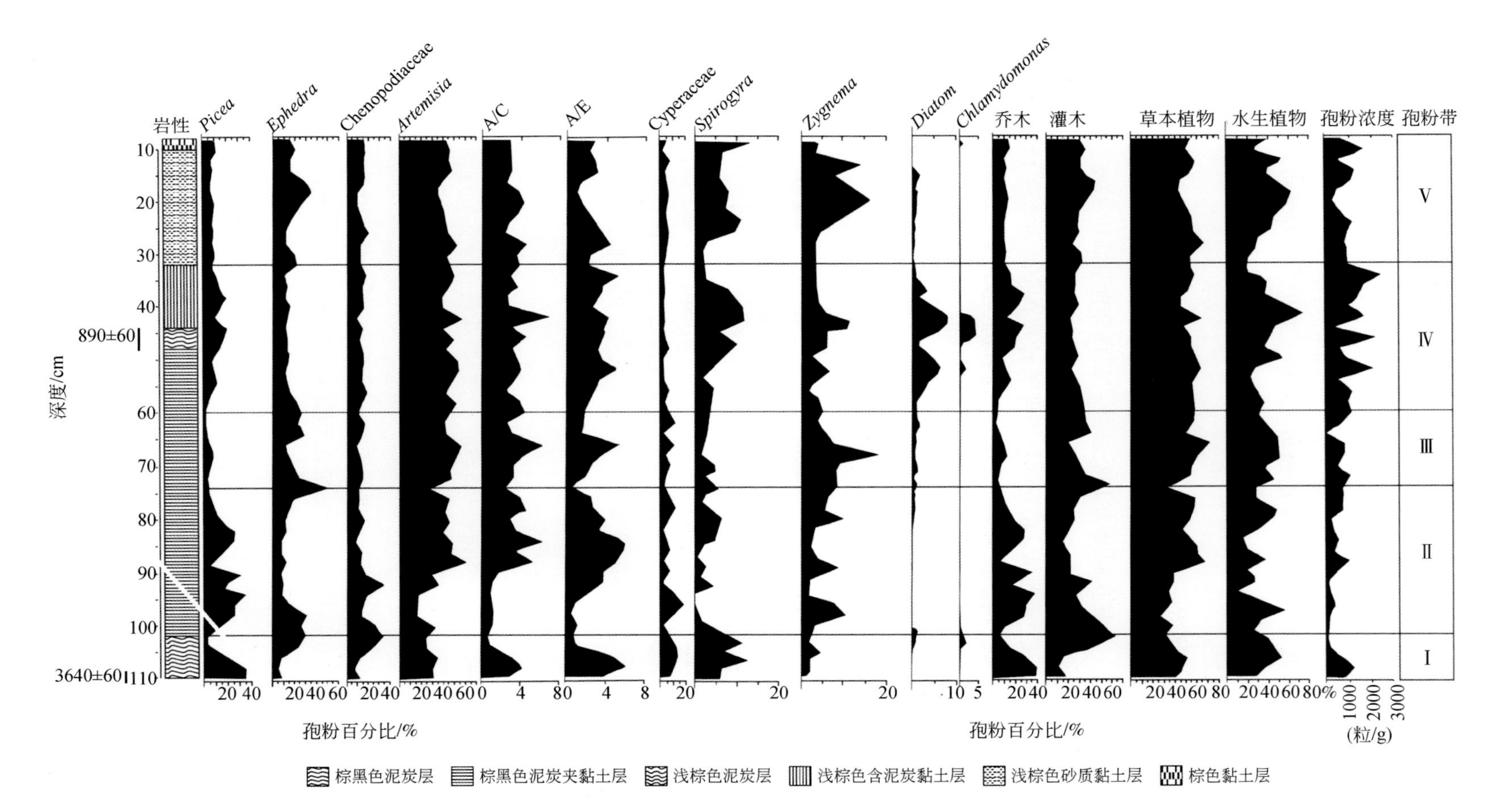

图4.3　大西沟剖面孢粉组合特征

3.6~3.2ka B.P.，云杉属花粉浓度和百分含量都很高，表明此时云杉属生物量较高，而且较高的A/C值和A/E值、较低的麻黄属百分含量及较高的水生植物孢粉浓度等情况都反映了此时气候状况较好，应较今温暖湿润，雪岭云杉林线上升。另外，由图4.3反映出本带岩性的平均粒径和LOI都较高，这可能是由于当时气候比较湿润，植被覆盖率较高，但因降水量大，地表径流量大，易于搬运较粗的颗粒。

3.2~2.0ka B.P.，尽管云杉属花粉的百分含量较高，但因花粉浓度很低，因此该带花粉组合特征并不能反映剖面地点存在云杉林或林线上移，但从图4.4可以看出，LOI却为低值，另外A/C值、A/E值较低及水生植物含量不高，应反映此时植被覆盖率较低，此时气候可能为相对较干较冷时期。

2.0~1.4ka B.P.，尽管云杉属百分含量和浓度都非常低，但孢粉总浓度和水生植物孢粉却开始增多，反映气候又开始好转，当地植被覆盖率增加。

1.4~0.6ka B.P.，此时云杉属百分含量和花粉浓度均有大幅度的增高，值得注意的是，该时段LOI处于本剖面峰值时，岩性的平均粒径也增高，这反映当时降水大，或冰雪融水增多使得当时水流搬运粗颗粒的能力增强。特别是由于该时段的孢粉总浓度、木本植物、灌木、草本植物及水生植物花粉浓度均在本带出现了明显的峰值段，可能代表在1.4~0.6ka B.P.时段，天山乌鲁木齐河源区进入3.6ka以来气候最适宜的阶段，当时雪岭云杉林线再次上移。由带Ⅱ往下，磁化率大幅度下降，这也许是因为在带Ⅱ沉积过程中长期处于沼泽环境，较强的土壤潜育化作用易将氧化铁磁性颗粒转变为氢氧化物，在长期的还原环境条件下易导致磁化率下降（Sun et al.，1995）。

0.6~0ka B.P.，此时云杉属花粉百分含量和浓度较带Ⅳ明显下降，但蒿属、藜科、麻黄属的花粉浓度和孢粉总浓度较高，表明当时植被覆盖率仍较高，从而反映该段仍处于较为温暖湿润阶段，但稍逊于带Ⅳ。

二、小西沟剖面

小西沟剖面位于新疆吉木萨尔县泉子街乡，该区年均气温5℃左右，年均降水量约300mm。由于气温偏低，降雨少，农作物除部分小麦和玉米外，比较适合种植阳芋（*Solanum tuberosum*）和大蒜（蒜，*Alliums sativum*）。自然植被为荒漠草原，主要有蒿、沙生针茅、驼绒藜、角果藜、骆驼蓬、蓟（大蓟，*Cirsium japonicum*）、白皮锦鸡儿（*Caragana leucophloea*）、十字花科等。在梁间的沟中，由于有溪流，地下水位较高，常见薹草、鸢尾（*Iris tectorum*）、车轴草（*Galium odoratum*）等，在沟边也有零星杨树和榆树，据当地居民称原来也有天山桦，后来被砍伐。在剖面以南10km左右，是天山北坡云杉林的下限，树种为雪岭云杉，海拔1650m左右。林缘其他树种很少，偶见桦木和花楸树，在大沟中有杨树和柳树。林缘有草原植被，主要有针茅、早熟禾及其他一些杂类草，如膜氏黄耆、老鹳草、紫菀（*Aster tataricus*）、繁缕等。该区在2000多年以前已经有人类活动（新疆维吾尔自治区文物普查办公室和昌吉回族自治州文物普查队，1989；阎顺和阚耀平，1993）。

小西沟剖面（图4.5）处在一梁上，位于43°48.1′N、89°7.3′E，海拔1360m。剖面总厚190cm，自下而上为7层。

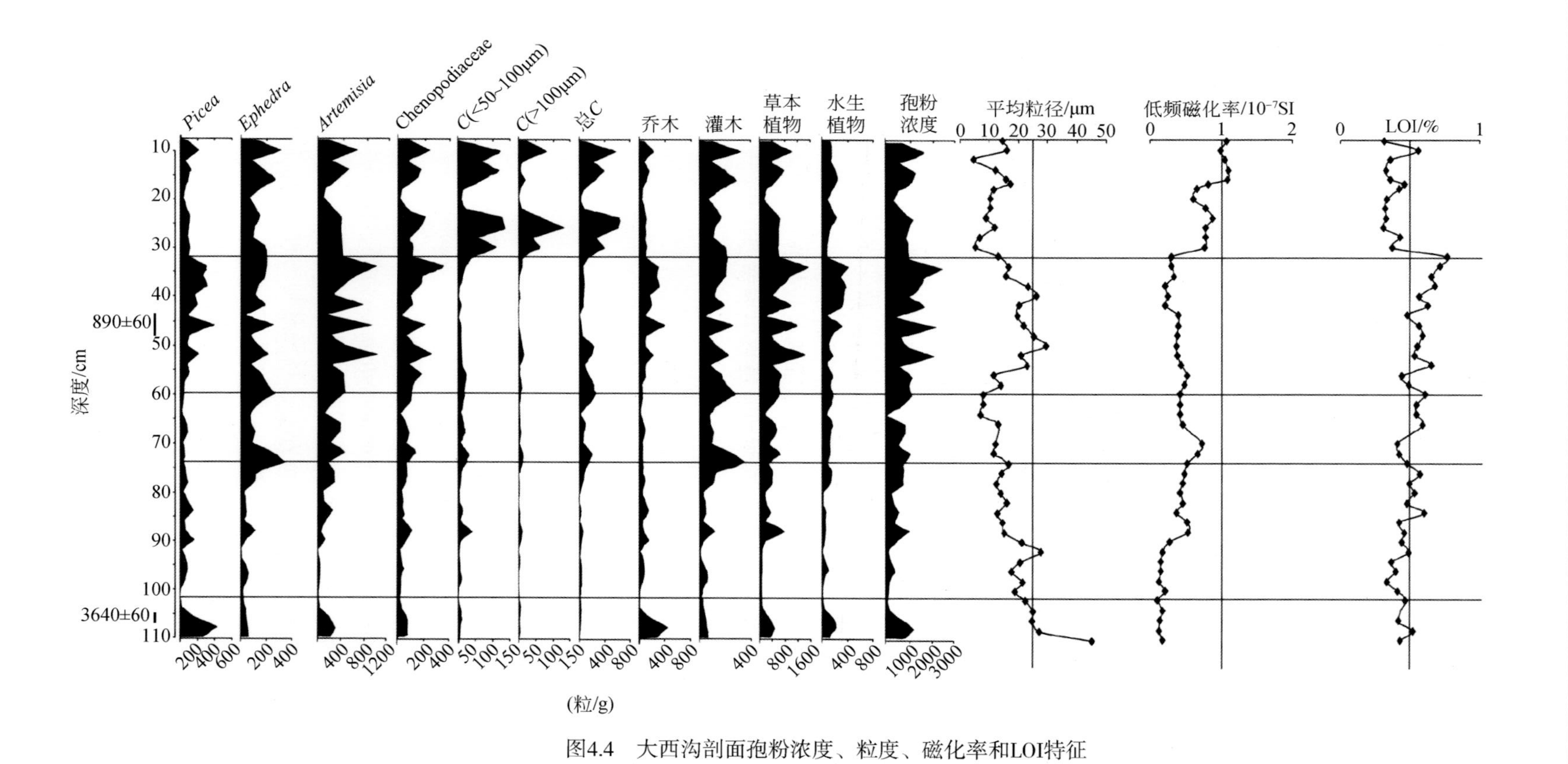

图4.4　大西沟剖面孢粉浓度、粒度、磁化率和LOI特征

图4.5　小西沟人类文化遗址剖面（杨振京观察并做岩性记录）

1层：180～190cm，可见厚度10cm，为土黄色黏土层。

2层：140～180cm，厚40cm，为灰黑色文化层，含许多木炭碎块。在中部155～145cm处采^{14}C样，测年为3240±60a B. P.，树轮校正后为3470±85a cal. B. P. （cal. 为校正年龄）。

3层：120～140cm，厚20cm，为土黄色黄土层。

4层：104～120cm，厚16cm，为灰黑色文化层，颜色较下面的文化层浅，也含有木炭碎块。木炭样测年为1755±75a B. P. 。

5层：74～104cm，厚30cm，为土黄色黄土层。

6层：68～74cm，为灰色、灰黄色黄土层，零星含小木炭碎块。

7层：0～68cm，为土黄色黄土层。

在小西沟剖面自上而下采集38块孢粉样品，采样间距为5cm。其中1层2个，2层8个，3层4个，4层3个，5层6个，6层1个，7层14个。所有样品中均采用常规分析方法，对花粉浓度做了测定。经分析在大部分样品中发现较为丰富的孢子花粉，共鉴定出45个科属的孢子花粉。

根据孢粉复合分异度（Simpson）指数、粒度、磁化率、LOI和指示干湿程度的A/C值等多种代用数据，把剖面分为7个孢粉带（图4.6）。

带Ⅰ（180～190cm），黄色黏土层，A/C值为0.6左右，孢粉总浓度较低，为441～572粒/g。鉴定的孢粉类群较少，仅5科11属。孢粉组合中乔木花粉相对含量较低（仅为2.2%～7.0%），中旱生草本和灌木植物花粉占优势（平均含量达95.4%），其中以藜科（平均含量约23.3%）和柽柳属（平均含量约21.0%）为主，其次为蒿属（平均含量为14.2%）和麻黄属（平均含量为10.3%），云杉属花粉平均含量仅为2.4%。花粉浓度较低，为441～572粒/g，AP/NAP值也处于剖面低值（约0.05），但孢粉复合分异度稍高（平均值为8.61）。整个组合特征反映荒漠草原植被景观，植被以旱生植物为主，也有少量的超旱生种类。

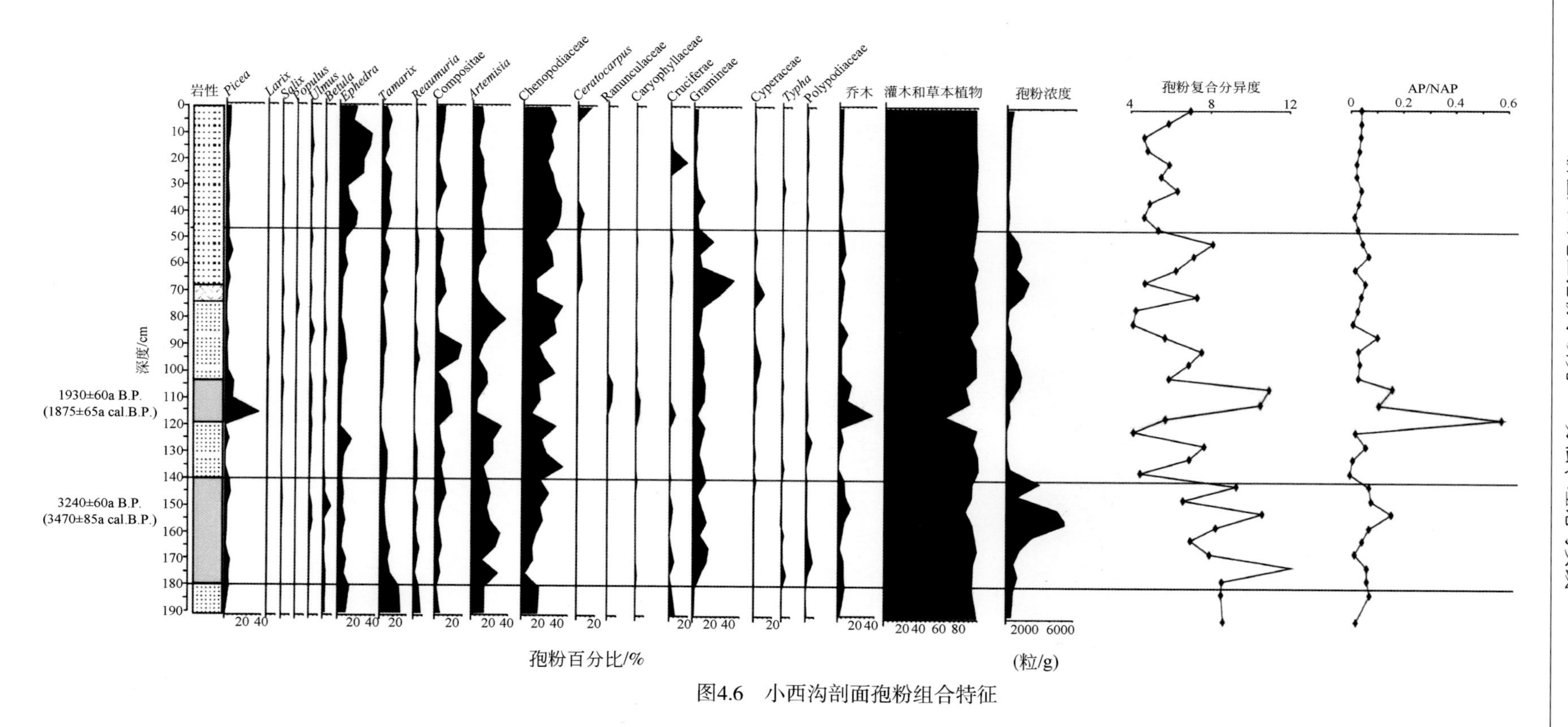

图4.6　小西沟剖面孢粉组合特征

带Ⅱ（140～180cm），文化层，禾本科较下部明显增高，可能出现原始旱作农业，该带孢粉浓度较高，为604～5152粒/g，A/C值较高，为0.58～2.1，共鉴定出7科和17属的孢粉类群，较带Ⅰ多，孢粉组合中仍以灌木和草本植物花粉占优势（平均含量达93.4%），但其中蒿属含量（平均约21.0%）迅速增高，藜科含量变化不大（平均约23.9%），A/C值较带Ⅰ增高，为0.58～2.1，但柽柳属含量（平均约7%）和麻黄属含量（平均约5.7%）较带Ⅰ大幅度减少。孢粉浓度开始增高并处于剖面最高值，为604～5152粒/g，AP/NAP值和孢粉复合分异度也均较带Ⅰ高，反映当时气候较带Ⅰ湿润。

带Ⅲ（120～140cm），黄土层，A/C值较带Ⅱ降低，为0.26～0.91，孢粉总浓度为13～2832粒/g，也比带Ⅱ低，共鉴定出7科和11属的孢粉类群，较带Ⅱ少。孢粉组合中旱生草本和灌木植物花粉含量最高可达100%，其中藜科含量（平均约34.6%）迅速增高，蒿属（平均约22.7%）和麻黄属含量（平均为6.9%）较带Ⅱ稍高，则A/C值较带Ⅱ稍降低，为0.26～0.91，但柽柳属含量（平均约4.4%）较带Ⅱ减少。木本植物花粉含量为剖面最低值（仅为13粒/g），孢粉复合分异度和AP/NAP值也均较带Ⅱ降低，反映当时气候较带Ⅱ干燥。

带Ⅳ（104～120cm），文化层，A/C值低，为0.27～0.86，尽管孢粉总浓度只有230～1078粒/g，共鉴定出26个孢粉科属，明显较带Ⅲ多。孢粉组合中木本植物花粉含量迅速增高（平均约15.7%），灌木和草本植物花粉平均含量降为84.3%，无论是藜科含量（平均约24.3%），还是蒿属（平均约10.8%）、柽柳属（平均约2.9%）和麻黄属的含量（平均约3.4%）均较带Ⅲ大幅度减少，但云杉属含量却迅速增高，甚至最高达35.5%。孢粉浓度升为剖面较高值，为230～1078粒/g，AP/NAP值和孢粉复合分异度也成为本剖面峰值，反映当时气候较带Ⅲ湿润。

带Ⅴ（74～104cm，2205～1575a B. P.），黄土层，A/C值低至0.25～0.82，孢粉总浓度很低，为25～1248粒/g，孢粉复合分异度也偏低，只有4.13～7.55，平均值为5.76，古生物多样性降低为剖面最低值。6个孢粉样品总共统计895粒孢粉。鉴定出24个科属的孢粉，包括7科和17属。

带Ⅵ（68～74cm，1575～1365a B. P.），黄土层，蒿属、藜科百分含量较带Ⅴ低，A/C值也低，但莎草科百分含量却出现高值，禾本科亦大量增加，孢粉总浓度有所增高，为1392粒/g，反映气候有所好转，孢粉复合分异度较带Ⅴ高，为7.35，生物多样性增高。1个孢粉样品统计了174个孢粉粒数，有7科、9属。

带Ⅶ（0～68cm，1365～0a B. P.），土黄色黏土层，云杉属花粉含量不高，尽管A/C值较带Ⅵ低，为0.11～0.34，但麻黄属、藜科却大量增加，禾本科和莎草科百分含量减少，孢粉总浓度低，为81～1881粒/g，孢粉复合分异度低，为4.69～8.11，平均值为5.8，古生物多样性又有所下降。14个孢粉样品共统计了1811个孢粉粒数。鉴定的孢粉科属数达24个，共9科、15属。

三、桦树窝子剖面

桦树窝子剖面（图4.7）位于新疆吉木萨尔县泉子街乡，剖面处于天山北坡的前山丘陵区，地形较平缓，总体上南高北低，南面临近中山带，北面还有一排低山丘陵。桦树窝子剖面处在一沟中，地理坐标为43°48.3′N、89°80′E，海拔为1320m，与小西沟剖面仅相距200m左右，该区在2000多年以前已经有人类活动（新疆维吾尔自治区文物普查办公室，1989；阎顺和阚耀平，1993）。

图4.7　桦树窝子人工开挖自然剖面

桦树窝子是东天山北麓海拔1340m处的人工开挖自然沉积剖面，剖面总厚110cm，自下而上分为6层。

第1层：88～110cm，可见厚度22cm，为含小砾石灰黑色黏土，底部潜水出露。在底部灰黑色黏土中采^{14}C样，测年为2170±185a B. P.，树轮校正后为2150±225a cal. B. P.。

第2层：38～88cm，厚50cm，为棕黑色黏土，下部有机质多泥炭化，在50～48cm处泥炭化黏土中采^{14}C样，测年为1050±50a B. P.，树轮校正后为950±60a cal. B. P.。

第3层：17～38cm，厚21cm，为浅灰色黏土层夹浅黄色黏土层。

第4层：14～17cm，厚3cm，为深灰色黏土层，在黏土中采^{14}C样，测年为450±55a B. P.，树轮校正后为510±30a cal. B. P.。

第5层：4～14cm，厚10cm，为浅棕色黏土层，有草根。

第6层：0～4cm，为棕色黏土层，有大量草根，地表为莎草科植物组成的湿地植被。

在桦树窝子剖面自上而下采集52块孢粉样品，除底部含小砾石灰黑色黏土层采样间距为2～3cm外，其他采样间距均为2cm。其中1层8个，2层25个，3层10个，4层2个，5层3个，6层4个。

根据主要孢粉种类百分含量的垂向变化和孢粉Simpson指数可将树窝子剖面分为4个孢粉带（图4.8）。

带Ⅰ（88cm以下）（约2000a B. P. 以前），下部为小砾石灰黑色黏土层，上部为棕黑色黏土层。孢粉组合中乔木花粉相对含量较低（平均达4.9%），其中云杉属花粉平均含量仅为2.0%，旱生和超旱生植物花粉较多（平均含量达95.0%）。该带下部藜科含量较高（平均达44.7%），其次为蒿属；而上部藜科含量减少（平均约21.0%）。花粉总浓度较低（为140粒/g），孢粉复合分异度较少（平均值为8.1），LOI和AP/NAP值也为剖面低值，岩性组成较粗。该组合特征反映荒漠草原景观，推测建群植物主要是藜科、麻黄属、柽柳属、红砂属、骆驼蓬属、霸王属等旱生植物。

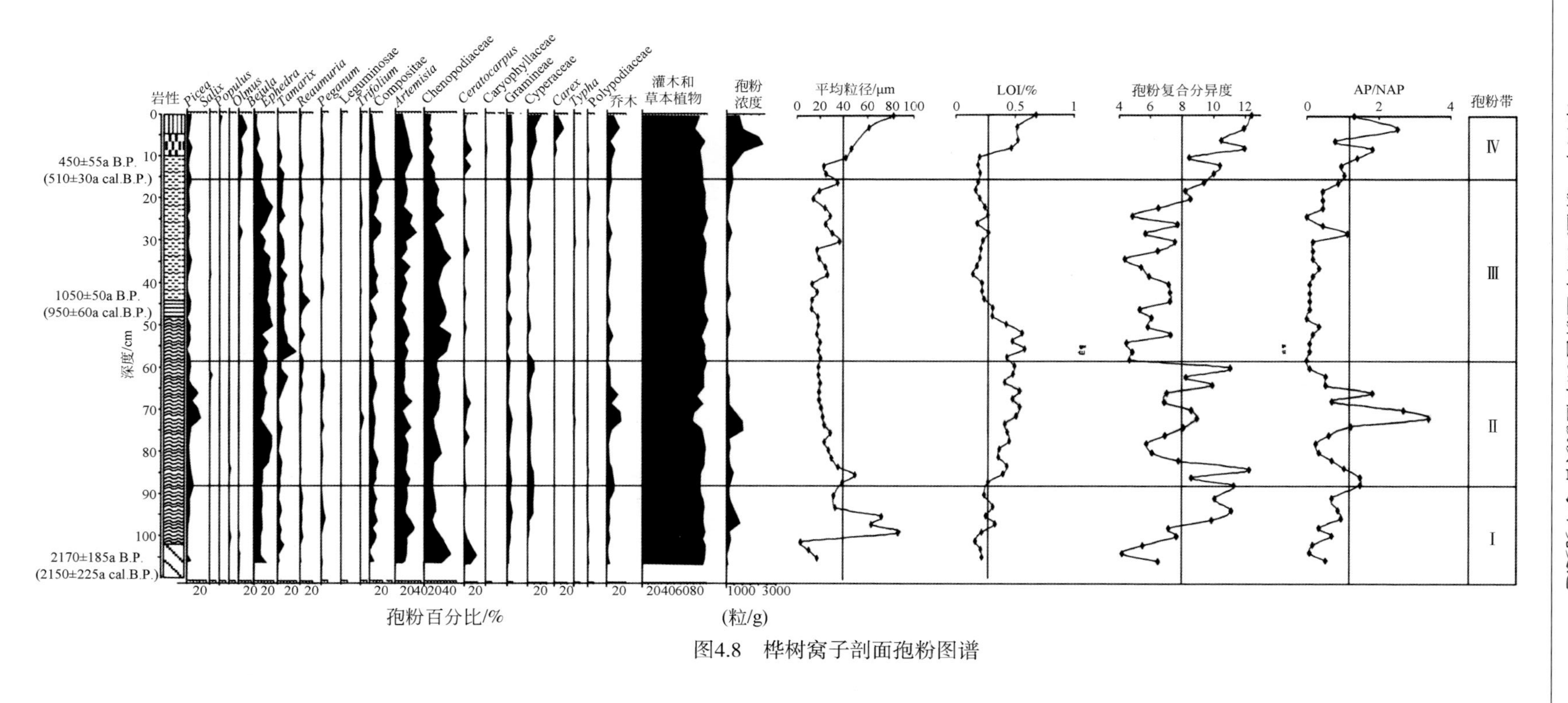

图4.8　桦树窝子剖面孢粉图谱

带Ⅱ（58～88cm，2000～1300a B. P.），棕黑色黏土层。该带中灌木和草本植物花粉仍占优势，平均含量达90.8%，但乔木花粉相对含量开始增高（约9.2%），云杉属花粉含量达到剖面最高值（平均8%），尤其是在剖面深度为72～66cm的孢粉组合中，云杉属花粉的平均含量可达到15.5%；旱生和超旱生的植物花粉开始减少，其中藜科花粉含量下降成为剖面最低值（平均约23.3%），而蒿属、禾本科、菊科、毛茛科、豆科、石竹科、唇形科、伞形科、十字花科、百合科、葱属（*Allium*）、莎草科等植物含量增加或开始出现。花粉浓度较高，平均为309粒/g，孢粉复合分异度、AP/NAP值和LOI均为剖面高值，岩性组成较带Ⅰ细。该组合特征反映为草原和有少量森林的草原植被景观。

带Ⅲ（16～58cm，1300～450a B. P.），下部为棕黑色黏土层，中间为浅灰色黏土夹浅黄色黏土层，上部为深灰色黏土层。灌木和草本植物花粉含量继续占绝对优势，达96.6%，旱生和超旱生的植物花粉增加，其中藜科花粉含量较高（平均达30.5%）；云杉属花粉含量降低（平均2.6%）。花粉总浓度处于整个剖面最低值，仅为76.8粒/g，孢粉复合分异度也降为剖面最低值（平均值为6.47），AP/NAP值和LOI也均为剖面最低值，岩性组成仍较细。整个组合特征反映为荒漠草原植被，推测建群植物以旱生植物为主，除蒿、菊和少量禾本科植物外，主要是藜科植物。

带Ⅳ（0～16cm，约450a B. P. 以来），下部为深灰色黏土层，中部为浅棕色黏土层，下部为棕色黏土层。与带Ⅲ比较，旱生和超旱生的植物花粉含量减少，其中藜科花粉含量平均仅为17.2%；云杉属花粉含量平均为4.2%，但桦木属花粉含量达到最高（最高为13.2%），此时可能有大量桦树分布在附近，桦树窝子村也可能因此而得名。孢粉复合分异度和AP/NAP值再次增高，并处于剖面最高值，花粉浓度也处于剖面最高值（平均949粒/g），岩性较带Ⅲ粗。反映为荒漠草原-草原植被景观，仍以灌木和草本植物占优势，但禾本科和莎草科植物逐渐增加，豆科、伞形科、十字花科、百合科和葱属等花粉含量较高。

四、四厂湖剖面

四厂湖剖面（44°18.6′N，89°8.6′E；海拔589m）位于古尔班通古特沙漠东南缘新疆吉木萨尔县城北30多千米，是源于奇台县的柳树河和吉木萨尔县的户堡子河汇合而成的古尾闾湖（图4.9），湖面在最大时，面积超过20km^2，但现已完全干涸。本区属大陆性荒漠气候，年均温6～10℃，最热月均温为24～27℃，年均降水量不超过150mm，为典型的干旱荒漠景观。半固定、固定沙漠内分布着以梭梭属、蒿属、麻黄属为主的砂质荒漠植被（张立运和陈昌笃，2002）。

人工挖取的四厂湖剖面深100cm，自下而上共6层。

第1层：深0～30cm，为风成砂层，以细砂为主，含少量中砂。

第2层：深30～56cm，为灰色细砂、黏土层。

第3层：深56～64cm，为深灰色泥质粉、细砂层，含腹足类化石。

第4层：深64～72cm，为灰白色粉砂、黏土层。

第5层：深72～82cm，为深灰色泥质粉、细砂层，含大量淡水生腹足类化石（图4.10）。

图 4.9　四厂湖人工开挖自然剖面

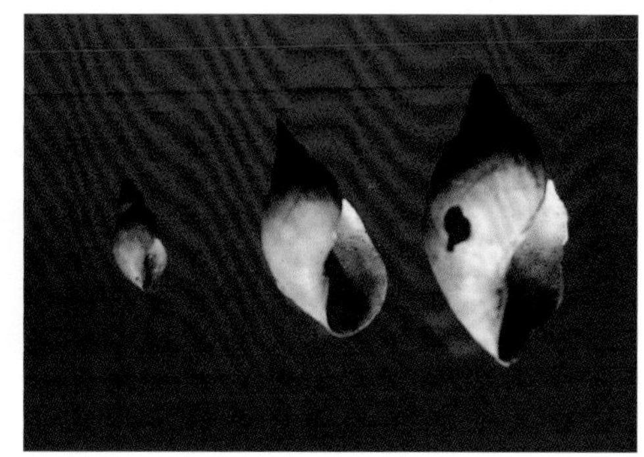

图 4.10　阜康四厂湖剖面中的腹足类化石（尖萝卜螺）

第 6 层：深：82～100cm，为锈黄色风成砂层，以细砂为主，未见底。

在顶部风成砂层中深 18cm 处采集 1 块样品，其他层次样品的采样间距为 3～5cm，共 19 块样品。运用 Tilia 软件对孢粉原始统计数据进行百分含量（以孢粉总数为基数）和重量浓度计算，进而绘制出孢粉图式。

在剖面深 78～82cm 和 62～64cm 处采集两个样品进行常规 ^{14}C 实验室分析。深 78～82cm 的测年为 1000±50a B. P.，树轮校正年代为 930±85a cal. B. P.，相当于 950a A. D.；深 62～64cm 的测年为 665±65a B. P.，树轮校正年代为 650±55a cal. B. P.，相当于 1285a A. D.。这一时期正好处于欧洲中世纪温暖期的时段。各沉积层次年代按以上两个年龄进行内插外推。根据内插外推，得出深 84cm 处地层年代为 1076±50a B. P.，相当于 874a A. D.；深 18cm 处地层年代则为 191±34a B. P.，相当于 1759a A. D.。

根据前人对四厂湖剖面研究所获得的云杉属、藜科、麻黄属、蒿属、菊科等主要孢粉百分含量（阎顺等，2003a），以及结合本书研究的沉积物中孢粉总浓度和在干旱地区常用于指示气候干湿程度的 A/C 值（El-Mslinmany，1990）等沿剖面的变化，可将本剖面自下而上划分出 3 个孢粉组合带（图 4.11）。

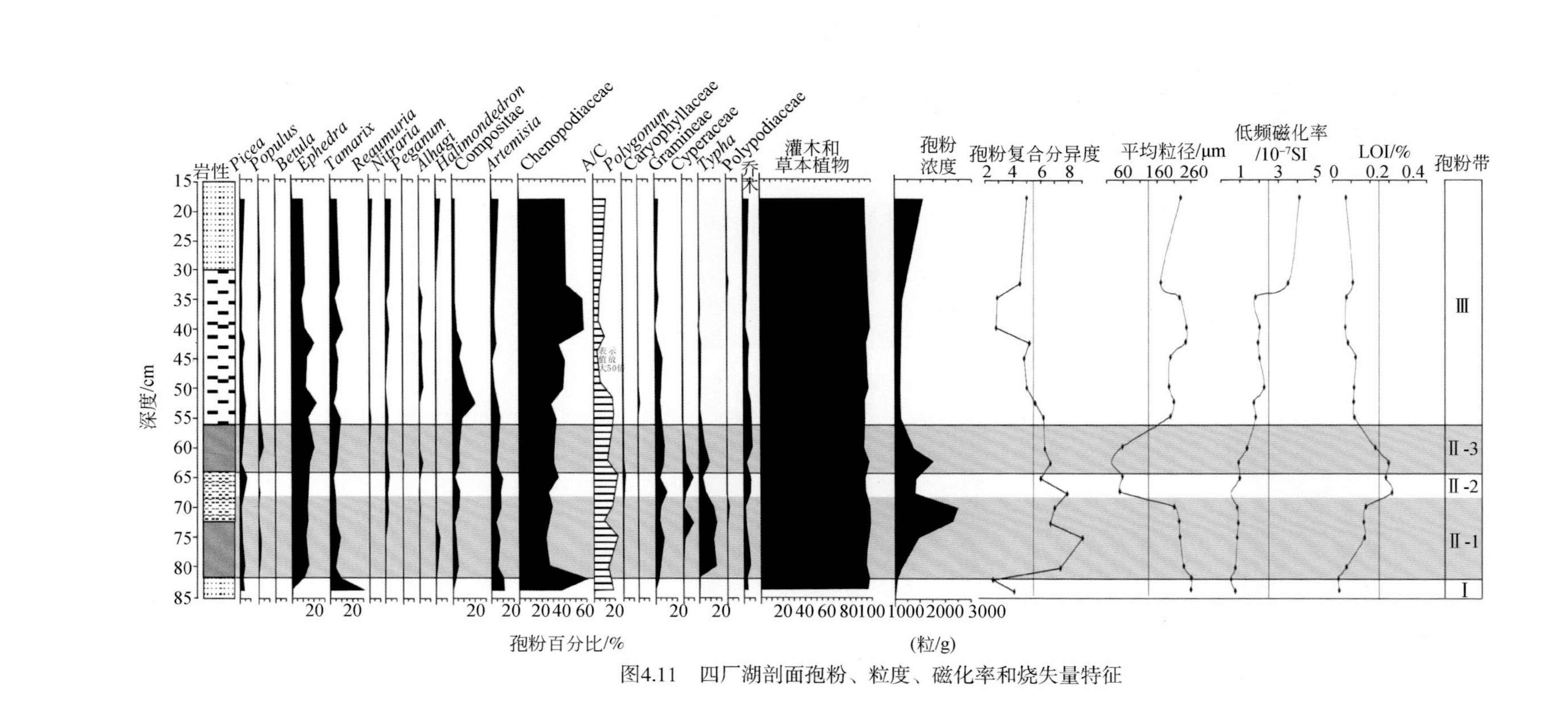

图4.11　四厂湖剖面孢粉、粒度、磁化率和烧失量特征

带Ⅰ（82～84cm，1076～1000a B. P.，即874～950a A. D.）中以藜科花粉含量最高，达55%以上，其次为柽柳属（平均含量达19.6%以上）和蒿属（平均含量达11.1%以上），云杉属花粉含量低于4%，花粉总浓度处于整个剖面的最低值，仅为8～18粒/g，A/C值不超过0.2。

带Ⅱ（56～82cm，1000～582a B. P.，即950～1368a A. D.）又分成3个孢粉亚带：

（1）带Ⅱ-1（68～82cm，1000～800a B. P.）孢粉组合中以香蒲属、莎草科和禾本科等含量较高，其中沼生水生维管束植物香蒲属高达12.3%～15.4%，花粉浓度处于整个剖面最高值，平均为1502粒/g，云杉属花粉含量为1.9%～4.1%，A/C值略有增高，达0.2～0.24；

（2）带Ⅱ-2（64～68cm，800～665a B. P.）孢粉组合中香蒲属、莎草科和禾本科花粉含量却降为带Ⅱ中最低值，香蒲属含量降至6.1%，藜科花粉开始增高，云杉属含量比下层稍有增高；

（3）带Ⅱ-3（56～64cm，665～582a B. P.）中香蒲属、莎草科、禾本科花粉含量再次增高，香蒲属含量升至8.7%，花粉浓度略有回升，平均达1100粒/g。

带Ⅲ（56～18cm，582～191a B. P.）中再次以旱生、超旱生植物花粉占优势。藜科植物花粉含量显著增高，占孢粉总数达70%，其次为麻黄属（10%左右），而香蒲属、莎草科、禾本科、百合科花粉含量较低，香蒲属含量降至1%～2%，云杉属花粉含量在1.5%～5.0%波动，花粉浓度较低，平均为396粒/g，A/C值相对于带Ⅱ显著降低，最低值达0.02。

根据孢粉Simpson指数在剖面上的变化将整个剖面划分为3个孢粉组合带，与孢粉划分一致。其中，带Ⅱ的孢粉复合分异度明显高于带Ⅰ和带Ⅱ，达6～9，可见带Ⅱ的物种多样性较高，而带Ⅰ和带Ⅲ的物种多样性均较低。另外，带Ⅱ共鉴定出19个孢粉科属，远高于带Ⅰ和带Ⅱ的鉴定数目，带Ⅰ仅有5个孢粉科属，这些都同样反映气候和环境发生较大变化。

根据平均粒径沿剖面的变化也可划分为3个带（图4.11），与孢粉组合带一致。带Ⅰ为锈黄色风成砂层，以细砂为主，平均粒径较粗，高达260μm，反映较强的沉积动力环境；带Ⅱ为深灰色泥质粉细砂层、灰白色粉砂、黏土层和深灰色泥质粉细砂层；沉积物颗粒较上下层细，平均粒径最低值达24μm，反映低能的沉积环境，岩性以泥质为主，反映湖沼发育；带Ⅲ为灰色细砂、黏土层和细砂为主的风砂层，平均粒径较粗，为169～246μm，反映较强的沉积动力环境。

根据烧失量的变化，自下而上也可划分为3个带（图4.11）。从剖面上看，深度82～56cm（即带Ⅱ-2）的烧失量最高值达到31%左右，反映当时气候湿润，植被覆盖率较高，湿润的环境成为有机质富积的重要条件，因而有机质积累增多。而底部和顶部的LOI明显降低，低至3.13%，反映由于水分条件的变化，干冷的气候不利于植物生长和有机质的积累。

剖面的磁化率结果反映带Ⅰ的磁化率值较低（低频磁化率和高频磁化率值剖面波动一致），低频磁化率值低达0.5×10^{-7}SI（国际单位制），可能反映中世纪之前气候比较干燥，降水量较少，而带Ⅱ的低频磁化率也处于低值，最低达0.52×10^{-7}SI，这可能是因为在湖相沉积地层中，地下水作用对磁化率背景值有明显的影响，在地下水的长期浸泡下，较强的土壤潜育化作用易将氧化铁磁性颗粒转变为氢氧化物（孙继敏等，1995），因此磁化率偏小。带Ⅲ的磁化率值反而很高，这也可能与湖相沉积地层有关。中世纪时期，本区湖体范围较大，后逐渐干涸。在湖相沉积地层中，影响磁化率值的因素复杂多样，磁化率值和粒度在一定程度上可以反映沉积环境和古气候的变化。通常磁化率高值和细粒物质含量的低值常代表较为寒冷干燥的气候，而磁化率低值和细粒物质含量的高值代表较为温湿的气候（杨晓强和李华梅，1999）。从图 4.5 可以看出，带Ⅱ的磁化率值低，但平均粒径也很细，反映中世纪气候比较温湿，但带Ⅲ具有较高的磁化率和较粗的平均粒径，低频磁化率值高达 4.1×10^{-7}SI，可能反映中世纪之后气候比较寒冷干燥。气候进一步变干，砂粒被风大量带入湖内，使湖泊水位变浅，甚至消失。

根据上述花粉记录和孢粉组合特征，再结合平均粒径、磁化率及烧失量测定结果，对本区 1000 年以来的古气候和环境演变分析如下：

孢粉组合表明在最近 1000 多年以来四厂湖区的区域性植被，应是以藜科、麻黄属、白刺属、蒿属、禾本科和菊科等为主的荒漠植被类型。剖面底部（孢粉带Ⅰ）和顶部（孢粉带Ⅲ）砂层中的孢粉组合是以旱生、超旱生植物花粉占绝对优势，主要植物类型有藜科、麻黄属、蒿属等，缺少水生植物花粉，亦未见淡水性软体动物遗骸；烧失量低（3% ~8%），反映生物量较小，植被覆被率低。孢粉复合分异度较低（2.6 ~5.2），说明当时湖区植物种类较少；岩性平均粒径较粗，反映当时风沙作用较强，荒漠化景观显著。

然而在（1000±50）~（665±65）a B. P. 期间（相当于 950 ~ 1300a A. D.，即带Ⅱ），植物多样性显著增加，由带Ⅰ的 5 个科属增加到带Ⅱ的 19 个科属，其中有生长在淡水或微咸水的沼生植物香蒲，也有湿生和中生的莎草科、禾本科、百合科的花粉，平均占孢粉总数的 20%。指示气候干湿程度的 A/C 值由带Ⅲ的 0.02 增高到带Ⅱ的 0.24；岩性中细粒成分增加，表明当时冬季风减弱，植被覆盖率提高，生物量增大，烧失量增加；孢粉复合分异度明显高于带Ⅲ和带Ⅰ，反映物种多样性显著增加；在剖面中出现了不同发育阶段的尖萝卜螺（*Radix acuminata*）（图4.10），现地处古尔班通古特沙漠的四厂湖区，曾生长着中旱生的灌木及草本植物，湖体中生长丰富的尖萝卜螺和白旋螺（*Cyraulus albus*）的厚层沉积，而这些腹足类是长期生长在淡水湖体沿岸浅水草丛中（黄成彦，1996）。软体动物腹足类大量增加，表明溶入湖体碳酸钙含量的提高。以上所有这些都说明在被称为“中世纪温暖期（900 ~ 1300a A. D.）”时段内水生、沼生植物较为发育。

最近 600 年以来，在孢粉组合中出现的由藜科植物为主要组成的旱生、超旱生植物花粉占优势，由于 A/C 值降低，表明这一时期的气候进一步向干燥盐生的方向发展；孢粉复合分异度显著降低，物种种类较为单调；烧失量减少，生物量降低，植被覆盖率显著降低；平均粒径增高，颗粒变粗，反映风沙作用增强，形成了与现今相似的荒漠植被。表明生态环境逐渐恶化，四厂湖体逐渐消失。

五、东道海子湖剖面

东道海子剖面位于现在东道海子的北端（44°41.7′ N，89°33.5′ E）（图 4.12），海拔 430m，地处古尔班通古特沙漠南缘沙漠内部沙垄间洼地。洼地为北西–南东走向，沙垄和洼地比高 5 ~20m，剖面附近的沙垄和洼地比高一般 15m。沙垄为半固定型，自然植被为荒漠，主要是梭梭荒漠，伴生少量短命植物和一年生植物。在沙漠边缘的沙垄和沙丘分布的植物为旱生和超旱生型，主要有白梭梭、梭梭、柽柳、胡杨、沙拐枣、蒿、假木贼属、麻黄属、合头草、猪毛菜、角果藜等，还有沙生针茅、独尾草（*Eremurus chinensis*）、三芒草（*Aristida adscensionis*）、骆驼刺和芦苇等。

图4 12 观察东道海子人工开挖剖面（从左至右：孔昭宸、阎顺、杨振京）

东道海子人工开挖剖面总厚190cm，自上而下由新至老分为12层。

第1层：0～5cm，厚5cm，为褐色泥炭层，^{14}C 测年为305±130a B. P. 。

第2层：5～20cm，厚15cm，为灰白色硅藻土层。

第3层：20～30cm，厚10cm，为褐色泥炭层，顶部 ^{14}C 测年为1270±60a B. P.，底部 ^{14}C 测年为1310±35a B. P. 。

第4层：30～45cm，厚15cm，为灰白色硅藻土层。

第5层：45～75cm，厚35cm，为褐色劣质泥炭层，有螺壳和大量芦苇，顶部 ^{14}C 测年为1700±80a B. P.，底部 ^{14}C 测年为2400±170a B. P. 。

第6层：75～87cm，厚12cm，为灰白色硅藻土层。

第7层：87～91cm，厚4cm，为浅褐色泥炭层。

第8层：91～103cm，厚12cm，为青灰色粉砂层。

第9层：103～106cm，厚3cm，为浅褐色泥炭层。

第10层：106～132cm，厚26cm，为青灰色粉砂层。

第11层：132～150cm，厚18cm，为浅褐色劣质泥炭层，顶部 ^{14}C 测年为3530±105a B. P.，底部 ^{14}C 测年为4500±310a B. P. 。

第12层：150～190cm，厚40cm，为青灰色粉砂层，有植物根系。

东道海子剖面的12个沉积层中，有机质含量较高的主要是编号为奇数的第1层、第3层、第5层、第7层和第11层，共采集 ^{14}C 样品8个；剖面共采集孢粉样品64个，采样间距大部分为2cm，在细砂层采样间距为3～5cm。样品均采用常规分析方法，并对花粉浓度做了测定。经分析发现较丰富的孢粉，共鉴定出36个科属的孢粉。

根据孢粉组合特征，自下而上可以划分为3个孢粉组合带，即带Ⅰ、带Ⅱ和带Ⅲ。其中带Ⅲ又下分为6个亚组合带，即带Ⅲ-1、带Ⅲ-2、带Ⅲ-3、带Ⅲ-4、带Ⅲ-5和带Ⅲ-6（图4.13）。

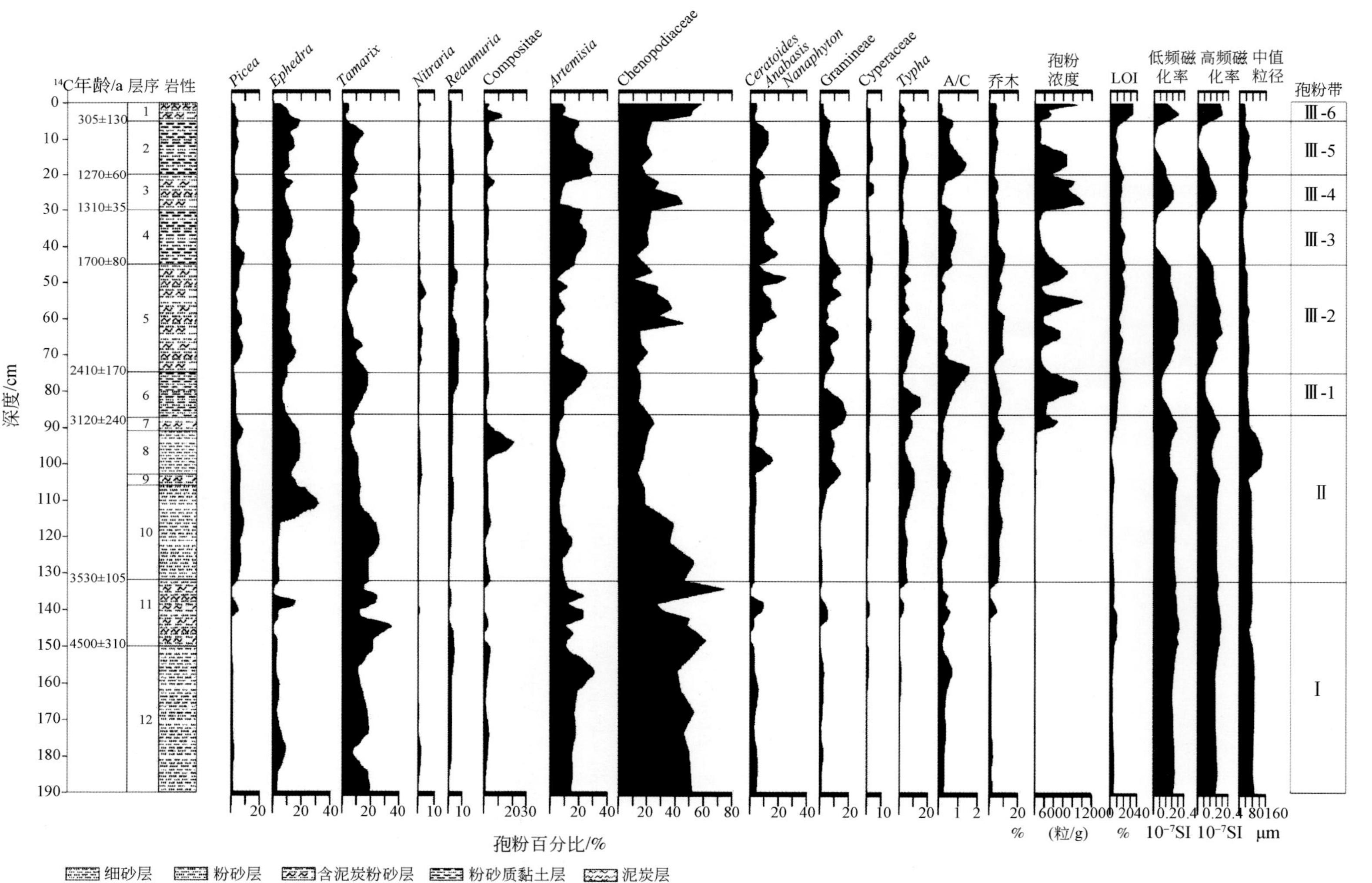

图4.13　东道海子剖面孢粉图谱与磁化率、粒度、烧失量变化曲线对比图

剖面132～190cm为带Ⅰ（4500～3530a B. P.）。该组合以藜科几个属种含量最高；其次为蒿属、柽柳属和麻黄属；还有少量红砂属、菊科、禾本科等成分；外来的云杉属花粉平均值为1.4%；A/C值仅0.32。

剖面87～132cm为带Ⅱ（3530～3120a B. P.）。该组合藜科几个属种的花粉比带Ⅰ减少；柽柳属和麻黄属也有所降低；红砂属、白刺属、霸王属一般在5%以下；禾本科、香蒲属和莎草科花粉比带Ⅰ明显增加；外来花粉云杉属和桦木属均少量出现，平均值为6%，A/C值为0.26。

剖面87～0cm为带Ⅲ（3120～0a B. P.）。带Ⅲ中花粉平均值分别为藜科34.3%，蒿属14%，柽柳属8.5%，麻黄属10.8%，红砂属3.4%。中生和水生植物花粉（禾本科、莎草科、香蒲属）有明显增加，花粉浓度也明显增长。带Ⅲ-1（3120～2410a B. P.）A/C值为1。另外禾本科和香蒲属含量较高，分别达到7%和7.5%，在该段样品中还发现大量的硅藻化石。带Ⅲ-2（2410～1700a B. P.）A/C值为0.4。藜科百分含量为33.3%，桦木属为9.4%，还有柽柳属（7.8%）、麻黄属（11.5%）、红砂属（4.4%）、白刺属（1.7%）、霸王属（1.1%）、菊科（1.9%）、禾本科（9.1%）、香蒲属（5.9%）等花粉。带Ⅲ-3（1700～1310a B. P.）、带Ⅲ-5（1270～305a B. P.）与带Ⅲ-1有一定的相似性，A/C值分别为0.7和0.8，都发现大量的硅藻。带Ⅲ-4（1310～1270a B. P.）、（带Ⅲ-6 305a B. P. 至今）与带Ⅲ-2有一定的相似性，A/C值为0.4和0.5，样品中硅藻均不多。

对东道海子剖面采集的64个样品还分别进行了粒度、磁化率和烧失量分析。样品由兰州大学教育部重点实验室测定。粒度分析采用Mastersizer 2000型激光粒度仪测定样品；磁化率采用MS2型磁化率仪测定样品。

根据高频磁化率和低频磁化率测试得到的磁化率特征变化曲线（图4.13）反映，相当于孢粉组合带Ⅰ，高频磁化率和低频磁化率为相对高值区，高频磁化率为0.28×10^{-7}～0.38×10^{-7}SI，低频磁化率为0.32×10^{-7}～0.42×10^{-7}SI。相当于带Ⅱ，磁化率也为相对高值区，高频磁化率为0.21×10^{-7}～0.137×10^{-7}SI，低频磁化率为0.25×10^{-7}～0.39×10^{-7}SI；仅在相当于剖面第八层（细砂层）阶段，磁化率属中值，高频磁化率为0.21×10^{-7}～0.27×10^{-7}SI，低频磁化率为0.25×10^{-7}～0.29×10^{-7}SI。相当于带Ⅲ，磁化率发生明显波动，其中相当于孢粉亚带Ⅲ-1、Ⅲ-3和Ⅲ-5，磁化率为相对低值区，高频磁化率分别为0.11×10^{-7}～0.25×10^{-7}SI、0.02×10^{-7}～0.17×10^{-7}SI和0.01×10^{-7}～0.18×10^{-7}SI；低频磁化率分别为0.12×10^{-7}～0.26×10^{-7}SI、0.03×10^{-7}～0.17×10^{-7}SI和0.01×10^{-7}～0.19×10^{-7}SI。相当于亚带Ⅲ-2、Ⅲ-4和Ⅲ-6，磁化率为相对高值区，高频磁化率分别为0.16×10^{-7}～0.4×10^{-7}SI、0.19×10^{-7}～0.3×10^{-7}SI和0.36×10^{-7}～0.4×10^{-7}SI；低频磁化率分别为0.19×10^{-7}～0.4×10^{-7}SI、0.21×10^{-7}～0.32×10^{-7}SI和0.12×10^{-7}～0.41×10^{-7}SI。

烧失量特征变化曲线（图4.13）反映，剖面上烧失量有明显变化。相当于孢粉组合带Ⅰ和带Ⅱ，烧失量在5%左右，只在相当于剖面第11层（含泥炭浅灰黑色黏土质粉砂层），烧失量稳定在10%左右。相当于带Ⅲ，烧失量明显上升，最高达到34%，在相当于亚带Ⅲ-2、Ⅲ-4时达到15%～20%；在相当于亚带Ⅲ-6时，达到30%以上；在相当于孢粉亚带Ⅲ-1、Ⅲ-3和Ⅲ-5，烧失量下降至10%左右。

粒度分析资料为剖面的岩性特征提供了依据，粒度变化曲线（图4.13）反映了剖面上的粒度特征。相当于孢粉带Ⅰ，中值粒径为相对高值，为62.4～94.4μm，平均为

80.6μm。相当于带Ⅱ，中值粒径也为相对高值，为49.2~135.4μm，平均为83.9μm，但在相当于剖面第八层（细砂层）阶段，粒径竟达到整个剖面的最高值，为108.6~135.4μm，平均为123.7μm。相当于带Ⅲ，中值粒径明显下降，为21.1~65.8μm，平均为45.9μm；相对而言，相当于孢粉亚带Ⅲ-1、Ⅲ-3和Ⅲ-5，中值粒径更低一些，平均为41.9μm。

根据孢粉组合特征，参考A/C值和以往的研究成果（阎顺和许英勤，1989；El-Mslinmany，1990），带Ⅰ可以反映为荒漠植被。推测建群植物主要是藜科的属种，有梭梭、驼绒藜、假木贼属、小蓬等，其他有柽柳属、蒿属、麻黄属、红砂属、菊科和少量禾本科等成分。由于花粉浓度低，推测植被覆盖度较低。

带Ⅱ可以反映为荒漠植被。仍以超旱生灌木和草本植物占优势，藜科的多个属种和柽柳属、麻黄属、蒿属、红砂属等为主要植物，莎草科和香蒲属植物较带Ⅰ显著增加。推测当时湖泊面积不大，水生和沼生的植物香蒲、薹草、禾本科（主要是芦苇）在湖边分布，较远的外围，仍为荒漠景观。整个区域的植被覆盖度比前期增高。组合Ⅲ可以反映为荒漠草原和荒漠交替出现的植被类型，植被覆盖度比较高。其中亚带Ⅲ-1、Ⅲ-3和Ⅲ-5反映当时湖泊外围为荒漠草原，湖泊面积大，水生和沼生的植物香蒲、薹草、禾本科（主要是芦苇）近湖边分布，湖岸附近草本植物成分较多，湖里有大量硅藻生长，反映当时湖泊稳定，水质较好；亚带Ⅲ-2、Ⅲ-4和Ⅲ-6反映当时湖泊外围为荒漠，接近现代当地植被。当时湖泊面积减小，湖岸附近沼泽植被比较发育，沉积物中有大量腹足类化石。现代藜科植物在新疆有36属、150多种和10变种（新疆植物志编辑委员会，1994），是荒漠、半荒漠和盐碱地上分布最广的植物，在新疆平原地区形成多种群落。在沙丘、丘间洼地和山麓平原、古老淤积平原广泛分布梭梭荒漠，往往伴生柽柳、红砂、沙拐枣等盐生、沙生植物；在山前平原、洪积扇上，多分布小蓬荒漠、假木贼荒漠、合头草荒漠等。东道海子剖面上始终稳定出现占有优势的藜科多个属种和柽柳属、麻黄属、蒿属等荒漠植物的花粉，说明当地4500a B.P.（相当于2250a B.C.）以来植被以荒漠类型为主，并未发生根本变化，这与附近地区的研究（黄成彦等，1998；阎顺等，2003）有相同的结论。

六、草滩湖剖面

研究区位于新疆石河子市北9km（图4.14），新疆建设兵团五连石河子总场-分场的北洼地，湿地类型为芦苇沼泽，面积27.6km^2。地貌上属洪积扇缘泉水溢出带；气候为温带大陆性干旱气候，年平均气温6.6℃，年平均降水量201mm，年理论蒸发量1538mm；在保留有未垦沼泽植物的群落是以芦苇为优势，伴生种有水葱（*Scirpus validus*）、大茨藻（*Najas marina*）等，盖度达80%~90%。现在湿地大多经人工疏干并开垦为农田，种植草棉（棉花，*Gossypium herbaceum*）和大豆（*Glycine max*），但仍存有大面积苇湖（详见中国科学院中国湿地数据库）。该湿地的泥炭（又称草炭）是新疆草炭资源的集中分布区之一。泥炭作为一种重要的湿地资源，包含时间分辨率较高的、丰富的环境气候信息，是良好的古环境古气候记载体（Hong et al.，2001）。中日双方科学家曾于1997年对石河子草炭进行过路线踏勘，估计草炭资源面积有1km^2，厚度为0.3~1m（王周琼等，2001）。

图 4.14　新疆石河子市草滩湖剖面（阎顺对沉积物观察及分层）

2002 年 7 月在石河子草滩湖村湿地挖取深 175cm 的人工剖面Ⅰ（44°25.1′N，86°1.3′E，海拔 380m），2003 年 8 月在剖面Ⅰ东南 500m 处又开挖了深 228m 的剖面Ⅱ（44°25.0′N，86°1.3′E，海拔 385m）。本节则以剖面Ⅰ为研究对象。整个剖面上部为劣质泥炭（或称草炭）层，中、下部为黏土和黏质粉砂层。从剖面深 28 ~ 25cm、45 ~ 42cm、76 ~ 73cm、112 ~ 109cm 和 175 ~ 172cm 处分别采集 5 个沉积物全样进行常规 ^{14}C 测年（^{14}C 年代由国家地震局地质研究所 ^{14}C 实验室分析测定），所测定年龄分别为 1210±70a B. P.（1140±100a cal. B. P.）、1420±60a B. P.（1310±30a cal. B. P.）、2890±70a B. P.（3000±135a cal. B. P.）、4960±190a B. P.（5660±210a cal. B. P.）和 8240±575a B. P.（9240±735a cal. B. P.）。年龄与深度对应基本呈线性相关，采用线性内插方法获得整个剖面的年代序列。结果表明剖面Ⅰ揭示出 9240a cal. B. P. 以来的沉积地层，而剖面深 96 ~ 0cm 的地层年代为 4550a B. P.。

此次研究主要先行选出了深 96 ~ 0cm 的地层，并以 3cm 间距采样，共取得 33 个样品。取重量为 30g 样品，采用常规的酸、碱处理和重液浮选的方法进行花粉提取。通过对孢粉和植硅体（在 Olympus 光学显微镜 40×10 倍镜下进行鉴定和统计）观察统计 20mm×20mm 的盖玻片 4 ~ 6 张，共统计孢粉总数为 56743 粒。其中陆生植物孢粉近 10000 粒，它们分属于 56 个植物科属。其中，泥炭层每个样品统计陆生植物孢粉数近 300 粒，尽管在深 96 ~ 66cm 地层样品孢粉中种类较少，但水龙骨科孢子统计量也可达数千粒。全部样品都含有较丰富的植硅体，总数达 22807 粒，共鉴定出植硅体 10 个形态类型：扇形（芦苇扇形、其他扇形）、方形、长方形、棒形（平滑棒形和锯齿棒形）、尖形、帽形、哑铃形、鞍形、齿形和不规则形。一些少量难以鉴定的类型，则作为其他类型进行统计。将孢粉分析结果进行百分比和重量浓度计算，花粉百分比的计算是以占陆生植物花粉总和为基数；重量浓度采用不外加石松（*Lycopodium japonicum*）方法利用直接浓度法（Davis，1965；阎顺等，2004b）计算（单位：粒/g）；在光学显微镜下根据炭屑长轴分<50μm、50 ~ 100μm 和>100μm 3 个等级统计炭屑；然后运用 Tilia 软件进行制图。

依据沉积物特征、百分比和重量浓度孢粉谱，孢粉总浓度、乔木、灌木和草本植物，以及蒿属、藜科等主要孢粉类型百分含量变化，可将 96cm 以上的泥炭层自下而上划分出 5 个孢粉带（图 4.15、图 4.16）。

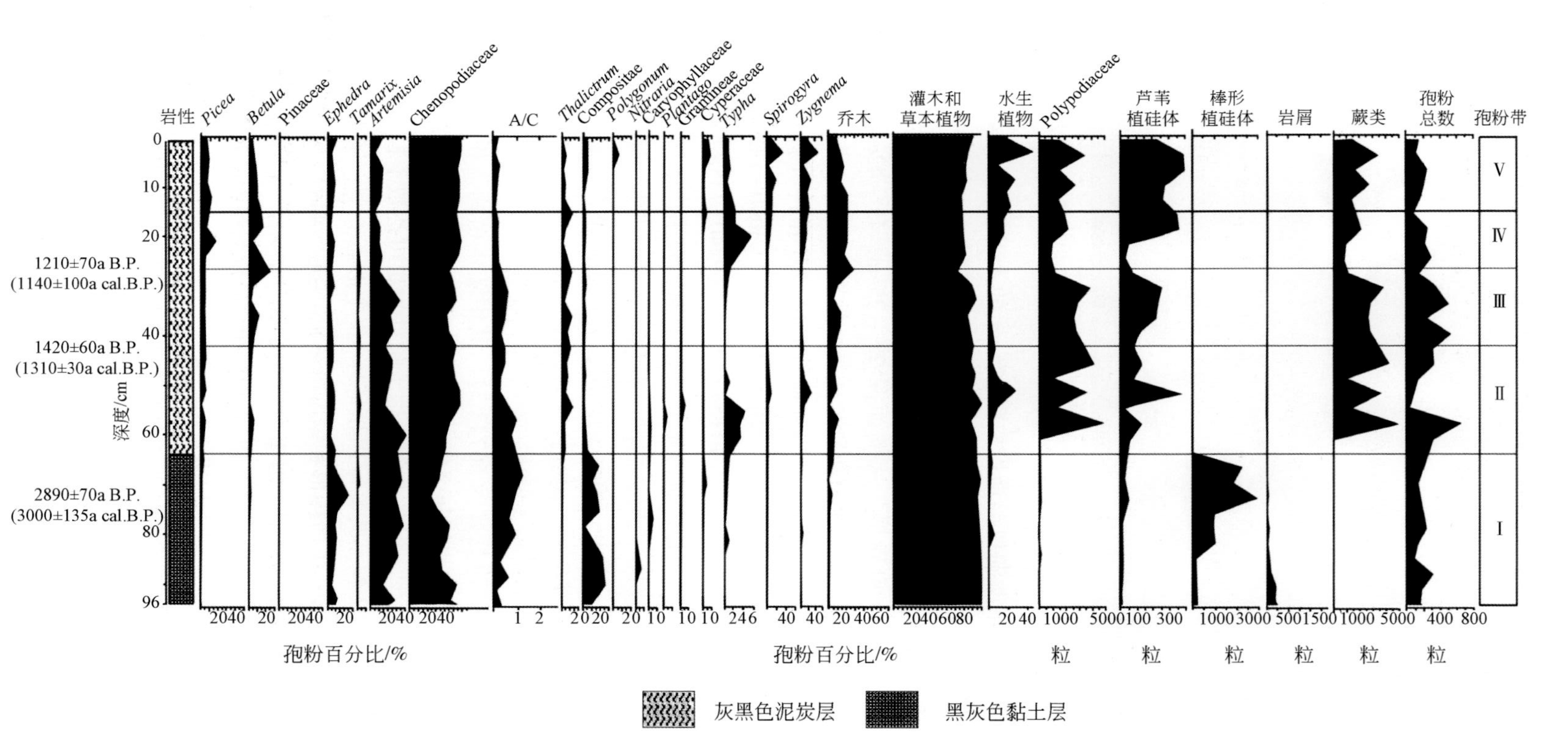

图4.15　新疆草滩湖村剖面I孢粉和植硅体图式

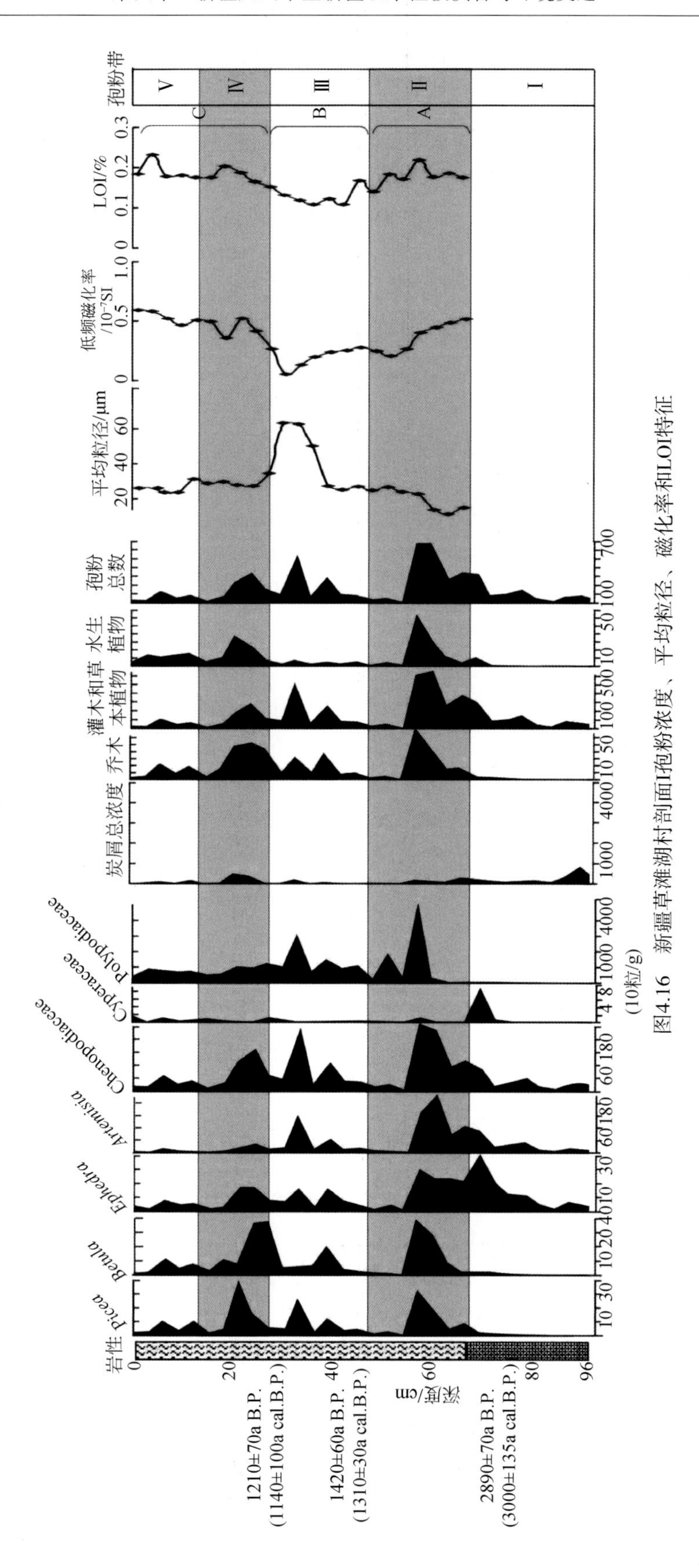

图4.16　新疆草滩湖村剖面I孢粉浓度、平均粒径、磁化率和LOI特征

带Ⅰ（96～66cm，4550～2500a B. P.），孢粉组合中以灌木和草本植物花粉占优势，达95%以上，其中以藜科（22.3%～69.2%）、蒿属（10.3%～33.8%）和麻黄属（5.4%～22.9%）为主。而乔木和水生植物花粉百分含量则处于剖面最低值（均低于6%）。水龙骨科孢子含量（16～113粒）也为剖面最低值。同样地，孢粉总浓度（177～3264粒/g）、水生植物花粉浓度（0～106粒/g）、水龙骨科孢子浓度（28～853粒/g）、乔木花粉浓度（0～42粒/g）、灌木和草本植物花粉浓度（191～2988粒/g）也均处于剖面最低值。此时A/C值却达剖面最高值（1.2）。其次，植硅体鉴定表明带Ⅰ是以棒形和尖形等指示冷干气候状况的植硅体类型为主（175～3189粒），而扇形和方形等指示暖湿气候状况（吕厚远等，1996）的植硅体含量则较少（99～213粒）。

带Ⅱ（66～42cm，2500～1810a B. P.），孢粉组合中仍以灌木和草本植物花粉为主（89.2%～100%），但乔木花粉百分含量较带Ⅰ有所增加（4.3%～11.4%）。组合中水生植物花粉百分含量大幅度增高（其百分含量的计算是以占陆生植物花粉总和为基数，最高达28%左右），其中以双星藻属（*Zygnema*）、水绵（*Spirogyra communis*）和香蒲为主；水龙骨科孢子含量也较高（941～4778粒）。尤其在剖面深60～57cm处（2150～2000a B. P.，相当于200a B. C. ～50a A. D.），孢粉总浓度（349～6784粒/g）、水生植物花粉浓度（10～640粒/g）、水龙骨科孢子浓度（565～50965粒/g）、乔木花粉浓度（26～736粒/g）、灌木和草本植物花粉浓度（326～6506粒/g）均升至剖面最高值。其次，A/C值达剖面较高值（0.3～1.0）。另外，植硅体鉴定表明典型芦苇植硅体含量较高（19～360粒），几乎未见尖形、棒形等指示冷干气候状况（吕厚远等，1996）的植硅体。

带Ⅲ（42～27cm，1810～1160a B. P.），孢粉组合仍以灌木和草本植物为主（72.8%～94.1%），但却较带Ⅱ略有减少，其中藜科（36%～52.3%）和蒿属（9.3%～32%）百分含量较高；而乔木花粉的百分含量较带Ⅱ又有所增加（5.9%～27.2%）。水龙骨科孢子含量则较带Ⅱ略有减少（1180～3788粒），水生植物花粉的百分含量降至5%，只见极少的双星藻、水绵、莎草、香蒲、黑三棱和水鳖（*Hydrocharis dubia*）等属。其次，孢粉总浓度（629～5482粒/g）、水生植物孢粉浓度（24～74粒/g）、乔木花粉浓度（80～378粒/g）、灌木和草本花粉浓度（542～5115粒/g）和水龙骨科孢子浓度（6960～30816粒/g）均较带Ⅱ降低；不过在剖面深33～30cm（1210～1190a B. P.）处，花粉总浓度、灌木、草本植物、乔木花粉浓度及水龙骨科孢子浓度却出现了一个小的峰值。尽管该带孢粉组合中的乔木花粉百分含量较带Ⅱ有所增加，但其孢粉浓度均降低。另外，A/C值较带Ⅱ也有所减少（0.2～0.6）。芦苇植硅体含量（82～250粒）也较带Ⅱ低。

带Ⅳ（27～15cm，1160～650a B. P.），孢粉组合中灌木和草本植物花粉仍占优势（72.8%～84.1%），但乔木花粉含量却显著增加（15.9%～27.2%），以至于在深27cm处（1160a B. P.）达27.2%，其中桦木属花粉含量达23.2%，而在深21cm处（970a B. P.）云杉属花粉含量也升至16.6%。水生植物孢粉百分含量也较带Ⅱ迅速增高至剖面的较高值（7%～23%），其中以双星藻、水绵、香蒲和黑三棱为主。特别是在剖面深24～21cm（1140～970a B. P.），孢粉总浓度（218～3328粒/g）、水生植物花粉浓度（53～373粒/g）和乔木花粉浓度（45～522粒/g）均在剖面中形成较高值。更值得注意的是，乔木中的云杉属花粉浓度（384粒/g）和桦木属花粉浓度（373粒/g）也均升至剖面最高值，而灌木和草本植物花粉浓度（178～2775粒/g）则较带Ⅲ稍下降。其次，水龙骨科孢子浓度（5706～12586粒/g）却较带Ⅲ显著减少，A/C值降至0.1，但典型芦苇扇形植硅体含量却较带Ⅲ增加，并在深21～18cm增至剖面最高值（389粒）。

带Ⅴ（15～0cm，约650a B.P.以来）该带孢粉组合中灌木和草本植物花粉百分含量仍较高（77%～90%），但乔木花粉却较带Ⅳ迅速降低至9.1%，其中桦木属和云杉属花粉百分含量均低于12%，而藜科花粉百分含量则较带Ⅲ略有增加，达50%～58%，其他属种变化不大。水龙骨科孢子和水生植物花粉百分含量均较带Ⅳ略有增高，但总花粉浓度（218～1248粒/g）、乔木花粉浓度（32～218粒/g）、灌木和草本植物花粉浓度（258～1068粒/g）和水生植物花粉浓度（53～160粒/g）却较带Ⅳ大幅度降低，并降至剖面较低值；另外，A/C值仍偏低（0.1～0.3）。植硅体鉴定结果仍表明以芦苇扇形植硅体为优势。

依剖面粒度、磁化率和烧失量的垂直变化将本剖面66cm以上明显地划分为3个带（图4.16）。带A（66～42cm，2500～1810a B.P.），可与孢粉带Ⅱ对应，平均粒径较细（11.5～27.4μm），可能反映较弱的沉积动力环境，但烧失量（14%～21%）和磁化率值（0.21×10^{-8}～0.52×10^{-8}SI）却较带B高。带B（42～27cm，1810～1160a B.P.），与孢粉带Ⅲ对应，平均粒径较带A大幅度升高，在深36cm（1230a B.P.）处达剖面最高值（63.6μm），这可能反映较强的沉积动力环境，磁化率和烧失量值却较带A和带C大幅度降低，尤其在深36cm磁化率值（0.06×10^{-8}SI）和烧失量值（10.8%）降至剖面泥炭层的最低值。带C（27cm以上，约1160a B.P.以来），与孢粉带Ⅳ和带Ⅴ对应，平均粒径较带B逐渐减少，甚至在深9cm处达23.8μm，这可能表明沉积动力逐渐变弱，然而磁化率和烧失量值此时反而一致地逐渐上升，使其在深0～3cm处，磁化率值（0.59×10^{-8}SI）和烧失量值（23%）均成为剖面泥炭层的最高值。

在人为因素影响较弱的区域，烧失量的变化在某种程度上可以反映气候变化状况（Lerman，1978；Hakanson and Jansson，1983）。在1810～1160a B.P.期间，LOI明显降低，可能反映气候较干燥，而其他时段的LOI则较高，可能表明气候较湿润，植被覆被率较高，湿润的环境成为有机质富积的重要条件（Lerman，1978；Hakanson and Jansson，1983），因而有机质积累增多。

从图4.16看出，在1810～1160a B.P.期间，磁化率值和LOI都较低，而平均粒径却较高，反映此时气候比较干燥，而在2500～1810a B.P.期间和1160a B.P.以来，磁化率、LOI和水生植物含量均出现高值，平均粒径为低值，可见它们之间有着较好的对应关系，因此可以证明这两段时期处于湿润气候期。

值得注意的是，炭屑总浓度在深21cm处（977a B.P.）出现过2500a B.P.以来的小峰值，与磁化率高值对应很好。通常认为，土壤内部会由燃烧而形成较多的磁性氧化物，从而增强磁化率（Thompson et al.，1995），因此在一定程度上，可以认为炭屑分布较高的地方与火有一定的关系。另外，如果是自燃引起的火灾，当时生物量应该较多，从图4.16可以看出，本带中的LOI也比较高，可见当时生物量也较高。

通过对新疆石河子市草滩湖村湿地剖面进行的年代测定，孢粉、植硅体鉴定和炭屑统计，以及磁化率、烧失量和粒度等多项环境指标的综合分析指出，在4550～2500a B.P.期间，该区气候较为干燥，不利于泥炭堆积，而嗣后，气候趋向湿润，石河子湿地发育、淡水水生植物丰富，有助于泥炭累积，但其间也出现过明显的干湿变化。尤其在2500～181a B.P.期间（550a B.C.～140a A.D.），气候较今湿润，湿地中曾有大量的芦苇、香蒲和黑三棱等挺水植物和淡水绿藻生长，形成芦苇湿地景观，而在周边区域上生长的是藜科、蒿属、菊科和唐松草属等为主要组成的荒漠草原植被；然而，在 1810 ~ 1160a B. P. 期间（140 ~ 790a A. D.），沼泽湿地水体变浅，尽管其他水生植物种类含量大幅度减少，但仍有芦苇生长，周围区域则是以藜科和蒿属为主的荒漠植被景观；在 1160 ~ 650a B. P. 期间（790 ~ 1300a A. D.），该区中旱生草本植物旺盛，种类丰富，并进入水生植物繁盛的荒漠草原时期；尤其值得注意的是，由桦木属和云杉属组成的乔木花粉含量竟增高到 27.2%，其中桦木属增至 23.2%，从而推测此时的桦木属有可能生长在沼泽湿地的高岗地；或者可能是云杉林线下移导致由洪流或者是经风带来的云杉属和桦木属花粉含量均增高；但 650a B. P. 以来（1300a A. D.），此时湿地周边地区仍是以藜科和蒿属为优势的荒漠景观，类似于现代气候类型，尽管仍有一些沼生水生植被生长，但其含量已大幅度减少。

七、蘑菇湖剖面

蘑菇湖湿地位于新疆石河子市北 20km 处（图 4.17），海拔约 370m，夏季炎热，但日温差较大，冬季严寒漫长，属于大陆性干旱气候，全年降水量少而蒸发量大，年均气温 6 ~ 7℃，极端最低温 -42℃，极端最高温 42℃；年均降水量 110 ~ 150mm，年蒸发量 1800 ~ 2200mm，无霜期 160 ~ 170 天，日照 2798 ~ 2839h，土壤为泥炭沼泽土（王东方等，2011）。在蘑菇湖湿地上生长着一种具有很高观赏和绿化价值的树种——小叶桦，与其伴生的尚有白柳（*Salix alba*）、锯齿柳（*Salix serrulatifolia*）、车前科（Plantaginaceae）、药用蒲公英（*Taraxacum officinale*）、药蜀葵（*Althaea officinalis*）、唇形科及许多常见的湿生、沼生植物和少量水生植物［香蒲科（Trphaceae）、水葱、水蓼（*Polygonum hydropiper*）和沼泽蕨等］，外围也散生一些中生植物或农田杂草，部分农田和较大面积的草场及湖泊分布在其周边。根据调查，近年来由于受放牧、垦殖等人类活动的影响，该区小叶桦和沼泽蕨的数量正在快速减少（黄刚等，2012）。

图 4.17　石河子蘑菇湖采样

在蘑菇湖湿地（湖岸）采用俄式钻，钻取了120cm深的剖面（44°25.6″N，85°54.6″E，海拔380m），按2cm的间距对剖面进行连续采样，共取孢粉样品60个，剖面上部因草根太多，难以采集到完整的样品进行测年和孢粉取样，故本书以38～120cm为主，共分析41个孢粉样品。利用Tilia 2.0软件绘制孢粉百分比图，根据孢粉组合特征并参照岩性、测年数据把剖面自下至上划分为5个孢粉带（图4.18）。

带Ⅰ（120～98cm，4770～3700a B. P.）：孢粉组合中以草本植物花粉占优势，为47.54%～81.64%，平均值达71.53%，其中以旱生或盐生的藜科（14.78%～62.43%，平均值45.56%）为主，其次是菊科（最低值3.26%，最高值18.02%，平均值9%）、蒿属（1.35%～11.01%，平均值4.24%）植物花粉，少见湿生植物莎草科（0～9.58%，平均值0.98%），该带的藜科和菊科花粉含量在本剖面出现峰值。乔木花粉含量为14.32%～38.20%，平均值23.66%，主要以云杉属（9.73%～23.60%，平均值为15.19%）为主，见有少量的桦木属（0.52%）植物花粉。灌木植物花粉含量为1.12%～14.20%，平均值3.57%，其中麻黄属植物花粉含量平均值达到2%。本带统计的水生植物（黑三棱、香蒲属花粉和沼泽蕨孢子）共549粒，数量在不同样品中有所波动。A/C值为0.14，AP/NAP值为0.19。

带Ⅱ（98～86cm，3700～3120a B. P.）：孢粉组合中，仍以草本植物花粉含量为主，但所占比例较Ⅰ带有所下降（40%～88.71%），其中藜科（11.67%～50%，平均值30.38%）、菊科（0～14.29%，平均值4.59%）和蒿属（0～6.25%，平均值3.67%）植物花粉含量较带Ⅰ均有所下降。该带的乔木花粉含量却有增高（33.33%～79.44%，平均值54.82%），其中云杉属（14.29%～62.78%，平均值36.96%）植物花粉含量成为整个剖面的峰值（62.78%），而松属花粉含量在此带最高，桦木属植物花粉含量最高为1.78%，平均值0.54%。麻黄属植物花粉含量则降低到0.5%；以黑三棱为主要组成的水生植物花粉和沼泽蕨孢子含量（共668粒）较带Ⅰ上升。该带的AP/NAP值升至0.42，并成为整个剖面的峰值，A/C值上升到0.16。

带Ⅲ（86～70cm，3120～3020a B. P.）：该带孢粉组合中仍以草本植物花粉含量占优势，最低值为43.28%，最高值达66.39%，均值升至52.44%，其中的藜科（31.34%～42.38%，平均值35.21%）和蒿属（5.71%～11.31%，平均值8.1%）较带Ⅱ有所下降，仅见少量的莎草（0～0.74%）；乔木花粉含量为33.61%～55.97%，平均值47.05%，其中云杉属植物花粉（25.21%～50.75%，平均值38.87%）与带Ⅱ相比变化不大。麻黄属（0.41%）植物花粉含量变化不大；水生植物（香蒲属）花粉和沼泽蕨孢子含量（共1696粒）却较Ⅱ带显著上升，且达到剖面峰值。A/C值上升为0.22，AP/NAP值则下降到0.24。

带Ⅳ（70～57cm，3020～2340a B. P.）：孢粉组合中以草本植物花粉为主，所占比例为37.23%～65.29%，平均值和带Ⅲ相比稍有上升，为54.16%，其中藜科（21.18～47.93%，平均值33.34%）植物花粉与带Ⅲ相比，虽有所下降，但蒿属（0～23.53%，平均值11.59%）、菊科（0～6.61%，平均值3%）却相对上升，且蒿属植物花粉达到整个剖面的高值（23.53%）。但值得注意的是，乔木花粉含量为33.33%～59.57%，平均值45%，主要是云杉属植物花粉（最低值21.49%，最高值50%，平均值33.36%）。麻黄属植物花粉为0.6%，水生植物（黑三棱）花粉和沼泽蕨孢子含量下降为448粒。而A/C值上升，达到整个剖面最大值（0.40），AP/NAP值升至0.32。

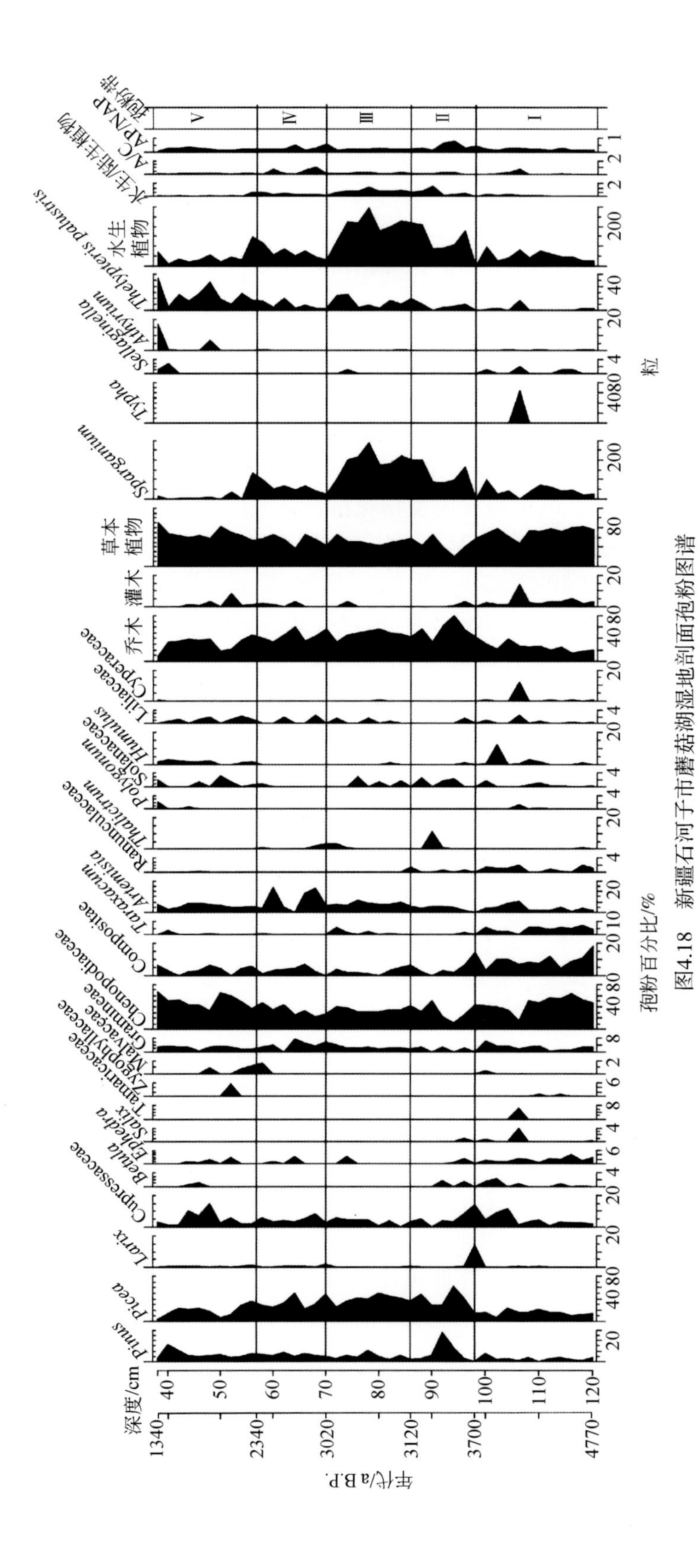

图4.18　新疆石河子市蘑菇湖湿地剖面孢粉图谱

带Ⅴ（57～38cm，2340～1340a B. P.）：孢粉组合中的草本植物花粉含量最高，最小值为53.66%，最大值为90.07%，平均值为67.08%，其中藜科（37.2%～67.56%，平均值为50.14%）、菊科（0～6.11%，平均值为3.4%）植物花粉较带Ⅳ有所上升，该带最显著的特征是藜科植物花粉在该带达到峰值，而蒿属（2.9%～8.79%，平均值为6.19%）和带Ⅳ相比却有下降。乔木花粉（9.16%～45.12%）含量下降到31.31%，云杉属植物花粉占3.05%～34.76%，平均值降到18.4%，桦木属植物花粉含量较少，仅为0.15%。灌木花粉所占比例为1.53%，其中麻黄属花粉含量平均值为0.64%。水生植物花粉含量和沼泽蕨孢子（452粒）和带Ⅳ基本一样。A/C值和AP/NAP值都下降，分别为0.13和0.22。

根据孢粉组合特征，该剖面反映了该地4770年以来植被和环境变化情况：

4770～3700a B. P. 期间（带Ⅰ），孢粉组合中以代表荒漠植被的藜科植物花粉为主，该剖面尽管在此带出现了挺水植物香蒲和黑三棱，但其含量并不高，而且它可以在淡水或偏咸水中生长，且A/C值仅为0.14，表明此间气候应较为干燥。与此期间大致可以比较的新疆巴里坤湖地层孢粉研究资料显示，在4300～3800a B. P.，不仅桦木属花粉含量突然降低，而且A/C值在0.03～0.144波动，湖区植被演替为荒漠类型，气候干旱（陶士臣等，2010）；而小西沟自然剖面，在3975～3765a B. P.，A/C值和孢粉总浓度较低，气候偏干（张芸等，2005）；而托勒库勒湖4500～3800a B. P. 期间，植被由草原/荒漠草原演化为荒漠，蒿属花粉含量降低，但藜科植物花粉增加，该作者认为A/C值的降低有可能说明区域环境寒冷干旱（陶士臣等，2013），这些是否与发生在4.2ka B. P. 左右影响世界各地的气候干旱事件有关需进一步探讨。

在3700～3120a B. P. 期间（带Ⅱ），云杉花粉含量较带Ⅰ明显上升，AP/NAP值也达到峰值，为0.42，该带不仅黑三棱植物花粉含量较多，在淡水湿地生长的沼泽蕨也有所上升，说明当时气候较为湿润，导致该区淡水湿地发育。依前人研究，大西沟剖面3600～3200a B. P. 期间，孢粉的复合分异度为6.06，成为该剖面的最高值，从而说明当时不仅植被覆盖率较高，而且植物种类较多，气候较为湿润（张芸等，2005）。同样在石羊河流域红水河全新世剖面，揭示在3510～3230a B. P.，孢粉组合中指示水生环境的香蒲和眼子菜（*Potamogeton distinctus*）花粉含量较高（李育等，2011）。小西沟考古遗址剖面的孢粉分析资料显示，在3470±85a B. P.，A/C值不仅增至0.58～2.1，而且AP/NAP值也有所上升，然而作为荒漠植被主要组成的柽柳属和麻黄属则大幅度减少，总体看来孢粉浓度和孢粉复合分异度仍较高，也反映当时气候仍较湿润（张芸等，2006）。

在3120～3020a B. P. 期间（带Ⅲ），水生植物中的黑三棱含量达到峰值，云杉属花粉含量虽与带Ⅱ相比变化不大，但A/C值却有增加，说明气候仍较湿润。草滩湖（44°25.1′N，86°1.3′E）也位于石河子地区，它和蘑菇湖湿地相距8.9km，张卉等（2013a）根据草滩湖剖面孢粉资料分析得出，在3300～3000a B. P. 时段，该地区也生长着丰富眼子菜、黑三棱和香蒲等水生植物，表明气候较湿，与蘑菇湖剖面反映的气候状况较为类似。

在3020～2340a B. P. 期间（带Ⅳ），云杉属花粉与Ⅲ带相比虽略有下降，但A/C值较高，蒿属花粉含量和A/C值均达到本剖面最高值，说明此时区域气候仍较为湿润。从以往研究，在3000～2000a B. P.，玛纳斯湖区湿润指数成为全新世期间的最大值（纪中奎和刘鸿雁，2009），此间受湿润气候条件的影响，在裕民县毕都可里苇湖和博斯腾湖区

2500 年左右的地层中发育有泥炭层（钟魏和李丽雅，1996）；即使位于古尔班通古特沙漠东南缘沙漠内部的四厂湖剖面揭示的年代为（3120±240）~（2410±170）a B. P.，其地层孢粉复合分异度高达 8.76，生物多样性有所增高（张芸等，2005）。在 2780 ~ 2382a B. P. 期间，艾比湖流域内河流水量充沛，湖面处于高水位阶段，代表气候比较湿润（赵凯华，2013）。甚至在蒙古国中部 Ugii Nuur 湖 3170 ~ 2340a B. P.，半荒漠草原向森林草原演变，气候转凉变湿，末期湿度条件达最佳（王维，2009）。

在 2340 ~ 1340a B. P. 期间（带Ⅴ），孢粉组合中，云杉属花粉下降至 9.93%，成为整个剖面云杉花粉的最低值，水生植物黑三棱花粉含量也显著减少，作为指示气候干湿程度的 A/C 值由孢粉带Ⅳ的 0.4 降至 0.13，说明气候较带Ⅳ偏干。张芸等（2008）的孢粉研究结果显示，在 1810 ~ 1160a B. P. 期间，地处新疆石河子地区的草滩湖村湿地水体变浅，水生植物种类含量显著减少，周围植被以藜科和蒿属为主。小西沟剖面 2205 ~ 1575a B. P.，A/C 值低至 0.25 ~ 0.82，孢粉总浓度也很低，同时古生物多样性降低到剖面最低值（张芸等，2005）。甚至在怯卢文书记载了在 4 世纪时，地处罗布泊西北部的楼兰王国都城，出现过严重干旱，导致用水紧张，粮食日趋减少（李江风等，1991）。

尽管从新疆石河子蘑菇湖地层剖面揭示出在 4800 ~ 1340a B. P.，该地应为淡水湿地，局地生长着沼泽蕨，而区域应有云杉、松，乃至落叶松和桦木分布形成的森林草原植被。蘑菇湖湿地在 4770 ~ 3700a B. P. 期间，气候为相对干旱，之后进入长达 1000 多年的湿润阶段，大约从 2340a B. P. 开始，气候再次转为干燥，结合草滩湖剖面反映的古气候变化特征（张芸等，2008；张卉等，2013），石河子地区 5000 年以来气候总体状况表现为相对干旱→偏湿→偏干的变化模式。但值得注意的是，带Ⅴ孢粉组合反映出近 2000 年以来，蘑菇湖地区植被向荒漠方向发展，不仅 A/C 值显著降低，云杉属花粉含量显著下降，湿生和水生的香蒲、黑三棱和莎草消失，而适应温干气候环境的麻黄属、蒺藜科植物增加，此外蒲公英属、百合科、蓼属、茄科（Solanaceae）等植物的增加，有可能反映出当时受到人为或放牧影响，致使水生/陆生植物花粉的比值显著下降。

八、艾比湖剖面

在艾比湖自然保护区桦树林保护站内人工挖取深达 1.7m 剖面（艾比湖剖面Ⅰ）（图 4.19）。地理坐标为 44°34.3′N，83°44.7′E，海拔 355m。植被调查显示，2m×2m 草本层盖度为 100%，其中藜科盖度可为 90%，还见甘草、芦苇、骆驼蹄瓣、百合科、牛皮消，距艾比湖国家湿地保护区中的桦木林有 200m。该剖面自上而下描述如下：

第一层：0 ~ 52cm，厚 52cm，深棕色土壤层，无黏性，腐殖层厚；20 ~ 25cm 处取 ^{14}C 样品。

第二层：52 ~ 80cm，厚 28cm，灰白色粉砂层，质地均一，黏性大。

第三层：80 ~ 90cm，厚 10cm，浅棕色黏土层。

第四层：90 ~ 100cm，厚 10cm，灰白色粉砂层，质地均一，黏性大，有小根系。

第五层：100 ~ 140cm，厚 40cm，深灰色粉砂层；105 ~ 110cm 处取 ^{14}C 样品。

第六层：148 ~ 150cm，厚 10cm，灰白色粉砂层，质地均一，黏性大，有小根系。

第七层：150 ~ 170cm，厚 20cm，灰色黏土层；165 ~ 170cm 处取 ^{14}C 样品。

图 4. 19　艾比湖桦树林湿地剖面

取自艾比湖桦树林保护站内的边缘钻孔中的 85 个孢粉样品（间距 2cm）在镜下共鉴定统计出孢粉 20838 粒，平均每个样品约 245 粒，这些孢粉分属 75 个科属植物类型。

该剖面反映了 4730a B. P. 以来的孢粉组合特征，该区的植被变化和气候特征，自下而上可划分出 7 个孢粉带（图 4. 20）。

带Ⅰ（145 ~ 169cm，4730 ~ 4014a B. P.）：本带包括 13 个样品，共鉴定孢粉 3000 粒，平均浓度为 77. 8 粒/g，浓度较低，是以蕨类孢子为主的孢粉组合带；其中乔木花粉占 17. 8%，以冷杉属+云杉属（8. 8%）为主，松属占 7. 5%；灌木花粉较少；草本植物花粉以蒲公英属和菊属为主，分别为 6. 2% 和 3. 5%；蕨类孢子中，光面单缝孢（*Laevigatomonoleti*）占整个孢粉带的 62. 3%，水龙骨科占 5. 2%；总体来看，该带反映的是以冷杉属+云杉属和蕨类孢子为主的孢粉组合带，反映了当时较冷湿的气候类型。

带Ⅱ（103 ~ 145cm，4014 ~ 2780a B. P.）：本带 21 个样品共鉴定花粉 2761 粒，平均浓度为 21. 2 粒/g，浓度较带Ⅰ更低；本带中，乔木花粉占 16. 1%，以松属（13. 9%）为主；灌木花粉（1. 6%）含量较低；草本植物花粉占 42. 9%，分别为蒲公英属（14. 8%）、菊属（11. 1%）、紫菀属（4. 9%），以及少量的菊科、藜科和蒿属；蕨类孢子占 39. 4%，尽管较带Ⅰ显著减少，不过仍以光面单缝孢和水龙骨科为主；总体来看，该带反映的植被类型以草本为主，松属花粉被视为外来花粉，反映了较温干的气候类型。

带Ⅲ（87 ~ 103cm，2780 ~ 2382a B. P.）：本带 8 个样品共鉴定孢粉 1995 粒，平均浓度为 161. 1 粒/g，浓度较带Ⅱ有明显的增加；本带的乔木花粉较带Ⅱ显著减少（4. 6%）；灌木花粉含量依然较低（1. 7%）；草本植物花粉占 31%，较带Ⅱ有下降的趋势，主要有蒲公英属（13. 9%）、紫菀属（4. 1%）、菊属（3. 1%），以及少量蒿属、藜科、菊科；蕨类孢子较带Ⅱ有较明显的增加，占 62. 7%，主要为光面单缝孢（57. 5%）和水龙骨科（4. 9%）；综合判断，该带由带Ⅱ较干的气候类型转为较湿的气候类型。

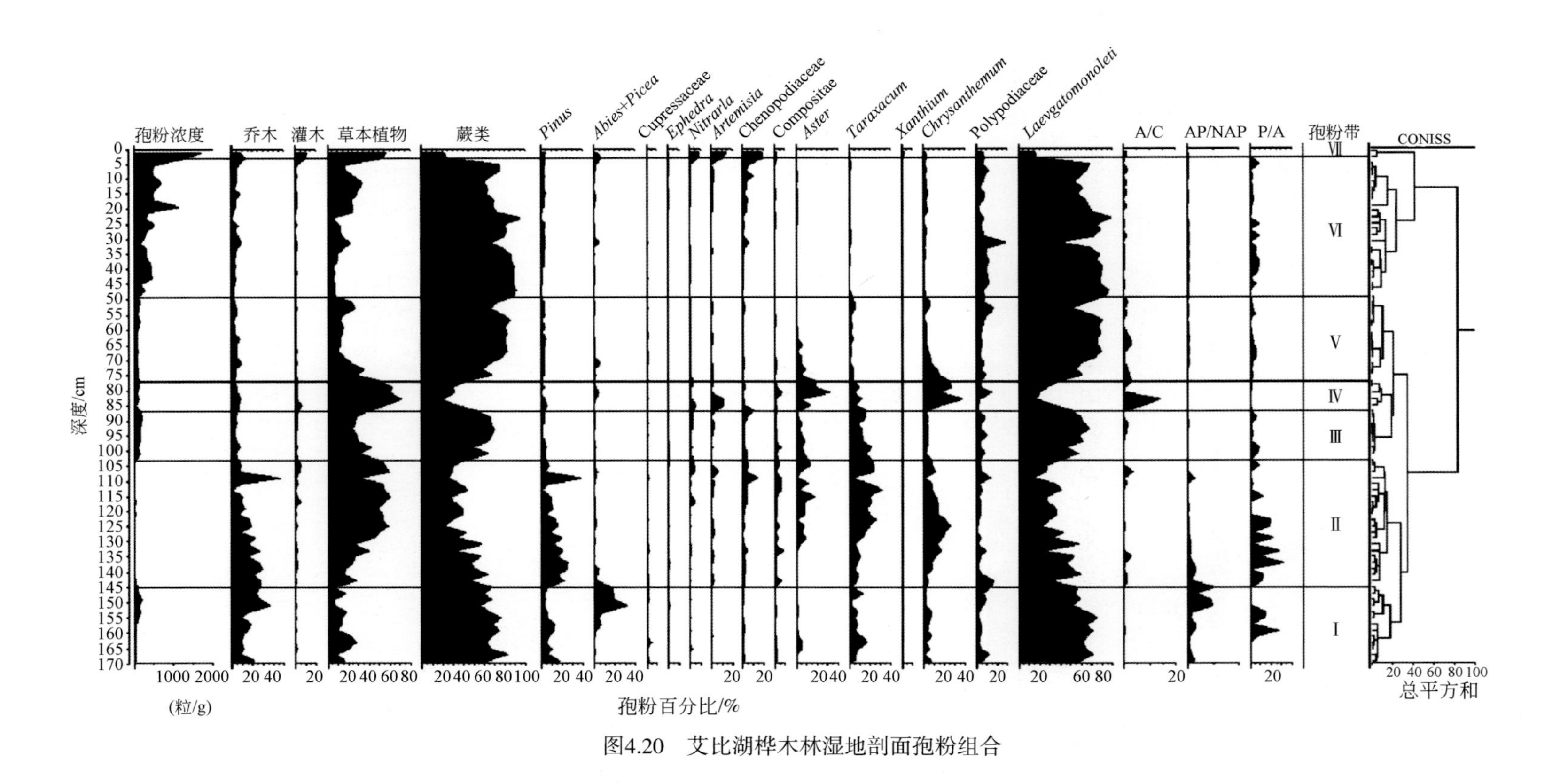

图4.20　艾比湖桦木林湿地剖面孢粉组合

带Ⅳ（77～87cm，2382～2134a B. P.）：本带的5个样品共鉴定出孢粉829粒，平均浓度为93.5粒/g，浓度较Ⅲ带降低；但本带的乔木花粉却与带Ⅲ相比变化不大（5.5%），灌木花粉含量较低（2.9%），主要为白刺属（2.7%），草本植物花粉含量明显增加（60.2%），主要为菊属（23.7%）、紫菀属（16.7%）和蒲公英属（6.9%），还有一定量的蒿属、藜科，蕨类孢子较带Ⅱ明显减少，为31.4%；综合来看，该带反映的植被类型为荒漠植被类型，指示了较干的气候类型。

带Ⅴ（49～77cm，2134～1437a B. P.）：本带14个样品共鉴定孢粉3714粒，平均浓度为100.2粒/g，浓度较带Ⅳ增高；带Ⅴ中的乔木和灌木花粉的含量变化不大，草本植物花粉明显减少（18%），蕨类孢子显著增加（76.6%），尤其光面单缝孢占69.9%；因此该带反映的是温湿的气候类型。

带Ⅵ（3～49cm，1437～131a B. P.）：本带22个样品共鉴定孢粉7688粒，平均浓度为311.2粒/g，浓度较之前几个孢粉组合带显著增加；本带中，乔木花粉较带Ⅴ变化不大，为4.3%，主要为松属、云杉属和冷杉属；灌木花粉含量依然较小；草本植物花粉中，藜科含量最多（2.2%），还有少量的菊属花粉和蒲公英属花粉；蕨类孢子在该带为78.2%，主要为光面单缝孢（69.9%）和水龙骨科（8.0%）；整体来看，该带反映的是温湿的气候类型。

带Ⅶ（1～3cm，131a B. P. 至今）：本带两个样品鉴定孢粉851粒，平均浓度为1505.6粒/g，浓度为剖面的最高值；灌木和草本植物花粉在本带有明显增加，分别为10.6%和54.9%，蕨类孢子明显减少，降至23.6%；草本植物以藜科和蒿属最多，分别为18.8%和13.0%；整体来看，该孢粉组合带以喜干的草本植物花粉为主，反映是温干的气候类型。

根据孢粉谱的划分方案，艾比湖区中全新世以来植被和气候（图4.21）变迁历史分阶段描述如下：

在4730～4014a B. P. 期间，孢粉总浓度最低，在艾比湖地区，乔木花粉中松属的含量低于30%，可以暂定为外来花粉；但是冷杉属+云杉属含量却为中全新世以来最高值，至少说明流域的气候是较冷的；这一时期，蕨类孢子含量较高，但有少量水生植物黑三棱和香蒲属花粉出现，说明气候环境潮湿；定量重建的结果表明这段时期，艾比湖地区气温在-6.6～0.5℃，平均为-2.8℃；降水量在193.5～419.1mm，平均为270.5mm，在剖面中温度处于较低值，降水量高于现在的90.9mm，温度明显低于现在的8.3℃（李玉梅，2015）；此段从整体上来看，其岩性为灰色黏土层，粒度分析结果表明，这段时期内平均粒径较小，反映了较强的水动力条件，综合分析，这段时期该区域表现为较冷湿的气候特征。

在4014～2780a B. P. 期间，松属花粉虽有增加，但仍低于30%；草本植物花粉含量明显增加，反映干旱气候条件的藜科、菊属、蒲公英属、紫菀属较上一时期均有明显增加；这一带，蕨类孢子含量明显减少，综合来看表明此时气候变干；定量重建结果表明，此时期内，艾比湖的温度在-6.7～0.3℃，平均为-3.5℃，降水量在122.1～413.1mm，平均为252.5mm，其中，温度处于剖面最低值，降水较带Ⅰ减少，但仍高于现在的年均降水量（李玉梅，2015）；此段从整体上来看，其岩性为深灰色粉砂层，粒度分析结果表明，这段时期内平均粒径较带Ⅰ增加，反映了较弱的水动力条件，综合分析，这段时期该地区

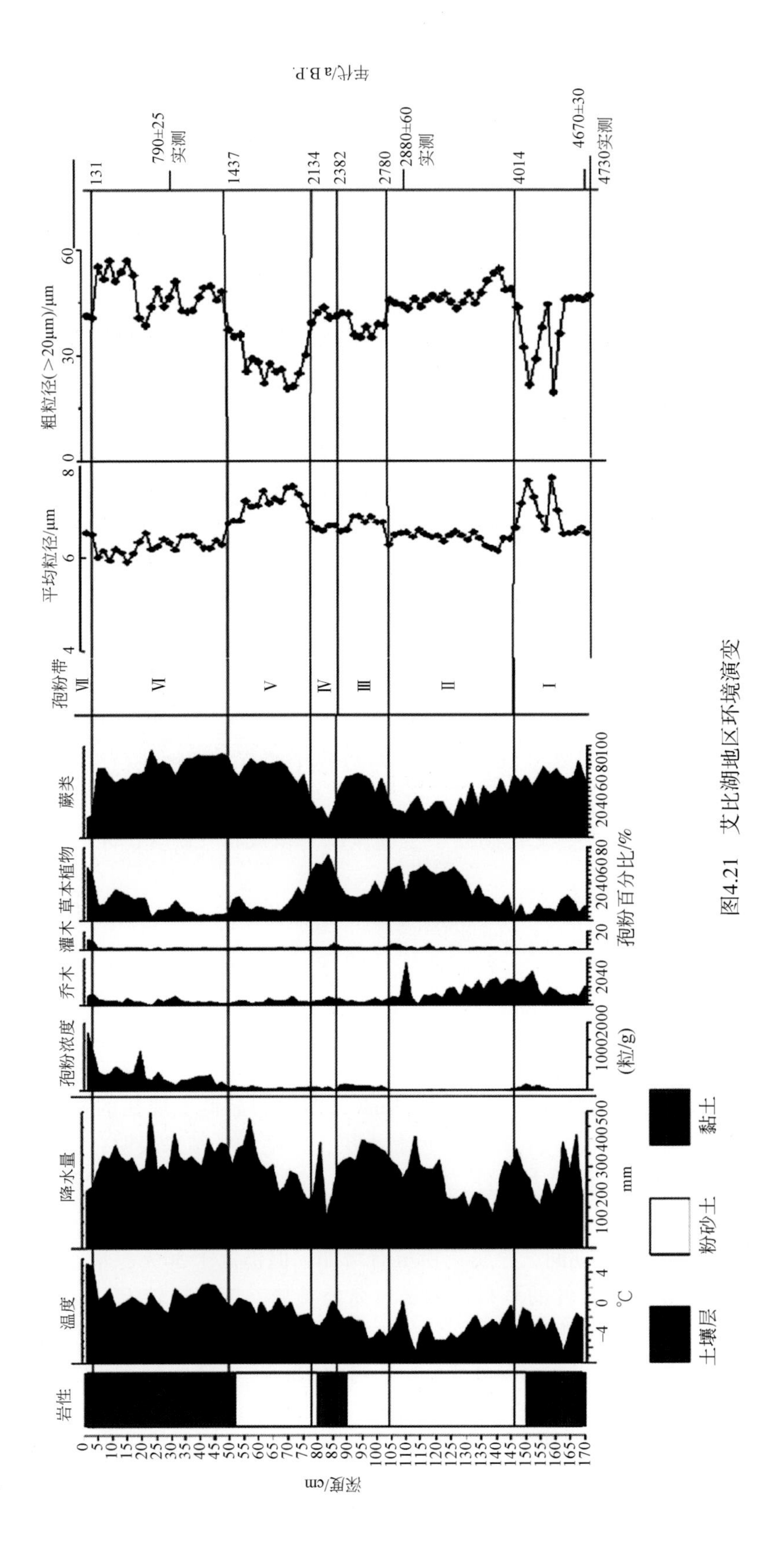

图4.21　艾比湖地区环境演变

荒漠化严重，表现为较冷干的气候特征；而且，此段极可能反映了3.2～2.7ka B.P.的新冰期降温事件。

在2780～2382a B.P.期间，总体来看，花粉总浓度增加，草本植物花粉含量与上一带基本持平，蕨类孢子含量增加，表明本带较带Ⅱ气候偏湿；从岩性来看，此段主要为粉砂土，质地均一，反映较稳定的沉积环境，平均粒径变小，反映了较强的水动力条件；定量重建表明，该段温度在-4.9～-1℃，平均为-2.9℃，较带Ⅱ温度上升；降水量在299～400mm，平均为351mm，较带Ⅱ增加明显，处于剖面最高值（李玉梅，2015）；综合分析，这段时期该地区气候比较湿润。

在2382～2134a B.P.期间，总体来看，花粉总浓度减小，草本植物花粉含量较带Ⅲ增加，而蕨类孢子含量显著降低；草本植物中的紫菀属和菊属花粉含量突然升高，光面单缝孢的含量减少，由于岩性平均粒径增大，反映较弱的水动力条件，出现了一个变干的过程，即公元前300～400年，是艾比湖面积缩小时期（阎顺等，2003a）。此段从整体上来看，其岩性为浅棕色黏土层；经过定量重建，显示该带平均气温为-1.8℃，平均降水量为216mm，温度升高，降水减少，推算该段属于中国历史上的战国时期，竺可桢（1979）认为战国时期，中国气候属于相对温暖期，当时新疆北部可能呈现暖干的气候环境，艾比湖湖面积属于缩小期。总体来看，在此时段，艾比湖地区应该经历了由温湿向暖干的演变过程。

在2134～1437a B.P.期间，乔木花粉与上一时段相比变化不大，草本植物花粉虽较上一时段显著减少，但蕨类孢子的含量却有增加，表明本段较上一时段气候变湿；并且该带平均粒径减小，岩性主要为灰白色粉砂土，反映了较强的水动力条件；定量重建的结果表明，该带平均温度为-0.6℃，较带Ⅲ有明显上升，但却低于现在年均温；平均降水量为310mm，处于剖面较高值（李玉梅，2015）；此带反映了这700年之间较温湿的气候环境。

在1437～131a B.P.期间，本带的浓度较之前几个孢粉组合带有明显增加，乔木花粉较上一带变化不大，草本植物花粉和蕨类孢子较上一带变化也不大，但是代表干旱的菊属明显减少，香蒲属在该带的出现表明此时艾比湖湖水盐度降低；剖面在该段的岩性为深棕色土壤层；定量重建后，该段的温度在-1.4～2.5℃，平均为0.7℃，较上一带升高1.3℃，降水量在285.4～496.2mm，平均降水量为339mm，处于剖面较高值，但是此时的粒度特征表现为平均粒径的增大，反映的是较弱的水动力条件，分析可能是人类生活的干扰造成的，如围坝蓄水等；但是从本段后期看，蕨类孢子的增多及温度的下降可能显示的是约17世纪中至19世纪初的小冰期，也是艾比湖的水位上升期（阎顺，2003a）；总体来看，此带反映了局地温湿的气候环境。

在131a B.P.至今，该带的总浓度达到剖面的最高值，乔木、灌木和草本植物花粉均有明显的增加，其中草本植物中的蒿属、藜科、白刺属增加明显，蕨类孢子中，光面单缝孢和水龙骨科明显减少；该段岩性为深棕色土壤层；定量重建后该段温度在5.0～5.2℃，平均为5.1℃，降水量在211～227mm，平均为224mm，该段温度明显升高，处于剖面的最高值，但降水量处于剖面的最低值（李玉梅，2015），反映了局地暖干的气候特征。

第四节　天山南坡山麓典型湖泊记录的古环境变化

天山南坡截至目前共人工挖取4个剖面，依据孢粉样品的鉴定、^{14}C测年和粒度分析资料，各剖面位置及工作量如表4.2所示。其中天鹅湖剖面位于巴音布鲁克保护区的中心地带（42°46′45.4″N，84°24′57″E），海拔2392m，以沼泽植被为主；小尤尔都斯剖面位于尤尔都斯盆地中部（43°5′10.4″N，85°49′46.7″E），海拔3147m，植被为亚高山草甸；艾丁湖地处东天山低位山间盆地，剖面Ⅰ距艾比湖立碑处（42°39′17.4″N，89°24′50.7″E）200m，海拔-154m，剖面Ⅱ位于艾比湖立碑处东北方向（42°40′29.3″N，89°25′04″E）的路边，海拔589m，以盐生植物为主。

表4.2　天山南坡4个剖面基本情况表

剖面名称	纬度（N）	经度（E）	海拔/m	取样深度/cm	孢粉样品数/个	^{14}C测年数/个
天鹅湖	42°46′45.4″	84°24′56.6″	2392	170	82	5
小尤尔都斯	43°5′10.4″	85°49′46.7″	3147	38	19	2
艾丁湖Ⅰ	42°39′17.4″	89°24′50.7″	-154	46	22	1
艾丁湖Ⅱ	42°40′29.3″	89°25′04″	589	134	66	3

一、天鹅湖剖面

天鹅湖位于巴音布鲁克草原保护区的中心地带。保护区沼泽地带有160多种植物，薹草、毛茛（*Ranunculus japonicus*）、水毛茛（*Batrachium bungei*）、狸藻（*Utricularia vulgaris*）、杉叶藻（*Hippuris vulgaris*）、光叶眼子菜（*Potamogeton lucens*）、水葱、水麦冬（*Triglochin palustre*）等是天鹅繁殖区域的主要建群种。在开阔的山坡冲积、洪积扇上，高寒草原发达，盆地中心分布着大面积沼泽植被。水域有多种浅水植物，但以沼泽植被为主（图4.22）。

图4.22　天鹅湖湿地剖面

在天鹅湖采集剖面（42°46′45.4″N，84°24′56.6″E，海拔 2400m），周围植物以草甸植被为主，有聚花风铃草（*Campanula glomerata*）、龙胆、伞形科、野葱（*Allium chrysanthum*）、水麦冬、蒲公英、火绒草、黄耆属、十字花科，以聚花风铃草、禾草、薹草属为主，总盖度 90%。剖面深达 165cm，每隔约 2cm 取样，共采集了 82 个样品。自上而下岩性分别为草根层、浅灰黑色砂质黏土层、黑灰色砂质黏土层、灰色砂层、砾石层。孢粉分析结果采用百分比和重量浓度计算，花粉百分比的计算是以占陆生种子植物花粉总和为基数；重量浓度采用外加石松孢子方法利用直接浓度法计算，单位为粒/g。

在剖面深 40～45cm、55～60cm、65～70cm、145～150cm 处采集 4 个样品进行常规 ^{14}C 测定。测定年代分别为 1995±20a B. P.（1945±50a B. P.）、2292±25a B. P.（2330±30a cal. B. P.）、2770±20a B. P.（2860±70a cal. B. P.）、3629±25a B. P.（3950±50a cal. B. P.），各沉积层次年代按这 4 个年龄进行内插外推（图 4.23）。

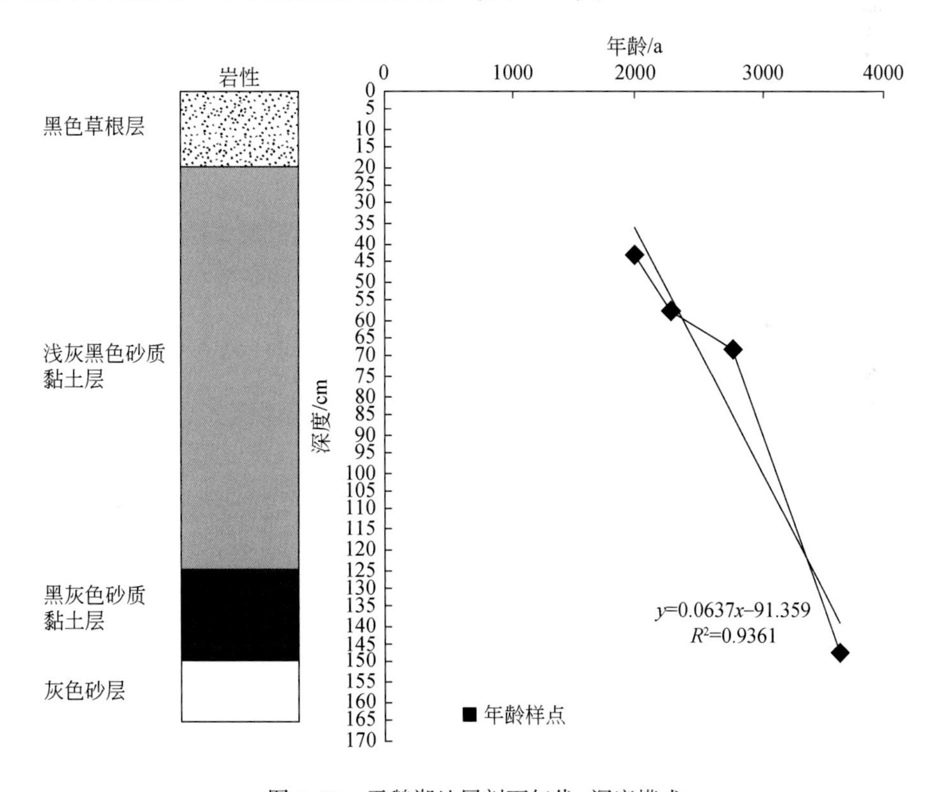

图 4.23　天鹅湖地层剖面年代-深度模式

鉴定的孢粉总数达 188929 多粒，其中陆生植物孢粉总数达 12000 多粒，它们分属于 42 个植物科属。其中乔木主要有云杉属、松属，偶见桦木属、冷杉和榆属等，中旱生草本植物和灌木主要有藜科、蒿属、麻黄属、白刺属和柽柳属等，中生湿生草本有蓼属、禾本科、伞形科和莎草科等。湿生水生维管束植物有香蒲、眼子菜属和狐尾藻属（*Myriophyllum*），蕨类植物有水龙骨科和蹄盖蕨科（Athyriaceae）等。

孢粉分析结果采用百分比和重量浓度计算，由于莎草科含量非常高，所以花粉百分比的计算是以排除了莎草科和所有水生植物花粉以外的陆生种子植物花粉总和为基数，重量浓度采用外加石松孢子方法利用直接浓度法计算，单位为粒/g。

主要依据测年、沉积物特征、重量浓度孢粉谱和百分含量孢粉谱，孢粉总浓度、乔木、灌木和草本植物，以及蒿属、藜科等主要孢粉类型百分含量变化，可将剖面地层自下而上划分出 5 个孢粉带（图 4.24）。

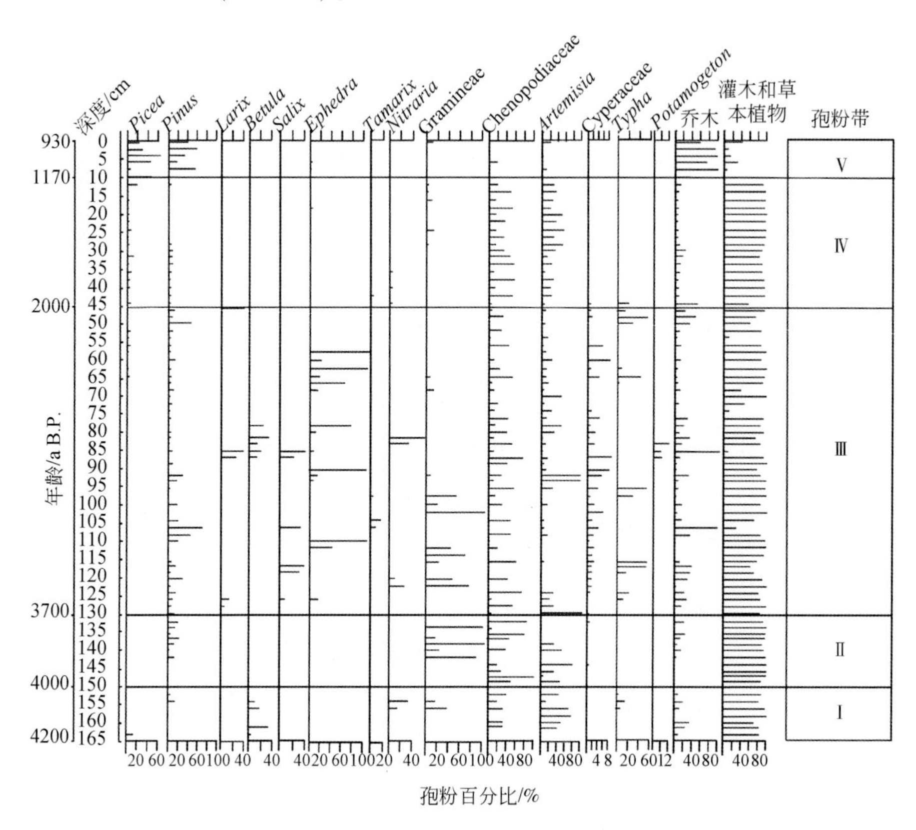

图 4.24　天鹅湖地层剖面孢粉图示

带Ⅰ（165～150cm，4200～4000a B. P.，2250～2050a B. C.），该带孢粉组合特征以高含量的蒿类花粉为特点（平均 38%，最高值 76%），相当于天山北坡的蒿类荒漠表土花粉组合特征。虽然乔木花粉含量较高，但花粉浓度较低，可见当时植被是以蒿属为主的荒漠植被类型。

带Ⅱ（150～130cm，4000～3700a B. P.，2050～1750a B. C.），该带孢粉组合仍以灌木和草本植物花粉为主，藜科（41%）和禾本科（20%）花粉较带Ⅰ增加，而蒿属（20%）花粉较带Ⅰ减少；乔木花粉含量不高，从孢粉组合看与巴音布鲁克和天山北坡的典型荒漠带的表土花粉带比较类似，此时气候仍较干旱，植被类型由前期的蒿属为主的荒漠植被类型转变为典型荒漠植被类型。

带Ⅲ（130～45cm，3700～2000a B. P.，1750～50a B. C.），该带下部孢粉组合虽然仍以灌木和草本植物花粉为主，平均含量较带Ⅱ减少，藜科（19.7%）、蒿属（8.9%）都较带Ⅱ减少；木本植物中松属（27.1%）花粉含量较高；莎草科含量大幅度上升，如果以莎草科在内的陆生植物花粉为基数计算花粉百分含量，该花粉含量可达 100%，莎草科含量在剖面上变化很大，可能反映水面变化大。同时，较多的香蒲和眼子菜等水生植物花粉含量表明当时可能为沼泽环境，而周边植被与巴音布鲁克的亚高山草甸草原表土花粉谱反映的植被类型类似。

带Ⅳ（45～10cm，2000～1170a B. P.，50～780a A. D.），该层孢粉组合中反映灌木和草本植物花粉含量较前期增加，藜科（25.7%）花粉有所增加，但是莎草科花粉大幅度降低甚至消失，同时乔木花粉的平均含量也较带Ⅲ减少，推测当时沼泽水面变浅，周边又呈现出典型荒漠带的植被特点。

带Ⅴ（10～0cm，1170～930a B. P.，780～1020a A. D.），该层孢粉组合反映木本植物花粉含量大量增加，其中云杉属和松属花粉平均分别为27.7%和35.25%，同时，其花粉浓度在剖面处于峰值，但以蒿属和藜科为主的木本植物花粉含量大幅度下降，此孢粉组合特征与巴音布鲁克的亚高山草甸草原带和天山北坡的森林草原带的孢粉特征相类似。

二、小尤尔都斯剖面

尤尔都斯盆地是天山南坡高位山间盆地，地处盆地中部的艾尔宾山将盆地分隔为两个部分，其南为大尤尔都斯盆地，其北为小尤尔都斯盆地。小尤尔都斯盆地海拔2500～2700m，盆地的北部为依连哈比尔孕山和那拉提山，南部为艾尔宾山，两侧山地海拔均超出3500m。剖面位于盆地中部（43°05′10.4″N，85°49′46.7″E），海拔3147m，植被为亚高山草甸，总盖度为80%，以嵩草和禾草为主。剖面岩性为灰黑色劣质泥炭层，中间夹带一层黄棕色草根层（估计有2cm），38cm以下似乎为冰川的冰碛物，有细小砾石层。挖取剖面深达38cm，以2cm的间距取样，共采集了19个样品。孢粉分析结果采用百分比和重量浓度计算，花粉百分比的计算是以占陆生种子植物花粉总和为基数，重量浓度采用外加石松孢子方法利用直接浓度法计算，单位为粒/g（图4.25）。

图4.25　小尤尔都斯地层剖面

在剖面深18～21cm、33～35cm处采集两个样品进行AMS测定。但只是在33～35cm处有测出年龄为1319±20a B. P.（1265±35a cal. B. P.）。

依据主要花粉类型的百分含量做出的孢粉谱，可将该剖面按深度划分出4个孢粉带（图4.26）。

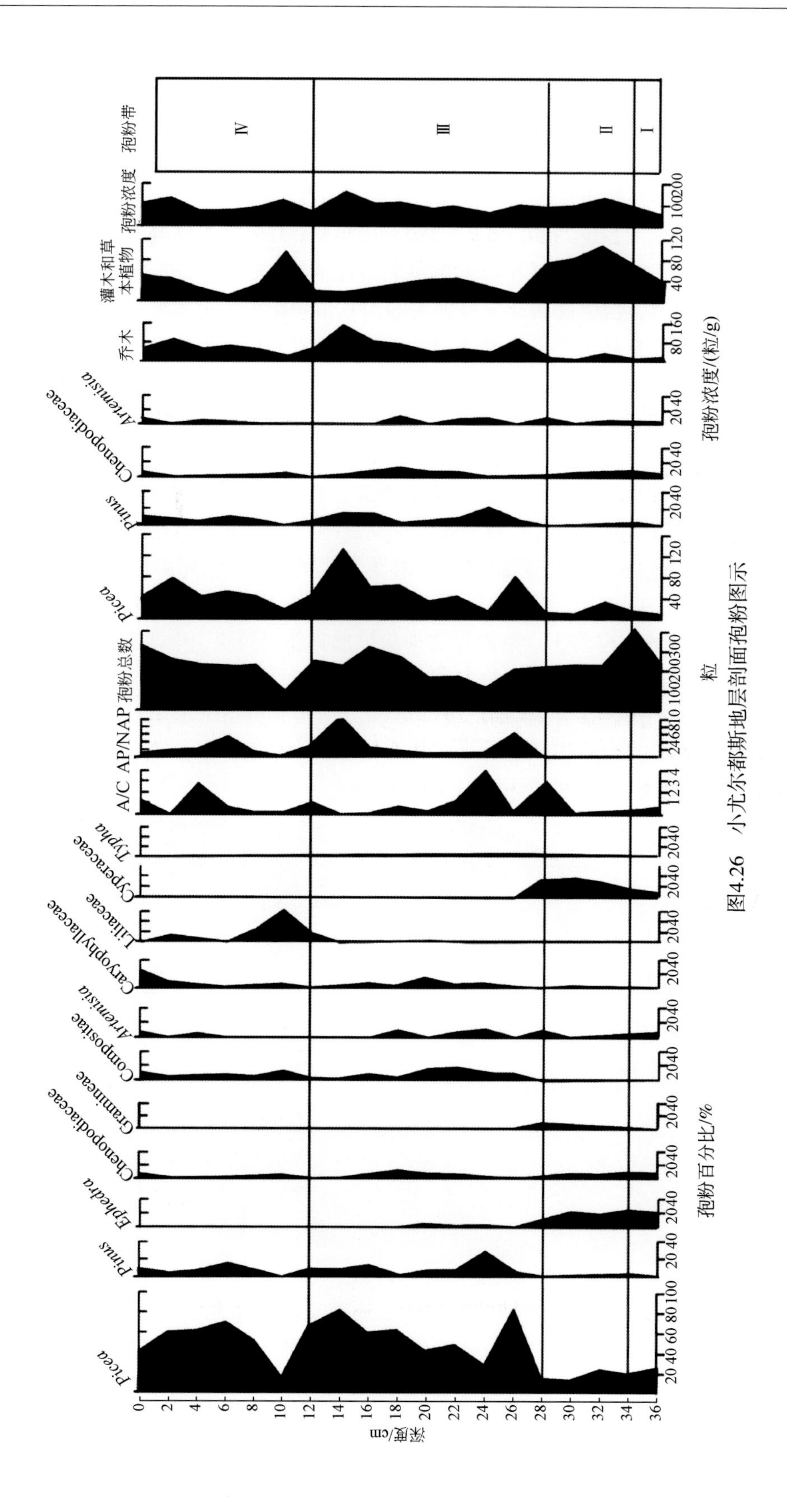

图4.26　小尤尔都斯地层剖面孢粉图示

带Ⅰ（36～28cm），孢粉组合以灌木和草本植物花粉为主（77.6%），其中麻黄属和莎草科花粉的平均含量分别达到19.9%和26.4%，依据孢粉组合特征推测当时为草甸植被景观，但是除莎草之外，其他种类偏旱生。各种花粉浓度值呈现与孢粉百分比同样的变化趋势，总浓度值较高，说明当时的植被种类比较多，气候状况较好。

带Ⅱ（28～14cm），乔木花粉含量大幅度增加（69.00%），达剖面最高值，并以云杉属（57.00%）和松属花粉（10.00%）为主，而麻黄属和莎草科花粉则分别下降至1.31%和0.04%，各种花粉浓度值也与孢粉百分比表现出同样的变化趋势。依据天山南坡的表土花粉研究高比例乔木花粉是否能代表原地有以云杉和松为主要组成的乔木生长，同样该带出现的云杉花粉峰值是否能说明当时当地为云杉和松林所覆盖，将在下面讨论。

带Ⅲ（14～6cm），乔木花粉含量较带Ⅱ迅速下降，最低值可达到17.00%，同时云杉属花粉含量也下降至17.17%。灌木和草本植物中的百合科花粉含量较高，最高值达58.50%，同样地，各种花粉类型的浓度值也呈现同样的变化，但总浓度在剖面中处于较低值。

带Ⅳ（6～0cm），乔木花粉含量较带Ⅲ增加，平均含量为62.40%，而草本植物花粉值仍偏低，藜科（2.20%）、蒿属（3.80%）、禾本科（1.20%）和麻黄属（0.58%）值都不高，但此时总孢粉浓度较带Ⅲ稍高，反映当时植被状况稍好于带Ⅲ，但仍为草甸景观。

综上所述，小尤尔都斯盆地现代气候干寒，四周山地向盆地一侧目前均无森林植被，然而在表层沉积中的云杉属花粉含量竟高达40%，这可能表明剖面中的表层沉积并不是现代沉积。据天山南坡的表土花粉研究，乔木花粉含量高的时候不一定能代表当地有乔木生长。只能反映在较广范围植被甚至在同一海拔的周围阴坡就有云杉和松生长。但在该剖面上部出现云杉等乔木花粉含量高值，而剖面下部却出现了较多的中旱生草本和灌木植物花粉及较少的云杉等乔木花粉，其孢粉组合特征与巴音布鲁克的亚高山草甸草原带和天山北坡的森林草原带的孢粉特征较为类似。然而该剖面无法建立年代-深度模式，根据剖面下部年代为1265±35a B. P.，推测该段时期相当于天山北坡的“中世纪温暖期”。

三、艾丁湖剖面

艾丁湖是吐鲁番盆地中央的一个大型咸水湖，又称“觉洛浣”、“艾丁库勒”和“月光湖”，地处42°32′～42°43′N，89°10′～89°40′E（王苏民和窦鸿身，1998），是吐鲁番盆地水系的尾闾和最后归宿地。艾丁湖地处东天山低位山间盆地中，北部面对天山风口，因此气候不仅极端干旱，而且多大风，尤其是干热风。湖区背面托克逊县、吐鲁番市和鄯善县的年平均降水量分别为6.9mm、16.4mm和25.2mm，而年蒸发量却高达3723mm、2837mm和2727mm，蒸发量却是降水量的110～500倍（李疆等，1984）。汇入艾丁湖的水系是东天山博格达山南坡诸河，主要有白杨河、大河沿河、塔尔朗河、煤窑沟、黑沟、吐拉坎沟、二唐沟和天格尔山南坡的阿拉沟，还有觉罗塔格北坡的季节性河流和地下水，所有河沟出山口年径流量的和为$7.6\times10^8 m^3$左右。但是地表径流大部被引用，能补给艾丁湖的只有少量地表水（白杨河和阿拉沟）、泉水、坎儿井等灌溉下渗的地下水量（吴素芬等，2001）。艾丁湖地区生长着盐生植物，如盐节木、黑果枸杞、骆驼刺、盐爪爪、柽柳及水生植物芦苇等，总盖度不高，为10%～15%（图4.27）。

图 4.27　艾丁湖剖面

2008 年 8 月在艾丁湖区共采集 3 个剖面（图 4.28），其中剖面Ⅰ（42°39′17.4″N，89°24′50.7″E），距艾丁湖立碑处 200m，海拔-154m，剖面深 46cm，分 3 层；在剖面Ⅰ

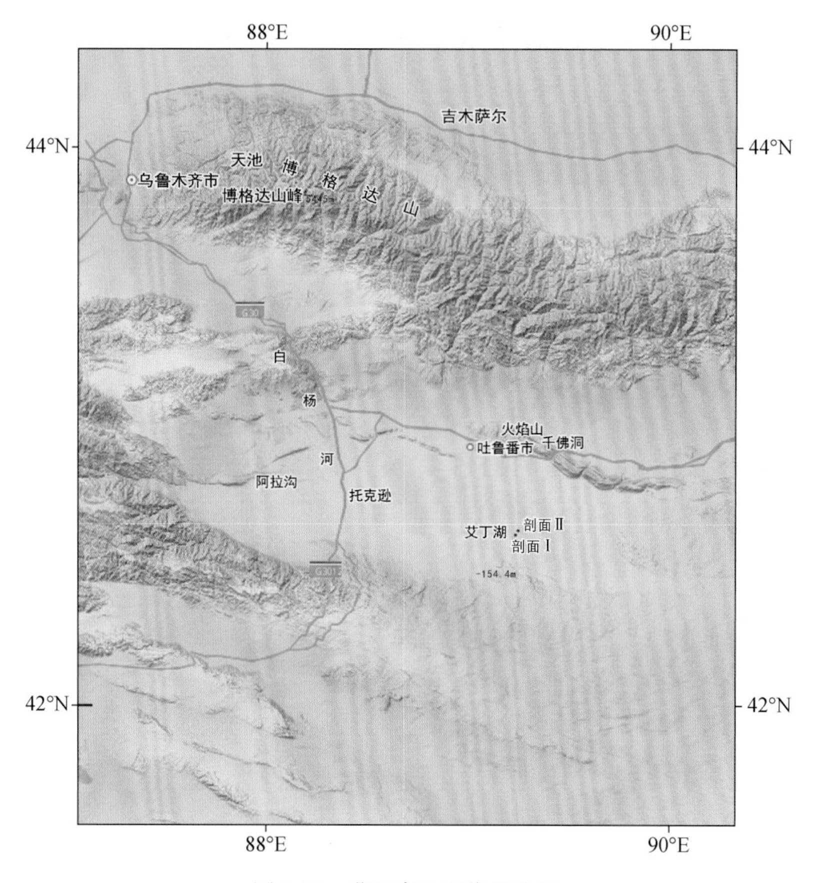

图 4.28　艾丁湖地理位置略图

底部取样品深41～46cm测定年代为1944±25a B. P.（2015±65a cal. B. P.）；剖面Ⅱ（42°40′29.3″N，89°25′04″E）位于艾丁湖立碑处东北方向的路边，离湖心稍远，剖面深134cm。剖面Ⅱ采集3块样品进行年代测试，分别是75～85cm、105～110cm和130～134cm，但测定结果只有130～134cm有年代数据，为5099±30a B. P.（5785±45a cal. B. P.）。此外还从剖面Ⅲ（人工开挖的盐浴坑）距离表层1.4m深处取得年龄为9315±35a B. P.。

剖面Ⅰ岩性描述如下：0～14cm，粉砂土；14～28cm，褐色含盐粉砂土；28～46cm，粉砂土。剖面Ⅱ岩性描述如下：0～4cm，粉砂土；4～6cm，细砂；6～22cm，粉砂土；22～34cm，粉砂土含盐颗粒；34～74cm，黏土质细砂含盐颗粒；74～86cm，黏土质细砂；86～116cm，细砂土；116～134cm，黄棕色黏土质粉砂。以上两个剖面所处地貌及沉积环境相似，均为连续沉积。

剖面Ⅰ与剖面Ⅱ共取88个孢粉样品，其中剖面Ⅰ样品22个，剖面Ⅱ样品66个。共鉴定36科36属种花粉共14004粒。

1. 剖面Ⅰ孢粉组合带特征

41～46cm的测年结果为1944±25a B. P.（1885±65a cal. B. P.），该剖面应该反映近2000年以来该区的植被变化和气候特征。整个剖面自下而上分为3个孢粉带（图4.29）。

带Ⅰ（46～28cm，1944～1160a B. P.），孢粉组合以灌木和草本植物花粉为主（80.8%），含藜科（36.2%）、蒿属（16.3%）、禾本科（11.8%）和莎草科（2.4%）等花粉类型，其中莎草科含量最高处达6.9%，处于剖面较高值。云杉属和松属花粉含量较高，平均值分别为8.1%和9.8%，云杉属花粉最高值可达29.9%，松属花粉含量可达22%，均处于剖面较高值。此时花粉总浓度、云杉属和莎草科花粉浓度也处于较高值，同时又出现水生植物花粉类型，如黑三棱属等，AP/NAP值为0.25。

带Ⅱ（28～10cm，1160～560a B. P.），孢粉组合中木本植物花粉含量减少到10.4%，其中松属、云杉属花粉百分含量都较带Ⅰ显著降低，分别为4.2%和4.5%。然而灌木和草本植物花粉含量却增至89.5%，藜科花粉含量较带Ⅰ变化不大，但蒿属花粉含量（29.0%）和麻黄属花粉含量（6.8%）却较带Ⅰ上升，AP/NAP值下降到剖面最低值，而且云杉属、松属、其他乔木、莎草科的花粉浓度也较带Ⅰ降低。

带Ⅲ（10～0cm，560a B. P. 至今），孢粉组合中乔木花粉含量又大幅度增高，尤其在深度为8cm处成为剖面峰值，尽管云杉属花粉含量不高，但松属花粉含量增至最高值（29.2%），榆属花粉也达13.0%。此时藜科花粉含量（11.8%）、蒿属花粉含量（12.5%）和麻黄属花粉含量（1.8%）较带Ⅱ减少，但莎草科花粉（1.5%）和禾本科花粉（12.9%）增加，并含一定量的水生植物花粉，如香蒲属（6.0%），AP/NAP值处于剖面峰值。从孢粉浓度看，此时孢粉总浓度、乔木花粉、草本植物花粉、松属花粉、莎草科花粉的浓度都很高，达到剖面峰值。

2. 剖面Ⅱ孢粉组合带特征

130～134cm的测年结果为5099±30a B. P.（5785±45a cal. B. P.），该剖面反映了5100a B. P. 以来该区的植被变化和气候特征，地层自下而上划分出6个孢粉带（图4.30）。

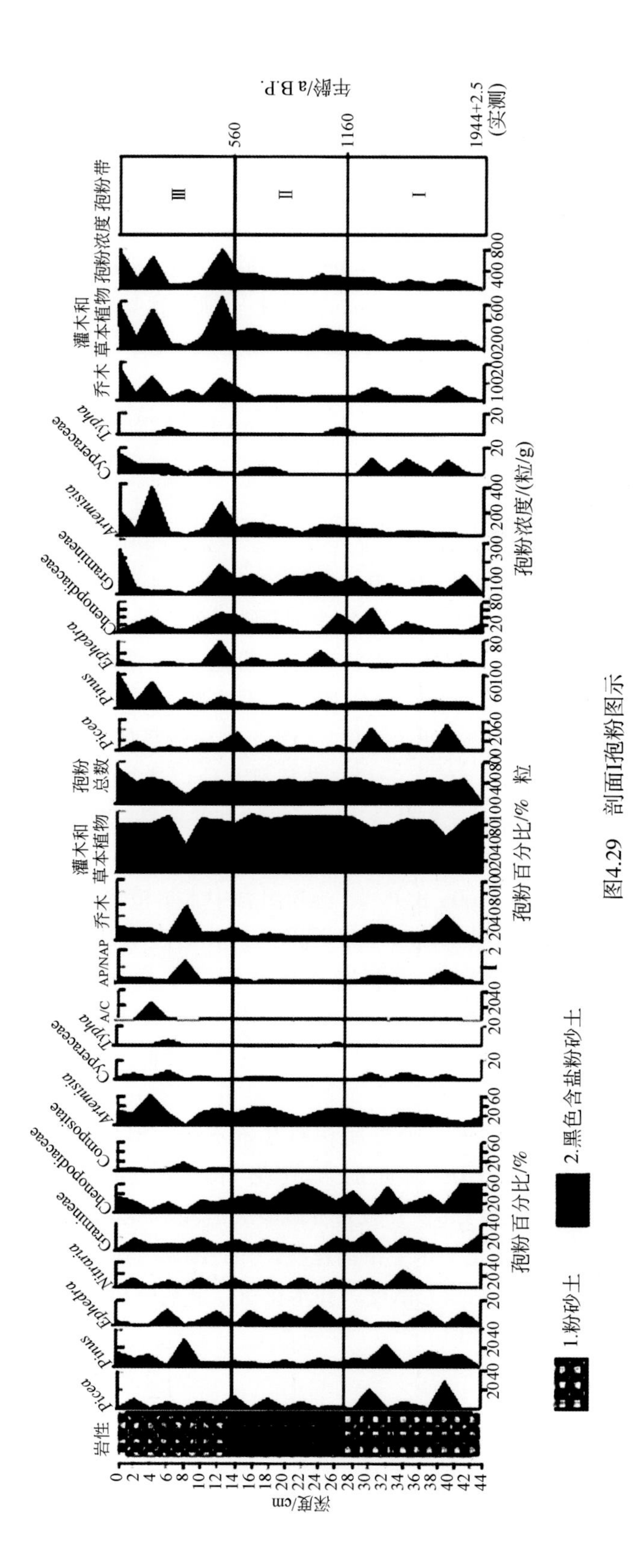

图4.29　剖面I孢粉图示

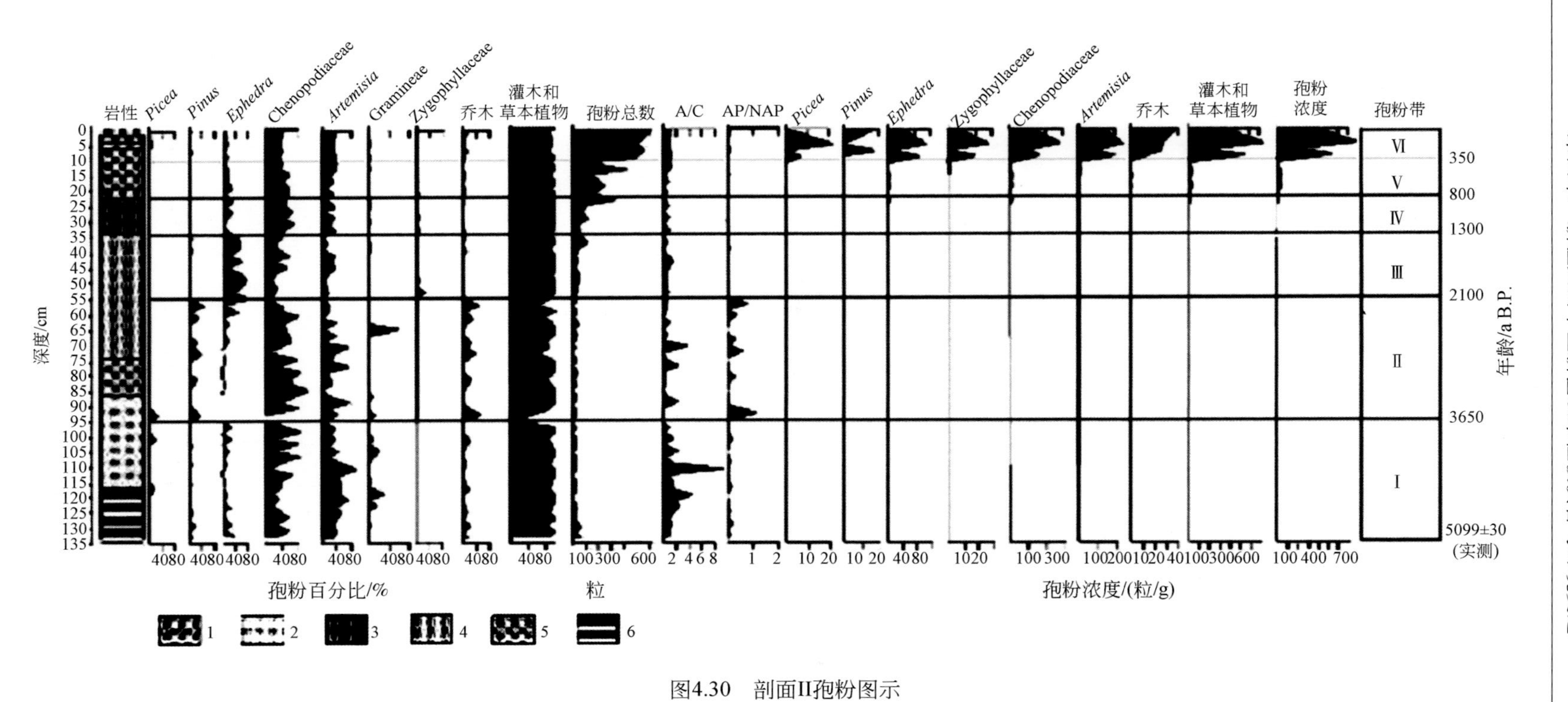

图4.30 剖面II孢粉图示

1.粉砂土；2.细砂；3.粉砂土含盐颗粒；4.黏土质细砂含盐颗粒；5.粉砂质细砂；6.黄棕色黏土质粉砂

带Ⅰ（95～136cm，5099～3650a B. P.），此带20个样品共鉴定孢粉326粒，孢粉浓度很低，孢粉组合以灌木和草本植物花粉为主（95.2%），其中以蒿属（40.9%）和藜科（39.4%）占优势，麻黄属（9.0%）和禾本科（4.6%）含量较少。乔木花粉含量也较低（4.7%），从孢粉组合特征看，蒿属花粉含量占主要成分，其中最高值可达88.9%。

带Ⅱ（55～95cm，3650～2100a B. P.），该带孢粉组合的突出特征是木本植物花粉含量较带Ⅰ增加，为11.1%，其中松属达10.1%，云杉属花粉含量与带Ⅰ相近。灌木和草本植物花粉含量仍占优势（88.8%），其中藜科花粉较带Ⅰ增多（51.0%），蒿属（26.3%）、禾本科（3.3%）和麻黄属（6.4%）花粉均较带Ⅰ降低。

带Ⅲ（35～55cm，2100～1300a B. P.），孢粉组合中麻黄属花粉较带Ⅱ明显增多（50.5%），最高值达78.9%，乔木中以松属（1.8%）为主，但较带Ⅱ明显减少；灌木和草本植物花粉含量占绝对优势（97.7%），蒿属（14.7%）、藜科（27.3%）和禾本科（0.66）花粉较带Ⅱ减少。

带Ⅳ（22～35cm，1300～800a B. P.），灌木和草本植物花粉含量升高至98.1%，与带Ⅲ相比，藜科（52.4%）、蒿属（23.0%）和禾本科（1.9%）花粉含量又有增长的趋势，但麻黄属花粉却下降明显（15.3%）。云杉属和松属花粉含量较低（1.0%）。

带Ⅴ（10～22cm，800～350a B. P.），木本植物花粉有所增加，为3.1%，其中松属（1.5%）和榆属（1.5%）花粉占主要比例，不过在本孢粉带中仍以灌木和草本植物花粉占优势（96.4%）。

带Ⅵ（1～10cm，350a B. P. 至今），木本植物花粉较带Ⅴ有所增加，平均含量为6.5%，灌木和草本植物花粉仍占优势，平均含量为93.0%，蒿属（35.1%）和禾本科（2.0%）花粉均较带Ⅴ增加，藜科（35.0%）花粉下降；另外，从花粉总数看，该带鉴定的花粉类型最多，从孢粉浓度看，该带平均总浓度（478粒/g）和乔木花粉浓度（26.2粒/g）都处于剖面最高值，可见当时植被种类和数量丰富，与前人的研究结果（李江风，1990，1991；李新和尹景原，1993；胡汝骥，2004）一致。

3. 剖面Ⅱ粒度组成变化

第一层，86～134cm，该组样品以粉细砂为主，含量为63%，黏土含量在35%左右，砂含量在2.5%左右，粒径平均值为7.32ϕ，标准差在1.6左右，偏度在0左右，尖度在3.14左右，频率曲线为单峰态，分选较好，概论累积曲线为二段型。

第二层，56～86cm，该组样品以粉细砂为主，含量为67%，黏土含量在26%左右，砂含量一般小于10%，粒径平均值为6.71ϕ，标准差在1.82左右，偏度在0左右，尖度在2.68左右，频率曲线为单峰态，分选中等，概论累积曲线为一段型。

第三层，40～56cm，该组样品以粉细砂为主，黏土含量一般小于10%，砂含量在30%左右，粒径平均值为5.05ϕ，标准差在1.72左右，偏度在0.6左右，尖度在3.7左右，频率曲线为单峰态，分选较好，概论累积曲线为三段型。反映了滨湖相沉积。

第四层，24～40cm，该组样品以粉细砂为主，含量为64%，黏土含量在30%左右，砂含量一般小于10%，粒径平均值为6.77ϕ，标准差在1.92左右，偏度在-0.12左右，尖度在2.4左右，频率曲线表现为单峰态，分选中等，概论累积曲线为一段型。

第五层，0～24cm，该组样品以粉细砂为主，含量为70%，黏土、砂各占15%左右，粒径平均值为5.78ϕ，标准差为1.9左右，偏度在0.4左右，尖度在2.8左右，频率曲线为单峰态，分选中等，概论累积曲线为一段型。

艾丁湖剖面Ⅱ粒度分布总体特征以粉细砂为主，频率曲线呈单峰态，反映了水动力条件较弱的滨湖相沉积，砂含量自下而上经历了两次次回旋变化，反映了湖平面的两次升降过程。

根据剖面Ⅰ和剖面Ⅱ的孢粉资料及剖面Ⅱ的粒度特征分析对比，可反映出艾丁湖从5000a B.P.以来，该区由湿变干再转湿的气候变化过程（图4.31）。

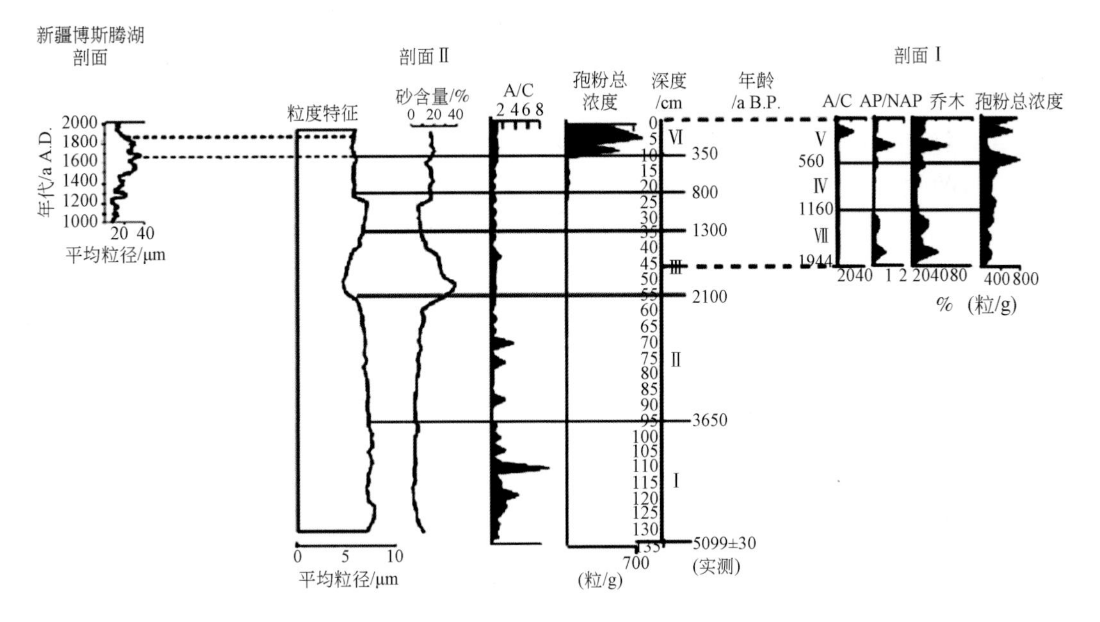

图4.31 艾丁湖地区环境演变过程及区域对比

新疆博斯腾湖剖面引自黄小忠等，2008

Ⅰ：5100～3650a B.P.，此带岩性为黄棕色黏土层，尽管A/C值在该带最高，最高可达8，但因是此带统计的孢粉数不足，因此失掉在此段的价值，而且此段平均粒径为7.36ϕ，砂含量较小，水动力条件较弱，艾丁湖区在该段时期内是以蒿属、藜科为主的荒漠景观；木本花粉可能由河流或风力搬运而来。这一时期可能表现为湖泊水位下降。

Ⅱ：3650～2100a B.P.，木本植物增加，其中松较多（10.1%），不排除当地当时有松的生长，但认为多数松属花粉为外界来源（李文漪等，1990；杨振京等，2011）。蒿减少，藜科增加，A/C值减小，此段平均粒径为6.60ϕ，指示当时流域气候较干旱（陈发虎等，2007；Zhao et al.，2012），为荒漠植被景观，且艾丁湖西部博斯腾湖地区发生有相同的干旱气候事件（许英勤，1998；黄小忠等，2008）。

Ⅲ：2100～1160a B.P.，由于剖面Ⅰ处于湖心的位置，根据其孢粉组合带的花粉，反映当时花粉总浓度、云杉和莎草科花粉浓度均处于较高值，尽管云杉花粉含量较高，但不能代表当地植被，可能反映周围河谷区域有云杉林片段分布，但至少表明此段气候较为湿润，同时又出现挺水植物黑三棱属花粉等，但湖区周围应为荒漠草原景观。根据剖面Ⅱ的粒度高含砂量及平均粒径为6.04ϕ的特征，证明当时水动力条件较强（王炳华，1983；朱震达等，1988；周兴佳等，1994；蒋庆丰等，2007；罗传秀等，2007），同时根据两个剖面的位置，更说明云杉属花粉和松属花粉为河流搬运所致。

Ⅳ：1160～560a B. P.，剖面Ⅱ中松属花粉和云杉属花粉较带Ⅰ迅速下降，木本植物花粉减少，蒿属和藜科花粉含量增加，AP/NAP 值减小，A/C 值小于 0.5，砂含量较少，此段粒度平均粒径为 6.61ϕ，从而反映此时可能注入湖内的水量减少，水面变浅。剖面Ⅰ孢粉组合中木本植物花粉含量减少，灌木和草本植物花粉含量却有增加，AP/NAP 值较带Ⅰ下降到剖面最低值，而且云杉属、松属、其他乔木、莎草科的花粉浓度也较带Ⅰ低。湖区周围转为以藜科、蒿属为主的荒漠植被景观，这与亚洲中部干旱区全新世气候变化的西风模式吻合（周兴佳等，1994）。

Ⅴ：560～350a B. P.，孢粉总浓度增加反映当时植被的覆盖度较高，由剖面Ⅱ中此段岩性为粉砂和平均粒径为 5.82ϕ 可知，粉砂土颗粒粒径较大，水动力条件较强，气候湿润（El-Mslinmany，1990；Hughes and Diza，1994；孙湘君等，1994；Keigwin，1996；阎顺等，2004a，2004b；程捷，2005；王绍武，2010）。

Ⅵ：350a B. P. 至今，花粉类型最多，反映当时植被的植物组成较为丰富，A/C 值在这一带中超过 20。从孢粉浓度看，此时孢粉总浓度，乔木花粉、草本植物花粉、松属花粉、莎草科花粉浓度都很高，达到剖面峰值，剖面Ⅱ中此段样品粒度平均粒径为 5.73ϕ，为整个剖面粒径最大，水动力条件增强，此时，在艾丁湖西部的博斯腾湖，剖面平均粒径最大，而且耐寒植物花粉很少出现，气温的降低和粒径的增大，至少说明夏季区域降水增加（王绍武，1995；陈发虎等，2006a；Zhao et al.，2009a）。可见，此时湖泊水面上升，气候湿润，流域大气降水较多，周围又恢复为草原植被景观。

第五节　全新世天山南北坡古植被演替和古环境变化

一、早全新世天山古植被格局及其特征

天山南北麓的广大地区的干旱环境由来已久。上新世以来，半荒漠、荒漠已在西北地区形成并逐步扩展。整个第四纪，以塔里木盆地、准噶尔盆地、柴达木盆地为代表的西北地区内陆性越来越强。气候向干旱方向发展，虽然有冰期间冰期的交替出现而产生气候冷、暖、干、湿的波动，但从来未改变总的干旱面貌，全新世也如此（徐馨等，1992；阎顺，2002）。

位于干旱、半干旱区湖泊多为封闭湖泊，湖泊水位、水生物、水化学等变化主要受气候波动影响，因此，过去温度、降水及生物等气候环境信息可通过保存于湖泊沉积记录中的物理、化学、生物等指标进行有效恢复（吴敬禄等，2003）。

通过对天山北坡尾闾湖（艾比湖）沉积物的多环境代用指标分析，结果表明天山北坡早全新世气候强烈不稳定，但在早全新世向中全新世转换时期（8.9～8.0ka B. P.）气候波动显著。在其初期（11.5～10.6ka B. P.）温度较高且降水较多，在 10.5ka B. P.、8.6ka B. P. 和 8.2ka B. P. 的气候出现了显著的冷湿特征，可视为早全新世的 3 次冷事件（吴敬禄等，2003）。其结果与孙湘君等（1994）对玛纳斯湖和朱艳等（2001）对内蒙古三角城剖面的孢粉分析结果具有一定的可比性。

二、中全新世以来天山地区植被与环境变化

1. 天山北坡晚全新世云杉林变化与古环境特征

植被变化和林线波动既可对全球气候变化进行监测，也可指示全新世气候的波动。近年来国外学者对美洲和欧洲的高山带的林线和树线研究颇多（Fall，1997；Pellatt et al.，1998；Ravazzi，2002；Gervais et al.，2002），国内关于林线的研究主要集中在青藏高原、河北小五台山、山西五台山、秦岭太白山和东北等地区（吴锡浩，1989；Liu et al.，2002b；于澎涛等，2002；刘鸿雁等，2003a，2003b）。在这些研究中，关于山地森林的上界使用了不同的名称，如高山林线（timberline）、森林界限（forestline）、树线（treeline）、林线以上森林（forest above treeline）（Holtmeier，1994；戴君虎和崔海亭，1999；于澎涛等，2002），而本书所指的林线（timberline）即高山林线过渡带，综观诸多文献，可以看出高山林线是历史和现代诸多环境因素综合作用的结果。除了自然气候方面的因素之外，人类活动对林线的影响也不容忽视（Tinner et al.，1996）。从古生态学角度探讨高山林线动态变迁的重要证据有孢粉、古木材及植物残体等方面（刘鸿雁等，2003），因此需要借助于孢粉分析、树木年轮和古植物遗存的鉴定和定年等多种分析方法来进行林线波动和气候变化响应的研究（MacDonalda et al.，2000）。

云杉属，作为北方针叶林的主要代表，全球约40种，广泛分布在北半球的寒、温带和亚热带的亚高山带。Ravazzi（2002）曾根据南欧163个晚更新世剖面的孢粉、炭屑和植物大化石记录重建了欧洲云杉（*Picea abies*）和塞尔维亚云杉（*Picea omorika*）的晚第四纪演变历史。McLeod等（1997）则利用加拿大西部地区13个湖的沉积物的孢粉数据恢复了晚冰期以来黑云杉（*Picea mariana*）和白云杉（*Picea glauca*）种群演化和扩张历史。在中国，云杉属有16种和9个变种，上新世和早更新世时，曾广泛分布于青藏高原亚高山地区（孔昭宸等，1996）。第四纪，尤其是末次冰期时，在中国的东部、中部、西部和南部的低山丘陵和平原也曾有过云杉林分布（徐仁等，1980；李文漪，1987）。徐仁等（1980）依据陕西渭南北庄村（海拔490m）晚更新世地层中发现的大量青扦（*Picea wilsonii*）的木材、球果、种子和针叶等大化石，以及以云杉和冷杉为优势的孢粉组合，认为在大约23000a B. P.时，秦岭山地的云杉林曾下降到海拔490m的丘陵带，当时年平均气温较今低7℃。李文漪等则分别探讨了新疆天山地区云杉林及青藏高原北纬25°~45°、东经75°~106°范围内海拔1000~5700m地区的现代表土中云杉花粉的分布规律，进而研究了云杉花粉的分布与植被、气候、海拔、风速和风向及地形因素之间的关系（李文漪，1991b；吕厚远等，2004）。

在新疆广阔的水平与垂直分布范围内，虽然气候、土壤、植被与群落的性质，以及地质历史条件差异显著，但云杉几乎总是占优势的或单一的新疆山地针叶林的建群种（中国科学院新疆综合考察队，1978）。主要分布于天山南北坡的雪岭云杉和阿尔泰山西南坡的西伯利亚云杉是云杉的两种类型（新疆森林编辑委员会，1989）。阎顺等（2003b）认为雪岭云杉作为生长在天山北坡山地荒漠和草原带之上的山地针叶林的建群种，在史前和历史时期，林线波动较大，并且分布范围和种群大小对气候变化的反应敏感，并根据桦树窝

子剖面孢粉分析的结果初步探讨了森林线的变化，而本节则选取距该剖面仅200m的小西沟考古遗址剖面作为典型研究剖面，先对小西沟剖面文化层的炭屑进行测年和扫描电镜显微结构鉴定，再与邻近时段可以对比的桦树窝子自然剖面的孢粉组合及测年数据等进行比较，从而通过运用多种环境代用指标进一步研究天山北坡晚全新世以来林线变化的过程，这不仅可以揭示相应时段内气候环境的变化，也有助于预测气候变化对云杉林的影响，从而探讨林线波动对气候变化的响应机制。

吉木萨尔县泉子乡桦树窝子村（海拔1410m）的西岗地，分布着厚约180cm的小西沟文化遗址（43°48.1′N，89°7.3′E，海拔1360m）（阎顺和阚耀平，1993）。小西沟遗址剖面可分为上、下文化层，下文化层深180～140cm，含零星炭屑；上文化层深120～104cm，灰坑中有较多炭屑。对炭屑进行测年，并通过扫描电镜显微结构鉴定其种属，可提供林线变化研究的有力证据（阎顺和阚耀平，1993；戴良佐，1997）。

由于考古遗址文化层中的孢粉记录不可避免地受到人类活动的干扰，不利于区域性古植被的恢复和林线变化的研究。为了获得未受人类活动影响的孢粉资料，在距考古遗址200m处选取自然剖面（即桦树窝子剖面，43°48.3′N，89°8.0′E，海拔1320m），作为考古遗址剖面的对照和时间标尺。两个剖面均处于天山北坡的前山丘陵区。

在桦树窝子剖面深58～110cm、48～55cm和14～17cm处，以及小西沟剖面的下文化层中部深145～155cm处分别采集沉积物样品，在小西沟剖面上文化层的下部和中部灰坑中浮选出较小的混合炭屑样品进行^{14}C年代分析，其中，中部灰坑的炭屑样品由北京大学科技考古与文物保护实验室测定，其余样品均由国家地震局地质研究所^{14}C实验室测定。

1）炭屑年代测定和显微结构的研究

考古遗址中炭屑鉴定开始于20世纪，Santa（1961）首先把该手段用于北非地区的古生态学研究，之后炭屑分析作为重要的研究手段已被广泛用于第四纪和古生态学研究中。在中国，崔海亭等（1997，2002）曾利用扫描电镜对浑善达克沙地东南部的古木材和赤峰地区两处青铜时代遗址中的炭屑进行鉴定，鉴定结果表明浑善达克沙地的古木材为鱼鳞云杉（*Picea jezoensis*），而赤峰地区的两处炭屑均为蒙古栎（*Quercus mongolica*），并依次复原研究区域的植被和气候。

小西沟文化遗址的上文化层的下部灰坑采集的炭屑（^{14}C年代为1930±65a B. P.），扫描电镜鉴定结果表明与现代雪岭云杉的解剖特征一致（图4.32），在中部灰坑中采集的炭屑样品（^{14}C年代为1775±75a B. P.），则分别属于雪岭云杉（图4.32）、崖柳和稠李

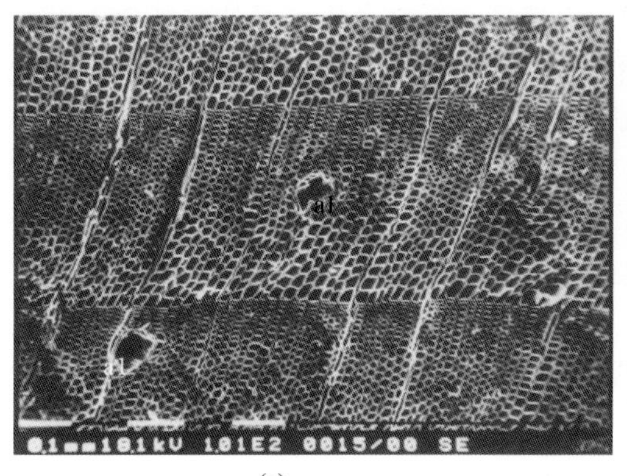

(a)

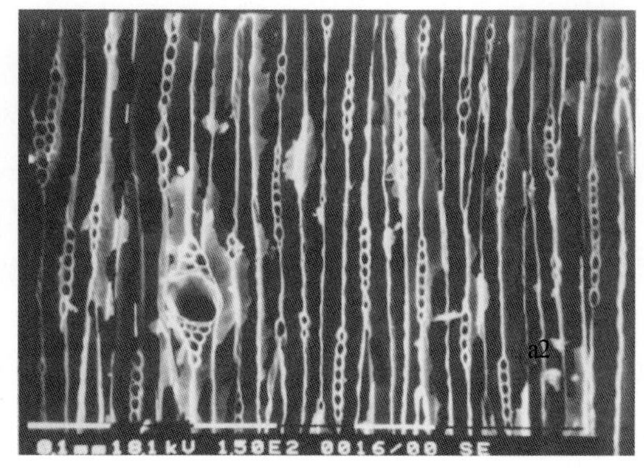

(b)

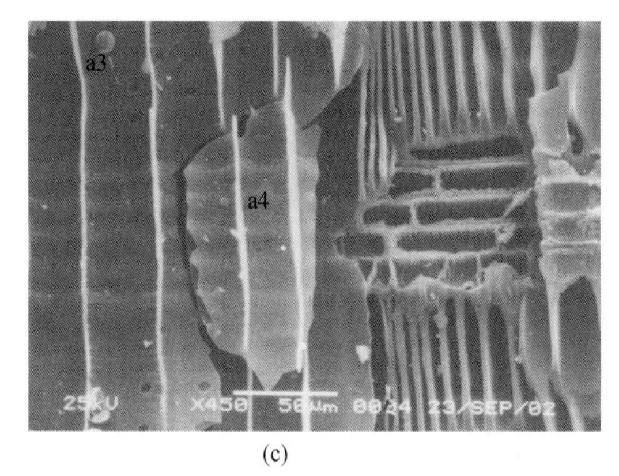

(c)

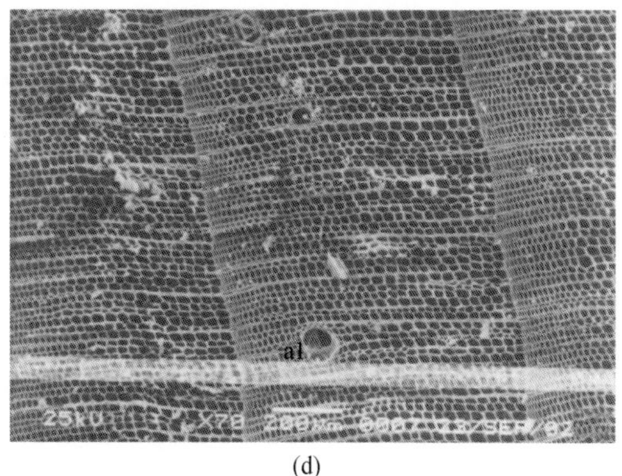

(d)

图 4. 32　雪岭云杉炭屑解剖特征

（a）横切面（^{14}C 测年 1755±75a B. P.）；（b）弦切面（^{14}C 测年 1755±75a B. P.）；
（c）径切面（^{14}C 测年 1755±75a B. P.）；（d）横切面（^{14}C 测年 1930±65a B. P.）。
a1. 树脂道；a2. 单列射线；a3. 管胞；a4. 交叉场

（*Padus racemosa*）。这些植物现今在该地已无生长，可能是历史上先民从当地砍伐的，也可能是从天山远距离采伐的薪柴。

2）孢粉数据的对比

在利用孢粉和植物大化石数据研究全新世植被演变中，人类活动是影响林线变化的重要因素（Tinner，1996；Wick et al.，2003）。至于本区林线的变化是否与人类活动有关，尚需要进一步寻找孢粉方面的证据。

从图 4. 6 可以看出，小西沟文化遗址剖面云杉花粉含量平均值为 3. 75%，但在上文化层 115cm 深处，云杉花粉百分含量却出现了 35. 1% 的峰值，孢粉复合分异度和 AP/NAP 值均为最峰值。如果说该文化层中的云杉炭屑是先民从远距离采伐用作薪柴的燃烧物，在遗址剖面上并不应该出现云杉花粉的峰值。另外，根据阎顺等对三山（新疆天山、阿尔泰山、昆仑山）夹两盆地（塔里木盆地、准噶尔盆地）不同植被带所取的 131 个表土花粉样品中的云杉花粉含量的百分比统计结果，强调提出影响表土中云杉含量的最大因素是水平距离。在云杉林内，云杉花粉的含量平均达 50% ~60%，但通常 30% 以上的云杉花粉就可以代表云杉林地的存在，距林地 10km 以上时，云杉花粉平均含量为 4. 7%（阎顺等，2004a）。而杨振京选择天山中段从海拔 3510m 的高山垫状植被带到海拔 460m 的古尔班通古特沙漠边缘的一条长约 80km 的样带上采集的 80 个表土花粉样品，分析结果显示：山地云杉林带的孢粉含量为 1. 04% ~93. 5%，平均为 62. 4%。所以，已距现代雪岭云杉林下限 10km 的小西沟文化遗址剖面中出现云杉花粉百分含量的峰值，表明当时云杉林应在附近生长。更值得提出的是，距小西沟剖面 200m 的桦树窝子剖面云杉花粉平均含量仅为 4. 33%，但在 72cm、70cm 和 66cm 深处，云杉花粉也出现含量的峰值（16. 7% ~21. 5%），同时 LOI、孢粉复合分异度、AP/NAP 值和总花粉浓度也均为峰值（图 4. 6）。该剖面 58 ~ 110cm、48 ~ 50cm 和 14 ~ 17cm 处采集的沉积物样品的年代分别为 2170±185a B. P.（2150±225a cal. B. P.）、1050±50a B. P.（950±60a cal. B. P.）和 450±55a B. P.（510±30a cal. B. P.），根据这些年代学数据和沉积速率推算，深度为 66 ~ 72cm 的沉积年代应在 1700 ~ 1400a B. P.，这与取自小西沟剖面云杉花粉峰值的地层中的云杉炭屑的年代

(1755±75a B. P.) 基本吻合。可见，两个剖面在 2000～1300a B. P. 大致时段相同的地层中均出现较高比例的云杉花粉，故可认为这些炭化木材并非远距离搬运而来，而是先民就近采集的。

尽管上面已从炭屑和孢粉数据对比的角度定性地探讨了云杉林的移动，作者也曾就天山北坡的大西沟剖面对云杉林移动的气候因素做了初步分析（Zhang et al.，2004），但对制约雪岭云杉林生长的水热因子还需作进一步分析，因此，选择了天山北坡的 8 个气象台站 1951～2000 年的多年气象资料（来自北京气象中心资料室），再参考相关文献（李文华等，1983；徐文铎，1986），可大致计算出新疆天山北坡地区现代云杉林的生态气候指数与研究地点的现在气候特征（多年平均湿润指数和温暖指数）（表 4. 3）。

表 4. 3　天山北坡 8 个气象台站资料及水热指数

气象台	纬度（N）	经度（E）	海拔/m	年均温/℃	年降水量/mm	温暖指数/℃ · 月	湿润指数/[mm/(℃ · 月)]	气象记录
蔡家湖	44. 12°	87. 32°	441. 0	5. 9	136. 4	90. 8	-75. 3	1961～1998 年
阜康	44. 10°	87. 55°	547. 0	6. 9	238. 9	92. 0	-29. 5	1971～2000 年
奇台	44. 01°	89. 34°	793. 5	4. 9	185. 3	78. 3	-40. 2	1952～1998 年
乌鲁木齐	43. 47°	87. 37°	917. 9	6. 6	256. 8	85. 4	-24. 8	1951～1990 年
昭苏	43. 09°	81. 08°	1848. 6	3. 1	494. 3	39. 7	139. 8	1961～1998 年
天池	43. 53°	88. 07°	1942. 5	1. 9	581. 5	34. 8	154. 0	1958～1980 年
小渠子	43. 34°	87. 06°	2160. 0	2. 1	525. 3	34. 1	137. 3	1956～1990 年
大西沟	43. 06°	86. 5°	3539. 0	-5. 3	431. 4	4. 50	42. 2	1958～1990 年

温暖指数 $WI=\sum(t_i-5)$，$t_i>5$℃，式中，t_i 为月均温大于 5℃的月平均气温（徐文铎，1986）。湿润指数 $MI=\sum(P_i/2-t_i)$（李文华等，1983），式中，P_i 为月均温大于 5℃的各月降水量；t_i 为相应月份的月均温。

通过对这 8 个气象台站的“海拔”、“湿润指数”和“温暖指数”进行拟合，拟合结果发现温暖指数与海拔存在明显的线性关系，计算出的线性回归方程：$WI=-0.03x+103.45$（WI 为温暖指数，x 为海拔，复相关系数 $R=0.9434$），但是湿润指数与海拔之间为显著的二次函数关系，方程为 $MI=-6.51\times10^{-5}x^2+0.30x-208.75$（MI 为湿润指数，$x$ 为海拔，复相关系数 $R=0.9294$）。研究结果表明随着海拔的升高，气温呈现线性递减，降水量开始是逐渐增高的，但当到了一定的海拔时，降水量达最大，然后随着海拔的再增高而逐渐减少。根据这两个方程，计算出雪岭云杉的温暖指数为 22. 7～52. 6℃ · 月，湿润指数为 117. 5～142. 9mm/(℃ · 月)。而 Fang 和 Yoda（1990）计算出紫果云杉（*Picea purpurea*）的温暖指数为 11. 0～76. 0℃ · 月，丽江云杉（*Picea likiangensis*）的温暖指数为 11. 0～66. 0℃ · 月，与本书计算的雪岭云杉温暖指数的分布范围大体一致。

对照桦树窝子和小西沟剖面所在地点的现代生态气候指标[温暖指数为 6. 27℃ · 月，湿润指数为 82. 3mm/(℃ · 月)]，可以看出，2000～1300a B. P. 时的温暖指数比现在温暖指数低 10. 1℃ · 月，而该时段有云杉林分布在附近，因此，估计云杉林的林线下限较今约下降 337m，这与实际情况较为吻合。如果西北地区未来气候趋向暖湿（施雅风等，2002），那么天山北坡林线的上限或下限也将会发生显著的移动。

森林的上限受低温控制，分布下限受降水量控制（Tranquillini，1979；Fall，1977）。对云杉而言，温度和降水量的分布都是限制云杉生长的重要因子，但研究地区的坡度、坡向、坡型等地形因素的影响也不容忽视。总之，影响天山北坡林线移动的气候机制比较复杂，又因研究区内的气象台站尤其是高海拔（3539m 以上）的气象台站偏少，气象资料的涵盖面较窄，因此需要借助更多的气象资料，以及从植被、地形、气候整合和全球变化的角度探讨天山云杉林线波动和气候响应。

3）结论

通过桦树窝子剖面和小西沟剖面孢粉数据对比分析，发现在大致相同时段（2000～1300a B. P.）的地层中出现云杉花粉百分含量的峰值，云杉花粉分别达 20% 和 35% 以上，并与小西沟文化层中的雪岭云杉炭屑的测年数据相吻合，再结合雪岭云杉林生长的水热因子分析结果，因此，可以认为天山北坡雪岭云杉林的林线相对现今下移 330m 左右。

2. 天山北坡中—晚全新世古生物多样性的时空变化特征

通过对新疆天山北坡大西沟、小西沟、桦树窝子、四厂湖、东道海子 5 个剖面的孢粉多样性研究，可初步看出天山北坡中晚全新世以来生物多样性的时空变化特征。不同的海拔即不同的植被带有不同的古生物多样性特征，而在不同的沉积时段也发生过不同的古生物多样性分异。

高山和亚高山草甸带：位于海拔 3700～3400m，代表性剖面为大西沟剖面。3600a B. P. 以来总计有 38 个植物科属。其中木本植物有 1 科 5 属，灌木和草本植物有 13 科 7 属，湿生、水生维管束植物有 1 科 3 属，淡水藻类植物有 4 属，蕨类植物有 1 科 1 属，苔藓类植物有 2 属。孢粉复合分异度为 2. 72～7. 67，平均值为 4. 84，古生物多样性较低。

森林-草甸过渡带：海拔为 1600～1200m，代表性剖面为桦树窝子剖面和小西沟剖面。桦树窝子剖面，2000a B. P. 以来，共鉴定出 13 科 29 属。其中木本植物有 5 属，灌木和草本有 11 科 22 属，湿生、水生维管束植物有 1 科 2 属，蕨类植物有 1 科。孢粉复合分异度为 4. 2～12. 4，平均值为 7. 8，古生物多样性较高。小西沟剖面 3500a B. P. 共鉴定出 10 科 29 属，比桦树窝子剖面多了落叶松属，而少了豆科、车轴草属（*Trifolium*）、葱属和伞形科。孢粉复合分异度为 4. 13～12. 06，平均值为 6. 89，古生物多样性也较高。

荒漠带：位于海拔 400～600m，代表性剖面为四厂湖剖面和东道海子剖面。四厂湖 1000 年以来共鉴定出 10 科 21 属，其中木本植物有 5 属，灌木和草本植物有 8 科 15 属，湿生、水生维管束植物有 1 科 1 属，蕨类植物有 1 科。孢粉复合分异度为 4. 1～9. 0，平均值为 5. 55，古生物多样性偏低。东道海子剖面 4500a B. P. 以来共鉴定出 11 科 21 属，其中木本植物有 6 属，灌木和草本植物有 9 科 13 属，湿生、水生维管束植物有 1 科 1 属，淡水藻类植物有 1 属，蕨类植物有 1 科。孢粉复合分异度为 1. 8～8. 8，平均值为 6. 62，古生物多样性也偏低。

从海拔垂直植被带变化可以看出，生物多样性随海拔的不同而呈现不同的变化（图 4. 33）。古植被多样性和海拔的变化有一定的关系（Bennett，1989；Brown，1999；Skinner and Brown，2001）总的看来，森林草原过渡带剖面的生物多样性较为丰富，孢粉复合分异度较高，鉴定的孢粉科属数较多，而高山和亚高山草甸带和荒漠带孢粉复合分异度较低，鉴定的孢粉科属数较少。

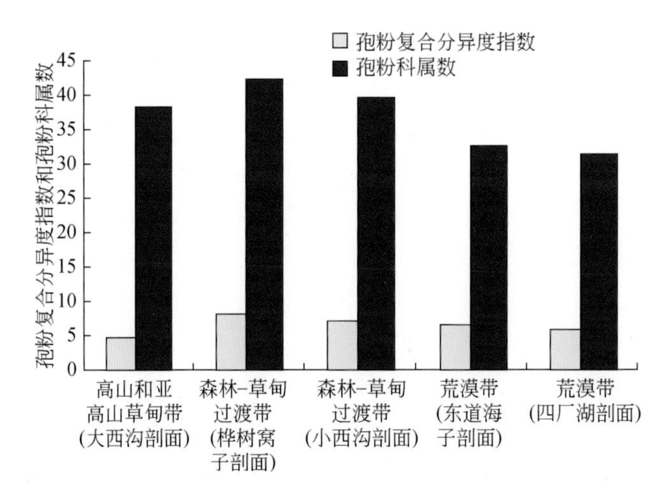

图 4.33　5 个植被带沉积剖面的孢粉复合分异度指数和鉴定的孢粉科属数

从时间变化来看，新疆天山北坡地区中晚全新世以来有 4 个时段生物多样性较高(图 4.34)。3600～3200a B. P. 大西沟剖面孢粉复合分异度为 4.97～7.67，平均值为 6.06，鉴定的孢粉科属为 29 个。1700～1400a B. P. 东道海子剖面孢粉复合分异度为 7.26～11.04，平均值为 8.32，鉴定的孢粉科属为 18 个；桦树窝子剖面孢粉复合分异度为 4.6～12.2，平均值为 8.06，鉴定的孢粉科属为 27 个；小西沟剖面孢粉复合分异度为 4.13～7.55，平均值为 5.76，鉴定的孢粉科属为 24 个。1000～600a B. P. 四厂湖剖面孢粉复合分异度为6.0～9.0，平均值为 6.06，鉴定的孢粉科属为 19 个；此时的大西沟剖面孢粉复合分异度为 3.42～7.21，平均值为 4.75，鉴定的孢粉科属为 34 个，鉴定的孢粉数处于剖面最高值；东道海子剖面孢粉复合分异度为 5.7～8.6，平均值为 7.24，鉴定的孢粉科属为 18 个。450a B. P. 以来，桦树窝子剖面孢粉复合分异度为 8.4～12.4，平均值为 10.8，鉴定的孢粉科属为 31 个。由此可见，450a B. P. 以来荒漠草原-草原植被的生物多样性最高。

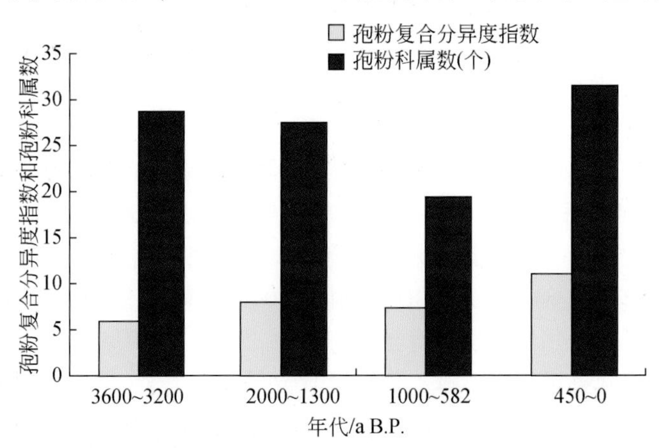

图 4.34　4 个时段沉积剖面的孢粉复合分异度指数和鉴定的孢粉科属数

1）古生物多样性与人类活动

桦树窝子和小西沟剖面属于同一地区，且相距仅 200m，桦树窝子是自然剖面，而小西沟为考古遗址剖面，从整个剖面来看，小西沟剖面鉴定的孢粉为 39 个植物科属，比桦树窝子剖面多了落叶松，而少了豆科、车轴草属、葱属、伞形科，其孢粉复合分异度为4.13～12.06，平均值为6.89。而桦树窝子剖面鉴定出42个植物科属，孢粉复合分异度为4.2～12.4，平均值为7.8。不管是孢粉总科属数，还是孢粉复合分异度，小西沟剖面均低于桦树窝子剖面，这可能从一个侧面反映人类活动对生物多样性的干扰。研究认为10000年以来因人类活动引起全球生物多样性大量丧失（Sadler，2001）。天山北部现代的生物多样性研究也认为该地区生物多样性丧失的原因之一是人类活动，如水源断绝导致沙漠中的柽柳衰退、胡杨枯死，强烈樵采、过牧造成植被退化等（张立运等，1990）。

2）古环境演变和古生物多样性的动态变化

大西沟剖面3600a B. P. 以来生态环境经历了多次变化，在3600～3200a B. P.，气候比较湿润，孢粉复合分异度为4.97～7.67，最高值达7.67，平均值为6.06，处于剖面最高值，鉴定的科属数29个，古生物多样性偏高；1400～600a B. P. 为气候最适宜期，孢粉复合分异度高达7.21，木本植物、中旱生-湿生草本植物、淡水藻类、苔藓类科属数目均为剖面最高值，可见生物多样性显著增高，鉴定的孢粉科属数目多达14科20属；而3200～2000a B. P. 时期气候相对干冷，孢粉复合分异度降为剖面最低值，为2.72，平均值为4.52，鉴定出13科16属孢粉。四厂湖剖面中世纪“温暖期”气候相对湿润，孢粉复合分异度高，共鉴定出19个孢粉科属，主要的科属有藜科、麻黄属、香蒲属、蒿属、禾本科、莎草科、云杉属和菊科等，远高于其他时段的鉴定数目，而这些时段以旱生、超旱生植物花粉占绝对优势，湖区植物类减少，风沙作用较强，荒漠化景观显著。所以孢粉复合分异度指数在一定程度上可以反映气候与环境的变化。

但孢粉多样性指数在反映生物多样性和古环境方面也存在一定的偏差，如东道海子剖面带Ⅳ（1700～1310a B. P.）为荒漠景观，气候为暖干，但孢粉复合分异度较高。大西沟带Ⅲ（2000～1400a B. P.），气候开始好转，但复合分异度在3.72～5.16，平均值为4.4，该值为剖面最低值。四厂湖带Ⅰ、带Ⅲ同为风砂层，其他数据表明当时气候比较干燥，植被以旱生、超旱生植被为主，但带Ⅰ的复合分异度为2.6～4.1，鉴定的孢粉数为7个，带Ⅲ鉴定的孢粉分异度为2.8～6.2，鉴定的孢粉科属数为16个，而气候环境最好的带Ⅱ鉴定的孢粉科属数也只有19个。这些不一致的方面可能受到以下因素影响：孢粉鉴定的精确度不高，使得统计的孢粉粒数越高，反而偏差越大；目前花粉鉴定中在区别外来花粉上还存在实际困难，东道海子和四厂湖剖面中的外来云杉花粉可能是通过风力、河流等搬运而来，它们的存在在一定程度上会干扰生物多样性；在统计粒数固定时，低代表性种类可能未被统计到，从而影响生物多样性的估算。每种植物孢粉类型的传播能力不一致，导致同一区域不同空间范围所得到的孢粉种类数也会有较大偏差。除此之外，地层年代越久远，孢粉在地层中越难保存，因此450a B. P. 以来的生物多样性偏高可能与此有一定的联系。另外，沉积相性质的差异对孢粉在地层中的保存也存在一定的影响，因此导致地层中孢粉复合分异度指数变化的原因是复杂的。

总之，根据本书的研究结果表明孢粉多样性指数可以作为指示古生物多样性和古环境特征的重要指标，但它在对古生物多样性方面的解释及古环境研究中仍需作更多研究。

3. 天山中—晚全新世植被变化特征、湖面波动及环境变化

根据天山不同海拔、不同植被带、不同沉积相选取的艾比湖、大西沟、东道海子、桦

树窝子、四厂湖和天鹅湖等剖面地层记录的对比分析认为：晚全新世以来，气候有冷暖干湿波动，但干旱的总面貌未发生根本变化。反映在植被上，山区森林、低山丘陵区草原-荒漠草原、平原区荒漠-荒漠草原的植被景观无根本变化，但是在森林的上下界限、平原河谷林的发育程度、平原低地草甸的面积上，却随着气候的变化而发生波动。值得注意的是天山北坡平原区的荒漠植物种类多达200多种，其中短命植物的发育，一年生植物的参与，藜科多属种占有明显优势是其显著特点。整个生态系统中，山坡生态系统比较稳定，平原生态系统相对不稳定，尤其是平原河流和湖泊抗干扰性极差（阎顺，2002）。

4. 天山南北坡的“中世纪温暖期”期间的环境特征

在新疆，“中世纪暖期”（Medieval Warm Period，MWP）（900～1300a A. D.）是一个重要的时期。地处天山北坡的四厂湖剖面的孢粉、粒度、磁化率、烧失量等资料的分析可以看出在（1000±65）～(665±50)a B. P. 期间，水生植物花粉含量和花粉浓度均处于整个剖面的最高值，A/C值要比其他时段显著增高，反映该时期植被覆盖率较高，气候较湿润(张芸等，2004)；天山乌鲁木齐河源大西沟剖面在1400～600a B. P. 期间，雪岭云杉花粉的百分含量和花粉浓度均较高，孢粉总浓度、乔木、灌木和草本植物，以及水生植物花粉浓度均处于高值，表明该时段气候较为湿润（Zhang et al.，2007)。艾比湖的沉积相和孢粉分析也表明由于气候波动曾引起艾比湖水位明显变化，300～1400a A. D.，即东晋至15世纪初，是艾比湖的高水位时期（阎顺等，2003c)。1160～650a B. P. （790～1300a A. D.），草滩湖剖面孢粉总浓度、水生植物含量和浓度、灌木和草本植物孢粉浓度及乔木花粉浓度均在剖面上出现较高值，扇形植硅体及其他指示暖湿气候的植硅体含量再次增高；尽管灌木和草本花粉的百分含量较带Ⅲ又有所下降，但由桦木属和云杉属组成的乔木花粉含量却显著增高；特别是在1160a B. P. 左右，其含量高达27.2%，其中桦木属孢粉含量增至23.2%。此孢粉组合特征反映湿生植被较多，草本植物旺盛，植物多样性丰富，但就大区域性植被看，应为荒漠草原。1270～305a B. P. 期间，东道海子的剖面上发现了大量的水生植物，主要是香蒲、芦苇和硅藻，相对较高的A/C值，指示在该期间气候湿润的趋势(Zhang et al.，2009)。

在天山南坡的天鹅湖的孢粉组合中，在1170～930a B. P. 期间（780～1020a A. D.），以松属和云杉花粉为主的乔木花粉含量达到峰值，类似于天山南坡亚高山草甸草原的表土孢粉组合和天山北坡的森林草原交错带的表土孢粉组合（杨振京等，2011)。因此，来自天山南北坡的孢粉记录都表明在与当前被称为“中世纪温暖期”（900～1300a A. D.）相当的时段内，该地的气候比较湿润。

另外，一些历史文献记录了这段湿润的MWP时期。根据《资治通鉴》记载，永隆元年（939a A. D.），风雪灾害严重，北宋开宝三年（970a A. D.）“高昌（今吐鲁番一带）及雨五寸，庐舍多坏”（《宋书》)，该时期与草滩湖剖面雪岭云杉和桦木属最高含量出现时间较为吻合（李江风，1990，1991)。《马可·波罗游记》记载1298a A. D. 时期，马可·波罗在穿越塔克拉玛干沙漠丝绸之路时，发现了可以供应数百人及其牲畜的用水，说明当时的降水量并不少。此外，1500～500a B. P. 期间中国西部地区的一些湖泊（柴窝堡湖、巴里坤湖和青海湖等）也大多处于水位上升时期（李栓科，1992；施雅风等，1993；钟巍和韩淑媞，1998)，表明当时气候比较湿润。王富葆等从罗布泊湖心采集的大量的植物种子，多属蓖齿眼子菜（*Potamogeton pectinatus*）、光叶眼子菜、水葱及芦苇等沉水和挺水植物，还见有丰富的介形虫、轮藻和螺等，其测年为871a B. P. 。这些剖面记录和历史记载证据均表明天山地区的“中世纪”时期的气候特征是以湿润为主。

5. 天山南坡“小冰期”期间的环境特征

通过对天山艾丁湖湖区剖面进行年代测定、粒度分析与孢粉鉴定统计，根据其孢粉组合与粒度特征，发现艾丁湖中全新世的环境演变经历了两个干-湿的变化过程，即中—晚全新世以来气候相对比较湿润，尤其在小冰期时期受西风带影响降水增加，从而进一步揭示了西北干旱区生态演化过程及干旱湖泊的演化过程。艾丁湖中—晚全新世的环境演变过程符合前人总结的亚洲中部干旱区西风带影响模式（陈发虎等，2006a，2006b），其表现为中全新世以来较湿润的气候类型。公元十世纪初至十四世纪气候干旱，在中世纪暖期和之后这段时期，气候比较湿润，湖水面积扩大，处于湖水淡化期。同时通过与新疆博斯腾湖剖面的对比发现，近千年来这两个剖面平均粒径最大值都出现在相同的时期内，即小冰期前后，这样验证和扩大了西风区影响的范围，也补正了新疆地区小冰期的湿润气候特征。而且近千年来艾丁湖出现了干-湿的气候变化过程，原因可能是小冰期时期西风影响区降水增加；而近几十年来气候干旱、湖水的大量蒸发及人类活动的影响，艾丁湖现处于萎缩干涸阶段。

第五章　新疆中部全新世环境变化与人类活动

第一节　天山北麓历史时期的环境演变信息

一、水系演变

天山北麓均为内陆河水系。径流形成区为流域的山地部分，径流散失区分布在山前倾斜平原和平原区。河流在平原区得不到补给，受渗漏和蒸发影响，水量逐渐减少，直至消失。其流程与河流水量的大小直接相关，与山区降水量和冰川的变化关系密切。近2000年来，由于气候变化和人类活动的影响，平原地区的水系变化很大，如河流流量减少、流程缩短，致使尾闾湖消亡等成为普遍现象。

天山北麓的河流受构造和地形条件的控制，多为南北流向，较大的河流一般在北部沙漠边缘或沙漠边缘内部均有尾闾湖形成，湖泊大小不等，有时两条或数条河注入同一洼地，形成大湖。奎屯河向西北注入艾比湖；安集海河、金沟河、玛纳斯河、塔西河、雀尔沟河、呼图壁河等向西北注入艾兰湖和玛纳斯湖；三屯河、头屯河、乌鲁木齐河等汇入白家海子；三工河、四工河、白杨河、西大龙口河、东大龙口河、中葛根河、开垦河、木垒河等都在沙漠边缘形成相应的小湖。这些尾闾湖泊现在大多已经干涸，但通过卫星图像解译、历史记载、古地图资料、古湖沉积物分析可以确定它们的存在和持续年代。

玛纳斯湖在第四纪曾是一个巨大的湖泊，是准噶尔盆地重要的汇水中心。直至19世纪，它仍不失为一个大湖，由玛纳斯湖、艾兰湖、艾里克湖、达巴松湖、盐湖等一系列湖群组成。该湖湖相剖面分析资料显示，至少3.2万年前至近代，该湖有连续的湖相沉积，20世纪60年代，由于人为截流河水，湖泊干涸（Jappar and Mahpir，1996）。

在晚更新世，艾比湖面积3000～3380km^2，到了20世纪50年代，湖面积萎缩为1200km^2，目前仅约500km^2。白家海子在19世纪面积约100km^2，至20世纪已完全干涸。乌鲁木齐以东沙漠前缘的众多小湖目前均已干涸。代替原来湖泊的是在河流出山口的山区水库和扇缘地区、平原地区的平原水库，仅玛纳斯湖流域就先后修建了大泉沟等10多个水库，总库容达到$4.6\times10^8m^3$，年调节水量$8.6\times10^8m^3$。天然湖泊的减少和人工水库的增加是水系变化的一个重要特征。

由于大量修建水库和引水渠道，河流出山口以下水量急剧减少，部分小河流已经渠道化，平水期水流完全进入渠道，只有洪水期河流才有河水，成为季节性河。即使较大的河流，水量也被大量引走，平时河床水量很小，流程短，洪水季节或丰水年河水流程才较长。原河流的下游河床由于多年无水，河道起沙、阻塞现象严重，微地貌形态变化大。

奎屯河现多年无水进入艾比湖；玛纳斯河缩短了150km以上；原来与玛纳斯河相汇的

安集海河、金沟河、塔西河、雀尔沟河均与其分离，河流中下游流程缩短了50%～70%；呼图壁河缩短了200km；三屯河、头屯河、乌鲁木齐河等均缩短约了100km；三工河、四工河、白杨河、西大龙口河、东大龙口河、中葛根河、开垦河、木垒河等均有不同程度的缩短。

平原地区原来的河流已被纵横交错的渠道代替，乌鲁木齐以西地表年径流为$4.054\times10^9m^3$，目前已引用$2.4\times10^9m^3$；乌鲁木齐以东地表年径流为$1.04\times10^9m^3$，目前已引用$8\times10^8m^3$。

天山北麓在河流出山口均有较大规模的河流扇形地发育，形成一个东西向展布的扇形带，由于河流水量的差异，形成的扇形地带宽窄不同。乌鲁木齐以东该带宽7～12km，一般约10km，乌鲁木齐以西该带宽10～30km，一般在20km左右。历史上，扇缘地带是泉水广泛出露的区域，并形成部分小河流和湖泊，很多历史记载和遗留至今的地名都证实着这种现象。然而，这种规律也在发生改变。据调查发现，扇缘带的地下水位普遍下降，泉水流量急剧减少，以泉水为补给源的河流和湖泊大量消失，泉水溢出带有向下（向北）推移的趋势。据国土资源厅资料，多年来，天山北麓地下水位持续下降年均0.1～0.5m，泉水溢出带自20世纪60年代至今已向北位移2～10km，全疆50年代末流量大于$1m^3/s$的33条泉流河的流量均有减少的趋势。

造成上述变化的原因主要有两种，一是许多引水渠直接伸入河流的出山口，致使河水在出山口的下渗量减少，减少了泉水的补给量；二是在扇缘打了许多机井提取地下水，过量超采造成地下水位降低。

新疆的人工绿洲划分为古绿洲、老（旧）绿洲和新绿洲3种类型（周兴佳等，1994；Fan，1996）。古绿洲指汉唐以来至明末清初的绿洲；老绿洲指清代新疆建省至中华人民共和国成立初期的绿洲；新绿洲指中华人民共和国成立后开荒造田发展起来的绿洲。

与塔里木盆地相比，天山北麓的农垦活动开始较晚。早在4000年前，塔里木盆地南缘已有原始灌溉农业。汉代前后，塔里木盆地周围已形成许多城郭型的绿洲，此时天山北麓的居民则靠山而居，以游牧生活方式为主，农垦活动刚刚开始。

唐代，在现吉木萨尔县境设立北庭大都护府，统辖整个新疆北部地区，开始大规模的屯田，农业得到大发展，仅吉木萨尔县境就有人口4万～5万，开垦土地$2\times10^4hm^2$。当时，土地开发活动主要在乌鲁木齐及其以东区域。到了元代，这里的屯田活动继续发展。天山北麓的古绿洲主要集中在平原区，靠近现代沙漠边缘，这里是河流的下游和尾闾湖，土层厚、引水容易，当时的主要交通线——唐朝路就在此。

清代致力于对天山北麓的开发，对天山北麓主要河流进行大规模的修渠引水，开垦土地，在乌鲁木齐以东和以西造就了大片老绿洲，开垦的绿洲主要集中在山前冲洪积扇缘地带，地域上比古绿洲偏南。至1949年，这一带耕地面积有$14.9\times10^4hm^2$，约占全疆总耕地面积的12.4%，绿洲面积达到$2045km^2$，占全疆总绿洲面积的9.9%。

中华人民共和国成立以后，天山北麓进行了大规模的土地开发，除了在老绿洲外围扩大面积外，又通过修建大量的平原水库、渠道和打井，将水引到扇缘地以下光热资源更加丰富的平原区，开发新绿洲。最明显的是玛纳斯河流域的开发，形成规模巨大的玛纳斯石河子绿洲。目前，天山北麓从石河子到木垒段的耕地面积达$6.8\times10^5hm^2$，是1949年的4.56倍，绿洲面积达到$9388km^2$，是1949年的4.59倍，分别占全疆总耕地面积的17.7%

和总绿洲面积的15.2%（Han，2001）。

距今2000年以来，人工绿洲的面积在逐渐增加，唐代、元代、清代和中华人民共和国成立后是几个大的发展阶段。绿洲位置也经历了从沙漠边缘到扇缘带，再扩展到扇缘带及扇缘以北的过程。在这个过程中，北部沙漠有向南移动的表现，著名的唐朝路现在有一部分在沙漠中，有的地方已深入沙漠数千米，但相对来讲，其移动速度远缓慢于塔克拉玛干沙漠南缘。

二、种植作物变化

在汉代，天山北麓的居民多系游牧民族，逐水草而居，以牧为主，以农为辅，牧养的家畜有马、牛、羊和骆驼。吉木萨尔县小西沟遗址中发现的众多畜骨也可作为佐证（阎顺和阚耀平，1993），但遗憾的是尚未从考古遗址中找到农作物种类的证据。唐代以来，区内的农业已很发达，作物的种类变化也很大。

新疆现代农作物比较丰富，主要粮食作物有小麦、玉米、稻（*Oryza sativa*）、高粱、大麦（*Hordeum vulgare*）、粱（谷子）、大豆；经济作物有棉花、芸苔（*Brassica campestris*）、亚麻（*Linum usitatissimum*）、向日葵（*Helianthus annuus*）、落花生（*Arachis hypogaea*）、红花（*Carthamus tinctorius*）、芝麻（*Sesamum indicum*）、甜菜（*Beta vulgaris*）、大麻（*Cannabis sativa*）类、烟草（*Nicotiana tabacum*）、啤酒花（*Humulus lupulus*）、西瓜（*Citrullus lanatus*）、枸杞（*Lycium chinense*）等；其他作物有蔬菜、瓜类、薯类、紫苜蓿（*Medicago sativa*）等；果类有苹果、夏梨（*Pyrus sinkianensis*）、葡萄、桃（*Amygdalus persica*）、杏（*Armeniaca vulgaris*）、枣（*Ziziphus jujuba*）、石榴（*Punica granatum*）等（新疆维吾尔自治区地方志编纂委员会，1994）。除受气温影响，高粱、梨、葡萄、石榴等少量作物和果类不适宜外，新疆农作物的大部分种类在天山北麓都有分布。

天山北麓种植业分布大致为：南部丘陵和冲积扇为小麦、油料、豆类、土豆、大蒜区；中部洪积扇为小麦、玉米、甜菜、瓜菜区；中部扇缘溢出带为小麦、水稻、玉米、甜菜区；北部平原为小麦、棉花、玉米、油料（红花）区。

小麦是新疆古老的农作物之一。新疆南部孔雀河下游出土的小麦籽粒被测定为距今4000～3700a，新疆北部巴里坤发现的炭化麦粒距今约2800a。也就是说，小麦在天山北麓至少有近3000a的栽培历史（新疆维吾尔自治区地方志编纂委员会，1994）。玉米在新疆种植较晚，清道光二十六年（1846年）方有记载，天山北麓种植更晚。水稻在新疆南部有1400多年的历史，在新疆北部从清光绪年间才开始种植。高粱是新疆较古老的一种农作物，距今2000a已在新疆南部种植，清代在新疆北部有种植，但面积较小。包括大麦、谷子、稷（*Panicum miliaceum*）和荞麦（*Fagopyrum esculentum*）等在内的小杂粮在新疆有悠久的栽培历史，在距今3000～4000年前就有种植，是古代的主要粮食作物，在晚清以后面积逐渐减少。豆类实物最早见于公元384年，从4～19世纪，依次有黑豆［赤豆（*Vigna angularis*）］、蚕豆（*Vicia faba*）、豌豆（*Pisum sativum*）、扁豆（*Lablab purpureus*）、大豆（黄豆）、绿豆（*Vigna radiata*）6种，新疆北部种植也晚于新疆南部（新疆维吾尔自治区地方志编纂委员会，1994）。

公元1～5世纪，吐鲁番至新疆南部已广泛种植棉花，但新疆北部在20世纪30年代才开始种植棉花。现在新疆已成为全国的主要棉产区。油料作物中亚麻和红花种植时代早，是新疆早期的主要油料作物。亚麻籽粒最早发现于距今2800～2200年的考古遗址，新疆南、北部气温均适于亚麻生长。汉代张骞得红花种子于西域，新疆红花的种植历史早于内地，现今新疆已成为全国红花重点产区。油菜和向日葵的种植较晚，清代才开始，现今新疆是主要的油料作物产区。甜菜在新疆的栽培历史不到100年，现今天山北麓是甜菜的重要产区。啤酒花种植仅有50多年的历史，1960年试种，逐渐扩大，现已被确定为国家啤酒花的生产基地，天山北麓地带是啤酒花的主产区。

综上所述，早期区内种植业中，小麦、小杂粮（大麦、谷子、糜子、荞麦）及豆类应占重要地位，在现代主要作物中除小麦外，水稻、玉米、棉花、甜菜、啤酒花等只在近百年，尤其是近50年才占重要位置。

三、不同时期遗址分布特征

天山北麓发现的文物古迹不少，按时代大致主要归为3个阶段。早期文化遗存集中在中石器或新石器时代至汉代，大部分为新石器中晚期或铜石并用时期的遗存（新疆维吾尔自治区文物普查办公室和昌吉回族自治州文物普查队，1989）。目前多以遗址、墓葬、文化层形式保存，文物以石器为主，也有较多的骨器、陶器和铜器。遗址中也有大量的农业生产工具、谷类遗存和马、牛、羊、骆驼、狗等畜骨。这一时期的遗址大多分布在南部低山和丘陵区，呈东西向展布，东部更加集中。

唐至宋元时期的遗存多以遗址、古城、古堡、大寺、烽火台、墓葬、古道等形式保存，这一时期的遗存大多分布在中部扇缘溢出带和北部平原靠近沙漠区域，也呈东西向展布，在吉木萨尔县一带更为集中。反映了当时人类在平原和近沙漠区活动达到高潮，也反映当时吉木萨尔（北庭）是新疆重要的政治和经济中心。清代的遗存多以遗址、古城、古堡、烽火台（墩）、庙宇、会馆、墓葬等形式保存，这一时期的遗存大多分布在中部冲洪积扇和扇缘溢出带，也呈东西向展布，多集中在解放初期的公路沿线。

四、生物群变化

天山南北麓的广大地区的干旱环境由来已久。上新世以来，半荒漠、荒漠已在西北地区形成并逐步扩展。整个第四纪，以塔里木盆地、准噶尔盆地、柴达木盆地为代表的西北地区内陆性越来越强，气候进一步向干旱方向发展，虽然有冰期和间冰期的交替出现而产生多次气候冷、暖、干、湿的波动，但从未改变总的干旱面貌，全新世也如此（Yan and Mu，1990）。我国东部地区中全新世出现的暖湿环境在新疆表现不明显，平原地区主要呈荒漠或荒漠草原景观。

天山北麓近2000年以来，气候有冷暖波动，总面貌未发生根本变化。在小冰期，山区冰川前进比较明显（施雅风，2000）。反映在植被上，山区森林、低山丘陵区草原、荒漠草原、平原区荒漠、荒漠草原的植被景观无根本变化，只是在森林的上下界限、平原河谷林的发育程度、平原低地草甸的面积上，随气候的变化而发生波动。值得注意的是天山北麓平原区的荒漠植物多样性特征。植物种类多达200多种，其中短命植物的发育，一年生植物的参与，藜科多属种占有明显优势是其显著特点。

研究区自古以来有关动物方面的历史记载很少，偶尔有之，也是游记一类稍加提及，另外就是一些岩画所涉及，在一些文化遗址中，也可获得部分相关信息，而真正的有关研究在 19 世纪末才逐渐兴起。因此，区内动物群早期状况只能大略推知。

在天山北坡遗留有几十处岩画，其时代可追溯到数千年前。岩画上可以看到大量北山羊（*Capra sibirica*）、盘羊（*Argali sheep*）、羚羊（*Antelope*）、野牛（*Bison bison*）、鹿（*Cervus*）、马（*Equus ferus*）、骆驼（*Camelus*）、单峰驼（*Camelus dromedaries*）、熊（*Ursidae*）、欧亚野猪（*Sus scrofa*）、狼（*Canis lupus*）、狐狸（*Vulpes*）、兔（*Leporidae*）、狗（*Canis lupus familiaris*）和鸟类（*Aves*）的画面；在文化层中，经常可以看到羊（*Caprinae*）、马、骆驼、鹿等骨骼；上述证据可以大致反映当地主要的动物类群，这与现代当地动物种类比较相近。19 世纪以来，区内记述的动物群落结构较为复杂，种类繁多，仅卡拉麦里自然保护区就记载有哺乳类 28 种，鸟类 41 种，爬行类 8 种（Protection Association of Wildness Animal of Xinjiang Uygur Autonomous Region，1999）。其中原产的蒙古野马（*Equus przewalskii*）、蒙古野驴（*Equus hemionus*）、野双峰驼（*Camelus ferus*）、马鹿（*Cervus elaphus*）、赛加羚（*Saiga tatarica*）、鹅喉羚（*Gazella subgutturosa*）等大型哺乳类动物，在数量上均大幅减少，其中蒙古野马、赛加羚等已经在野外绝灭（Xinjiang Institute of Biology et al.，1991）。天池自然保护区内野生动物中有兽类 24 种，鸟类 50 种（Protection Association of Wildness Animal of Xinjiang Uygur Autonomous Region，1999），其中棕熊（*Ursus arctos*）、石貂（*Martes foina*）、水獭（*Lutra lutra*）、猞猁（*Felis lynx*）、雪豹（*Uncia uncia*）、北山羊、马鹿、盘羊、黑鹳（*Ciconia nigra*）、暗腹雪鸡（*Tetraogallus himalayensis*）、红隼（*Falco tinnunculus*）等重点保护的动物在数量上均明显减少。奇台县志中记载的老虎（*Panthera tigris*）早已绝迹，20 世纪 50 年代记录的原麝（*Noschus noschiferus*）等动物在野生动物资源调查中也未发现。

目前普遍的观点是，除了较为缓慢的自然环境周期性变化的影响之外，许多野生动物的减少或灭绝都与人类活动关系密切。自古以来，人类以野生动物肉体为食，以其皮毛为衣，以其骨、角及其他组织器官为药材，持续不断的狩猎活动使野生动物数量明显减少。大规模的牧业活动、农业活动对草场和水源的“侵占”使野生动物减少了活动范围，只能聚集到条件更加恶劣的环境之中生存。

五、环境演变特征

天山北麓是干旱区山地生态系统和荒漠生态系统的交界地带，是自然环境的敏感区域。距今2000 年以来，气候有冷暖波动，总面貌未发生根本变化。山区森林、低山丘陵区草原-荒漠草原、平原区荒漠-荒漠草原的植被景观没有发生根本变化，而在森林的上下界限、平原河谷林的发育程度、平原低地草甸的面积上出现了随气候的变化而发生波动的现象。

在整个生态系统中，山地生态系统比较稳定，平原生态系统相对不稳定。尤其是平原河流和湖泊抗干扰性极差，容易发生改变，同时也引起局地小气候及生物群的变化。近 2000 年来，由于气候变化和人类活动的影响，平原地区的水系变化很大，河流流量减少、流程缩短、尾闾湖消失、扇缘溢出带北移、地下水位降低，泉水流量减少等成为普遍现象。

由于人工绿洲取代自然绿洲，自然绿洲大面积减少，尾闾湖滨绿洲大面积消失，平原河谷绿洲面积减少，扇缘溢出带绿洲和大河三角洲绿洲为人工绿洲取代，自然绿洲功能弱化，基本失去了改善荒漠环境、生物栖息地、保护荒漠区生物多样性等多种生态功能。

新石器时代以来人为活动加强，早期以狩猎、牧业活动为主；中期以牧业为主，农业为辅；后期以农业为主，牧业为辅，人类对环境的影响有相当长的时间。清朝以来，尤其是中华人民共和国成立后，人类对环境的影响作用急剧加强，成为近代环境变化的主导因素，主要表现在对水的控制而产生的一系列水系、植被、沙漠变化（施雅风等，1992）。

第二节　艾比湖流域生态环境与人类活动

湖泊的干缩问题是干旱区生态环境演变研究中的主要热点之一。在近几十年来，干旱区大型湖泊干缩消失的有罗布泊、台特马湖、玛纳斯湖和艾丁湖，湖面水位下降，面积缩小的有艾比湖、艾力克湖、乌伦古湖和博斯腾湖等（樊自立和李疆，1984），其中尤以艾比湖的干缩最为明显。这些湖泊的干涸和萎缩与人类活动有密切的联系。本节探讨了艾比湖的形成及其动态演变过程，并对艾比湖 40 年的萎缩及流域生态环境的变化与人类活动的关系进行了初步分析，进一步揭示了人类活动在干旱区生态环境演变中的重要作用。

一、艾比湖流域自然地理特征

艾比湖流域位于 43°38′~45°52′N，79°53′~85°2′E 之间。流域南、西、北三面环山，东部与准噶尔盆地相连。总人口约 71.05 万人（1990 年），土地面积约 $5.06\times10^4\mathrm{km}^2$。

艾比湖是喜马拉雅造山运动中形成的断裂陷落湖。目前湖面海拔 195~196m，面积 500~600km^2，为新疆北部最低的区域。注入艾比湖的大小河流共 20 多条，但目前能直接补给艾比湖的只有博尔塔拉河和精河。奎屯河于 20 世纪 70 年代末期已无地表水进入艾比湖，湖北部各小河只有夏季洪水期有少量洪水进入干涸的小湖区，形成小面积的水域，在短时间内蒸发散失。全流域总径流量为 $3.746\times10^9\mathrm{m}^3$（杨利普和杨川德，1990）。

本流域气候属温带干旱大陆性气候，全流域年均降水量 263.5mm，年均气温 5~6℃，夏季平均气温 22℃，极端最高气温 44℃，冬季月均温 -15.7℃，极端最低气温 -36.4℃。来自阿拉山口的大风是影响湖区气候的重要因素，该山口是阿拉套山和巴尔鲁克山间的一个谷地，宽 20km，由西北向东南倾斜，高差 150m 左右。该区年平均大风（≥17m/s）日数 164 天，最多 185 天，年有八级以上大风 241h。每次大风来时，从西北向东南越过湖面，在精河东南遇到突出的天山支脉喀拉丘特山后分为两支，一支往东吹向准噶尔盆地，另一支转向西然后再反旋向西北到达博乐一带。

流域内植被稀少，周围山地有森林覆盖，以雪岭云杉为主，在部分山区河谷中生长有桦树和杨树等。在艾比湖东北部及托托北部分地区分布大面积的梭梭林。另外，在平原区有以杨树、榆树和沙枣（*Elaeagnus angustifolia*）为主的人工林。流域内的低山带、山前平原及艾比湖盆地主要为荒漠草原，还有小部分低地草甸草原。在中高山带，主要为草原及高寒草甸草原。土壤主要为潮土、灌耕土、灌耕草甸土、沼泽土、棕钙土及灰漠土等。

二、艾比湖流域的地质构造与艾比湖的形成

艾比湖属于准噶尔地块最西缘的一小部分。准噶尔盆地是晚古生代泥盆纪后期至早二叠世时期形成的古老地块。喜马拉雅造山运动使准噶尔地块和天山、阿尔泰山地槽的刚硬基底产生了许多复杂而巨大的地块断裂，艾比湖就是在这些断裂条件下生成的一个断裂陷落区。艾比湖断裂陷落区形成后，成为新疆北部最低洼的地区之一，新疆北部西侧的主要河流、冰洪都汇泄其中，形成巨厚的泥沙、砾石等碎屑沉积。此时博尔塔拉河尚未流入艾比湖中，因其河谷并不属于准噶尔地块，而是北天山褶皱带中的一个封闭山间盆地。在人类出现的第四纪前后的 200 万 ~ 300 万年里，气候寒暖干湿交替，冰川的消长活动十分活跃而频繁，大约到了更新世晚期，博乐隆起才被冰川、洪水打通，博尔塔拉河开始注入艾比湖，这样现代的艾比湖流域就基本形成，并开始了它的发育过程。

三、艾比湖形成以来的动态演变特征

艾比湖的动态演变可划分为以下 3 个时期：

1）形成发育期

艾比湖断陷于新近纪形成后，新疆北部已形成了与大海完全隔绝的内陆干旱区。第四纪以来广大山区由于受全球性冰期的影响，冰川活动频繁，艾比湖一直是准噶尔西部山区冰川、冰洪及泥沙、砾石的汇积归宿之地。在这个时期，艾比湖表现为季节性淡水湖的特征。

2）淡水湖期

到了晚更新世，因为博尔塔拉等河流入艾比湖，湖水面积在 2380 ~ 3000km^2（据古湖岸线推测），湖水深度在 40m 左右，湖水总储量为 710×10^{10} ~ 110×10^{11} m^3。当时的艾比湖为良好水质的淡水湖。那时湖周植物繁茂，为典型的淡水湖生态环境。

3）干缩期

从全新世开始，由于冰期结束，气候向暖干方向发展，进入湖中的水量减少，加上强烈的蒸发，湖面开始萎缩，湖水也逐渐浓缩，矿化度越来越高，艾比湖湖面缩小了一倍多，只有 1300km^2（据湖岸阶地调查推测），湖水深度为 6m 左右，湖水总储量估计有2.0×10^9 ~ 3.0×10^9m^3，湖水矿度达到 80 ~ 120g/L，成为一个典型的咸水湖，湖周围留下了大片的沼泽和盐碱滩，湖内水生生物较少，只有在各河流的入湖口附近，因为水质良好，水鸭、天鹅成群栖息，在湖周有大面积芦苇沼泽分布。这个阶段，艾比湖的萎缩是由于气候变化引起的。新疆北部地区第四纪以来，气候变化的总趋势是向干旱发展的（文启忠和郑洪汉，1988）。

人类活动干缩期：从 20 世纪 50 年代到 90 年代，艾比湖从 1200km^2 萎缩至 615km^2 左右（表 5.1），这一阶段艾比湖的急剧萎缩与人类活动有密切关系。

表 5.1　1950～1990 年艾比湖湖面面积变化

时间	湖面面积/km^2	资料来源
20 世纪 50 年代初	1200	据苏联地图测算
1957 年	1070	《新疆地貌》
1958 年	960	据航片测算
1959 年	823	据航片测算
1972 年	589	据卫片测算
1975 年	566	1：10 万地形图
1977 年 5 月	584	据卫片测算
1977 年 7 月	518	据卫片测算
1983 年	522	艾比湖盐场及南京地理所
1985 年 6 月	560	据航片测算
1987 年 6 月	499	据卫片测算
1990 年 5 月	615	据 1：6 万航片测算

四、艾比湖流域人类活动基本特征

艾比湖流域原为古老的游牧区，种植业虽始于西辽时期，只是到了清代，清政府大兴屯田、屯垦戍，流域内种植业和人口才形成了一个高速发展时期。到 1949 年全流域人口 6.5 万人，耕地 $2.4\times10^4hm^2$，牲畜头数 4.491×10^5 头。1950～1990 年流域内人类活动的基本特征可以从以下几个方面反映（图 5.1）。

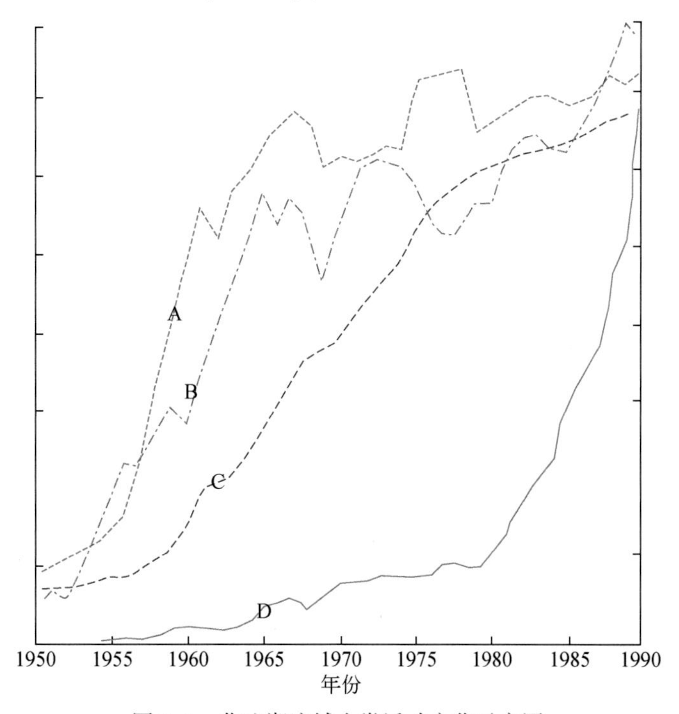

图 5.1　艾比湖流域人类活动变化示意图

A. 耕地面积，右纵坐标每格＝$3.33\times10^4hm^2$；B. 牲畜头数，右纵坐标每格＝2.0×10^5 头；C. 人口数量，左纵坐标每格＝10 万人；D. 工业产值，左纵坐标每格＝2 亿元

1. 农业耕地变化

流域内大规模的农业开发始于清代和民国时期，而 20 世纪 60 年代到 90 年代来农业的高速发展是流域内人类活动增强的主要标志之一。由于历史原因，农业的不合理开发引发了流域生态环境的一系列负面影响。以耕地面积的变化来说明近三四十年来流域内种植业的发展情况。从图 5.1 可以看出，流域内耕地面积总体上呈现急剧增长而后又波动上升的发展态势。1955～1960 年是流域内耕地高速增长时期，年平均增长率高达 39.7%，1960 年以后基本上呈现波动上升趋势，年平均增长率为 0.97%，近年来流域内耕地面积大致稳定在 2.0×10^5 hm^2。

2. 畜牧业的发展

流域内的博尔塔拉蒙古自治州是古老的游牧区，畜牧业生产在流域内有着悠久的历史。现以畜群总数的变化来说明其发展的总体态势。如图 5.1 所示，1949～1965 年流域的畜群总数呈高速增长的状态，年平均增长率达 12.72 %。1966～1985 年波动较大，而 1986～1990 年又得到了迅速发展，年平均增长率为 2.54%，1990 年流域内大小牲畜总头数达到 1.7562×10^6头。畜群的持续增长直接造成草场资源压力增加，而畜群自身的波动变化则是与流域内草场生产力，季节草场的不平衡及各种自然灾害频繁等因素相联系。

3. 人口发展

流域内人口发展的特点呈急剧上升并逐步趋稳的发展态势。1949～1960 年人口年平均增长率达 11.1%，1961～1970 年人口年平均增长率达 9.56%，1971～1980 年人口年平均增长率为 4.62%，1981～1990 年年平均增长率为 1.38%。从上述数据可以看出，流域人口从 20 世纪 50 年代到 70 年代呈急速发展的状态，年均人口增长率高达 19.9%，人口过速增长对资源和环境的冲击是显而易见的。流域内大面积垦荒，因缺乏燃料而造成植被的大量破坏，上游大量引水灌溉而导致入湖水量减少乃至河流断流等都与这一时期人口的剧增有直接关系。

4. 工业发展概况

图 5.1 显示，流域内工业生产 1978 年以前增长缓慢，1978 年以后增长速度加快。流域内工业生产的发展带来了区内潜在的环境压力。因目前流域内的工业规模不大，还没有区域性的环境污染问题出现。从上述分析可见，艾比湖流域内人类活动的强度总体上呈急剧上升趋势。由于本流域地处干旱区，为一封闭的内陆湖泊生态系统，其稳定性差，抗干扰能力弱，任何人类活动对其利用失当或干扰强度超过其承载能力，都会引起流域内生态环境的逆向演变。

五、艾比湖流域生态环境演变与人类活动关系分析

从中华人民共和国成立到 20 世纪 90 年代，艾比湖流域生态环境发生了一系列显著的变化，这些变化与人类活动有紧密联系，现从以下几个主要方面加以分析。

1）艾比湖湖面急剧萎缩与人类活动的关系

艾比湖作为一封闭的内陆湖泊，其萎缩的直接原因是入湖水量急剧减少，而入湖水量减少的主要原因是人类活动用水增加。人类活动用水根据耗水途径主要分为四大部分：生活用水、牧业用水、农业用水和工业用水。1950～1990年艾比湖流域人类活动耗水状况见表5.2。

表5.2　艾比湖流域1950～1990年人类活动耗水量

年份	总量/10^8m^3	农业/10^8m^3	工业/10^4m^3	牧业/10^4m^3	生活/10^4m^3
1950	4.09	4.05	3.77	263.35	127.19
1951	4.50	4.46	5.40	288.42	128.68
1952	5.08	5.04	5.57	274.41	132.16
1953	5.37	5.32	10.49	296.38	136.07
1954	5.76	5.71	14.90	343.79	139.69
1955	6.56	6.51	21.74	392.73	157.79
1956	7.49	7.43	40.76	444.63	158.32
1957	10.74	10.68	54.98	435.60	175.52
1958	14.55	14.48	64.69	474.53	202.33
1959	17.54	17.46	122.07	517.35	223.43
1960	22.10	22.00	153.11	490.90	284.62
1961	23.62	23.51	145.46	556.31	374.43
1962	21.63	21.52	121.91	608.58	377.25
1963	24.48	24.37	126.45	652.20	402.53
1964	25.17	25.04	174.38	703.49	449.61
1965	27.01	26.86	234.39	777.37	492.77
1966	27.94	27.77	330.88	730.41	573.99
1967	28.77	28.60	357.22	769.33	630.28
1968	28.47	28.30	276.96	733.93	686.29
1969	25.56	25.38	387.94	655.32	691.11
1970	26.35	26.16	473.66	723.14	732.36
1971	20.45	20.24	478.79	783.98	772.58
1972	20.78	20.57	486.59	812.82	815.07
1973	21.29	21.07	518.80	815.45	859.11
1974	20.98	20.75	505.14	809.88	896.84
1975	23.96	23.73	521.81	799.20	980.54
1976	24.18	23.95	549.68	739.77	1024.24
1977	24.47	24.23	627.80	717.25	1051.40
1978	24.54	24.30	587.35	727.67	1080.64
1979	21.84	21.60	595.82	762.34	1102.184
1980	22.17	21.90	730.94	762.61	1129.60

续表

年份	总量/10^8m^3	农业/10^8m^3	工业/10^4m^3	牧业/10^4m^3	生活/10^4m^3
1981	19.74	19.46	846.45	805.10	1139.03
1982	20.04	19.74	1090.25	831.1	1155.67
1983	20.35	20.02	1270.03	847.37	1159.41
1984	20.39	20.05	1404.62	826.83	1169.00
1985	19.93	19.54	1870.02	824.86	1180.79
1986	20.03	19.62	2080.66	853.11	1194.55
1987	20.61	20.16	2331.49	882.02	1221.38
1988	21.33	20.83	2865.71	930.04	124.604
1989	20.90	20.37	3120.27	983.91	1236.04
1990	21.37	20.77	3684.55	961.52	1296.64

从理论上讲，如果人类活动耗水对湖面面积有显著影响，两者间应存在一定程度的负线性相关，即当人类活动耗水增多时，湖面面积萎缩，反之则扩大。因此，根据表5.1和表5.2列出的数据，绘出了1950～1990年艾比湖湖面面积变化曲线和流域内人类活动耗水量曲线图（图5.2）。

图5.2　人类活动耗水量与艾比湖湖面面积变化曲线图

A. 人类活动耗水量，纵坐标每格＝$5\times10^8m^3$；B. 艾比湖湖面面积，纵坐标每格＝$200km^2$

从图5.2可以看出，两曲线呈明显的负相关关系，从20世纪50年代到70年代流域内人类活动耗水量急剧增加，随之湖面面积也急速缩小，70年代后人类活动耗水量在$210\times10^9m^3$上下波动，而艾比湖湖面面积80年代以后也大致稳定在$560km^2$左右。为了进一步深入分析两者的关系，根据表5.1和表5.2的数据对其进行统计分析，发现两者存在如下的数量关系：

$$y=32.1-0.0189x \tag{5.1}$$

式中，y 为人类活动耗水量；x 为湖面面积，该式 $F=15.587$，大于 $F_{0.001}$，即在置信度 $\alpha=0.001$ 的条件下该回归方程高度显著。故此，可以推断人类活动耗水量和湖面面积显著线性相关，式（5.1）成立。式中的系数-0.0189意义为近40年来流域内人类活动耗水每增加 $1.0\times10^8m^3$，艾比湖湖面面积缩小近 $50km^2$。从这点可以认识到控制人类活动用水量，提高用水效率，在全流域内发展节水产业是保护艾比湖的一个十分重要措施。

另外，由此也可以看到人类活动在艾比湖流域生态环境演变中的重要作用。随着艾比湖的萎缩引起了流域内一系列的环境问题。

2）植被破坏、草场退化与人类活动关系

20世纪50年代以前，艾比湖周围生长着梭梭林 $6.67\times10^4hm^2$，胡杨林 $3.78\times10^4hm^2$，芦苇 $4.67\times10^4hm^2$，草甸草场 $1.0\times10^5hm^2$，加上荒草场共有 $2.667\times10^5hm^2$。50年代后，随着流域人口的急剧增加和耕地面积的大幅度扩大，对这些天然植被的破坏极为严重。新增耕地都是在破坏原有植被的基础上开辟出来的，而断水截流也是下游天然植被减少乃至消失的一个原因。另外，因本地缺少煤等矿物燃料，居民烧柴主要靠砍伐和挖取梭梭、红柳等天然植被，而人口增加则意味着砍挖植被活动的加强。据1978年调查，梭梭林、胡杨林剩下不到 $4.0\times10^4hm^2$，由于下游水量减少，地下水位下降，幸存的胡杨林中幼林很少且多为生长不良的中年林和成熟林（图5.3、图5.4）。湖周的芦苇仅存 $2670hm^2$。流域内博州地区草场利用过度和人为破坏等原因造成的退化草场面积有 $1788\times10^5hm^2$，占全州草场面积的1.11%。

图5.3　2011年尚见小叶桦林中的泉水涌出

图5.4　艾比湖里残存的胡杨树

六、流域内沙漠化危害与人类活动的关系

艾比湖流域历史上就存在沙漠，但1950～1990年，随着艾比湖的萎缩，沙漠化危害已明显扩大并加重了。

1）沙丘移动淹没农田、阻断交通

农五师82团四连一条大垄状移动沙丘，在1968年还是一个小沙土包，距17号条田有370m，到了1981年，已聚为高8～10m，宽20m多，长400m的大沙垄，淹没了一个条田，穿越了20m宽的林带，侵入另一条田20m，经过20世纪八九十年代的治理，已减慢了前移速度（袁国映，1990）。另外，在大风季节，乌伊公路的387～414km路段近30km的路面，经常受风沙和沙丘的埋没，致使局部路段两次改道，影响公路交通的畅通。风沙对铁路交通危害的主要形式是路基风蚀、沙埋路基和大风对铁路建筑和客货列车运行车的影响，其中尤以前两者的影响最为有害和显著。

2）浮尘日数增加，人畜受害

在阿拉山口大风的作用下，迎风地区风蚀严重 ，风沙浮尘天气剧增（表5.3）。

表5.3　精河县风沙天气5年年平均值

时间	扬沙/天	沙尘暴/天	浮沉/天
1961～1965年	17.8	2.6	0.4
1966～1970年		4.4	0.2
1971～1975年	16.0	3.6	3.8
1976～1980年	37.6	10.6	12.0
1981～1985年	14.0	10.2	63.6
1986～1990年	28.0	2.0	38.0

从表5.3可以看出，地处下风向的精河县，从20世纪50年代到80年代浮尘天气急剧增加。干涸湖底吹蚀后，沙土盐尘被携带在空气中危害极大，这些浮尘中含大量镁盐，大风过后它们覆盖在牧草和农作物的茎秆上，牲畜吃了就腹泻，而人吃了带盐尘的蔬菜、水果，也会损害健康。据调查，精河县居民沙眼发病率很高，肺癌及其他呼吸系统疾病也较多，这些都与空气中浮尘的危害物质有一定的关系。

流域内沙漠化危害的发生受一定的自然因素影响（如气候干旱、风大等），但与人们对水土、植被等自然资源的不合理开发亦有直接关系。主要表现在流域内人口急速增加，上游大面积开垦，拦河修建水库，致使注入艾比湖的地表径流急速减少，湖面面积急速萎缩，从中华人民共和国成立初的约1200km^{2}减少到20世纪90年代的560km^{2}左右。近400km^{2}已成为干涸湖底，加上历史时期的干涸湖底，约有1500km^{2}成为流域内沙漠化的重要沙源地；另外，由于盲目开荒，许多新垦地缺乏充足的水源灌溉，土地养分差，投入少，产量不高，甚至不产出，最终引起弃耕。弃耕的土地地表植被已被破坏，土质疏松，经大风吹蚀，极易就地起沙，形成沙化危害。

七、流域内土壤盐渍化危害与人类活动关系

据调查，流域内博州地区受盐渍化危害的耕地面积为6174hm^2，其中危害的重点地区在精河县就有4450hm^2，占到全县耕地总面积的20.6%。如果全州每1hm^{2}耕地年产值按2250元计算，那么博州每年因受盐渍化危害而减产所造成的直接经济损失就达240多万元。另外，博州还有受中度盐渍化危害的草场面积5.41×10^{4}hm^2。通过调查发现，流域内灌区缺乏完善配套的引排渠系及落后的管理方式（如大水漫灌等），渠系渗漏严重，造成了灌区内潜水位的大面积上升，使许多地区超过了潜水的临界深度。毁林开荒，改草为田

更加速了地面的恶性蒸发。这些是形成流域内土壤盐渍化危害的主要人为因素。

综上所述，艾比湖流域生态环境的演变有一定的自然背景，人类活动耗水量的急速增加是造成艾比湖湖面萎缩的直接原因，由此而引发的湖周生态环境的恶化与人类对自然资源的破坏和不合理利用方式有密切的联系。因此，努力提高人类自身的科学技术水平，约束人类对自然的破坏行为，尊重自然规律，提高自然资源特别是水资源利用率，在干旱区的开发建设中就显得十分重要（图5.5）。

图5.5 艾比湖南岸碱蓬

第三节 东天山北坡山区40年来各季及年际水热组合变化

新疆是一个特殊的地区，有关其冷暖干湿组合的变化在学术界一直存在着争议（李江风，1985；文启忠和郑洪汉，1988；董光荣等，1990；李吉均，1990）。天山北坡经济带是国务院西部大开发中重点经济发展带，天山北坡的气候变化与环境演变过程及未来可能变化趋势是该经济带持续发展的重要科学基础。姜逢清等（2006）、袁晴雪和魏文寿（2006）、范丽红等（2006）、苏里坦等（2005）和袁玉江等（2004）曾对天山北坡气候变化进行过相关的研究。本节通过对东天山北坡4个平原站和两个山区站气象记录的统计分析，分别从平原和山区对东天山北坡40年来的水热组合变化规律进行了季和年的尝试性研究，并与新疆第四纪环境演变中所反映的古气候变化规律进行了对比分析，将不同时段、不同数据来源、不同研究方法的气候研究结果进行融合和对比，期望对新疆气候变化研究的进一步深入有所裨益。

一、数据及方法

以奇台、吉木萨尔、阜康、乌鲁木齐4个站代表东天山北坡平原，以小渠子和天池两个站代表东天山北坡山区（图5.6，表5.4），计算出东天山北坡山区、平原40年

（1961～2001年）四季及逐年的区域平均气温和平均降水量序列，进行水热组合的对应比较和分析。

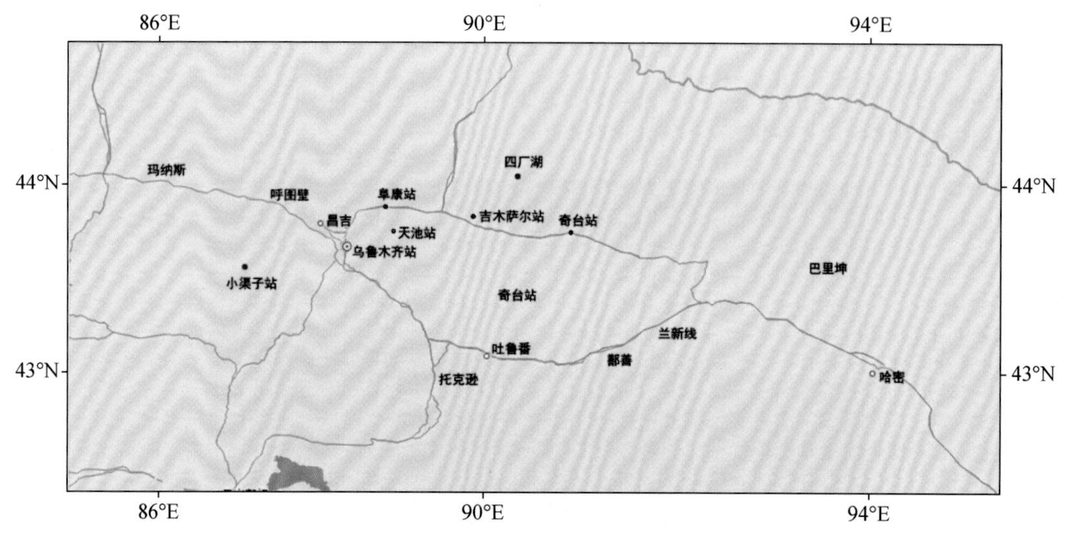

图 5.6　东天山北坡气象站点分布示意图

表 5.4　东天山北坡各气象站海拔数据

位置 站名	山区		平原			
	小渠子	天池	乌鲁木齐	阜康	吉木萨尔	奇台
海拔/m	1853	1935.2	917.9	547.0	735.0	796.4

对东天山北坡40年来的气象记录进行统计分析时，采用趋势拟合技术中传统的滑动平均方法，它相当于低通滤波器，用确定时间序列的平滑值来显示变化趋势。可以证明，经过滑动平均后，序列中短于滑动长度的周期大大削弱，显现出变化趋势（魏凤英，1999）。分析时主要从滑动平均序列曲线图来诊断其变化趋势，看其演变趋势有几次明显的波动，是呈上升还是下降趋势。

二、东天山北坡山区40年来各季及年际水热组合变化

从图5.7～图5.11可以看出，山区各季和年平均降水量及气温曲线呈现明显的反相位变化规律，气温升高和降水量减少，以及气温降低和降水量增加的对应几乎完全同步。40年来，山区春季的月平均气温变化幅度比较大，也较频繁：最低气温出现在1970年，仅为-9.82℃；最高气温出现在1963年，为-0.67℃；月平均降水量最小值出现在1991年，为45.20mm；最大降水量出现在1964年，达219.70mm。其变化趋势相对可以分为1961～1968年暖干期；1969～1980年冷湿期；1981～1984年较短的暖湿期；1985～1988年冷湿期；1989～1991年暖干期；从1992～2001年进入一个相对暖湿期。

40年来夏季月平均气温的变化幅度较小，最高气温出现在1977年，为15.68℃；最低气温出现在1987年，为9.91℃。而月平均降水量40年来的变化较大，最大降水量出现

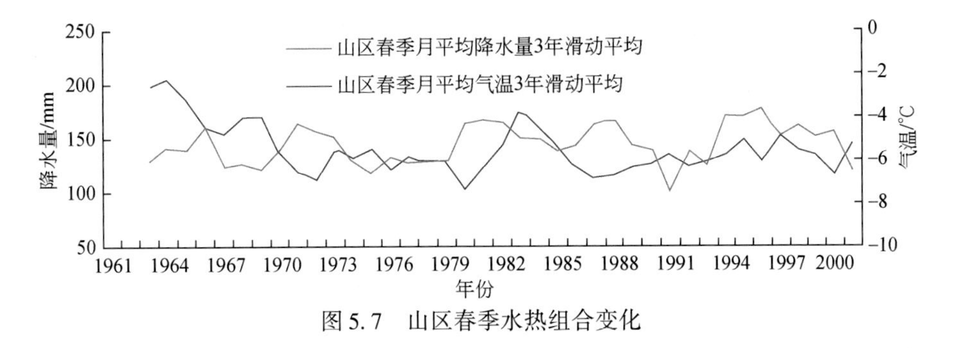

图 5.7　山区春季水热组合变化

山区夏季月平均气温3年滑动平均
山区夏季月平均降水量3年滑动平均
降水量/mm
气温/°C
350
300
250
200
15
14
13
12
11
10
1961 1964 1967 1970 1973 1976 1979 1982 1985 1988 1991 1994 1997 2000
年份

图 5.8　山区夏季水热组合变化

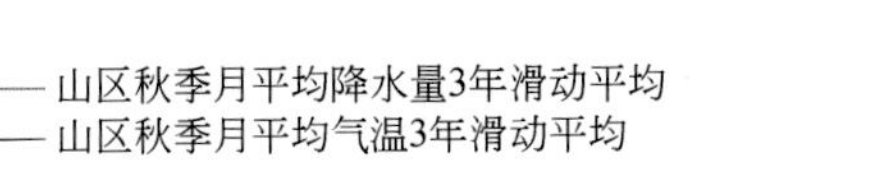

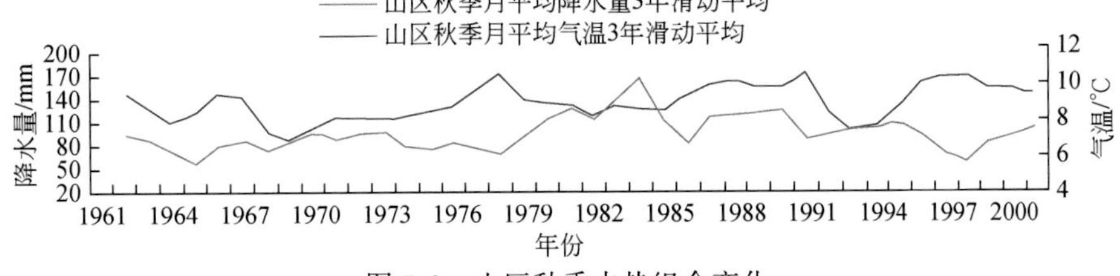

图 5.9　山区秋季水热组合变化

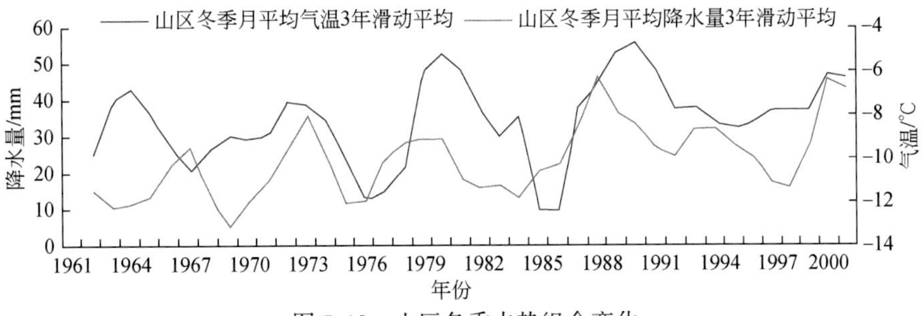

图 5.10　山区冬季水热组合变化

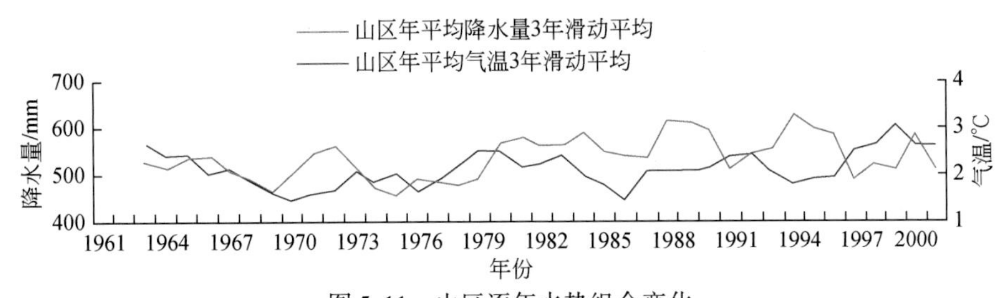

图 5.11　山区逐年水热组合变化

在1963年，达417.20mm；最小降水量出现在1974年，仅148.35mm。其水热组合的变化规律可以分为：1961～1977年的相对暖干气候；从1978～1989年的相对冷湿气候；1990～2001年的相对暖湿气候，其中，1997年和2001年夏季均出现了高温少雨的暖干气候现象。40年来秋季月平均气温变化较大，而月平均降水量较小。最高气温出现在1977年，为11.175℃；最低气温出现在1992年，仅6.06℃。降水量的变化则相对要大一些，最大降水量出现在1983年，达175.25mm；最小降水量出现在1997年，为37.15mm。其水热组合的变化可分为3个阶段：1961～1977年属于相对暖干时期；1978～1994年基本属于相对暖湿气候，1995～2001年又出现降水量持续减少的相对暖干气候。

40年来冬季月平均气温变化中，仅1985年出现了极端低值（-17.15℃），其他时段气温值变化不是很大（平均-8.23℃），但仍可以看出，自1986年开始气温持续处于较高状态；最高气温出现在1979年（4.28℃）。而月平均降水量的变化频度较高，仅有1987年和2000年的降水量高于50mm；最小降水量出现在1968年，仅0.9mm。其水热组合40年来的变化可以分为两个阶段：1961～1986年基本处于相对暖干气候，在这个阶段气温和降水量从20世纪70年代初开始就一直处于上升态势，但不是非常明显，所以认为，相对于1987年后的变化，该时段仍属于相对暖干气候；1987～2001年，气温明显上升，并始终处于高值状态，降水量的增加幅度也非常大，基本处于相对暖湿气候。

东天山北坡山区年际气候变化中最高气温（1997年，3.56℃）与最低气温（1984年，0.53℃）的差距不是很大（3.03℃），可以说明40年来气温的年际变化不是很大，只有1984年出现了气温极低值（0.53℃），降水量的年际变化比较明显。40年来降水量的最大值出现在1984年（671.2mm），正好对应40年来的气温最低值（1984年，0.53℃），40年来降水量的最小值出现在1997年（324.95mm），对应40年来的气温最高值（1997年，3.56℃）。40年来水热组合变化可分为两个阶段：1961～1977年降水量一直偏高，气温从1961年开始持续下降，后虽有上升，但不明显且不稳定，气候相对冷湿；从1978年开始，年平均气温和年平均降水量都持续处于高值区，进入相对暖湿的气候状态。

三、东天山北坡平原40年来各季及年际水热组合变化

同山区一样，东天山北坡平原降水量和气温曲线的反相位仍然非常明显。平原在40年来的气候变化趋势上虽其频度略有差异，但总的趋势还是非常一致的。由图5.12～图5.16的分析比较可以看出，春季平原的历年气候变化幅度不是很大，以暖干气候为主，月平均气温的变幅基本在4℃范围内波动，仅1997年达到了12.91℃。月平均降水量的波动则相对要大一些，基本上在97mm内波动，仅1998年的降水量达到了40年来的最大值，为140.63mm，其水热组合的变化基本可以分为1961～1969年、1973～1986年属于相对暖干期，1970～1972年属于相对冷湿期，1987～2001年属于相对暖湿期。

夏季平原气候的主要变化特点为，降水量增长迅速而气温却相对降低，且无大的波动（波动幅度基本在2℃范围内）。月平均气温一直持续较低（尤其是1977年后），仅1962年和1974年出现两个高值（24.84℃和25.05℃）。月平均降水量则相反，从1977年开始持续增长，并且在1998年出现了40年来降水量的最大值144.85mm。其水热组合的变化基本可以分为两个阶段：1961～1983年气温相对较高而降水量一直处于比较平稳的低值

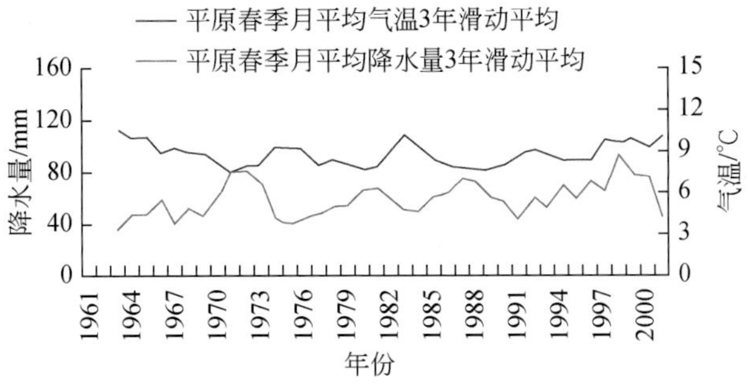

图 5.12　平原春季水热组合变化

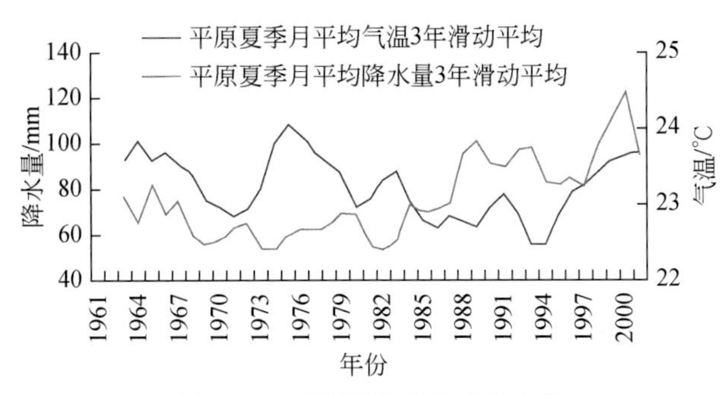

图 5.13　平原夏季水热组合变化

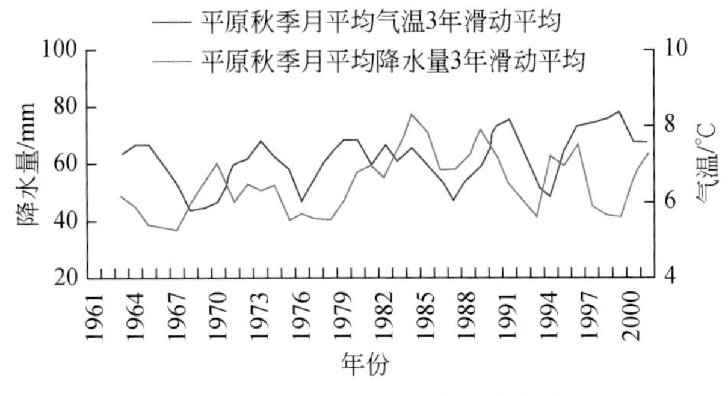

图 5.14　平原秋季水热组合变化

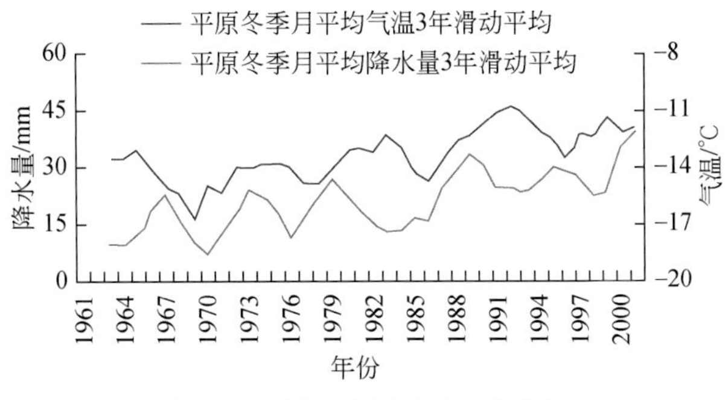

图 5.15　平原冬季水热组合变化

区，属于相对暖干气候；1984～2001 年降水量呈现非常明显的上升态势而气温并没有出现类似秋冬季的明显增长，反而处于相对低值区，属于相对冷湿气候。

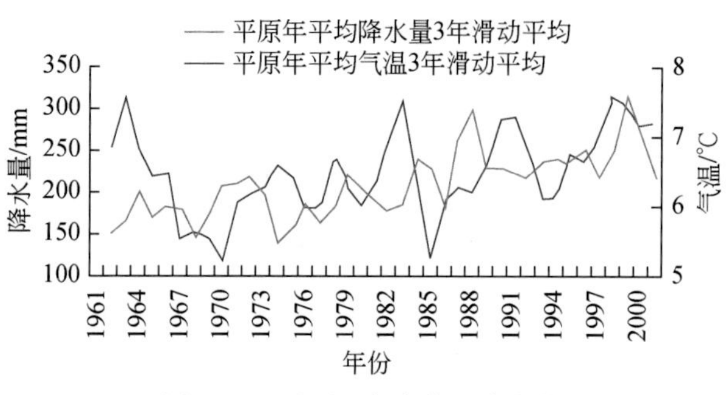

图 5. 16　平原逐年水热组合变化

40 年来秋季平原的气候变化比较平稳，仅 1978 ~ 1996 年月平均气温和月平均降水量相对升高，气温的最高值 9. 34℃（1978 年）和降水量的最大值 90. 28mm（1983 年）都出现在这个时段。其水热组合的变化分段比较明显，与山区的同步性也体现得很好，可分为 3 个阶段：1961 ~ 1977 年属于相对暖干时期；1978 ~ 1994 年基本属于相对暖湿气候；1995 ~ 2001 年又出现相对暖干的气候。

冬季平原的月平均降水量和月平均气温在 1986 年后均出现明显的增加趋势，气温的上升幅度较大。其水热组合的变化可分为两个阶段：1961 ~ 1986 年基本处于相对暖干气候，40 年来的最低气温 -17. 98℃（1969 年）和最小降水量 1. 5mm（1968 年）都出现在这个时段；1987 ~ 2001 年气温持续快速攀升，降水量也出现相应的变化趋势，基本处于相对暖湿气候。40 年来的最高气温 -9. 80℃（1990 年）和最大降水量 54. 65mm（2000 年）都出现在这个时段。从图 5. 16 可以看出，平原年平均气温 1986 年后处于持续上升的趋势，自 1997 年开始，出现了 40 年来的最高气温 7. 84℃；年平均降水量的变化趋势也很明显，降水量从 1978 年开始就出现了持续增长，也出现了 40 年来的最大降水量 350. 65mm。其水热组合的变化比较明显：1961 ~ 1986 年降水量均值处于比较平稳的相对低值区，而气温均值处于相对高值区，气候相对暖干；从 1988 年开始，降水量和气温均值都明显攀升，进入相对暖湿的气候状态。

四、东天山北坡 40 年来水热组合变化规律

通过对东天山北坡山区和平原各季及年际水热组合 40 年变化的对应分析，结论如下：第一，气温和降水量几乎无一例外具有显著的反相位对应关系。第二，自 1987 年以来，东天山北坡的山区和平原的气候变化表现出一定的同步性，存在着一定程度暖湿的水热组合，平原的变化尤其明显。第三，就季节而言，春季山区和平原没有明显的增温趋势，降水量相对增加，尤其是山区降水量增加比较明显，表现出相对于其他三季比较复杂的水热组合；夏季山区和平原在降水量显著增大时（1987 年后）气温出现了不同的变化趋势，山区气温仍持续走高而平原却相对偏低；秋季山区和平原的气温都呈一定程度的增温趋势（山区在 1992 ~ 1994 年出现了一次强低温波动），降水量在 1979 年后一直处于较大的态势，直到 1996 年左右开始下降，出现新一轮的暖干气候；冬季是 1987 年后山区和平原气温和降水量增加幅度最大的季节，表现出明显的暖湿气候。第四，山区和平原的年平均气温有一定的增长，但不是很显著。降水量呈现出较为明显的增长趋势，尤其是平原自 1986

年后降水量显著增加，山区自1980年开始，降水量也一直处于较大的状态。

五、东天山北坡古气候变化

关于天山北坡的古气候变化，有很多学者对湖泊沉积所反映的环境和气候信息进行了大量深入的相关研究。韩淑媞等（1993）通过对孢粉、微体古生物、微量元素等分析，认为巴里坤湖地区在晚更新世和全新世时存在不同程度的相对冷湿和暖干交替的气候格局。李志忠等（2001）对乌鲁木齐河尾闾湖泊东道海子沉积的孢粉进行了分析，重建了下游平原30ka B. P. 以来的古植被和古气候演变过程。表明末次冰期冷湿、全新世大暖期相对暖湿、最近500年来相对暖干的气候变化过程。阎顺等对天山北坡东道海子剖面（阎顺等，2004b）、桦树窝子剖面（阎顺和阚耀平，2003a）和四厂湖剖面（阎顺等，2003b）进行了^{14}C测年和沉积相、孢粉、粒度、磁化率及烧失量的综合分析研究，结果表明：高湖面期是植被发育较好阶段，对应相对寒冷期；中低湖面期是植被发育较差阶段，对应相对暖期。4.5ka B. P. 以来，天山北麓干旱的总面貌未发生根本变化，但气候有相对冷暖干湿的波动。除1.7～1.3ka B. P. 这一新疆北部中世纪气候适宜期属于气候相对暖湿外，其他时段基本都属于冷湿、暖干的水热匹配模式。李树峰等（2005）通过分析乌鲁木齐河尾闾湖泊东道海子剖面的硅藻记录，并结合孢粉、磁化率、烧失量和粒度分析资料，以^{14}C测年数据为基础，讨论了天山北麓古尔班通古特沙漠南缘的环境演变，认为东道海子湖泊过去3000多年的气候变化存在着冷湿、暖干的波动。从全疆来看，李江风（1990）利用历史记载、树木年轮的资料，对新疆从周朝（公元前1000年）到清朝末年（公元1911年）近3000年的气候变化作了分析，结果表明，周朝（公元前1000年至公元前256年）主要为暖干气候，秦汉时期（公元前221年至公元220年）主要为冷湿气候，新莽时期（公元9～23年）到魏晋、南北朝时期（220～589年），气候均以暖干为主，隋唐时期（581～907年）约有2/3的时间为冷湿期，五代、宋、元时期（907～1368年）也主要为冷湿气候，到了明清时期（1368～1911年），更为丰富的资料同样显示出新疆气候以冷湿、暖干交替出现。上述研究主要集中在对天山北坡乃至新疆百年、千年尺度的气候、环境演变研究，由于受测年精度、取样密度等客观条件的限制，尚难精确到年际和年代际的变化。而本节通过对东天山北坡山区和平原6个气象站40年数据的分析表明，在季节、年际和年代际尺度上没有明显地体现出冷湿、暖干为主流的水热组合规律。历史时期以冷湿、暖干为主流的水热组合规律是否也能代表现代有数据观测以来的水热组合变化规律，因受获得数据时间序列的限制，还有待进一步的观测和研究。

六、讨论与结论

天山北坡是干旱区山地生态系统和平原荒漠生态系统的综合统一体，是自然环境的敏感区域。根据其东段40年来6个气象站的连续观测资料进行的各季、年降水量均值、气温均值滑动平均及古气候的部分研究结果，可以得到如下结论：从年际间变化看，山区和平原都表现出了比较明显的暖干、暖湿组合特征；从季节变化看，山区和平原秋、冬两季一般都表现出比较明显的暖干、暖湿组合特征，春季和夏季则表现出暖干、暖湿和冷湿等组合特征；从空间上看，东天山北坡山区和平原的气候变化表现出一定的同步性。自 1986 年后，存在着一定程度相对暖湿的水热组合，平原的变化尤其明显，更大的原因可能是受人类活动影响；历史时期天山北坡（主要是平原湖泊）百年尺度的气候变化以暖干、冷湿组合为主；东天山北坡 40 年来水热组合的逐年逐季变化与历史时期古气候变化具有一定的差异性，不以暖干、冷湿组合为主，而表现出更为复杂的组合方式，还需要更长时间序列的观测和更深入的研究（秦大河等，2002）。

近 5000 年来，东天山北坡气候变化中水热组合的变化规律在百年尺度上以冷湿、暖干为主。这种温暖期相对干旱，而寒冷期相对湿润的现象，在天山地区的第四纪时期曾多次出现过，尤其是晚冰期和冰后期有明确表现（李文漪，1998）；姚檀栋和施雅风（1988）对乌鲁木齐河小冰期以来各种已有资料的分析也得出，该区气候年变化有暖干、冷湿、冷干、暖湿等多种类型，但以暖干和冷湿为主。袁玉江等对新疆北部年降水量与夏季气温的对比分析也表明，250 年来新疆北部降水量与气温呈现出反相关特点，而且冰进阶段气候以冷湿为主（袁玉江和韩淑媞，1991）。钟巍等在对新疆南部尼雅剖面进行研究时也认为，该地区近 4000a B. P. 来气候环境的演化出现以冷湿和暖干交替的特征，这几乎成为整个新疆晚全新世环境变化的主要规律（钟巍和李丽雅，1996；钟巍等，2004）。而近 40 年来的年际和年代际尺度的变化则表现出不同于百年尺度变化规律的特征，具有暖干、暖湿、冷湿等多种组合，尤其是 1987 年以来秋、冬季的暖湿组合。根据现有的资料和模型研究的结果，可以排除 20 世纪长时段的变暖是已知的自然过程，因为任何模型都无法模拟出持续时间如此之长和变幅如此之大的变化，过去 1000 年的资料也没有大规模变暖的记录（Mann et al.，1999）。从本节的分析可以看出，平原的暖湿变化程度比山区要强烈，主要是受人类活动影响的缘故。从长的时间尺度上来看，古气候水热组合变化呈现出比较明显的规律性，主要是受自然因素的影响，体现出比较明显的西风带气候特征，那时人类活动的影响还较弱，另外，时间尺度比较长，便于寻找其规律性。而有观测记录以来的数据统计分析结果却表现出更为复杂的变化，除了自然过程影响外，人类的影响也愈显重要。同时表明，所掌握的时间序列还不够长，对于探讨其变化规律及影响因素等还需要更长时间的深入研究（秦大河等，2007a，2007b）。

第四节　天山中部雪岭云杉种群动态与环境演变

雪岭云杉，常绿乔木，是天山地区的主要建群树种，占新疆山地森林总资源的 62% 左右，占天山林区总资源的 95% 以上，是新疆山地森林中分布最广、蓄积量最大的树种（唐光楚，1989）。雪岭云杉喜欢生长在气候湿润的中山带阴坡、半阴坡及山中河谷，主要分布在天山北坡，在天山中部主要分布于 1500 ~ 2750m，构成了一条森林垂直带，对天山的水源涵养、水土保持和林区生态系统的形成与维护，起着主导的作用（张瑛山和唐光楚，1990）。在低海拔林区，出现少量欧洲山杨。而在较高海拔的林区内，伴随着雪岭云杉的出现还可见到少量的落叶阔叶树种，如天山花楸、山柳，另外还有桦树，如垂枝桦（*Betula pendula*）、天山桦和小叶桦。这个地区没有发现大范围的人为破坏和干扰。不同海拔的林下土壤多为灰褐色森林土，比较适于雪岭云杉的生长（张瑛山和唐光楚，1990）。通过在不同海拔和不同生态类型林地内选取样地调查研究，可以真实地反映雪岭云杉林的年龄结构及受年龄影响的种群数量动态，这不仅为进一步研究和保护雪岭云杉林及当地生态系统提供一定的理论参考依据，而且有助于对历史时期云杉林的分布、扩张、收缩乃至消亡做出生态学的解释。

一、不同海拔雪岭云杉年龄结构与气候变化关系

通过实地调查和不同海拔林地生态条件的差异，将天山中部北坡的雪岭云杉林划分为三个不同的海拔梯度进行讨论分析，即高海拔森林上限（2500～2700m）、低海拔森林下限（1500～1700m）和中部林区（1700～2500m）。

1. 天山中部不同海拔雪岭云杉样地概况

不同海拔样地幼苗、幼树、成树及倒树的密度和冠层盖度如表5.5所示。高海拔林区的幼苗和幼树密度比较低，而中海拔和低海拔林区的幼苗和幼树非常丰富。高海拔和中海拔的幼苗幼树数目差异非常显著（$P=0.026$），高海拔和中海拔林区的倒树数目的差异也非常显著（$P=0.019$）。天山中部云杉林区的土壤水分也随海拔变化而变化（图5.17），并且与海拔变化呈显著正相关（$P<0.001$）。从图5.17中可以看出，除了在海拔2200m处的土壤湿度有所下降外，雪岭云杉林的林下土壤含水量基本上是随海拔的升高而增加，从森林下限的1500m处的19.0%逐渐上升，到海拔2600m达到最高81.1%，但在最高森林上限又下降为54.4%。

表5.5　新疆天山中部不同海拔雪岭云杉种群的基本概况

海拔梯度	幼苗和幼树密度/(株/hm^2)	立木/(株/hm^2)	倒树/(株/hm^2)	盖度/%
高海拔林区（2500～2700m）	129±79	812±519	8.0±3.3	43.9±10.2
中海拔林区（1800～2400m）	1577±467	1109±119	7.3±2.2	59.6±3.7
低海拔林区（1500～1700m）	646±234	992±308	0±0	54.0±14.4

不同海拔的生态条件不同，树木的长势也不相同，从而会导致不同海拔梯度树木的胸径-年龄方程（用于成树）和高度-年龄方程（用于幼苗和幼树）也不相同。进而通过对不同海拔上的雪岭云杉的胸径及幼苗、幼树的高度可以推算出不同海拔梯度内雪岭云杉种群的年龄结构和分布。

2. 天山中部不同海拔雪岭云杉的胸径分布

通过统计不同海拔样地内雪岭云杉的胸径可以看出天山中部林区雪岭云杉的胸径变化幅度比较大，从2.0～80cm不等（图5.18）。不同海拔上雪岭云杉的胸径分布情况也不同。在低海拔森林下限的雪岭云杉林区，超过70%的雪岭云杉的胸径都小于10cm。仅有4.2%的雪岭云杉的胸径超过20cm，但森林下限基本没有云杉的胸径超过40cm。从胸径的分布来看，天山中部森林下限雪岭云杉大树比较少，整个下限的云杉林正处于幼龄期。

中海拔林区占了天山中部林区的大部分，也是雪岭云杉的最适生长区，林下更新良

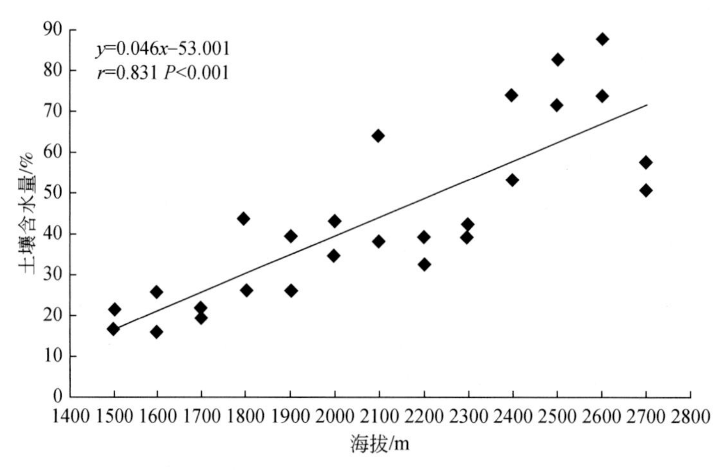

图 5. 17　新疆天山中部不同海拔雪岭云杉林区内的土壤水分变化情况

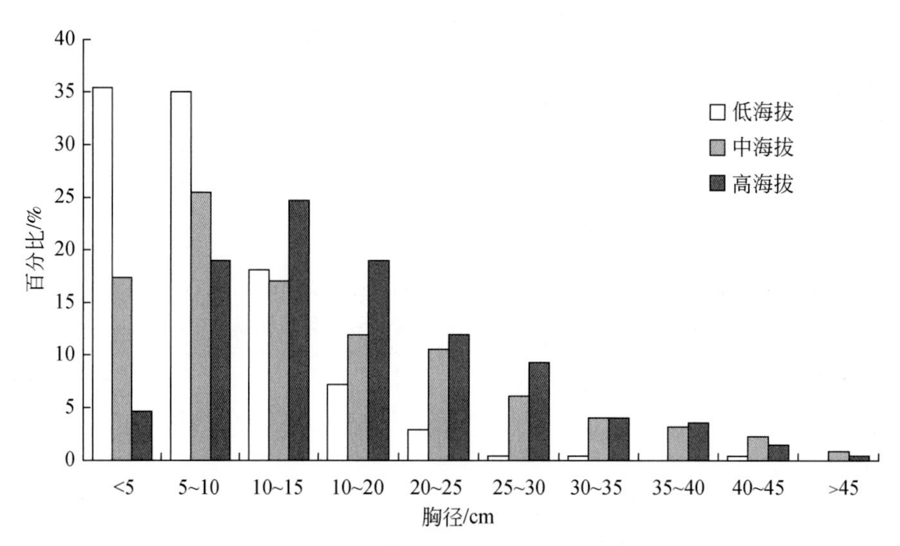

图 5. 18　新疆天山中部不同海拔雪岭云杉林胸径分布

好，有大量的幼苗和幼树。最小的径级组（DBH<5cm）和稍大的径级组（5cm≤DBH<10cm）分别占了这部分林区胸径总数的 17. 4% 和 25. 4% 。但不同径级内的个体数随着胸径的增加而减少，最大的胸径组（>45cm）仍然占有 1. 8% 的比例。

而在高海拔的森林上限，占据最大胸径比例的是较大径级组（10cm≤DBH<15cm），占整个森林上限雪岭云杉成树个体总数的 24. 7% ，远高于中海拔林区和森林下限相同径级组在其所在海拔梯度林区内所占的比例。另外，最小的径级组（DBH<5cm）仅占高海拔森林上限内成树个体总数的 4. 6% ，又远远低于中、低海拔林区相同径级个体所占的 17. 4% 和 35. 4% ，但最大胸径组（>45cm）仍占了森林上限的 2. 1% 。从胸径的分布情况来推测，高海拔森林上限的幼龄树木比较少，老龄树木占相当大的比例。

3. 不同海度雪岭云杉的年龄–胸径关系及年龄–高度关系

因为将样地内的每棵树都钻取树芯来查数树木的年龄是非常费时间的，从实际操作上也是不可能的，可以通过回归的方法建立有关幼苗、幼树及成树的回归方程来推导树木的年龄。由同一海拔内所有的样本建成不同海拔范围内的胸径–年龄回归方程（用于成树）和高度–年龄方程（用于幼苗和幼树），如表5.6所示。对于不同海拔的幼苗、幼树及成树，选用了不同的回归方程。由表5.6中可以看出，所有回归方程的回归系数都很高，可见这些方程可以较好地反映胸径–年龄及高度–年龄之间的相关关系（$P<0.001$），由这些方程推导出的不同海拔梯度范围内雪岭云杉的年龄分布也比较合理且有一定的代表性。

表5.6 天山中部不同海拔雪岭云杉的胸径–年龄回归方程（用于成树）及高度–年龄方程（幼苗和幼树）

海拔	幼苗（$H<50$cm）和幼树（50cm$\leqslant H<$2m）			成树（$H\geqslant$2m）		
高海拔林区（2500～2700m）	$A=0.652H^{0.838}$	$r=0.946$	$P<0.001$	$A=3.184D+48.51$	$r=0.789$	$P<0.001$
中海拔林区（1800～2400m）	$A=0.725H^{0.751}$	$r=0.984$	$P<0.001$	$A=21.668D^{0.590}$	$r=0.766$	$P<0.001$
低海拔林区（1500～1700m）	$A=0.168H+2.05$	$r=0.982$	$P<0.001$	$A=1.182D+34.40$	$r=0.780$	$P<0.001$

4. 天山中部不同海拔雪岭云杉的年龄分布

天山中部不同海拔雪岭云杉的年龄结构分布如图5.19所示。由图5.19中可以看出，天山中部不同海拔雪岭云杉的年龄结构和分布方式也不相同。在中海拔林区，也是雪岭云杉的最适生长区域内，雪岭云杉的幼苗和幼树非常丰富且多呈丛生现象，这种更新方式使中海拔林区内的最小年龄组（1～10年）的雪岭云杉占了最高的比例（36.2%），同时也使得雪岭云杉从最小年龄组（1～10年）生长到稍大年龄组（10～20年）经历了高达59%的死亡率，幼苗的高死亡率使年龄在10～20年的雪岭云杉仅占了中部林区个体总数的14.9%。当雪岭云杉达到40年以后，死亡率逐渐降低，雪岭云杉进入稳定发展阶段。但当雪岭云杉长到大约140年时，又经历了第二次死亡高峰，大概有29%的140年左右的雪岭云杉死亡，这意味着雪岭云杉开始进入老龄化阶段。同时，老龄树木的死亡能产生一些林窗，有利于幼苗生长并促进森林更新。在中海拔林区内大于200年的老龄树木仍占有1%的比例，这样的倒J型年龄分布图显示出中海拔林区的雪岭云杉是稳步更新和发展的。

与天山中部云杉的最适生长区相比，低海拔森林下限和高海拔森林上限的雪岭云杉的年龄结构似乎有点不正常且不稳定。低海拔林区雪岭云杉的年龄基本上都小于100年，可以看出这部分的雪岭云杉林大约是在100年以内的时间里发展起来的。41～60年的雪岭云杉树木占了低海拔林区的大多数，高达个体总数的41.7%。同时，这部分林区内最大的年龄组（81～100年）仅占了很小的比例（0.3%），与中海拔林区相比，低海拔林区的雪岭云杉更像一个年幼的种群。

高海拔的森林上限，雪岭云杉的年龄分布状况和中、低海拔林区的截然不同，总的来看呈钟形分布。这部分林区内的幼苗和幼树十分稀少，小于60年的雪岭云杉个体仅占整个森林上限云杉个体总数的14.2%。更为让人惊奇的是最小年龄组（1～10年）和较大年

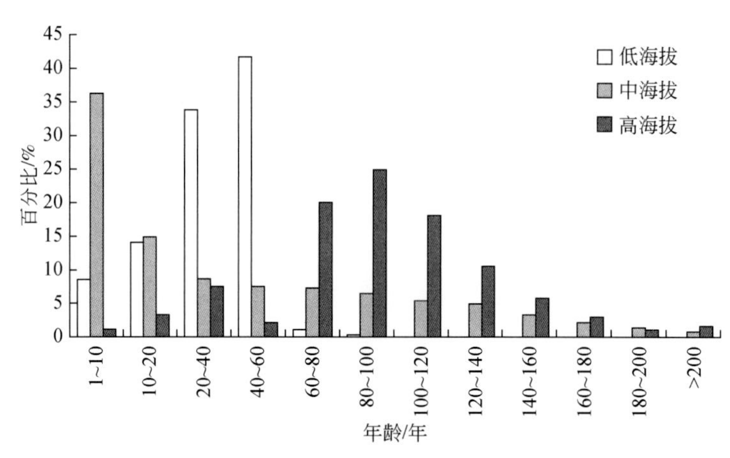

图 5.19　天山中部不同海拔林区内的雪岭云杉年龄分布

龄组（41～60 年）的雪岭云杉个体所占的比例仅仅分别为总数的 1.3% 和 2.2%，这种不均衡的年龄分布比例可能与短时间内的不良气候条件有关。占最大比重的是 61～140 年年龄组，占整个森林上限个体总数的 73.4%。仅有 1.8% 的雪岭云杉能活过 200 年，超过 300 年的雪岭云杉很少。少量的幼苗和幼树，以及不连续的更新状况表明高海拔森林上限雪岭云杉是一个正处于老龄化的种群。

二、不同海拔雪岭云杉年轮宽度与气候变化关系

1. 不同海拔雪岭云杉年轮宽度年表的建立

不同海拔树木年表的形成都经过了以下步骤，首先对树芯进行固定、磨平、打光，接着利用树木年轮测量仪 WinDENDROTM 2001b 进行年轮宽度测量，精度为 0.001mm。然后通过 COFECHA 程序（Holmes，1983）对所有树芯进行交叉定年，将相关性差的、年代过短的个别序列从总体序列中剔除，最后通过利用 ARSTAN 程序（Cook and Holmes，1986；Cook and Kairiukstis，1990）建立了不同海拔上的年轮宽度残差年表，分别为森林下限 Larc（1600～1700m）、中海拔林区 Marc（2100～2200m）和森林上限 Tarc（2600～2700m）。选取与森林上限采点直线距离最近的天池气象台站作为年轮年表的相关站，并选用上一年 7 月到当年 8 月共计 14 个月的月平均温度和月降水量为气候要素。本研究选用距离采样地最近的天池气象站（43 °53′N，88 °7′E，海拔 1935m，图 5.17）的气象资料。

在树木年代学研究中，树木年轮宽度指数与气候因子之间的相关关系，最常用的方法是响应函数（Fritts，1974，1976；Cook et al.，1990）和相关分析（Blasing et al.，1984）。有关响应函数和相关分析都是通过 PRECON5.17（Fritts. et al.，1998）软件计算的。

2. 不同年表的质量与统计分析结果

根据分析年表的基本步骤，不同海拔形成 3 个不同的树木年轮宽度残差年表（图 5.20），分别为 Larc（森林下限，海拔 1600～1700m）、Marc（中海拔林区，海拔

2100～2200m）和 Uarc（森林上限，海拔 2600～2700m）。3 个不同海拔上的树木年轮宽度年表有相似的变化趋势和特征年，1943～1945 年、1965 年、1974 年和 1991 年的年轮宽度都很窄。3 个不同海拔上的树木年轮宽度年表的统计分析结果如表 5.7 所示。

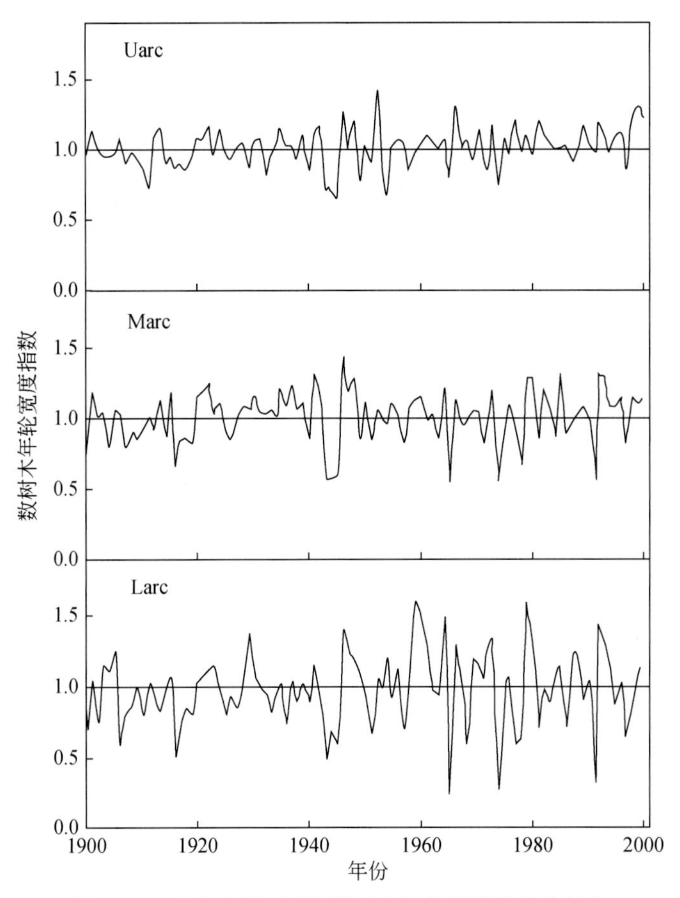

图 5.20　天山中部不同海拔树木年轮宽度的残差年表

表 5.7　天山中部不同海拔上雪岭云杉残差年表（<100 年）的统计结果

统计特征	森林下限	中部林区	森林上限
海拔/m	1600～1700	2100～2200	2600～2700
年表时段/年	1900～2000	1900～2000	1900～2000
样本量/树	42/21	61/32	52/31
指数序列标准差（SD）	0.2660	0.1950	0.1312
指数序列平均敏感度（MS）	0.3048	0.1914	0.1544
信噪比（SNR）*	30.291	13.490	15.501
树与树之间平均相关系数*	0.852	0.718	0.697
一阶自相关（AC1）	−0.0225	0.0706	−0.1112
样本量总体代表性（EPS）*	0.968	0.931	0.939
第一主成分所占方差量/%*	66.13	48.58	40.44

*年表的共同区间的分析结果。

从表5.7可以看出，不同海拔雪岭云杉的年轮测量序列的平均敏感度（MS）都在0.15～0.31，达到了超过0.15的可接受水平；3个年表各自的不同树间的相关系数都超过了0.6，达到了0.01的显著水平；一阶自相关系数都很低；共同区间的分析结果还显示，3个不同海拔的年表的样本总体代表性（EPS）都大于0.90，也超过了0.85的可接受水平。从3个年表的统计量的分析结果可以看出，不同海拔的差值年表包含丰富的环境气候信息，适合于树木年代气候学研究。

3. 不同海拔雪岭云杉径向生长与气候变化的相关关系

树木生长是多种因素共同作用的结果，不同海拔雪岭云杉的生长对气候变化的响应既有相似之处，也有很多不同的方面（图5.21）。相似之处主要表现在不同海拔雪岭云杉生长不但都与当年生长季的降水正相关，与温度负相关，还与上一年生长季末期的降水正相关、温度负相关（图5.21）。

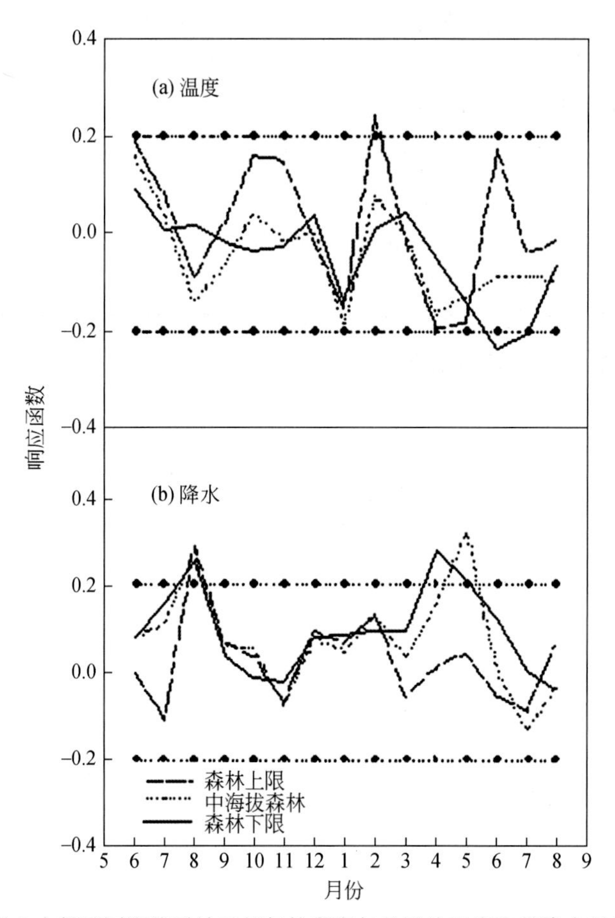

图5.21　天山中部不同海拔雪岭云杉年轮宽度与月平均温度和月降水量的响应函数

森林下限1600～1700m，中海拔森林2100～2200m和森林上限2600～2700m；

加点横虚线表示达到95%的显著水平

随着海拔的变化，温度和降水量都有所变化，不同海拔上树木生长对气候变化的反应也相应地产生很多不同之处。低海拔森林下限的树木径向生长与当年生长季4月、5月降水及上年 8 月降水都显著正相关关系，且与上年 8 月降水的相关性则随海拔的升高而升高，但与当年生长季 6 月和 7 月的温度显著负相关。在中海拔林区内，树木年轮宽度与当年 5 月和上年 8 月的降水显著正相关，而受温度的影响不大。但在高海拔的森林上限，树木的径向生长与当年生长季前期 2 月的温度显著正相关，还与上年 8 月的降水显著正相关。

三、天山中部林线动态与气候变化的关系

从海拔 2500m 起每隔 100m 调查两个样地（20m×20m），在 2750m 处也调查两块样地，在高海拔林线共调查 8 块样地，样地概况见表 5. 8。在每块样地，按照树高将所有雪岭云杉分成大树（$H>2m$）、幼树（$50cm\leqslant H<2m$）和幼苗（$H<50cm$），并按照 5cm 径级将雪岭云杉分成不同的径级，每个径级选 3 ~ 5 棵树在近地面处钻取两个树芯，以尽可能获得树木的真实年龄。并选取一定数量的大树在胸径处钻取两个树芯，以建立树木年轮宽度年表分析气候对树木生殖的影响。另外，通过查数树干上的轮枝数以得到样地内幼苗和幼树的年龄。

根据建立树木年轮宽度年表的传统方法，将相关性差的、年代过短的个别序列从总体序列中剔除，选用那些生长在干旱而贫瘠环境中树木的树芯（Fritts，1976）来建立天山中部高海拔林线的树木年轮宽度年表。最后只有 40 个树芯被用于建立年轮宽度年表来分析树木年轮宽度变化与气候变化的关系，利用天池气象站（43°53′N，88°7′E，海拔 1935m）的气象资料，选用不同月份及季节的最低温度和降水分析气候变化对雪岭云杉生长的影响。

有些树芯因为髓部腐烂或丢失，或是因为没有经过髓心而不得不丢弃，最后 48 个树芯用于建立胸径-年龄方程来推断雪岭云杉种群的年龄，并将样地所有树木（包括幼苗幼树）按照 5 年等级划分样地树木的年龄结构，进而推算林线雪岭云杉的更新状况。

1. 当地的气候变化特征和样地概况

从 1961 年到 2000 年，天山中部天池气象站夏季（6 ~ 8 月）和冬季（12 ~ 2 月）的平均温度明显不同［图 5. 22（a）、（b）］，冬季最低气温度每年升高 0. 055℃（$r=0.313$，$P=0.049$），而夏季平均每年降低约 0. 002℃（$r=0.032$，$P=0.845$）。

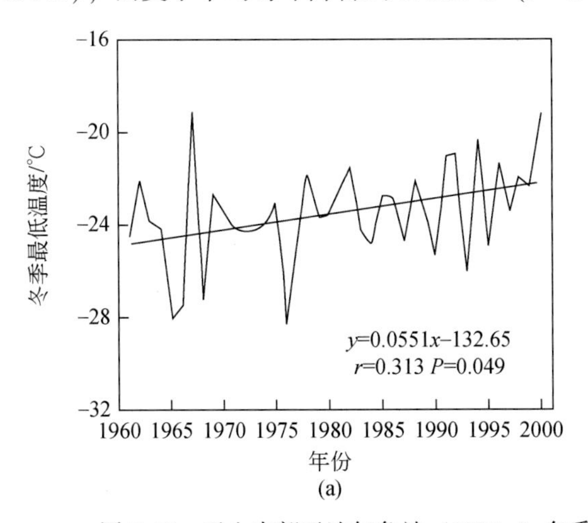

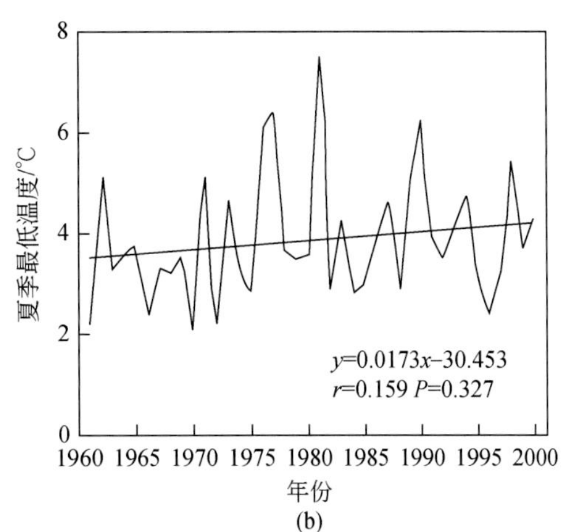

图 5. 22　天山中部天池气象站（1935m）冬季和夏季最低温度的变化（1961 ~ 2000 年）

（a）冬季（12 ~ 2 月）最低温度；（b）夏季（6 ~ 8 月）最低温度

雪岭云杉和新疆方枝柏是天山中部林线两个优势物种（表 5.8），在高海拔林线范围内，雪岭云杉的盖度和密度随着海拔升高而降低，新疆方枝柏盖度却随海拔升高而增加。云杉幼苗和幼树的数量都很少，随海拔的变化没有表现出一定的变化规律。

表 5.8　林线不同海拔的样地特征

海拔/m	物种盖度/%		密度/(株/1000m²)			
	雪岭云杉	新疆方枝柏	幼苗（H<50cm）	幼树（50cm≤H<2m）	活树（H≥2m）	枯倒木
2800	0	98.5±1.4	0	0	0	0
2750	11.9±1.6	95.7±2.5	0	1±1	8±3	0
2700	30.8±5.4	64.6±5.6	6±3	14±6	40±8	6±6
2600	55.3±24.6	13.3±4.9	3±1	8±3	88±8	26±4
2500	59.3±13.2	1.8±1.6	4±2	5±1	119±23	69±21

2. 年表特征和对气候变化的响应

由 40 个雪岭云杉树芯分析所得到的天山中部高海拔林线年轮宽度残差年表（1900～2000a A. D.）见图 5.23（b）。从图 5.23 中可以看出，年轮宽度指数在 1952 年达到一个峰值（1.426），在随后的几年内（1953～1959 年）显著下降，然后又有所上升。虽然年

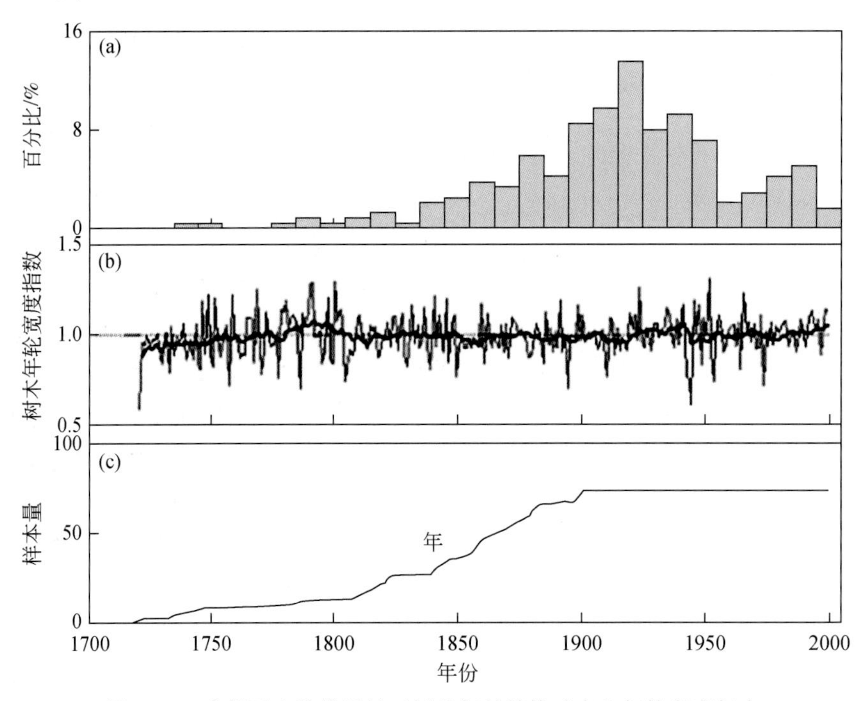

图 5.23　中部天山林线雪岭云杉的年龄结构动态和年轮宽度年表

（a）林线雪岭云杉的年龄结构，1740 年对应的第一个柱状图表示 1731～1740 年更新的雪岭云杉所占的比例，1750 年对应的第二个柱状图表示 1741～1750 年更新的雪岭云杉所占的比例，以此类推；（b）雪岭云杉年轮宽度年表；（c）年表中树芯数量

轮宽度指数在1943～1959年有比较大的波动，但总的来看，从1900年到2000年仍呈上升趋势（$r=0.254$，$P=0.01$）。年表的各项统计参数如表5.9所示，树与树间的相关系数为0.616，信噪比为21.166，第一主成分解释量为47.97%，样本总体代表性高达0.955，超过了样本总体代表性（EPS）可以接受的临界阈值0.85（Wigley et al.，1984）。综上所述，所建立的雪岭云杉年表对气候变化具有一定的敏感性，适于进行年轮-气候关系的分析（Cook et al.，1990）。

年表和同期内气象因子的相关性表明［图5.24（a）］，雪岭云杉的径向生长与2月（$r=0.312$，$P<0.05$）、8月（$r=0.34$，$P<0.05$）的最低温度呈显著的正相关关系，还和4月、5月、7月的最低温度负相关。降水是影响雪岭云杉生长的另一个重要因素，雪岭云杉生长受到上年8月（$r=0.45$，$P<0.05$）和当年2月（$r=0.332$，$P<0.05$）降水的显著影响，上年12月和当年4月、7月的降水也对云杉年轮的形成有一定的影响作用。

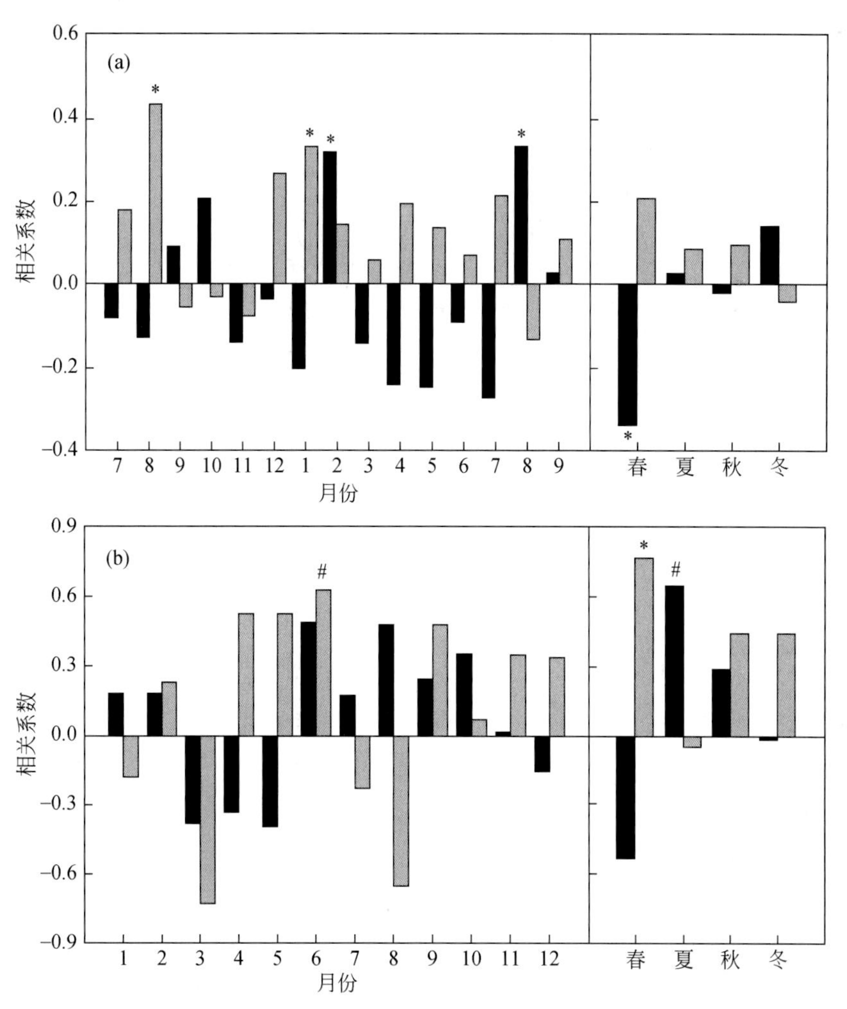

图5.24　中部天山林线雪岭云杉年轮宽度指数及种群更新与气候变化相关关系

（a）年轮宽度指数与不同月份及季节最低温度和降水（1961～2000年）的相关系数；（b）种群更新与不同月份及季节最低温度和降水（1961～2000年）的相关系数。春季（3～5月），夏季（6～8月）、秋季（9～11月）、冬季（12～2月）；黑色具状图和灰色柱状图分别表示温度和降水；*表示$P<0.05$，#表示$P<0.1$

表 5.9　中部天山林线雪岭云杉残差年表统计特征

统计特征	数值
年表长度/年	1721 ~ 2000
样本数/（树芯/树）	73/40
平均宽度	0.991
平均敏感度	0.151
标准误	0.156
一阶自相关系数	0.069
共同区间/年	1882 ~ 2000
样本数/（树芯/树）	68/38
平均相关系数：	
树芯间相关系数	0.361
树间相关系数	0.358
树内相关系数	0.616
信噪比	21.166
样本总体代表性	0.955
第一主成分所占方差/%	47.97

3. 种群径级和年龄结构

天山中部森林上限雪岭云杉种群的胸径分布（以 5cm 的径级划分）呈钟形分布（图 5.25），幼树占的比例比较小，<5cm 的径级仅占种群个体总数的 4.46%，而 10 ~ 15cm 和≥45cm 的径级分别占种群的 24.75% 和 2.97%。不同径级样芯年龄和胸径的回归关系非常显著（$n=48$，$r=0.848$，$P<0.001$），如图 5.26 所示，建立的年龄-胸径拟合方程用来推测样地内所有树木的年龄。

与胸径分布（图 5.25）相似，天山中部林线的雪岭云杉的年龄结构也呈钟型分布[图 5.23（a）]。81 ~ 90 年的雪岭云杉（1911 ~ 1920 年间年萌发的幼苗）个体最多，占天山中部林线树木个体总数的 13.6%。51 ~ 130 年的雪岭云杉占总数的 66.8%，说明大多数的雪岭云杉于 1871 ~ 1950 年发生并成功地存活下来。但是，最近 50 年来（1951 ~ 2000 年）雪岭云杉的更新非常少，小于 50 年的幼苗和幼树总数仅占高海拔林线云杉个体总数的 16.2%，与 81 ~ 90 年的雪岭云杉个体数相当。

4. 种群更新和对气候变化的响应

从种群的年龄结构可以推算中部天山林线雪岭云杉种群动态[图 5.23（a）]，雪岭云杉在 1830 年以前更新较少，1831 ~ 1890 年有所增加，在 1890 年至 20 世纪 50 年代之间种群数量达到较高水平，而 20 世纪 50 年代以后种群更新较少。分析近几十年的种群更新（5 年平均）和气候变化（5 年平均）之间的关系[图 5.24（b）]发现，种群更新和 6 月降水（$r=0.629$，$P=0.094$）及春季降水（$r=0.766$，$P=0.027$）显著正相关，并和 3 月（$r=-0.727$，P=0.041）及 8 月降水（$r=-0.655$，$P=0.078$）显著负相关。生长季（5～10 月）最低温度的升高有利于雪岭云杉幼苗的萌发与生长，夏季（6～8 月）最低温度升高对高海拔林线雪岭云杉更新有重要的促进作用（$r=0.646$，$P=0.084$）。

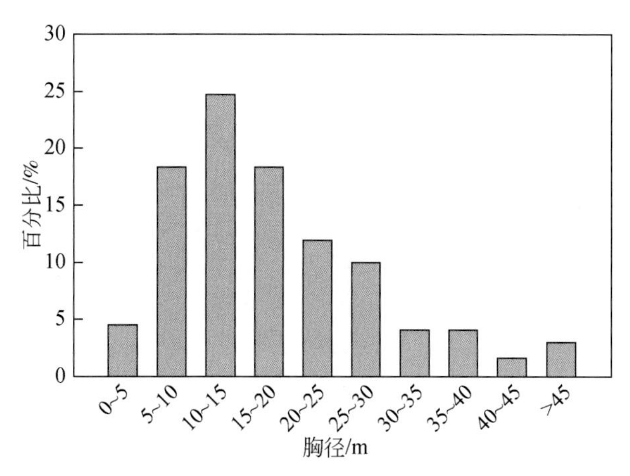

图 5.25　天山中部高山林线雪岭云杉种群的胸径分布

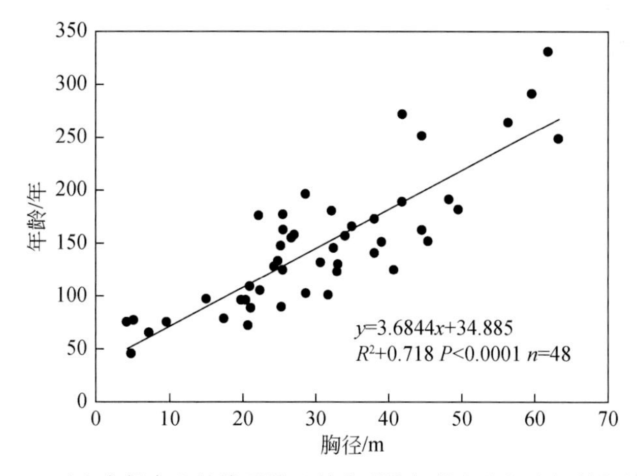

图 5.26　天山中部高山林线雪岭云杉种群的年龄和胸径之间的相关关系

四、结论

总的来看，天池气象站的气象资料和树木年代学气候的研究结果都表明天山中部近几十年来的温度有所升高，但高海拔林线处的种群更新状况和树木径向生长对气候变化的响应方式不同。雪岭云杉的径向生长和 2 月及 8 月的温度呈显著的正相关关系，种群的年龄结构则表明幼苗的成功更新受连续几年的夏季最低温度及春季降水的影响。可见，林线种群的更新和树木年轮气候学研究有助于正确理解和重建中部天山的林线动态。

我们的研究还表明，连续几年的温暖夏季有利于林线种群的建立和更新，但较高的温度不是刺激林线上升的唯一气候因素。温度升高不一定会导致中部天山雪岭云杉林线的上升，如果天山中部高山林线地带的更新状况不能得到改变，林线将会在较长时间内保持稳定状态或稍有下降。虽然年龄结构和气候变化之间的相关性不明确，其记录的全球变化的潜在应用也应予以考虑。研究林线区域林木种群的年龄结构，结合树木的径向生长与当地气候记录，有助于重建历史气候、研究林线动态及研究植物与环境的相互作用。关于气候变化和森林更新动态之间的关系还需要更为详细的研究，相关研究结果对进一步研究高海拔林线动态和全球变暖的关系有一定的参考作用。

参考文献

曹伯勋. 1985. 第四纪气候旋回孢粉植被动态组合探讨. 地球科学, 10: 31 ~ 37

陈发虎, 黄小忠, 杨美临等. 2006a. 亚洲中部干旱区全新世气候变化的西风模式——以新疆博斯腾湖记录为例. 第四纪研究, 26: 881 ~ 887

陈发虎, 黄小忠, 张家武等. 2006b. 新疆博斯腾湖记录的亚洲内陆干旱区小冰期湿润气候研究. 中国科学(D辑): 地球科学, 36: 1280 ~ 1290

陈辉, 吕新苗, 李双成. 2004. 柴达木盆地东部表土花粉分析. 地理研究, 23: 201 ~ 210

陈西庆. 1987. 晚冰期与现代两类不同生态暗针叶林的研究及其意义. 地理研究, 7: 223 ~ 230

陈效逑, 张福春. 2001. 近50年北京春季物候的变化及其对气候变化的响应. 中国农业气象, 22: 1 ~ 5

陈彦卓, 汪敏刚. 1964. 关于空中致敏花粉研究方法的探讨. 华东师范大学学报(自然科学版), 1: 71 ~ 78

陈彦卓, 冯志坚, 旺敏刚等. 1979. 上海地区1962 ~ 1965三年内空中花粉的初步观察. 上海师范大学学报, 1: 111 ~ 120

程波, 朱艳, 陈发虎等. 2004. 石羊河流域表土孢粉与植被的关系. 冰川冻土, 26: 81 ~ 88

程捷. 2005. 吐鲁番盆地新生代环境演变. 北京: 地震出版社

崔海亭, 李宜垠, 胡金明等. 2002. 利用炭屑显微结构复原青铜时代的植被. 科学通报, 47: 1504 ~ 1507

崔海亭, 刘鸿雁, 腰希申. 1997. 浑善达克沙地古云杉木材的发现及其古生态学意义. 中国科学(D辑): 地球科学, 27: 457 ~ 461

戴君虎, 崔海亭. 1999. 国内外高山林线研究综述. 地理科学, 19: 243 ~ 249

戴良佐. 1997. 务涂谷今地考. 西北史地, 4: 47 ~ 50

董光荣, 金炯, 高尚玉等. 1990. 晚更新世以来我国北方沙漠地区的气候变化. 第四纪研究, 10: 213 ~ 222

杜乃秋, 孔昭宸. 1983. 青海柴达木盆地察尔汗盐湖的孢粉组合及其在地理和植物学的意义. 植物学报, 25: 275 ~ 285

樊自立, 李疆. 1984. 新疆湖泊的近期变化. 地理研究, 3: 77 ~ 85

范丽红, 崔彦军, 何清等. 2006. 新疆石河子地区近40年来气候变化特征分析. 干旱区研究, 23: 334 ~ 338

冯晓华, 阎顺, 倪健. 2012. 基于孢粉的新疆全新世植被重建. 第四纪研究, 32: 304 ~ 317

弗龙斯基 B A, 费多罗瓦 P B, 刘西平. 1988. 湖泊沉积物研究和利用的新见解. 地理译报, 7: 32 ~ 34

郭敬辉. 1966. 新疆水文地理. 北京: 科学出版社

国土资源乌鲁木齐编辑委员会. 1993. 乌鲁木齐国土资源. 乌鲁木齐: 新疆人民出版社

韩淑媞, 吴乃崎, 李志中. 1993. 晚更新世晚期北疆内陆型气候环境变迁. 地理研究, 12: 47 ~ 54

韩宪纲. 1958. 西北自然地理. 西安: 陕西人民出版社

贺继宏. 2013. 西域论稿续编. 郑州: 中州古籍出版社

侯光良, 李继由, 张谊光. 1993. 中国农业气候资源. 北京: 中国人民大学出版社

胡汝骥. 2004. 中国天山自然地理. 北京: 中国环境科学出版社

黄成彦. 1996. 颐和园昆明湖3500余年沉积物研究. 北京: 海洋出版社

黄成彦, 刘师成, 程兆第等. 1998. 中国湖相化石硅藻图集. 北京: 海洋出版社

黄赐璇, 艾利斯·冯·康波, 让·弗朗索瓦士·多布雷梅. 1993. 西藏西部表土孢粉研究. 干旱区地理, 16: 75 ~ 83

黄赐璇, 梁玉莲, 陈志清等. 1997. 花粉通量与气象要素的关系及其在预报小麦、玉米产量上的前景. 植物学报, 8: 44 ~ 45

黄刚, 曹婷, 阎平. 2012. 石河子蘑菇湖湿地小叶桦生存现状调查研究. 石河子科技, 12: 3 ~ 4

黄小忠，陈发虎，肖舜等. 2008. 新疆博斯腾湖沉积物粒度的古环境意义初探. 湖泊科学，20：291～297
吉春容，邹陈，范子昂等. 2011. 天山中段雪岭云杉林区辐射特征分析. 干旱区资源与环境，12：82～88
纪中奎，刘鸿雁. 2009. 天山北坡玛纳斯河流域晚冰期以来植被垂直带推移. 古地理学报，11：534～541
姜逢清，李珍，杨跃辉. 2006. 乌鲁木齐降水分布型及其40多年来的变化. 干旱区研究，23：83～88
蒋庆丰，沈吉，刘兴起等. 2007. 西风区全新世以来湖泊沉积记录的高分辨率古气候演化. 科学通报，52：1042～1049
克德尔汗，吴金莲. 2008. 新疆夏尔希里自然保护区生态质量评价研究. 新疆环境保护，30：25～28
孔昭宸. 2016. 穿过时空隧道看北京——一亿多年来北京的植被和环境变化. 化石，1：26～37
孔昭宸，杜乃秋，山发寿等. 1990. 青海湖全新世植被演化及气候变迁——QH85-14C孔孢粉数值分析. 海洋地质与第四纪地质，10：79～90
孔昭宸，杜乃秋，山发寿. 1996. 青藏高原晚新生代以来植被时空变化的初步探讨. 微体古生物学报，13：339～351
孔昭宸，刘长江，张芸等. 2011. 中国新石器时代考古遗址湿地植物遗存与人类生态环境——兼论马家浜文化发展//浙江省文物考古研究所，南京博物院考古研究所，嘉兴市文物局. 浙江文化之源——纪念马家浜遗址发现五十周年图文集（上卷）. 北京：中国摄影出版社. 134～145
雷杰，胡丹露，胡慧萍. 1989. 新疆区域制图地理. 北京：解放军出版社
李光瑜，钱泽书，胡昀. 1995. 孢粉分析技术手册. 北京：地质出版社
李吉均. 1990. 中国西北地区晚更新世以来环境变迁模式. 第四纪研究，9：197～204
李江风. 1985. 楼兰王国的消亡和丝路变迁与气候关系. 干旱区新疆第四纪研究论文集. 乌鲁木齐：新疆人民出版社. 81～94
李江风. 1990. 新疆年轮气候年轮水文研究. 北京：气象出版社
李江风. 1991. 新疆气候. 北京：气象出版社
李疆，尹景原，卡得尔等. 1984. 新疆吐鲁番盆地降水分布特征. 新疆地理，7：22～30
李世英，张新时. 1966. 新疆山地植被垂道带结构类型的划分原则和特征. 植物生态学报，4：132～141
李树峰，阎顺，孔昭宸等. 2005. 乌鲁木齐东道海子剖面的硅藻记录与环境演变. 干旱区地理，28：81～87
李栓科. 1992. 中昆仑山区封闭湖泊湖面波动及气候意义. 湖泊科学，4：19～30
李文华，冷允法，胡涌. 1983. 云南横断山区森林植被分布与水热因子相关的定量化研究. 昆明：云南人民出版社
李文漪. 1985. 庐山表土花粉分析. 地理集刊. 北京：科学出版社
李文漪. 1987. 论中国东部第四纪冷期植被与环境. 地理学报，42：299～307
李文漪. 1991a. 神农架巴山冷杉花粉与植物关系及其森林植被之演替. 地理学报，46：186～193
李文漪. 1991b. 云杉花粉散播效率问题. 植物学报，33：792～800
李文漪. 1998. 中国第四纪植被与环境. 北京：科学出版社
李文漪，姚祖驹. 1990. 表土中松属花粉与植物间数量关系的研究. 植物学报，32：943～950
李晓兵，王瑛，李克让. 2000. NDVI对降水季节性和年际变化的敏感性. 地理学报，55（增刊）：82～89
李新，尹景原. 1993. 吐鲁番盆地的干热环境特征. 干旱区地理，16：63～70
李旭，刘金陵. 1988. 四川西昌螺髻山全新世植被与环境变化. 地理学报，55：44～51
李宜垠. 1998. 植被-表土花粉定量关系研究的一种方法. 第四纪研究，11：371
李宜垠，张新时，周广胜. 2000. 中国东北样带（NECT）东部森林区的植被与表土花粉的定量关系. 植物学报，42：81～88
李育，王乃昂，李卓仑等. 2011. 石羊河流域全新世孢粉记录及其对气候系统响应争论的启示. 科学通报，56：161～173
李月丛，许清海，肖举乐等. 2005a. 中国荒漠区东部花粉对植被的指示性研究. 科学通报，50：

1356～1364
李月丛，许清海，肖举乐等. 2007. 中国北方几种灌丛群落表土花粉与植被关系研究. 地理科学，27：205～210
李月丛，许清海，阳小兰等. 2005b. 中国草原区主要群落类型花粉组合特征. 生态学报，25：555～564
李志忠，海鹰，周勇等. 2001. 乌鲁木齐河下游地区 30ka B. P. 以来湖泊沉积的孢粉组合与古植被古气候. 干旱区地理，24：201～205
李玉梅. 2015. 新疆北部地区典型湿地孢粉组合与古环境研究. 石家庄：石家庄经济学院
刘潮海. 1991. 中国天山冰川站手册. 兰州：甘肃科学技术出版社
刘鸿雁，曹艳丽，田军等. 2003a. 山西五台山高山林线的植被景观. 植物生态学报，27：236～269
刘鸿雁，王红亚，崔海亭. 2003b. 太白山高山带 2000 多年以来气候变化与林线的响应. 第四纪研究，23：299～308
刘会平，谢玲娣. 1998. 神农架南坡常见花粉的 R 值研究. 华中师范大学学报（自然科学版），32：118～120
刘会平，唐晓春，刘胜祥等. 2000. 神农架花粉-气候转换函数的建立与初步应用. 华中师范大学学报（自然科学版），34：454～459
刘会平，唐晓春，潘安定等. 2001a. 神农架南坡表土植物群初步研究. 沉积学报，19：107～112
刘会平，唐晓春，王开发等. 2001b. 神农架北坡表土常见花粉的 R 值研究. 地理科学，21：378～380
罗传秀，郑卓，潘安定等. 2007. 新疆地区表土孢粉分布规律及其与植被关系研究. 干旱区地理，30：536～543
罗传秀，郑卓，潘安定等. 2008. 新疆地区表土孢粉空间分布规律研究. 地理科学，28：272～275
吕厚远，王淑云，沈才明等. 2004. 青藏高原现代表土中冷杉和云杉花粉的空间分布. 第四纪研究，24：39～49
吕厚远，吴乃琴，刘东生等. 1996. 150ka 来宝鸡黄土植物硅酸体组合季节性气候变化. 中国科学（D 辑）：地球科学，26：131～136
毛礼米. 2008. 新疆天山中段北部空中花粉数量的时空变化及其气候与植被指示意义. 北京：中国科学院大学
倪健. 2000. BIOME6000 计划：模拟重建古生物群区的最新进展. 应用生态学，11：465～471
倪健，陈瑜，Herzschuh U 等. 2010. 中国第四纪晚期孢粉记录整理. 植物生态学报，34：1000～1005
潘安定. 1992. 北疆表土孢粉组合的灰色关联度分析. 新疆大学学报（自然科学版），9：79～85
潘安定. 1993a. 北疆晚更新世以来植被与气候演化的初步研究. 干旱区地理，16：30～37
潘安定. 1993b. 天山北坡不同植被类型的表土孢粉组合研究. 地理科学，13：227～233
潘安定. 1993c. 新疆藜科花粉形态研究. 干旱区地理，16：22～27
潘建国. 2002. 试论应用孢粉学及其新进展. 微体古生物学报，19：206～214
潘燕芳，阎顺，穆桂金等. 2011. 天山雪岭云杉大气花粉含量对气温变化的响应. 生态学报，31：6999～7006
乔秉善. 2005. 中国气传花粉和植物彩色图谱. 北京：中国协和医科大学出版社
秦大河，陈宜瑜，李学勇. 2007a. 中国气候与环境演变（上）. 北京：科学出版社
秦大河，陈宜瑜，李学勇. 2007b. 中国气候与环境演变（下）. 北京：科学出版社
秦大河，丁一汇，王绍武等. 2002. 中国西部生态环境变化与对策建议. 地球科学进展，17：314～319
沈才明，唐领余. 1991. 应用聚类分析划分孢粉带（区）的实例. 古生物学报，30：265～274
施雅风. 2000. 中国冰川与环境. 北京：科学出版社：361～362
施雅风，孔昭宸，王苏民等. 1992. 中国全新世大暖期的气候波动与重要事件. 中国科学（B 辑），12：1300～1308

施雅风, 孔昭宸, 王苏民等. 1993. 中国全新世大暖期鼎盛阶段的气候与环境. 中国科学 (B 辑), 23: 865 ~ 873
施雅风, 沈永平, 胡汝骥. 2002. 西北气候由暖干向暖湿转型的信号、影响和前景初步探讨. 冰川冻土, 24: 219 ~ 226
宋长青, 陈旭东, 罗运利等. 2001. 表土孢粉模拟的中国生物群区. 植物学报, 43: 201 ~ 209
宋长青, 程全国, 孙湘君等. 1998. 利用花粉-气候响应面恢复察素齐泥炭剖面全新世古气候的尝试. 植物学报, 40: 90 ~ 93, 96 ~ 97
宋之琛. 1959. 北京西近郊空气中的孢粉组合. 第四纪研究, 2: 69 ~ 74
苏里坦, 宋郁东, 张展羽. 2005. 近 40 年天山北坡气候与生态环境对全球变暖的响应. 干旱区地理, 28: 342 ~ 346
孙继敏, 丁仲礼, 刘东生等. 1995. 末次间冰期以来沙漠 - 黄土边界带的环境演变. 第四纪研究, 15: 117 ~ 122
孙湘君, 吴玉书. 1988. 长白山针阔叶混交林的现代花粉雨. 植物学报, 50: 549 ~ 557
孙湘君, 杜乃秋, 翁成郁等. 1994. 新疆玛纳斯湖盆周围近 14000 年以来的古植被古环境. 第四纪研究, 14: 239 ~ 248
孙湘君, 王琫瑜, 宋长青. 1996. 中国北方部分科属花粉 - 气候响应面分析. 中国科学 (D 辑), 26: 431 ~ 436
唐光楚. 1989. 新疆的天山云杉. 新疆农业科学, 5: 32 ~ 33
陶士臣, 安成邦, 陈发虎等. 2009. 新疆巴里坤湖 8. 8cal. ka B. P. 以来植被演替的花粉记录. 古生物学报, 48: 194 ~ 199
陶士臣, 安成邦, 陈发虎等. 2010. 孢粉记录的新疆巴里坤湖 16. 7cal. ka B. P. 以来的植被与环境. 科学通报, 55: 1026 ~ 1035
陶士臣, 安成邦, 陈发虎等. 2013. 新疆托勒库勒湖孢粉记录的 4. 2ka B. P. 气候事件. 古生物学报, 52: 234 ~ 242
童国榜, 吴锡浩, 童琳等. 1998. 太白山最近 1000 年的孢粉记录与古气候重建尝试. 地质力学学报, 4: 58 ~ 63
童国榜, 羊向东, 刘志明等. 2003. 云南玉龙山地区的表土花粉散布特征. 海洋地质与第四纪地质, 23: 103 ~ 107
童国榜, 羊向东, 王苏民等. 1996a. 满洲里 - 大杨树 - 带表土孢粉的散布规律及数量特征. 植物学报, 38: 814 ~ 821
童国榜, 张俊牌, 范淑贤等. 1996b. 秦岭太白山顶近千年来的环境变化. 海洋地质与第四纪地质, 16: 95 ~ 104
王琫瑜, 宋长青, 孙湘君等. 1997. 中国北方 4 个乔木属花粉 - 气候响应面模型研究. 植物学报, 39: 272 ~ 281
王炳华. 1983. 新疆农业考古概述. 农业考古, 1: 102 ~ 118
王东方, 任刚, 张凤华. 2011. 近 60 年来玛纳斯河流域气候变化趋势及突变分析. 新疆农业科学, 48: 1531 ~ 1537
王开发. 1983. 孢粉学概论. 北京: 高等教育出版社
王绍武. 1995. 小冰期气候研究. 第四纪研究, 3: 202 ~ 212
王绍武. 2010. 中世纪暖期与小冰期. 气候变化研究进展, 6: 388 ~ 390
王苏民, 窦鸿身. 1998. 中国湖泊志. 北京: 科学出版社
王维. 2009. 蒙古国中部 Ugii Nuur 湖过去 8660 年孢粉记录与环境变化研究. 兰州: 兰州大学
王宪曾, 王开发. 1990. 应用孢粉学. 西安: 陕西科学技术出版社

王亚俊，吴素芬．2003．新疆吐鲁番盆地艾丁湖的环境变化．冻川冻土，25：229～231
王璋瑜，宋长青，孙湘君等．1997．中国北方4个乔本属花粉——气候响应面模型研究．植物学报，39：272～281
王周琼，李述刚，川上敞等．2001．荒漠化防治丛书－草炭绿化荒漠的实践与机理．北京：科学出版社．23～36
魏凤英．1999．现代气候统计诊断预测技术．北京：气象出版社
魏海成，马海州，郑卓等．2010．青藏高原东北部表土孢粉组合与植被和气候的关系．海洋地质与第四纪地质，(4)：187～192
温秀卿，高永刚，王育光等．2005．兴安落叶松、云衫、红松林木物候期对气象条件响应研究．黑龙江气象，4：34～36
文启忠，郑洪汉．1988．北疆地区晚更新世以来气候环境变迁．科学通报，33：771～774
翁成郁，孙湘君，陈因硕．1993．西昆仑地区表土花粉组合特征及其与植被的数量关系．植物学报，35：69～79
吴敬禄．1995．新疆艾比湖全新世沉积特征及古环境演化．地理科学，15：39～46
吴敬禄，沈吉，王苏民等．2003．新疆艾比湖地区湖泊沉积记录的早全新世气候环境特征．中国科学（D辑），33：569～575
吴素芬，何文勤，胡汝骥等．2001．近年来新疆盆地平原区域湖泊变化原因分析．干旱区地理，24：123～129
吴泰然，郭召杰，穆治国等．1999．“将古论今”——环境科学研究中的历史地质学方法．高校地质学报，5：105～109
吴锡浩．1983．暗针叶林带温度研究．科学通报，23：1451～1457
吴锡浩．1989．青藏高原东南部现代雪线和林线及其关系的初步研究．冰川冻土，11：113～124
吴玉书，孙湘君．1987．昆明西山林下表土中花粉与植被间数量关系的初步研究．植物学报，29：204～211
吴玉书，萧家仪．1989．云南呈贡梁王山现代花粉雨的研究．云南植物研究，11：145～153
萧家仪，吴玉书，郑绵平．1996．西藏扎布耶盐湖晚第四纪孢粉植物群的初步研究．微体古生物学报，13：395～399
新疆百科全书编纂委员会．2002．新疆百科全书．北京：中国大百科全书出版社
新疆森林编辑委员会．1989．新疆森林（第一卷总论）．乌鲁木齐：新疆人民出版社
新疆维吾尔自治区地方志编纂委员会．1994．新疆年鉴．乌鲁木齐：新疆人民出版社
新疆维吾尔自治区文物普查办公室，昌吉回族自治州文物普查队．1989．昌吉回族自治州文物普查资料．新疆文物，33：48～49
新疆植物志编辑委员会．1994．新疆植物志（第二卷，第一分册）．乌鲁木齐：新疆科技卫生出版社
徐仁，孔昭宸，杜乃秋．1980．中国更新世的云杉冷杉植物群及其在第四纪研究上的意义．中国第四纪研究，5：48～56
徐文铎．1986．中国东北主要植被类型的分布与气候的关系．植物生态学与地植物学学报，10：254～263
徐馨，何才华，沈志达等．1992．第四纪环境研究方法．贵阳：贵州科技出版社
许清海，李月丛，李育等．2006．现代花粉过程与第四纪环境研究若干问题讨论．自然科学进展，16：647～656
许清海，李月丛，阳小兰等．2005．北方草原区主要群落类型表土花粉分析．地理研究，24：394～402
许清海，孟令尧，阳小兰等．1999．应用花粉分析预报板栗产量的研究．植物生态学报，23：370～378
许清海，田芳，李月丛等．2009．中国北方草原区捕捉器样品与表土样品花粉组合及其与植被和气候的关系．古地理学报，11：81～90

许清海, 肖举乐, 中村俊夫等. 2003. 孢粉资料定量重建全新世以来岱海盆地的古气候. 海洋地质与第四纪地质, 23: 99~108
许清海, 肖举乐, 中村俊夫等. 2004. 孢粉记录的岱海盆地1500年以来气候变化. 第四纪研究, 24: 341~347
许英勤. 1998. 新疆博斯腾湖地区全新世以来的孢粉组合与环境. 干旱区地理, 21: 43~49
许英勤, 阎顺, 贾宝全等. 1996. 天山南坡表土孢粉分析及其与植被的数量关系. 干旱区地理, 19: 24~30
阎顺. 1993. 新疆表土中松科花粉分布的探讨. 干旱区地理, 16: 1~9
阎顺. 1996. 艾比湖及周边地区环境演变与对策. 干旱区资源与环境, 10: 30~37
阎顺. 2002. 天山北麓历史时期的环境演变信息. 植物生态学报, 26 (增刊): 82~87
阎顺, 阚耀平. 1993. 吉木萨尔地区历史时期环境演变与人类活动. 干旱区地理学集刊, 3: 162~175
阎顺, 许英勤. 1989. 新疆阿尔泰地区表土孢粉组合. 干旱区研究. 6: 26~33
阎顺, 许英勤. 1995. 天山冰碛物中的孢粉组合及冰期环境. 干旱区地理, 18: 21~26
阎顺, 贾宝全, 许英勤等. 1996. 乌鲁木齐河源区植被及表土花粉. 冰川冻土, 18: 264~273
阎顺, 孔昭宸, 杨振京. 2003a. 新疆吉木萨尔县四厂湖剖面孢粉分析及其意义. 西北植物学报, 23: 531~536
阎顺, 孔昭宸, 杨振京等. 2003b. 东天山北麓2000多年以来的森林线与环境变化. 地理科学, 23: 699~704
阎顺, 孔昭宸, 杨振京等. 2004a. 新疆表土中云杉花粉与植被的关系. 生态学报, 24: 2017~2023
阎顺, 李树峰, 孔昭宸等. 2004b. 乌鲁木齐东道海子剖面的孢粉分析及其反映的环境变化. 第四纪研究, 24: 463~468
阎顺, 李文漪, 梁玉莲等. 1991. 新疆柴窝堡盆地更新世孢粉组合与环境. 北京: 科学出版社
阎顺, 穆桂金, 远藤邦彦等. 2003c. 2500年来艾比湖的环境演变信息. 干旱区地理, 26: 227~231
杨发相. 2011. 新疆地貌及其环境效应. 北京: 地质出版社
杨利普, 杨川德. 1990. 新疆艾比湖流域水资源利用与艾比湖演变. 干旱区地理, 13: 1~4
杨庆华, 杨振京, 张芸等. 2019. 新疆夏尔希里自然保护区表土孢粉与植被的关系. 干旱区地理, 42: 986~997
杨晓强, 李华梅. 1999. 泥河湾盆地沉积物磁化率及粒度参数对沉积环境的响应. 沉积学报, 17 (增刊): 763~768
杨振京. 2004. 新疆天山中段北坡地区现代孢粉学研究. 北京: 中国科学院大学
杨振京, 徐建明. 2002. 孢粉-植被-气候关系研究进展. 植物生态学报, 26: 73~81
杨振京, 孔昭宸, 阎顺等. 2004a. 天山乌鲁木齐河源区大西沟表土花粉散布特征. 干旱区地理, 27: 543~547
杨振京, 许清海, 孟令尧等. 2003. 燕山地区表土花粉与植被间的数量关系. 植物生态学报, 27: 804~809
杨振京, 许清海, 刘志明等. 2004b. 燕山地区表土孢粉植物群初步研究//国际生物多样性计划中国委员会等. 中国生物多样性保护与研究进展. 第五届全国生物多样性保护与持续利用研讨会论文集. 北京: 气象出版社. 324~332
杨振京, 张芸, 毕志伟等. 2011. 新疆天山南坡表土花粉的初步研究. 干旱区地理, 34: 880~889
姚檀栋, 施雅风. 1988. 乌鲁木齐河气候、冰川、径流变化及未来趋势. 中国科学 (B辑), 6: 657~666
姚祖驹. 1989. 山西中条山地区表土花粉分析. 地理学报, 44: 469~477
叶世泰, 乔秉善, 路英杰等. 1989. 中国气传花粉图谱, 北京: 中国科学技术出版社
尹泽生, 杨逸畴. 1992. 西北干旱地区全新世环境变迁与人类文明兴衰. 北京: 地质出版社
于革, 韩辉友. 1995. 南京紫金山现代植被表土孢粉的初步研究. 植物生态学报, 19: 79~84
于革, 韩辉友. 1998. 海南岛表土孢粉和热带植被模拟研究. 海洋地质与第四纪地质, 18: 103~112

于革, 刘平妹, 薛滨等. 2002. 台湾中部和北部山地植被垂直带表土花粉和植被重建. 科学通报, 47: 1663～1666
于革, 孙湘君, 秦伯强等. 1998. 花粉植被化模拟的中国中全新世植被分布. 中国科学 (D辑), 28: 73～78
于澎涛, 刘鸿雁. 1997. 小五台山北台北坡植被垂直带的表土花粉及其气候意义研究. 北京大学学报 (自然科学版), 33: 475～480
于澎涛, 刘鸿雁, 崔海亭. 2002. 小五台山北台林线附近的植被及其与气候条件的关系分析. 应用生态学报, 13: 523～528
袁方策, 杨发相. 1990. 新疆地貌的基本特征. 干旱区地理, 13: 1～5
袁国映. 1990. 艾比湖退缩及其对环境的影响. 干旱区地理, 13: 63～67
袁晴雪, 魏文寿. 2006. 中国天山山区近40年来的年气候变化. 干旱区研究, 23: 115～118
袁玉江, 韩淑媞. 1991. 北疆500年干湿变化特征. 冰川冻土, 13: 315～322
袁玉江, 魏文寿, 穆桂金. 2004. 天山山区近40年秋季气候变化特征与南、北疆比较. 地理科学, 24: 674～679
张福春. 1983. 北京春季的树木物候与气象因子的统计学分析. 地理研究, 2: 55～64
张福春. 1995. 气候变化对中国木本植物物候的可能影响. 地理学报. 50: 402～410
张卉, 张芸, 孔昭宸等. 2013a. 晚全新世以来北疆气候变化和人类活动的证据——以石河子草滩湖湿地为例. 中国古生物学会孢粉学分会第九届一次学术年会
张卉, 张芸杨, 杨振京等. 2013b. 新疆石河子南山地区表土花粉研究. 生态学报, 33: 6478～6487
张佳华, 孔昭宸. 1996. 北京地区百花山、东灵山表土花粉的特征分析. 海洋地质与第四纪地质, 16: 101～114
张佳华, 孔昭宸, 杜乃秋. 1997. 北京房山东甘池15000年以来炭屑分析及对火发生可能性的探讨. 植物生态学报, 21: 161～168
张金谈. 1964. 北京西郊空气中的花粉. 植物学报, 12: 282～285
张金谈, 陈克, 莫广友等. 1984. 广西南宁空气中孢粉及其致敏性研究. 植物学报, 26: 567～573
张立运, 陈昌笃. 2002. 论古尔班通古特沙漠植物多样性的一般特点. 生态学报, 22: 1923～1932
张立运, 海鹰, 李晓明等. 1990. 乌鲁木齐市郊小蓬沙漠及其生态经济评价. 干旱区地理, 13: 81～88
张新庆. 1998. 吐鲁番盆地地形与天气. 新疆气象, 21: 11～13
张新时. 1963. 新疆山地植被垂直带及其与农业的关系. 新疆农业科学, 9: 351～358
张瑛山, 唐光楚. 1990. 天山云杉林. 乌鲁木齐: 新疆人民出版社
张宇和, 王福堂, 高新一等. 1989. 板栗. 北京: 中国林业出版社
张玉兰, 蒋辉. 1992. 上海东北部空中孢子花粉的初步研究. 同济大学学报, 20: 305～312
张芸, 孔昭宸, 倪健等. 2008. 新疆草滩湖村湿地4550年以来的孢粉记录和环境演变. 科学通报, 53: 306～316
张芸, 孔昭宸, 阎顺等. 2004. 新疆地区的"中世纪温暖期"——古尔班通古特沙漠四厂湖古环境的再研究. 第四纪研究, 24: 701～708
张芸, 孔昭宸, 阎顺等. 2005. 新疆天山北坡地区中晚全新世古生物多样性特征. 植物生态学报, 29: 836～844
张芸, 孔昭宸, 阎顺等. 2006. 天山北坡晚全新世云杉林线变化和古环境特征. 科学通报, 51: 1450～1458
赵彩凤, 陈蜀江, 梁艳等. 2013. 新疆夏尔希里自然保护区生态系统评价. 科技创新导报, 13: 146～149
赵凯华. 2013. 艾比湖地区中全新世以来孢粉组合与古气候定量重建. 石家庄: 石家庄经济学院

赵凯华，杨振京，张芸等．2013．新疆艾丁湖区中全新世以来孢粉记录与古环境．第四纪研究，33：526～535
赵振明，刘爱民，彭伟等．2007．青藏高原北部孢粉记录的全新世以来环境变化．干旱区地理，30：381～391
郑卓．1990．采用 COUR 风标式收集器对广州市区大气孢子花粉浓度的初步调查．中山大学研究生学刊（自然科学版），11：20～28
郑卓．1994．中山大学校园内空气中孢子花粉散布的初步调查．生态科学，2：11～17
郑卓，黄康有，许清海等．2008．中国表土花粉与建群植物地理分布的气候指示性对比．中国科学（D 辑）：地球科学，38：701～714
中国科学院新疆综合考察队．1978．新疆植被及其利用．北京：科学出版社
中国农业科学院果树研究所．1960．中国果树栽培学．北京：农业出版社
中国自然资源丛书编撰委员会．1995．中国自然资源丛书：新疆卷．北京：中国环境科学出版社
钟巍，韩淑媞．1998．中国西部内陆型晚冰期环境特征的湖相沉积记录．湖泊科学，10：1～7
钟巍，李丽雅．1996．新疆全新世自然环境演变的几个重要时间界线．新疆大学学报（自然科学版），13：78～84
钟巍，熊黑钢，王立国等．2004．塔里木盆地南缘策勒绿洲近 4000 年来的环境变化．地理科学，24：687～692
周昆叔，梁秀龙，刘瑞玲等．1981．天山乌鲁木齐河源冰川冰和第四纪沉积物的孢粉学初步研究．冰川冻土，3：97～105
周昆叔等．1984．第四纪孢粉分析与古环境．北京：科学出版社
周霞．1995．天山北坡中段气候垂直分异研究．干旱区地理，18：52～60
周兴佳，朱峰，李世全．1994．克里雅河绿洲的形成与演变．第四纪研究，14：249～255
周忠泽，李玉成，张小平等．2003．中国蓼科花粉类型的地理分布格局及其与生态因子的关系．地理科学，23：169～174
朱诚，崔之久．1992．天山乌鲁木齐河源区冰缘地貌的分布和演变过程．地理学报，59：526～535
朱艳，陈发虎，唐领余等．2001．干旱区石羊河终闾湖泊孢粉组合中云杉圆柏属环境指示意义探讨．中国沙漠，21：141～146
朱震达，陆锦华，江伟铮．1988．塔克拉玛干沙漠克里雅河下游地区风沙地貌的形成发育与环境变化趋势的初步研究．中国沙漠，8：12～16
竺可桢．1979．中国近 5000 年来气候变迁的初步研究 //竺可桢．竺可桢文集．北京：科学出版社．475～497
Abel-Schaad D, López-Sáez J A. 2012. Vegetation changes in relation to fire history and human activities at the Peña Negra mire (Bejar Range, Iberian Central Mountain System, Spain) during the past 4,000 years. Vegetation History and Archaeobotany, 22: 199～214
Anupama K, Ramesh B R, Raymonde B, et al. 2000. Modern pollen rain from the Biligirirangan-Melagiri hills of southern Eastern Ghats, India. Review of Palaeobotany and Palynology, 108: 175～196
Banik S, Chanda S. 2009. Airborne pollen survey of central calcutta, india, in relation to allergy. Grana Palynologica, 31: 72～75
Bartlein P J, Iii T W, Fleri E. 1984. Holocene climatic change in the northern midwest: pollen-derived estimates. Quaternary Research, 22: 361～374
Bartlein P J, Prentice I C, Iii T W. 1986. Climatic response surface from pollen data for some eastern North American taxa. Journal of Biogeography, 13: 35～57
Bayon G, Dennielou B, Etoubleau J, et al. 2012. Intensifying weathering and land use in Iron Age Central Africa.

Science, 335: 1219 ~ 1222

Beggs P J. 2004. Impacts of climate change on aeroallergens: past and future. Clinical and Experimental Allergy, 34: 1507 ~ 1513

Bennett K D. 1989. A provisional map of forest types of the British Isles 5000 years ago. Journal of Quaternary Science, 4: 141 ~ 144

Berro J C, Arbeláez M V, Duivenvoorden J F, et al. 2003. Pollen representation and successional vegetation change on the sandstone plateau of Araracuara, Colombian Amazonia. Review of Palaeobotany and Palynology, 126: 163 ~ 181

Birks H J B, Gordon A D. 1985. Numberical Methods in Quaternary Pollen Analysis. London: Academic Press

Blasing T J, Solomon A M, Duvick D N. 1984. Response functions revisited. Journal of Chemical Physics, 44: 1 ~ 15

Bradshaw R, Iii T W. 1985. Relationships between contemporary pollen and vegetation data from Wisconsin and Michigan, USA. Ecology, 66: 721 ~ 737

Brown T. 1999. Biodiversity and pollen analysis: modern pollen studies and the recent history of a floodplain woodland in S. W. Ireland. Journal of Biogeography, 26: 19 ~ 32

Bush M B. 2000. Deriving response matrices from central American modern pollen rain. Quaternary Research, 54: 132 ~ 143

Cambon G. 1981. Relation entre le contenu pollinique de l' atmosphe`re et le couvert ve'ge'tal en Me'diterrane'e occidentale a' Montpellier (France), Valencia (Espagne), et Oran (Alge' rie). The' se, USTL, Montpellier. 105

Cañellas-Boltà N, Rull V, Sáez A, et al. 2013. Vegetation changes and human settlement of Easter Island during the last millennia: a multiproxy study of the Lake Raraku sediments. Quaternary Science Reviews, 72: 36 ~ 48

Caseldine C, Pardoe H. 1994. Surface pollen studies from alpine/subalpine southern Norway: applications to Holocene data. Review of Palaeobotany and Palynology, 82: 1 ~ 15

Cerceau-Larrival M-T, Nilsson S, et al. 1991. The influence of the environment (natural and experimental) on the composition of the exine of allergenic pollen with respect to the deposition of pollutant mineral particles. Grana, 30: 532 ~ 545

Chen X D, Song C Q, Lun Y L, et al. 2001. Simulation of China biome reconstruction based on pollen data from surface sediment samples. Acta Botanica Sinica, 43: 201 ~ 209

Cook E R, Holmes R L. 1986. Users manual for program ARSTAN. In: Holmer R l, Adams R K, Fritts H C (eds). Tree-ring Chronologies of Western North America: California, Eastern Oregon and Northern Great Basin. Tucson: University of Arizona

Cook E R, Kairiukstis L A. 1990. Methods of Dendrochronology: Applications in the Environmental Sciences. Dordrech: Kluwer Academic Publishers

Cook E R, Briffa K, Shiyatov S G, et al. 1990. Tree-ring standardization and growth-trend estimation. In: Cook E R, Kairiukstis L A (eds). Methods of Dendrochronology: Applications in the Environmental Sciences. Dordrecht: Kluwer Academin Publishers. 104 ~ 123

Cour P. 1974. Nouvelles techniques de detection des flux et des retombees polliniques: etude de la sedimentation des pollens et des spores a la surface du sol. Pollen Spores, 16: 103 ~ 141

Cour P, van Campo M. 1980. Previsions de recoltes a partir de l'analyse du contenu pollinique de l'atmosphere. C R Academie Science Paris, 290: 1043 ~ 1046

Cour P, Zheng Z, Duzer D, et al. 1999. Vegetational and climatic significance of modern pollen rain in northwestern Tibet. Review of Palaeobotany and Palynology, 104: 183 ~ 204

Crimi P, Macrina G, Folli C, et al. 2004. Correlation between meteorological conditions and Parietaria pollen concentration in Alassio, north-west Italy. International Journal of Biometeorology, 49: 13 ~ 17

D'Amato G, Liccardi G. 2003. Allergenic pollen and urban air pollution in the mediterranean area. Allergy & Clinical Immunologic International-Joural of the World Allergy Organization. 15: 73 ~ 78

D'Amato G, Spieksma F Th M, Liccardi G, et al. 1998. Pollen-related allergy in Europe. Allergy, 53: 567 ~ 578

Davies C P, Fall P L. 2001. Modern pollen precipitation from an elevational transect in central Jordan and its relationship to vegetation. Journal of Biogeography, 28: 1195 ~ 1210

Davis M B. 1963. On the theory of pollen analysis. American Journal of Science, 261: 897 ~ 912

Davis M B. 1965. A method for determination of absolute pollen frequency. In: Kummel B, Raup D M (eds). Handbook of Paleontological Techniques. San Francisco: Freeman & Co. 674 ~ 686

de Vernal A, Hillaire-Marcel C. 2008. Natural variability of Greenland climate, vegetation, and ice volume during the past million years. Science, 320: 1622 ~ 1625

Dupont L M, Wyputta U. 2003. Reconstructing pathways of aeolian pollen transport to the marine sediments along the coastline of SW Africa. Quaternary Science Reviews, 22: 157 ~ 174

El-Moslimany A P. 1990. Ecological significance of common nonarboreal pollen: examples from drylands of the Middle East. Review of Palaeobotany and Palynology, 64: 343 ~ 350

Emberlin J, Detandt M, Gehrig R, et al. 2003. Responses in the start of Betula (birch) pollen seasons to recent changes in spring temperatures across Europe. International Journal of Biometeorology, 46: 159 ~ 170

Erdtman G. 1969. Handbook of Palynology. Morphology-Taxonomy-Ecology. An Introduction to the Study of Pollen Grains and Spores. Copenhagen: Verlag Munksgaard

Erdtman G, Wodehouse R P. 1944. An introduction to pollen analysis. Soil Science, 54: 241

Evans M E, Heller F. 2003. Environmental Magnetism. London: Academic Press

Fall P L. 1992a. Pollen accumulation in a montane region of Colorado, USA: a comparison of moss polsters, atmospheric traps, and natural basins. Review of Palaeobotany and Palynology, 72: 169 ~ 197

Fall P L. 1992b. Spatial patterns of atmospheric pollen dispersal in the Colorado Rocky Mountains, USA. Review of Palaeobotany and Palynology, 74: 293 ~ 313

Fall P L. 1997. Timber fluctuation and late Quaternary paleoclimates in the Southern Rocky Mountains. Colorado: Geology Society of America Bulletin, 109: 1306 ~ 1320

Fan Z L. 1996. Study of Environmental in Fection and Countermeasure on Land Development in Xinjiang. Beijing: Meteology Press

Fang J Y, Yoda K. 1990. Climate and vegetation in China: IV. Distribution of tree species along the thermal gradient. Ecological Research, 5: 291 ~ 302

Fitter A H, Fitter R S R. 2002. Rapid changes in flowering time in British plants. Science, 296: 1689 ~ 1691

Fontana S L. 2003. Pollen deposition in coastal dunes, south Buenos Aires Province, Argentina. Review of Palaeobotany and Palynology, 126: 17 ~ 37

Frei T. 1998. The effects of climate change in Switzerland 1969 — 1996 on airborne pollen quantities from hazel, birch and grass. Grana, 37: 172 ~ 179

Frenguelli G, Tedeschini E, Veronesi F, et al. 2002. Airborne pine (*Pinus* spp.) pollen in the atmosphere of perugia (Central Italy): Behaviour of pollination in the two last decade. Aerobiologia, 18: 223 ~ 228

Fritts H C. 1974. Relationships of ring widths in arid-site conifers to variations in monthly temperature and precipitation. Ecological Monographs, 44: 411 ~ 440

Fritts H C. 1976. Tree Rings and Climate. London: Academic Press: 534

Gajewski K, Lézine A M, Vincens A, et al. 2002. Modern climate-vegetation-pollen relations in Africa and adjacent areas. Quaternary Science Reviews, 21: 1611 ~ 1631

Gervais B R, MacDonald G M, Snyder J A, et al. 2002. *Pinus sylvestris* treeline development and movement on the Kola Peninsula of Russia: pollen and stomate evidence. Journal of Ecology, 90: 627 ~ 638

Gonzalea-Minero F J, Morales J, Thomas C, et al. 1999. Relationship between air temperature and start of pollen emission in some arboreal taxa in South-western Spain. Grana, 38: 306 ~ 310

Grandjouan G, Cour P, Gros R. 2000. Reliability of abundance ratios between aeropalynological taxa as indicators of the climate in France. Grana, 39: 182 ~ 193

Green B J, Yli-Panula E, Dettmann M E, et al. 2003. Airborne *Pinus* pollen in the atmosphere of Brisbane, Australia and relationships with meteorological parameters. Aerobiologia, 19: 47 ~ 55

Haberle S G, David B. 2004. Climates of change: human dimensions of Holocene environmental change in low latitudes of the PEPII transect. Quaternary International, 118-119: 165 ~ 179

Haberle S G, Tibby J, Dimitriadis S, et al. 2006. The impact of European occupation on terrestrial and aquatic ecosystem dynamics in an Australian tropical rain forest. Journal of Ecology, 94: 987 ~ 1002

Haenssler E, Nadeaub M J, Vöttc A, et al. 2013. Natural and human induced environmental changes preserved in a Holocene sediment sequence from the Etoliko Lagoon, Greece: New evidence from geochemical proxies. Quaternary International, 308-309: 89 ~ 104

Hakanson L, Jansson M. 1983. Principles of Lake Sedimentology. Berlin: Springer-Verlag

Han D L. 2001. The Artificial Oases in Xinjiang. Beijing: China Environmen Science Press: 24 ~ 29

Herzschuh U. 2007. Reliability of pollen ratios for environmental reconstructions on the Tibetan Plateau. Biogeography, 34: 1265 ~ 1273

Herzschuh U, Kurschner H, Ma Y Z. 2003. The surface pollen and relative pollen production of the desert vegetation of the Alashan Plateau, western Inner Mongolia. Chinese Science Bulletin, 48: 1488 ~ 1493

Herzschuh U, Kürschnerc H, Mischke S. 2006. Temperature variability and vertical vegetation belt shifts during the last similar 50, 000 yr in the Qilian Mountains (NE margin of the Tibetan Plateau, China). Quaternary Research, 66: 133 ~ 146

Hess D. 1975. Plant Physiology. Berlin: Springer-Verlag

Holmes R L. 1983. Computer-assisted quality control in tree-ring dating and mearesurement. Tree-Ring Bulletin, 43: 69 ~ 78

Holtmeier F K. 1994. Ecological aspects of climatically-caused timberline fluctuations: review and outlook. In: Beniston M (ed). Mountain Environment in Changing Climates, Chapter: Ecological Aspects of Climatically-caused Timberline Fluctuations. London: Rautledge Press. 200 ~ 233

Hong Y T, Wang Z G, Jiang H B, et al. 2001. A 6000-year record of changes in drought and precipitation in northeastern China based a δ^{13}C time series from peat cellulose. Earth and Planetary Science Letters, 185: 111 ~ 119

Huang C X. 1993. A study on the soil polynofloras in western Tibet. Arid Land Geography, 16: 75 ~ 83

Hughes M K, Diza H F. 1994. Was there a 'medieval warm period', and if so, where and when?. Climatic Change, 26: 109 ~ 142

Huntley B. 1990. Studying global change: the contribution of quaternary palynology. Palaeogeography, Palaeoclimatology, Palaeoecology, 82: 53 ~ 61

Iii T W, Bryson R A. 1972. Late and postglacial climatic change in the Northern Midwest, USA: Quantitative estimates derived from fossil pollen spectra by multivariate statistical analysis. Quaternary Research, 2: 70 ~ 115

Jackson S T. 1990. Pollen source area and representation in small lakes of the northeastern United States. Review of Palaeobotany and Palynology, 63: 53 ~ 76

Jackson S T, Dunwiddie P W. 1992. Pollen dispersal and representation on an offshore island. New Phytologist, 122: 187 ~ 202

Jaeger S, Speiksma E Th M, Nolard N. 1991. Fluctuations and trends in airborne concentrations of some abundant pollen types, monitored at Vienna, Leiden and Brussels. Grana, 30: 309 ~ 312

Janssen C R. 1966. Recent pollen spectra from the deciduous and coniferous- deciduous forests of Northeastern Minnesota: a study in pollen dispersal. Ecology, 47: 804 ~ 824

Jato M V, Rodríguez F J, Seijo M C. 2000. *Pinus* pollen in the atmosphere of Vigo and its relationship to meteorological factors. International Journal of Biometeorology, 43: 147 ~ 153

Jato V, Rodríguez-Rajo F J, Alcázar P, et al. 2006. May the definition of pollen season influence aerobiological results? Aerobiologia, 22: 13 ~ 25

Keigwin L D. 1996. The little ice age and Medieval warm period in Sargasso Sea. Science, 274: 1504 ~ 1508

Larocque I, Campbell I, Bradshaw R, et al. 2000. Modern pollen-representation of some boreal species on islands in a large lake in Canada. Review of Palaeobotany and Palynology, 108: 197 ~ 211

Latalowa M, Miteus M, Uruska A. 2002. Seasonal variations in the atmospheric Betula pollen count in Gdarisk Southern Baltic Coast, in relation to meteorological parameters. Aerobiologia, 18: 33 ~ 43

Lenoir J, Gégout J, Marquet P A, et al. 2008. A significant upward shift in plant species optimum elevation during the 20th century. Science, 320: 1768 ~ 1771

Lerman A. 1978. Lakes: Chemistry, Geology, Physics. Berlin: Springer-Verlag

Li Y C, Bunting M J, Xu Q H, et al. 2011. Pollen- vegetation- climate relationships in some desert and desert-steppe communities in northern China. Quaternary International, 21: 279 ~ 280

Li Y Y, Nielsen A B, Zhao X Q, et al. 2015. Pollen production estimates (PPEs) and fall speeds for major tree taxa and relevant source areas of pollen (RSAP) in Changbai Moutain, northeastern China. Review of Palaeobotany and Palynology, 216: 92 ~ 100

Li Y Y, Zhang X S, Zhou G S. 2000. Quantitative relationships between vegetation and several pollen taxa in surface soil from North China. Chiese Science Bulletin, 45: 1519 ~ 1523

Liu H Y, Cui H T, Pott R, et al. 1999. The surface pollen of the woodland-steppe ecotone in southeastern Inner Mongolia, China. Review of Palaeobotany and Palynology, 105: 237 ~ 250.

Liu H Y, Tang Z Y, Dai J H, et al. 2002a. Larch timberline and its development in North China. Mountain Research and Development, 22: 359 ~ 367

Liu H Y, Xu L H, Cui H T. 2002b. Holocene history of desertification along the woodland- steppe border in northern China. Quaternary Research, 57: 259 ~ 270

Luo C X, Zheng Z, Tarasov P, et al. 2009. Characteristics of the modern pollen distribution and their relationship to vegetation in the Xinjiang region, northwestern China. Review of Palaeobotany and Palynology, 153: 282 ~ 295

Lu H Y, Wu N Q, Liu K B, et al. 2011. Modern pollen distributions in Qinghai- Tibetan Plateau and the development of transfer functions for reconstructing Holocene environmental changes. Quaternary Science Reviews, 30: 947 ~ 966

Lu H Y, Wu N Q, Yang X D, et al. 2008. Spatial pattern of *Abies* and *Picea* surface pollen distribution along the elevation gradient in the Qinghai-Tibetan Plateau and Xinjiang, China. Boreas, 37: 254 ~ 262

Ma Y Z, Liu K B, Feng Z D, et al. 2013. Vegetation changes and associated climate variations during the past 38000 years reconstructed from the Shaamar eolian- paleosol section, northern Mongolia. Quaternary International, 311: 25 ~ 35

MacDonalda G M, Velichkob A A, Kremenetskib C V, et al. 2000. Holocene treeline history and climate across northern Eyrasia. Quaternary Research, 53: 302 ~ 311

Mahpir J, Tursunov A A. 1996. An Introduction to the Hydroecology in the Central Asia. Urumqi: Hygiene Science and Technology Press. 109 ~ 111

Mann M E, Bradley R S, Hughes M K. 1999. Northen Hemisphere temperatures during the past milleannium: inferences, uncertainties and limitations. Geophysical Research Letters, 26: 759 ~ 762

Markgraf V. 1980. Pollen dispersal in a mountain area. Grana, 19: 127 ~ 146

Mcglone M S, Moar N T. 1997. Pollen- vegetation relationships on the subantarctic Auckland Islands, New Zealand. Review of Palaeobotany and Palynology, 96: 317 ~ 338

McLeod T K, MacDonald G M. 1997. Postglacia range expansion and population growth of *Picea mariana*, *Picea glauca* and *Pinus banksiana* in the western interior Canada. Biogeography, 24: 865 ~ 881

McWethy D B, Higuera P E, Whitlock C, et al. 2013. A conceptual framework for predicting temperate ecosystem sensitivity to human impacts on fire regimes. Global Ecology and Biogeography, 22: 900 ~ 912

Menzel A, Estrella N. 2001. Plant phenological changes. In: Walther G R, Burga C A, Edwards P J (eds). Fingerprints of Climate Change: Adapted Behaviour and Shifting Species Ranges. New York: Kluwer Academic/Plenum Publishers. 123 ~ 137

Mighall T M, Foster I D L, Rowntree K M, et al. 2012. Reconstructing recent land degradation in the semi-arid Karoo of South Africa: a palaeoecological study at Compassberg, Eastern Cape. Land Degradation Development, 23: 523 ~ 533

Molina R T, Palacios I S, Rodrĺguez A F M, et al. 2001. Environmental factors affecting airborne pollen concentration in anemophilous species of *Plantago*. Annals of Botany, 87: 1 ~ 8

Mulvaney R, Abram N J, Hindmarsh R C A, et al. 2012. Recent Antarctic Peninsula warming relative to Holocene climate and ice-shelf history. Nature, 489: 141 ~ 144

Newsome J C. 1999. Pollen-vegetation relationships in semi-arid southwestern Australia. Review of Palaeobotany and Palynology, 106: 103 ~ 119

Norris-Hill J. 1999. The diurnal variation of Poaceae pollen concentrations in rural area. Grana, 38: 301 ~ 305

Pan T, Wu S H, Dai E F, et al. 2010. Modern pollen distribution and its relationship with environmental difference in southwestern China. Geosciences Journal, 14: 23 ~ 32

Parsons R W, Prentice I C. 1981. Statistical approaches to R- values and the pollen- vegetation relationship. Review of Palaeobotany and Palynology, 32: 127 ~ 152

Pellatt M G, Smith M J, Mathewes R W, et al. 1998. Palaeoecology of postglacial treeline shifts in the northern Cascade Mountains, Canada. Palaeogeography, Palaeoclimate, Palaeoecology, 141: 123 ~ 138

Peyron O, Jolly D, Bonnefille R, et al. 2000. Climate of East Africa 6000 14C Yr B. P. as inferred from pollen data. Quaternary Research, 54: 90 ~ 101

Porsbjerg C, Rasmussen A, Bcaker V. 2003. Airborne pollen in Nuuk, Greenland, and the importance of meteorological parameters. Aerobiologia, 19: 29 ~ 37

Prentice I C. 1985. Pollen representation, source area, and basin size: toward a unified theory of pollen analysis. Quaternary Research, 23: 76 ~ 86

Prentice I C, Iii T W. 2002. BIOME 6000: reconstructing global mid-Holocene vegetation patterns from palaeoecological records. Journal of Biogeography, 25: 1365 ~ 2699

Press C. 2010. How plants 'feel' the temperature rise. Science Daily

Price M V, Waser N M. 1998. Effects of experimental warming on plant reproductive phenology in a subalpine meadow. Ecology, 79: 1261 ~ 1271

Protection Association of Wilderness Animal of Xinjiang Uygur Autonomous Region. 1999. Natural Protection Region in Xinjiang. Urumqi: Xinjiang People's Press. 3 ~ 54

Ravazzi C. 2002. Late Quaternary history of spruce in southern Europe. Review of Palaeobotany and Palynology, 120: 131 ~ 177

Raymonde B, Chalie F, Joel G, et al. 1992. Quantilative estimates of full glacial temperatures in equetorial Africa from palynological data. Climate Dynamics, 6: 251 ~ 257

Ren G Y. 2000. Decline of the mid to late Holocene forests in China: climatic change or human impact? Journal of Quaternary Science, 15: 273 ~ 281

Ribeiro H, Cunha M, Abreu I. 2003. Airborne pollen concentration in the region of Braga, Portugal, and its relationship with meteorological parameters. Aerobiologia, 19: 21 ~ 27

Rodríguez A F M, Palacios I S, Molina R T, et al. 2000. Dispersal of Amaranthaceae and Chenopodiaceae pollen in the atmosphere of Extremadura (SW Spain) . Grana, 39: 56 ~ 62

Root T L, Price J T, Hall K R, et al. 2003. Fingerprints of global warming on wild animals and plants. Nature, 421: 57 ~ 60

Rousseau D D, Duzer D, Cambon G, et al. 2003. Long distance transport of pollen to Greenland. Geophysical Research Letters, 30: 1765

Sadler J P. 2001. Biodiversity on oceanic island: a palaeoecological assessment. Journal of Biogeography, 26: 75 ~ 87

Santa S. 1961. Essai de reconatitution depaysages vegetaux Quaternaires Afeique de Nord. Lybica, 6: 37 ~ 77

Schneiter D, Bernard B, Defila C, et al. 2002. Influence du changement climatique sur la phénologie des plantes et la présence de pollens dans l'air en Suisse. Allergieet Immunologie, 34: 113 ~ 116

Sergei B, Yazvenko. 1991. Modern pollen- vegetation relationships on the Southeast Caucasus. Grana, 30: 350 ~ 356

Shi Y F, Kong Z C, Wang S M, et al. 1993. Mid- Holocene climates and environments in China. Global and Planetary Change, 7: 219 ~ 233

Shi Y F, Shen Y P, Kang E S, et al. 2007. Recent and future climate change in Northwest China. Climatic Change, 80: 379 ~ 393

Sin B A, Inceoglu Ö, Mungan D, et al. 2001. Is it important to perform pollen skin prick tests in the season? Annals of Allergy, Asthma & Immunology, 86: 382 ~ 386

Skinner C, Brown T. 2001. Mid Holocene vegetation diversity in eastern Cumbria. Journal of Biogeography, 26: 45 ~ 54

Smirnov A, Chmura G L, Lapointe M F. 1996. Spatial distribution of suspended pollen in the Mississippi River as an example of pollen transport in alluvial channels. Review of Palaeobotany and Palynology, 92: 69 ~ 81

Solomon A M, Silkworth A B. 1986. Spatial patterns of atmospheric pollen transport in a montane region. Quaternary Research, 25: 150 ~ 162

Solomon A M, Blasing T J, Solomon J A. 1982. Interpretation of floodplain pollen in alluvial sediments from an arid region. Quaternary Research, 18: 52 ~ 71

Sparks T, Carey P D. 1995. The responses of species to climate over two centuries: an analysis of the Marsham phonological record, 1736 — 1947. Journal of Ecology, 83: 321 ~ 329

Strauche U G, Obermeier F, Grunwald N, et al. 2007. Calcitriol analog ZK191784 ameliorates acute and chronic dextran sodium sulfate- induced colitis by modulation of intestinal dendritic cell numbers and phenotype. World Journal of Gastroenterology, 13: 6529 ~ 6537

Stutza S, Prietoab A R. 2003. Modern pollen and vegetation relationships in Mar Chiquita coastal lagoon area, southeastern Pampa grasslands, Argentina. Review of Palaeobotany and Palynology, 126: 183 ~ 195

Sugita S. 1994. Pollen representation of vegetation in Quaternary sediments: theory and method in patchy vegetation. Journal of Ecology, 82: 881 ~ 897

Sun J M, Ding Z L, Liu D S. 1995. Environment evolution of desert-loess border belt since Last Interglacial. Quaternary Science, 15: 117 ~ 122

Synthesis Report Team C W, Pachauri R K, Reisinger A, et al. 2007. Contribution of working group to the fourth assessment report of the intergovernment panel on climate change. IPCC Geneva Climate Change, 04

Tarasov P E, Andreev A A, Anderson P M, et al. 2013. A pollen-based biome reconstruction over the last 3. 562 million years in the Far East Russian Arctic — new insights into climate-vegetation relationships at the regional scale. Clim Past, 9: 2759 ~ 2775

Tarasov P E, Cheddadi R, Guiot J, et al. 1998. A method to determine warm and cool steppe biomes from pollen data; application to the Mediterranean and Kazakhstan Regions. Journal of Quaternary Science, 13: 335 ~ 344

ter Braak C J F, Juggins S. 1993. Weigthed averaging partial least squares regression (WA-PLS): an improved method for reconstructing environmental variables from species assemblages. Hydrobiologia, 269: 485 ~ 502

ter Braak C J F, Smilauer P. 2002. Canoco Reference Manual and CanoDraw for Windows User' s Guide: Software for Canonical Community Ordination (Version 4. 5) . New York: Microcomputer Power

Thavorntam W, Tantemsapya N. 2013. Vegetation greenness modeling in response to climate change for Northeast Thailand. Journal of Geographical Sciences. 23: 1052 ~ 1068

Thompson R, Oldfield F. 1995. Environmental Magnetism. Berlin: Springer

Tinner W, Ammann B, Germvcann P. 1996. Treelin fluctuations recorded for 12, 500 years by soil profiles, pollen, and plant macrofossils in the Central Swiss Aips. Arctic and Alpine Research, 28: 131 ~ 147

Traidl-Hoffmann C, Kasche A, Menzel A, et al. 2003. Impact of pollen on human health: more than allergen carriers? International Archives of Allergy and Immunology, 131: 1 ~ 13

Tranquillini W M. 1979. Physiological Ecology of the Alpine Timberline. New York: Spring-Verlag

Truc L, Chevalier M, Favier C, et al. 2013. Quantification of climate change for the last 20, 000 years from Wonderkrater, South Africa: implications for the long-term dynamics of the Intertropical Convergence Zone. Palaeogeography, Palaeoclimatology, Palaeocology, 386: 575 ~ 587

Tucker C J, Slayback D A, Pinzon J E, et al. 2001. Higher northern latitude normalized difference vegetation index and growing season trends from 1982 to 1999. International Journal of Biometeorology, 45: 184 ~ 190

van Campo E, Cour P, Hang S X. 1996. Holocene environmental changes in Bangong Co basin (Western Tibet). Part 2: the pollen record. Palaeogeography, Palaeoclimatology, Palaeoecology, 120: 49 ~ 63

Vaughan D G, Marshall G J, Connolley W M, et al. 2003. Recent rapid regional climate warming on the Antarctic Peninsula. Climatic Change, 60: 243 ~ 274

Walker D. 2000. Pollen input to, and incorporation in, two crater lakes in tropical northeast Australia. Review of Palaeobotany and Palynology, 111: 253 ~ 283

Walther G R, Post E, Convey P, et al. 2002. Ecological responses to recent climate changes. Nature, 416: 389 ~ 395

Webb R S, Anderson K H, Iii T W. 1993. Pollen response-surface estimates of late quaternary Changes in the moisture balance of the northeastern United States. Quaternary Research, 40: 213 ~ 227

Wick L, van Leeuwen J F N, van der Knaap W O, et al. 2003. Holocene vegetation development in the catchment of Sagistalsee (1935 m a. s. l.), a small lake in the Swiss Alps. J Paleolimn, 30: 261 ~ 272

Wigley T M L, Briffa K R, Jones P D. 1984. On the average value of correlated time series, with applications in dendroclimatology and hydrometeorology. Journal of Climatology and Applied Meteorology, 23: 201 ~ 213

Wilmshurst J M, McGlone M S. 2005. Origin of pollen and spores in surface lake sediments: comparison of modern palynomorph assemblages in moss cushions, surface soils and surface lake sediments. Review of Palaeobotany and Palynology, 136: 1 ~ 15

Wipf S, Gottfried M, Nagy L. 2013. Climate change and extreme events- their impacts on alpine and arctic ecosystem structure and function. Plant Ecology & Diversity, 6: 303 ~ 306

Woodruff J D, Irish J L, Camargo S J. 2013. Coastal flooding by tropical cyclones and sea- level rise. Nature, 504: 44 ~ 52

Wright H E. 1967. The use of surface samples in Quaternary pollen analysis. Review of Palaeobotany and Palynology, 2: 321 ~ 330

Xinjiang Institute of Biology, Pedology and Desert Research, the Chinese Academy of Sciences. 1991. The Study of Animals in Xinjiang. Beijing: Science Press: 1 ~ 10

Xinjiang Surveying Team of CAS, Institute of Botany of CAS. 1978. Xinjiang Vegetation and Utilization. Beijing: Science Press

Xu Q H. 2015. The Pollen Morphology of Chinese Common Cultivated Plants. Beijing: Science Press

Xu Q H, Li Y C, Li Y, et al. 2006. The discussion of modern pollen and Quaternary environmental study. Progress in Natural Science, 16: 647 ~ 656

Xu Q H, Tian F, Bunting M J, et al. 2012. Pollen source areas of lakes with inflowing rivers: modern pollen influx data from Lake Baiyangdian, China. Quaternary Science Reviews, 37: 81 ~ 91

Xu Q H, Zhang S R, Gaillard M J, et al. 2016. Studies of modern pollen assemblages for pollen dispersal-deposition- preservation process understanding and for pollen- based reconstructions of past vegetation, climate, and human impact: a review based on case studies in Chian. Quaternary Science Reviews, 149: 151 ~ 166

Yan G, Wang F B, Shi G, et al. 1999. Palynological and stable isotopic study of palaeoenvironmental changes on the northeastern Tibetan plateau in the last 30, 000 years. Palaeogeography, Palaeoclimatology, Palaeoecology, 153: 147 ~ 159

Yan S, Mu J G. 1990. The environmental evolution of the Tarim Basin in Late Cenozoicera. Arid Land Geography, 13: 1 ~ 8

Yang Z J, Zhang Y, Ren H B, et al. 2016. Altitudinal changes of surface pollen and vegetation on the north slope of the Middle Tianshan Mountains, China. Journal of Arid Land, 8: 799 ~ 810

Yu G, Tang L Y, Yang X D, et al. 2001. Modern pollen samples from alpine vegetation on the Tibetan Plateau. Global Ecology and Biogeography, 10: 503 ~ 520

Zhang H, Zhang Y, Kong Z C, et al. 2015. Late Holocene climate change and anthropogenic activities in north Xinjiang: evidence from a peatland archive, the Caotanhu wetland. The Holocen, 25: 323 ~ 332

Zhang S R, Xu Q H, Gaillard M J, et al. 2016. Characteristic pollen source area and vertical pollen dispersal and deposition in a mixed coniferous and deciduous broad- leaved woodland in the Changbai Mountains, northeast China. Vegetation History and Archaeobotany, 25: 29 ~ 43

Zhang Y, Kong Z C, Ni J, et al. 2007. Late Holocene palaeoenvironment change in central Tianshan of Xinjiang, northwest China. Grana, 46: 197 ~ 213

Zhang Y, Kong Z C, Wang G H, et al. 2010. Anthropogenic and climatic impacts on surface pollen assemblages along a precipitation gradient in north- eastern China. Global Ecology and Biogeography, 19: 621 ~ 631

Zhang Y, Kong Z C, Yan S, et al. 2009. "Medieval Warm Period" on the northern slope of central Tianshan Mountains, Xinjiang, NW China. Geophysical Research Letters, 36

Zhang Y, Kong Z C, Yang Z J, et al. 2004. Vegetation changes and environmental evolution in the Urumqi River Head, central Tianshan Mountains since 3. 6 ka B. P. : a case study of Daxigou profile. Acta Botanica Sinica,

46：655～667

Zhang Y，Kong Z C，Zhang Q B，et al. 2015. Holocene climate events inferred from modern and fossil pollen records in Butuo Lake，Eastern Qinghai-Tibetan Plateau. Climatic Change，133：223～235

Zhao Y，Li F R，Hou Y T，et al. 2012. Surface pollen and its relationships with modern vegetation and climate on the Loess Plateau and surrounding deserts in China. Review of Palaeobotany and Palynology，181：47～53

Zhao Y，Xu Q H，Huang X Z，et al. 2009a. Differences of modern pollen assemblages from lake sediments and surface soils in arid and semi- arid China and their significance for pollen- based quantitative climate reconstruction. Review of Palaeobotany and Palynology. 156：519～524

Zhao Y，Yu Z C，Chen F H，et al. 2009b. Vegetation response to Holocene climate change in monsoon-influenced region of China. Earth-Science Reviews，97：242～256

Zheng Z，Wei J H，Huang K Y，et al. 2016. East Asian pollen database：modern pollen distribution and its quantitative relationship with vegetation and climate. Journal of Biogeography，41：1819～1832

附录一　著者发表论文目录

段晓红，张芸，杨振京等. 2018. 新疆石河子蘑菇湖湿地4800年以来的环境演变特征. 海洋地质与第四纪地质，38：203～211

孔昭宸，张芸，王力等. 2018. 中国孢粉学的过去、现在及未来——侧重第四纪孢粉学. 科学通报，63：164～171

李树峰，阎顺，孔昭宸等. 2005. 乌鲁木齐东道海子剖面的硅藻记录与环境演变. 干旱区地理，28：81～87

李玉梅，杨振京，张芸等. 2014. 新疆博尔塔拉河表土孢粉组合与植被关系研究. 地理科学，34：1518～1525

潘燕芳，阎顺，穆桂金等. 2011. 天山雪岭云杉大气花粉含量对气温变化的响应. 生态学报，31：6999～7006

王力，张芸，孔昭宸等. 2017. 新疆天山南坡吐鲁番地区表土花粉的初步研究. 植物生态学报，41：779～786

阎顺，孔昭宸，杨振京. 2003. 新疆吉木萨尔县四厂湖剖面孢粉分析及其意义. 西北植物学报，23：531～536

阎顺，孔昭宸，杨振京等. 2003. 东天山北麓2000多年以来的森林线与环境变化. 地理科学，23：699～704

阎顺，孔昭宸，杨振京等. 2004. 新疆表土中云杉花粉与植被的关系. 生态学报，24：2017～2023

阎顺，李树峰，孔昭宸等. 2004. 乌鲁木齐东道海子剖面的孢粉分析及其反映的环境变化. 第四纪研究，24：463～468

阎顺，穆桂金，孔昭宸等. 2004. 天山北麓晚全新世环境演变及其人类活动的影响. 冰川冻土，26：403～410

杨庆华，杨振京，张芸等. 2019. 新疆夏尔希里自然保护区表土孢粉与植被的关系 . 干旱区地理，42：986～997

杨振京，孔昭宸，阎顺等. 2004. 天山乌鲁木齐河源区大西沟表土花粉散布特征. 干旱区地理，27：543～547

张卉，张芸，杨振京等. 2013. 新疆石河子南山地区表土花粉研究. 生态学报，33：6478～6487

张芸，孔昭宸，阎顺等. 2004. 新疆地区的“中世纪温暖期”——古尔班通古特沙漠四厂湖古环境的再研究. 第四纪研究，24：701～708

张芸，孔昭宸，阎顺等. 2005. 新疆天山北坡地区中晚全新世古生物多样性特征. 植物生态学报，29：836～844

张芸，孔昭宸，阎顺等. 2006. 天山北麓晚全新世云杉林线变化和古环境特征. 科学通报，51：1450～1458

张芸，杨振京，孔昭宸等. 2012. 新疆石河子草滩湖湿地沉积物地球化学特征及其古环境分析. 地理科学，32：616～620

赵凯华，杨振京，张芸等. 2013. 新疆艾丁湖区中全新世以来孢粉记录与古环境. 第四纪研究，33：526～535

Feng X H，Yan S，Ni J，et al. 2006. Environmental changes and lake level fluctuation recorded by lakes on the plain in northern Xinjiang during the late Holocene. Chinese Science Bullentin，51：60～67

Yang Z J，Zhang Y，Ren H B，et al. 2016. Altiitudinal changes of surface pollen and vegetation on the north slope of the Middle Tianshan Monutains，China. Journal of Arid Land，8：799～810

Zhang H，Zhang Y，Kong Z C，et al. 2015. Late Holocene climate change and anthropogenic activities in north Xinjiang：Evidence from a peatland archive，the Caotanhu wetland Holocene，25：323～332

Zhang Y，Kong Z C，Yang Z J，et al. 2004. Vegetation changes and environmental evolution in the Urumqi River Head，central Tianshan Mountains since 3. 6 ka BP：a case study of Daxigou profile. Acta Botanica Sinica，46：655～667

Zhang Y，Kong Z C，Yan S，et al. 2006. Fluctuation of *Picea* timberline and Paleoenvironment on the northern slope of Tianshan Mounntains during the late Holocene，Chinese Science Bulletin，51：1747～1756

Zhang Y，Kong Z C，Ni J，et al. 2007. Late Holecene palaeoenvironment change in central Tianshan of Xinjiang，northwest China. Grana，46（3）：197～213

Zhang Y，Kong Z C，et al. 2008. Pollen record and environmental evolution of Caotanhu wetland in Xinjiang since 4550 cal. a B. P. Chinese Science Bulletin，53：1049～1061

Zhang Y，Kong Z C，Zhang H. 2013. Multivariate analysis of modern and fossil pollen data from Central Tianshan Mountains，Xinjiang，NW China. Climatic Change，120（4）：945～957

Zhang Y，Kong Z C，Yang Z J. 2017. Pollen-based reconstructions of Late Holocene climate on the southern slopes of the central Tianshan Mountains，Xinjiang，NW China. International Journal of Climatology，37：1814～1823

附录二 新疆常见植物中文与拉丁文学名检索

1. 按植物拉丁学名排序

常见植物		隶属阶元	
拉丁学名	中文名	科	属
Abies	冷杉属	松科	
Abies fabri	冷杉	松科	冷杉属
Abies sibirica	新疆冷杉	松科	冷杉属
Acantholimon alatavicum	刺叶彩花	白花丹科	彩花属
Acer	槭属	槭树科	
Achillea wilsoniana	云南蓍	菊科	蓍属
Achnatherum splendens	芨芨草	禾本科	芨芨草属
Aconitum carmichaelii	乌头	毛茛科	乌头属
Aconitum sinomontanum	高乌头	毛茛科	乌头属
Acroptilon repens	顶羽菊	菊科	顶羽菊属
Adiantum	铁线蕨属	铁线蕨科	
Adina rubella	细叶水团花	茜草科	水团花属
Aegopodium alpestre	东北羊角芹	伞形科	羊角芹属
Aeluropus pilosus	毛叶獐毛	禾本科	獐毛属
Aeluropus pungens	小獐毛	禾本科	獐毛属
Aeluropus sinensis	獐毛	禾本科	獐毛属
Agriophyllum squarrosum	沙蓬	藜科	沙蓬属
Agropyron cristatum	冰草	禾本科	冰草属
Agropyron desertorum	沙生冰草	禾本科	冰草属
Agropyron pectiniforme	扁穗冰草	禾本科	冰草属
Ajania fastigiata	新疆亚菊	菊科	亚菊属
Ajania tibetica	西藏亚菊	菊科	亚菊属
Alchemilla cyrtopleura	偏生斗蓬草	蔷薇科	羽衣草属
Alchemilla japonica	羽衣草（斗篷草）	蔷薇科	羽衣草属
Alchemilla sibirica	西伯利亚羽衣草	蔷薇科	羽衣草属
Alchemilla tianschanica	天山羽衣草	蔷薇科	羽衣草属
Alhagi sparsifolia	骆驼刺	豆科	骆驼刺属
Allium	葱属	百合科	

续表

常见植物		隶属阶元	
拉丁学名	中文名	科	属
Allium chrysanthum	野葱	百合科	葱属
Allium polyrhizum	碱韭	百合科	葱属
Allium ramosum	野韭	百合科	葱属
Allium sativum	蒜	百合科	葱属
Alnus	桤木属	桦木科	
Alnus japonica	日本桤木	桦木科	桤木属
Althaea officinalis	药蜀葵	锦葵科	蜀葵属
Ambrosia artemisiifolia	豚草	菊科	豚草属
Ammopiptanthus mongolicus	沙冬青	豆科	沙冬青属
Amygdalus persica	桃	蔷薇科	桃属
Anabasis	假木贼属	藜科	
Anabasis aphylla	无叶假木贼	藜科	假木贼属
Anabasis brevifolia	短叶假木贼	藜科	假木贼属
Anabasis salsa	盐生假木贼	藜科	假木贼属
Androsace septentrionalis	北点地梅	报春花科	点地梅属
Annularia	轮叶属	轮叶科	
Annularia gracilescens	纤细轮叶	轮叶科	轮叶属
Annularia stellata	星轮叶	轮叶科	轮叶属
Apocynum	罗布麻属	夹竹桃科	
Apocynum venetum	罗布麻	夹竹桃科	罗布麻属
Apulcia spp.	苏铁木	豆科	铁苏木属
Arachis hypogaea	落花生	豆科	落花生属
Aralia elate	楤木	五加科	楤木属
Arctium lappa	牛蒡	菊科	牛蒡属
Arctium tomentosum	毛头牛蒡	菊科	牛蒡属
Arenaria serpyllifolia	无心菜	石竹科	无心菜属
Aristida adscensionis	三芒草	禾本科	三芒草属
Armeniaca vulgaris	杏	蔷薇科	杏属
Artemisia	蒿属	菊科	
Artemisia anethifolia	碱蒿	菊科	蒿属
Artemisia argyi	艾	菊科	蒿属
Artemisia borotalensis	博乐蒿	菊科	蒿属
Artemisia brachyloba	山蒿	菊科	蒿属
Artemisia frigida	冷蒿	菊科	蒿属
Artemisia gracilescens	小蒿	菊科	蒿属

续表

常见植物		隶属阶元	
拉丁学名	中文名	科	属
Artemisia kaschgarica	喀什蒿	菊科	蒿属
Artemisia ordosica	黑沙蒿	菊科	蒿属
Artemisia rhodantha	粉花蒿	菊科	蒿属
Artemisia salsoloides	籽蒿	菊科	蒿属
Artemisia schischkinii	毛蒿	菊科	蒿属
Artemisia stechmanniana	白莲蒿	菊科	蒿属
Artemisia sublessingiana	亚列氏蒿	菊科	蒿属
Artemisia terrae-albae	地白蒿	菊科	蒿属
Artemisia youngii	高原蒿	菊科	蒿属
Asclepiadaceae	萝藦科		
Aster	紫菀属	菊科	
Aster tataricus	紫菀	菊科	紫菀属
Astragalus alpinus	高山黄耆	豆科	黄耆属
Astragalus mongholicus	蒙古黄耆	豆科	黄耆属
Athyriaceae	蹄盖蕨科		
Atraphaxis bracteata	沙木蓼	蓼科	木蓼属
Atraphaxis frutescens	木蓼	蓼科	木蓼属
Batrachium bungei	水毛茛	毛茛科	水毛茛属
Berberidaceae	小檗科		
Berberis	小檗属	小檗科	
Berberis kaschgarica	喀什小檗	小檗科	小檗属
Berberis sibirica	西伯利亚小檗	小檗科	小檗属
Beta vulgaris	甜菜	藜科	甜菜属
Betula	桦木属	桦木科	
Betula microphylla	小叶桦	桦木科	桦木属
Betula pendula	垂枝桦	桦木科	桦木属
Betula tianschanica	天山桦	桦木科	桦木属
Botrychium	阴地蕨属	阴地蕨科	
Brachypodium sylvaticum	短柄草	禾本科	短柄草属
Brassica campestris	芸苔	十字花科	芸苔属
Brassica oleracea	羽衣甘蓝	十字花科	芸苔属
Bromus inermis	无芒雀麦	禾本科	雀麦属
Broussonetia papyrifera	构树	桑科	构属
Calamagrostis epigeios	拂子茅	禾本科	拂子茅属
Calligonum	沙拐枣属	蓼科	

续表

常见植物		隶属阶元	
拉丁学名	中文名	科	属
Calligonum leucocladum	淡枝沙拐枣	蓼科	沙拐枣属
Calligonum mongolicum	沙拐枣	蓼科	沙拐枣属
Campanula glomerata	聚花风铃草	桔梗科	风铃草属
Canarium album	橄榄	橄榄科	橄榄属
Cannabis	大麻属	桑科	
Cannabis sativa	大麻	桑科	大麻属
Capparis himalayensis	爪瓣山柑	山柑科	山柑属
Caragana	锦鸡儿属	豆科	
Caragana korshinskii	柠条锦鸡儿	豆科	锦鸡儿属
Caragana leucophloea	白皮锦鸡儿	豆科	锦鸡儿属
Caragana pleiophylla	多叶锦鸡儿	豆科	锦鸡儿属
Caragana sinica	锦鸡儿	豆科	锦鸡儿属
Caragana stenophylla	狭叶锦鸡儿	豆科	锦鸡儿属
Carex	薹草属	莎草科	
Carex atrata	黑穗薹草	莎草科	薹草属
Carex atrofusca	暗褐薹草	莎草科	薹草属
Carex physodes	囊果薹草	莎草科	薹草属
Carex stenocarpa	细果薹草	莎草科	薹草属
Carpinus	鹅耳枥属	桦木科	
Carthamus tinctorius	红花	菊科	红花属
Caryophyllaceae	石竹科		
Castanea	栗属	壳斗科	
Castanea mollissima	栗	壳斗科	栗属
Castanopsis	锥属	壳斗科	
Centaurea	疆矢车菊属	菊科	
Cerastium dichotomum	二岐卷耳	石竹科	卷耳属
Cerasus tomentosa	毛樱桃	蔷薇科	樱属
Ceratocarpus arenarius	角果藜	藜科	角果藜属
Ceratoides	驼绒藜属	藜科	
Ceratoides compacta	垫状驼绒藜	藜科	驼绒藜属
Ceratoides ewersmanniana	心叶驼绒藜	藜科	驼绒藜属
Ceratoides latens	驼绒藜	藜科	驼绒藜属
Chamerion angustifolium	柳兰	柳叶菜科	柳叶菜属

续表

常见植物		隶属阶元	
拉丁学名	中文名	科	属
Chelidonium majus	白屈菜	罂粟科	白屈菜属
Chenopodiaceae	藜科		
Chenopodium album	藜	藜科	藜属
Chenopodium botrys	香藜	藜科	藜属
Chenopodium foliosum	球花藜	藜科	藜属
Chlamydomonas	衣藻属	衣藻科	
Chondrilla ambigua	沙地粉苞菊	菊科	粉苞菊属
Cicerbita azurea	岩参	菊科	岩参属
Cirsium esculentum	莲座蓟	菊科	蓟属
Cirsium japonicum	蓟（大蓟）	菊科	蓟属
Citrullus lanatus	西瓜	葫芦科	西瓜属
Cladophlebis haiburnensis	海庞枝脉蕨	蕨科	枝脉蕨属
Cleistogenes squarrosa	糙隐子草	禾本科	隐子草属
Cleistogenes thoroldii	托氏闭穗	禾本科	隐子草属
Clematis florida	铁线莲	毛茛科	铁线莲属
Clematis sibirica	西伯利亚铁线莲	毛茛科	铁线莲属
Clematis songorica	准噶尔铁线莲	毛茛科	铁线莲属
Clematis tangutica	甘青铁线莲	毛茛科	铁线莲属
Codonopsis pilosula	党参	桔梗科	党参属
Compositae	菊科		
Coniopteris tatungensis	大同锥叶蕨	樟亚科	锥叶蕨属
Convolvulaceae	旋花科		
Convolvulus fruticosus	灌木旋花	旋花科	旋花属
Convolvulus tragacanthoides	刺旋花	旋花科	旋花属
Corydalis pallida	黄堇	罂粟科	紫堇属
Corylus	榛属	桦木科	
Cotoneaster	栒子属	蔷薇科	
Cotoneaster horizontalis	平枝栒子	蔷薇科	栒子属
Cotoneaster melanocarpus	黑果栒子	蔷薇科	栒子属
Cotoneaster oliganthus	少花栒子	蔷薇科	栒子属
Cousinia sclerolepis	硬苞刺头菊	菊科	刺头菊属
Cruciferae	十字花科		
Cupressaceae	柏科		

续表

常见植物		隶属阶元	
拉丁学名	中文名	科	属
Cuscuta chinensis	菟丝子	旋花科	菟丝子属
Cynanchum auriculatum	牛皮消	萝藦科	鹅绒藤属
Cynanchum sibiricum	戟叶鹅绒藤	萝藦科	鹅绒藤属
Cyperaceae	莎草科		
Cyperus rotundus	香附子	莎草科	莎草属
Cystopteris fragilis	冷蕨	蹄盖蕨科	冷蕨属
Dactylis glomerata	鸭茅	禾本科	鸭茅属
Deyeuxia arundinacea	纤毛野青茅	禾本科	野青茅属
Deyeuxia pyramidalis	野青茅	禾本科	野青茅属
Dianthus chinensis	石竹	石竹科	石竹属
Dianthus hoeltzeri	大苞石竹	石竹科	石竹属
Diospyros kaki	柿	柿科	柿属
Dipsacaceae	川续断科		
Draba nemorosa	葶苈	十字花科	葶苈属
Dracocephalum integrifolium	全缘叶青兰	唇形科	青兰属
Echinops	蓝刺头属	菊科	
Echinops sphaerocephalus	蓝刺头	菊科	蓝刺头属
Elaeagnaceae	胡颓子科		
Elaeagnus angustifolia	沙枣	胡颓子科	胡颓子属
Elaeagnus moorcroftii	大果沙枣	胡颓子科	胡颓子属
Elaeagnus oxycarpa	尖果沙枣	胡颓子科	胡颓子属
Elymus dahuricus	披碱草	禾本科	披碱草属
Elymus nutans	垂穗披碱草	禾本科	披碱草属
Ephedra	麻黄属	麻黄科	
Ephedra distachya	双穗麻黄	麻黄科	麻黄属
Ephedra kaschgarica	喀什麻黄	麻黄科	麻黄属
Ephedra monosperma	单子麻黄	麻黄科	麻黄属
Ephedra przewalskii	膜果麻黄	麻黄科	麻黄属
Ephedra sinica	草麻黄	麻黄科	麻黄属
Ephedraceae	麻黄科		
Equisetum hyemale	木贼	木贼科	木贼属
Eragrostis pilosa	画眉草	禾本科	画眉草属
Eremurus chinensis	独尾草	百合科	独尾草属

续表

常见植物		隶属阶元	
拉丁学名	中文名	科	属
Erysimum cheiranthoides	小花糖芥	十字花科	糖芥属
Euonymus maackii	白杜（华北卫矛）	卫矛科	卫矛属
Euonymus semenovii	中亚卫矛	卫矛科	卫矛属
Euphrasia pectinata	小米草	玄参科	小米草属
Fagopyrum esculentum	荞麦	蓼科	荞麦属
Fagus longipetiolata	水青冈（山毛榉）	壳斗属	水青冈属
Festuca	羊茅属	禾本科	
Festuca alatavica	阿拉套羊茅	禾本科	羊茅属
Festuca brachyphylla	短叶羊茅	禾本科	羊茅属
Festuca ovina	羊茅	禾本科	羊茅属
Festuca valesiaca	沟叶羊茅	禾本科	羊茅属
Fragaria ananassa	草莓	蔷薇科	草莓属
Fragaria viridis	绿草莓	蔷薇科	草莓属
Galium aparine	原拉拉藤	茜草科	拉拉藤属
Galium boreale	北方拉拉藤	茜草科	拉拉藤属
Galium odoratum	车轴草	茜草科	拉拉藤属
Galium verum	蓬子菜	茜草科	拉拉藤属
Gentiana decumbens	斜升龙胆	龙胆科	龙胆属
Gentiana farreri	线叶龙胆	龙胆科	龙胆属
Gentiana karelinii	新疆龙胆	龙胆科	龙胆属
Gentiana scabra	龙胆	龙胆科	龙胆属
Gentianaceae	龙胆科		
Geranium	老鹳草属	牻牛儿苗科	
Geranium collinum	丘陵老鹳草	牻牛儿苗科	老鹳草属
Geranium pratense	草原老鹳草	牻牛儿苗科	老鹳草属
Geranium pseudosibiricum	蓝花老鹳草	牻牛儿苗科	老鹳草属
Ginkgo biloba	银杏	银杏科	银杏属
Ginkgo huttoni	胡氏银杏	银杏科	银杏属
Glaucium fimbrilligerum	海罂粟	罂粟科	海罂粟属
Gleditsia	皂荚属	豆科	
Gleditsia sinensis	皂荚	豆科	皂荚属
Gleditsia triacanthos	美国皂荚	豆科	皂荚属
Glycine max	大豆	豆科	大豆属

续表

常见植物		隶属阶元	
拉丁学名	中文名	科	属
Glycyrrhiza	甘草属	豆科	
Glycyrrhiza inflata	胀果甘草	豆科	甘草属
Glycyrrhiza uralensis	甘草	豆科	甘草属
Goniolimon speciosum	驼舌草	白花丹科	驼舌草属
Goodyera repens	小斑叶兰	兰科	斑叶兰属
Goodyera schlechtendaliana	编花斑叶兰	兰科	斑叶兰属
Gossypium herbaceum	草棉（棉花）	锦葵科	棉属
Gramineae	禾本科		
Gymnocarpos przewalskii	裸果木	石竹科	裸果木属
Halimocnemis	盐蓬属	藜科	
Halimodendron halodendron	铃铛刺	豆科	铃铛刺属
Halocnemum strobilaceum	盐节木	藜科	盐节木属
Halogeton glomeratus	盐生草	藜科	盐生草属
Halostachys caspica	盐穗木	藜科	盐穗木属
Haloxylon	梭梭属	藜科	
Haloxylon ammodendron	梭梭（梭梭柴）	藜科	梭梭属
Haloxylon persicum	白梭梭	藜科	梭梭属
Hedysarum	岩黄耆属	豆科	
Hedysarum mongolicum	蒙古岩黄耆	豆科	岩黄耆属
Hedysarum multijugum	红花岩黄耆	豆科	岩黄耆属
Helianthus annuus	向日葵	菊科	向日葵属
Helictotrichon schellianum	异燕麦	禾本科	异燕麦属
Heteropappus altaicus	阿尔泰狗娃花	菊科	狗娃花属
Heteropappus hispidus	狗娃花	菊科	狗娃花属
Hexinia polydichotoma	河西菊	菊科	河西菊属
Hippophae rhamnoides	沙棘	胡颓子科	沙棘属
Hippuris vulgaris	杉叶藻	杉叶藻科	杉叶藻属
Hordeum vulgare	大麦	禾本科	大麦属
Humulus lupulus	啤酒花	桑科	葎草属
Humulus scandens	葎草	桑科	葎草属
Hydrocharis dubia	水鳖	水鳖科	水鳖属
Iljinia regelii	戈壁藜	藜科	戈壁藜属
Impatiens balsamina	凤仙花	凤仙花科	凤仙花属

续表

常见植物		隶属阶元	
拉丁学名	中文名	科	属
Iris lactea	马蔺	鸢尾科	鸢尾属
Iris ruthenica	紫苞鸢尾	鸢尾科	鸢尾属
Iris tectorum	鸢尾	鸢尾科	鸢尾属
Juglans	胡桃属	胡桃科	
Juniperus	刺柏属	柏科	
Juniperus formosana	刺柏	柏科	刺柏属
Kalidium	盐爪爪属	藜科	
Kalidium caspicum	里海盐爪爪	藜科	盐爪爪属
Kalidium foliatum	盐爪爪	藜科	盐爪爪属
Kalidium schrenkianum	圆叶盐爪爪	藜科	盐爪爪属
Karelinia caspia	花花柴	菊科	花花柴属
Kobresia	嵩草属	莎草科	
Kobresia capillifolia	线叶嵩草	莎草科	嵩草属
Kobresia pamiroalaica	帕米尔嵩草	莎草科	嵩草属
Kobresia pygmaea	高山嵩草	莎草科	嵩草属
Kobresia myosuroides	嵩草	莎草科	嵩草属
Kochia prostrata	木地肤	藜科	地肤属
Koeleria cristata	落草	禾本科	落草属
Labiatae	唇形科		
Lablab purpureus	扁豆	豆科	扁豆属
Lappula myosotis	鹤虱	紫草科	鹤虱属
Larix	落叶松属	松科	
Larix sibirica	新疆落叶松	松科	落叶松属
Laurus nobilis	月桂	樟科	月桂属
Leguminosae	豆科		
Leontopodium alpinum	高山火绒草	菊科	火绒草属
Leontopodium leontopodioides	火绒草	菊科	火绒草属
Leymus secalinus	赖草	禾本科	赖草属
Liliaceae	百合科		
Limonium coralloides	珊瑚补血草	白花丹科	补血草属
Limonium gmelinii	大叶补血草	白花丹科	补血草属
Limonium leptolobum	精河补血草	白花丹科	补血草属
Linaria vulgaris	柳穿鱼	玄参科	柳穿鱼属

续表

常见植物		隶属阶元	
拉丁学名	中文名	科	属
Linum usitatissimum	亚麻	亚麻科	亚麻属
Liquidambar	枫香树属	金缕梅科	
Lithospermum erythrorhizon	紫草	紫草科	紫草属
Lithospermum officinale	小花紫草	紫草科	紫草属
Lolium	黑麦草属	禾本科	
Lonicera	忍冬属	忍冬科	
Lonicera hispida	刚毛忍冬	忍冬科	忍冬属
Lonicera humilis	矮小忍冬	忍冬科	忍冬属
Lonicera japonica	忍冬	忍冬科	忍冬属
Lonicera microphylla	小叶忍冬	忍冬科	忍冬属
Lonicera olgea	奥尔忍冬	忍冬科	忍冬属
Lycium chinense	枸杞	茄科	枸杞属
Lycium ruthenicum	黑果枸杞	茄科	枸杞属
Lycopodium japonicum	石松	石松科	石松属
Malus pumila	苹果	蔷薇科	苹果属
Medicago sativa	紫苜蓿	豆科	苜蓿属
Melia azedarach	楝	楝科	楝属
Milium effusum	粟草	禾本科	粟草属
Minuartia biflora	二花米努草	石竹科	米努草属
Moehringia umbrosa	新疆种阜草	石竹科	种阜草属
Moneses uniflora	独丽花	鹿蹄草科	独丽花属
Morus alba	桑	桑科	桑属
Myosotis alpestris	勿忘草	紫草科	勿忘草属
Myricaria	水柏枝属	柽柳科	
Myricaria bracteata	宽苞水柏枝	柽柳科	水柏枝属
Myriophyllum	狐尾藻属	小二仙草科	
Myriophyllum spicatum	穗状狐尾藻	小二仙草科	狐尾藻属
Myrtaceae	桃金娘科		
Najas marina	大茨藻	茨藻科	茨藻属
Nanophyton erinaceum	小蓬	藜科	小蓬属
Neottia camtschatea	北方鸟巢兰	兰科	鸟巢兰属
Nicotiana tabacum	烟草	茄科	烟草属
Nitraria	白刺属	蒺藜科	

续表

常见植物		隶属阶元	
拉丁学名	中文名	科	属
Nitraria tangutorum	白刺	蒺藜科	白刺属
Nymphaeaceae	睡莲科		
Nymphaea tetragona	睡莲	睡莲科	睡莲属
Oenothera biennis	月见草	柳叶菜科	月见草属
Origanum vulgare	牛至	唇形科	牛至属
Orostachys thyrsiflorus	小苞瓦松	景天科	瓦松属
Oryza sativa	稻	禾本科	稻属
Oxytropis	棘豆属	豆科	
Oxytropis hystrix	猬刺棘豆	豆科	棘豆属
Oxytropis aciphylla	猫头刺（鬼见愁）	豆科	棘豆属
Padus racemosa	稠李	蔷薇科	稠李属
Paliurus ramosissimus	马甲子	鼠李科	马甲子属
Panicum miliaceum	稷	禾本科	黍属
Papaver croceum	橙黄罂粟	罂粟科	罂粟属
Papaver nudicaule	野罂粟	罂粟科	罂粟属
Papaver orocaeum	黄花野罂粟	罂粟科	罂粟属
Parnassia bifolia	双叶梅花草	虎耳草科	梅花草属
Parnassia laxmannii	新疆梅花草	虎耳草科	梅花草属
Pecopteris orientalis	东方栉羊齿	樟亚科	栉羊齿属
Peganum	骆驼蓬属	蒺藜科	
Peganum harmala	骆驼蓬	蒺藜科	骆驼蓬属
Petrosimonia sibirica	叉毛蓬	藜科	叉毛蓬属
Phleum alpinum	高山梯牧草	禾本科	梯牧草属
Phlomis oreophila	山地糙苏	唇形科	糙苏属
Phragmites australis	芦苇	禾本科	芦苇属
Picea	云杉属	松科	
Picea abies	欧洲云杉	松科	云杉属
Picea asperata	云杉	松科	云杉属
Picea glauca	白云杉	松科	云杉属
Picea jezoensis	鱼鳞云杉	松科	云杉属
Picea likiangensis	丽江云杉	松科	云杉属
Picea mariana	黑云杉	松科	云杉属
Picea obovata	新疆云杉	松科	云杉属

续表

常见植物		隶属阶元	
拉丁学名	中文名	科	属
Picea omorika	塞尔维亚云杉	松科	云杉属
Picea purpurea	紫果云杉	松科	云杉属
Picea schrenkiana	雪岭云杉	松科	云杉属
Picea sibirica	西伯利亚云杉	松科	云杉属
Picea wilsonii	青扦	松科	云杉属
Pinaceae	松科		
Pinus	松属	松科	
Pinus sibirica	新疆五针松	松科	松属
Pisum sativum	豌豆	豆科	豌豆属
Planera antiqua	古刺榆	榆科	刺榆属
Plantainaceae	车前科		
Plantago	车前属	车前科	
Plantago asiatica	车前	车前科	车前属
Plantago maxima	巨车前	车前科	车前属
Plantago media	北车前	车前科	车前属
Plantago minuta	小车前	车前科	车前属
Platanus acerigolia	二球悬铃木	悬铃木科	悬铃木属
Platanus orientalis	三球悬铃木	悬铃木科	悬铃木属
Platycladus orientalis	侧柏	柏科	侧柏属
Poa	早熟禾属	禾本科	
Poa alpina	高山早熟禾	禾本科	早熟禾属
Poa nemoralis	林地早熟禾	禾本科	早熟禾属
Podozamites lanceolatus	披针苏铁杉	松科	铁杉属
Polygonaceae	蓼科		
Polygonum	蓼属	蓼科	
Polygonum alpinum	高山蓼	蓼科	蓼属
Polygonum aviculare	萹蓄	蓼科	蓼属
Polygonum hydropiper	水蓼	蓼科	蓼属
Polygonum schischkinii	新疆蓼	蓼科	蓼属
Polygonum songaricum	准噶尔蓼	蓼科	蓼属
Polygonum viviparum	珠芽蓼	蓼科	蓼属
Polypodiaceae	水龙骨科		
Polypodiodes	水龙骨属	水龙骨科	

续表

常见植物		隶属阶元	
拉丁学名	中文名	科	属
Polypodiodes nipponicum	水龙骨	水龙骨科	水龙骨属
Populus	杨属	杨柳科	
Populus euphratica	胡杨	杨柳科	杨属
Populus talassica	密叶杨	杨柳科	杨属
Populus tomentosa	毛白杨	杨柳科	杨属
Populus tremula	欧洲山杨	杨柳科	杨属
Portulacaceae	马齿苋科		
Potamogeton	眼子菜属	眼子菜科	
Potamogeton distinctus	眼子菜	眼子菜科	眼子菜属
Potamogeton lucens	光叶眼子菜	眼子菜科	眼子菜属
Potamogeton pectinatus	蓖齿眼子菜	眼子菜科	眼子菜属
Potamogeton pusillus	小眼子菜	眼子菜科	眼子菜属
Potentilla	委陵菜属	蔷薇科	
Potentilla biflora	双花委陵菜	蔷薇科	委陵菜属
Potentilla chinensis	委陵菜	蔷薇科	委陵菜属
Potentilla fruticosa	金露梅	蔷薇科	委陵菜属
Potentilla gelida	耐寒委陵菜	蔷薇科	委陵菜属
Potentilla strigosa	茸毛委陵菜	蔷薇科	委陵菜属
Primula malacoides	报春花	报春花科	报春花属
Psammochloa villosa	沙鞭	禾本科	沙鞭属
Pterocarya stenoptera	枫杨	胡桃科	枫杨属
Punica granatum	石榴	石榴科	石榴属
Pyrus sinkianensis	夏梨	蔷薇科	梨属
Quercus	栎属	壳斗科	
Quercus mongolica	蒙古栎	壳斗科	栎属
Ranunculaceae	毛茛科		
Ranunculus japonicus	毛茛	毛茛科	毛茛属
Reaumuria	红砂属	柽柳科	
Reaumuria soongarica	红砂（琵琶柴）	柽柳科	红砂属
Rhodiola	红景天属	景天科	
Rhodiola cretinii	高山红景天	景天科	红景天属
Rhodiola rosea	红景天	景天科	红景天属
Ribes nigrum	黑茶藨子	虎耳草科	茶藨子属

续表

常见植物		隶属阶元	
拉丁学名	中文名	科	属
Rosa	蔷薇属	蔷薇科	
Rosa albertii	腺齿蔷薇	蔷薇科	蔷薇属
Rosa beggeriana	弯刺蔷薇	蔷薇科	蔷薇属
Rosa platyacantha	宽刺蔷薇	蔷薇科	蔷薇属
Rosa multiflora	野蔷薇	蔷薇科	蔷薇属
Rosa xanthina	黄刺玫	蔷薇科	蔷薇属
Rosaceae	蔷薇科		
Rumex	酸模属	蓼科	
Rumex acetosa	酸模	蓼科	酸模属
Rumex crispus	皱叶酸模	蓼科	酸模属
Sabina chinensis	圆柏	柏科	圆柏属
Sabina procumbens	铺地柏	柏科	圆柏属
Sabina pseudosabina	新疆方枝柏	柏科	圆柏属
Sabina vulgaris	叉子圆柏	柏科	圆柏属
Salicornia	盐角草属	藜科	
Salicornia europaea	盐角草	藜科	盐角草属
Salix	柳属	杨柳科	
Salix alba	白柳	杨柳科	柳属
Salix floderusii	崖柳	杨柳科	柳属
Salix matsudana	旱柳	杨柳科	柳属
Salix pseudotangii	山柳	杨柳科	柳属
Salix serrulatifolia	锯齿柳	杨柳科	柳属
Salsola	猪毛菜属	藜科	
Salsola abrotanoides	蒿叶猪毛菜	藜科	猪毛菜属
Salsola arbuscula	木本猪毛菜	藜科	猪毛菜属
Salsola brachiata	散枝猪毛菜	藜科	猪毛菜属
Salsola collina	猪毛菜	藜科	猪毛菜属
Salsola junatovii	天山猪毛菜	藜科	猪毛菜属
Salsola passerina	珍珠猪毛菜	藜科	猪毛菜属
Sanguisorba officinalis	地榆	蔷薇科	地榆属
Sarcozygium	霸王属	蒺藜科	
Sarcozygium kaschgaricum	喀什霸王	蒺藜科	霸王属
Sarcozygium xanthoxylon	霸王	蒺藜科	霸王属

续表

常见植物		隶属阶元	
拉丁学名	中文名	科	属
Sassafras tzumu	檫木	樟科	檫木属
Saussurea japonica	风毛菊	菊科	风毛菊属
Saussurea salicifolia	柳叶风毛菊	菊科	风毛菊属
Saxifraga sibirica	球茎虎耳草	虎耳草科	虎耳草属
Saxifraga stenophylla	大花虎耳草	虎耳草科	虎耳草属
Saxifraga stolonifera	虎耳草	虎耳草科	虎耳草属
Saxifragaceae	虎耳草科		
Scabiosa	蓝盆花属	川续断科	
Schismus arabicus	齿稃草	禾本科	齿稃草属
Scirpus validus	水葱	莎草科	藨草属
Senecio nemorensis	林荫千里光	菊科	千里光属
Senecio subdentatus	近全缘千里光	菊科	千里光属
Selaginella	卷柏属	卷柏科	
Seriphidium	绢蒿属	菊科	
Seriphidium kaschgaricum	新疆绢蒿	菊科	绢蒿属
Sesamum indicum	芝麻	芝麻科	芝麻属
Setaria italica	粱	禾本科	狗尾草属
Setaria viridis	狗尾草	禾本科	狗尾草属
Sibbaldia tetrandra	四蕊山莓草	蔷薇科	山莓草属
Sibbaldianthe tetrardra	四蕊高山莓	蔷薇科	高山莓属
Silene gallica	蝇子草	石竹科	蝇子草属
Solanaceae	茄科		
Solanum tuberosum	阳芋	茄科	茄属
Sophora alopecuroides	苦豆子	豆科	槐属
Sorbus pohuashanensis	花楸树	蔷薇科	花楸属
Sorbus tianschanica	天山花楸	蔷薇科	花楸属
Sorghum bicolor	高粱	禾本科	高粱属
Sparganium	黑三棱属	黑三棱科	
Sphaerophysa salsula	苦马豆	豆科	苦马豆属
Spiraea hypericifolia	金丝桃叶绣线菊	蔷薇科	绣线菊属
Spiraea salicifolia	绣线菊	蔷薇科	绣线菊属
Spirogyra communis	水绵	双星藻科	水绵属
Stellaria media	繁缕	石竹科	繁缕属

续表

常见植物		隶属阶元	
拉丁学名	中文名	科	属
Stellaria soongorica	准噶尔繁缕	石竹科	繁缕属
Stellera	狼毒属	瑞香科	
Stipa capillata	针茅	禾本科	针茅属
Stipa glareosa	沙生针茅	禾本科	针茅属
Stipa krylovii	克氏针茅	禾本科	针茅属
Stipa sareptana	新疆针茅	禾本科	针茅属
Suaeda	碱蓬属	藜科	
Suaeda glauca	碱蓬	藜科	碱蓬属
Suaeda microphylla	小叶碱蓬	藜科	碱蓬属
Suaeda physophora	囊果碱蓬	藜科	碱蓬属
Subgen. *Artiemisia*	蒿亚属	菊科	蒿属
Sympegma regelii	合头草	藜科	合头草属
Tamaricaceae	柽柳科		
Tamarix	柽柳属	柽柳科	
Tamarix chinensis	柽柳	柽柳科	柽柳属
Tamarix hispida	刚毛柽柳	柽柳科	柽柳属
Tamarix laxa	短穗柽柳	柽柳科	柽柳属
Tamarix ramosissima	多枝柽柳	柽柳科	柽柳属
Taraxacum	蒲公英属	菊科	
Taraxacum mongolicum	蒲公英	菊科	蒲公英属
Taraxacum officinale	药用蒲公英	菊科	蒲公英属
Taraxacum tianschanicum	天山蒲公英	菊科	蒲公英属
Tetracme recurata	沙生四齿芥	十字花科	四齿芥属
Thalictrum	唐松草属	毛茛科	
Thalictrum alpinum	高山唐松草	毛茛科	唐松草属
Thelypteris palustris	沼泽蕨	金星蕨科	沼泽蕨属
Thylacospermum caespitosum	囊种草	石竹科	囊种草属
Tilia	椴树属	椴树科	
Timmia megapolitana	美姿藓（青藓）	美姿藓科	美姿藓属
Trifolium	车轴草属	豆科	
Triglochin palustre	水麦冬	眼子菜科	水麦冬属
Triticum aestivum	普通小麦	禾本科	小麦属
Trollius chinensis	金莲花	毛茛科	金莲花属

续表

常见植物		隶属阶元	
拉丁学名	中文名	科	属
Trollius dschungaricus	准噶尔金莲花	毛茛科	金莲花属
Typha	香蒲属	香蒲科	
Typha orientalis	香蒲	香蒲科	香蒲属
Trphaceae	香蒲科		
Ulmus	榆属	榆科	
Ulmus densa	圆冠榆	榆科	榆属
Ulmus pumila	榆树	榆科	榆属
Umbelliferae	伞形科		
Uraria crinita	猫尾草	豆科	狸尾豆属
Urtica fissa	荨麻	荨麻科	荨麻属
Urticaceae	荨麻科		
Utricularia vulgaris	狸藻	狸藻科	狸藻属
Vaccinium vitis-idaea	越橘	杜鹃花科	越橘属
Valeriana fedtschenkoi	新疆缬草	败酱科	缬草属
Veronica spicata	穗花婆婆纳	玄参科	婆婆纳属
Vicia faba	蚕豆	豆科	野豌豆属
Vigna angularis	赤豆	豆科	豇豆属
Vigna radiata	绿豆	豆科	豇豆属
Viola verecunda	堇菜	堇菜科	堇菜属
Vitis vinifera	葡萄	葡萄科	葡萄属
Xanthium sibiricum	苍耳	菊科	苍耳属
Xanthoceras sorbifolium	文冠果	无患子科	文冠果属
Youngia tenuifolia	细叶黄鹌菜	菊科	黄鹌菜属
Zea mays	玉蜀黍（玉米）	禾本科	玉蜀黍属
Ziziphus jujuba	枣	鼠李科	枣属
Zygnema	双星藻属	双星藻科	
Zygophyllaceae	蒺藜科		
Zygophyllum fabago	驼蹄瓣	蒺藜科	驼蹄瓣属
Zygophyllum macropterum	大翅驼蹄瓣	蒺藜科	驼蹄瓣属

2. 按植物科属排序

科名	属名	中文种名	拉丁学名
白花丹科	补血草属	大叶补血草	*Limonium gmelinii*
		精河补血草	*Limonium leptolobum*
		珊瑚补血草	*Limonium coralloides*
	彩花属	刺叶彩花	*Acantholimon alatavicum*
	驼舌草属	驼舌草	*Goniolimon speciosum*
百合科			Liliaceae
	葱属		*Allium*
		碱韭	*Allium polyrhizum*
		蒜	*Allium sativum*
		野葱	*Allium chrysanthum*
		野韭	*Allium ramosum*
	独尾草属	独尾草	*Eremurus chinensis*
柏科			Cupressaceae
	侧柏属	侧柏	*Platycladus orientalis*
	刺柏属		*Juniperus*
		刺柏	*Juniperus formosana*
	圆柏属	叉子圆柏	*Sabina vulgaris*
		铺地柏	*Sabina procumbens*
		新疆方枝柏	*Sabina pseudosabina*
		圆柏	*Sabina chinensis*
败酱科	缬草属	新疆缬草	*Valeriana fedtschenkoi*
报春花科	报春花属	报春花	*Primula malacoides*
	点地梅属	北点地梅	*Androsace septentrionalis*
车前科			Plantainaceae
	车前属		*Plantago*
		北车前	*Plantago media*
		车前	*Plantago asiatica*
		巨车前	*Plantago maxima*
		小车前	*Plantago minuta*
柽柳科			Tamaricaceae
	柽柳属		*Tamarix*
		柽柳	*Tamarix chinensis*
		短穗柽柳	*Tamarix laxa*
		多枝柽柳	*Tamarix ramosissima*
		刚毛柽柳	*Tamarix hispida*

续表

科名	属名	中文种名	拉丁学名
	红砂属		*Reaumuria*
		红砂（琵琶柴）	*Reaumuria soongarica*
	水柏枝属		*Myricaria*
		宽苞水柏枝	*Myricaria bracteata*
川续断科			Dipsacaceae
	蓝盆花属		*Scabiosa*
唇形科			Labiatae
	糙苏属	山地糙苏	*Phlomis oreophila*
	牛至属	牛至	*Origanum vulgare*
	青兰属	全缘叶青兰	*Dracocephalum integrifolium*
茨藻科	茨藻属	大茨藻	*Najas marina*
豆科			Leguminosae
	扁豆属	扁豆	*Lablab purpureus*
	车轴草属		*Trifolium*
	大豆属	大豆	*Glycine max*
	甘草属		*Glycyrrhiza*
		甘草	*Glycyrrhiza uralensis*
		胀果甘草	*Glycyrrhiza inflata*
	黄耆属	高山黄耆	*Astragalus alpinus*
		蒙古黄耆	*Astragalus mongholicus*
	槐属	苦豆子	*Sophora alopecuroides*
	棘豆属		*Oxytropis*
		猫头刺（鬼见愁）	*Oxytropis aciphylla*
		猬刺棘豆	*Oxytropis hystrix*
	豇豆属	赤豆	*Vigna angularis*
		绿豆	*Vigna radiata*
	锦鸡儿属		*Caragana*
		白皮锦鸡儿	*Caragana leucophloea*
		多叶锦鸡儿	*Caragana pleiophylla*
		锦鸡儿	*Caragana sinica*
		柠条锦鸡儿	*Caragana korshinskii*
		狭叶锦鸡儿	*Caragana stenophylla*
	苦马豆属	苦马豆	*Sphaerophysa salsula*
	狸尾豆属	猫尾草	*Uraria crinita*
	铃铛刺属	铃铛刺	*Halimodendron halodendron*
	骆驼刺属	骆驼刺	*Alhagi sparsifolia*

续表

科名	属名	中文种名	拉丁学名
	落花生属	落花生	*Arachis hypogaea*
	苜蓿属	紫苜蓿	*Medicago sativa*
	沙冬青属	沙冬青	*Ammopiptanthus mongolicus*
	豌豆属	豌豆	*Pisum sativum*
	岩黄耆属		*Hedysarum*
		红花岩黄耆	*Hedysarum multijugum*
		蒙古岩黄耆	*Hedysarum mongolicum*
	野豌豆属	蚕豆	*Vicia faba*
	皂荚属		*Gleditsia*
		美国皂荚	*Gleditsia triacanthos*
		皂荚	*Gleditsia sinensis*
杜鹃花科	越橘属	越橘	*Vaccinium vitis-idaea*
椴树科	椴树属		*Tilia*
凤仙花科	凤仙花属	凤仙花	*Impatiens balsamina*
橄榄科	橄榄属	橄榄	*Canarium album*
禾本科			Gramineae
	冰草属	扁穗冰草	*Agropyron pectiniforme*
		冰草	*Agropyron cristatum*
		沙生冰草	*Agropyron desertorum*
	齿稃草属	齿稃草	*Schismus arabicus*
	大麦属	大麦	*Hordeum vulgare*
	稻属	稻	*Oryza sativa*
	短柄草属	短柄草	*Brachypodium sylvaticum*
	拂子茅属	拂子茅	*Calamagrostis epigeios*
	高粱属	高粱	*Sorghum bicolor*
	狗尾草属	狗尾草	*Setaria viridis*
		粱	*Setaria italica*
	黑麦草属		*Lolium*
	画眉草属	画眉草	*Eragrostis pilosa*
	芨芨草属	芨芨草	*Achnatherum splendens*
	赖草属	赖草	*Leymus secalinus*
	芦苇属	芦苇	*Phragmite saustralis*
	披碱草属	垂穗披碱草	*Elymus nutans*
		披碱草	*Elymus dahuricus*
	落草属	落草	*Koeleria cristata*
	雀麦属	无芒雀麦	*Bromus inermis*

续表

科名	属名	中文种名	拉丁学名
	三芒草属	三芒草	*Aristida adscensionis*
	沙鞭属	沙鞭	*Psammochloa villosa*
	黍属	稷	*Panicum miliaceum*
	粟草属	粟草	*Milium effusum*
	梯牧草属	高山梯牧草	*Phleum alpinum*
	小麦属	普通小麦	*Triticum aestivum*
	鸭茅属	鸭茅	*Dactylis glomerata*
	羊茅属		*Festuca*
		阿拉套羊茅	*Festuca alatavica*
		短叶羊茅	*Festuca brachyphylla*
		沟叶羊茅	*Festuca valesiaca*
		羊茅	*Festuca ovina*
	野青茅属	纤毛野青茅	*Deyeuxia arundinacea*
		野青茅	*Deyeuxia pyramidalis*
	异燕麦属	异燕麦	*Helictotrichon schellianum*
	隐子草属	糙隐子草	*Cleistogenes squarrosa*
		托氏闭穗	*Cleistogenes thoroldii*
	玉蜀黍属	玉蜀黍（玉米）	*Zea mays*
	早熟禾属		*Poa*
		高山早熟禾	*Poa alpina*
		林地早熟禾	*Poa nemoralis*
	獐毛属	毛叶獐毛	*Aeluropus pilosus*
		小獐毛	*Aeluropus pungens*
		獐毛	*Aeluropus sinensis*
	针茅属	克氏针茅	*Stipa krylovii*
		沙生针茅	*Stipa glareosa*
		新疆针茅	*Stipa sareptana*
		针茅	*Stipa capillata*
黑三棱科	黑三棱属		*Sparganium*
胡桃科	枫杨属	枫杨	*Pterocarya stenoptera*
	胡桃属		*Juglans*
胡颓子科			Elaeagnaceae
	胡颓子属	大果沙枣	*Elaeagnus moorcroftii*
		尖果沙枣	*Elaeagnus oxycarpa*

续表

科名	属名	中文种名	拉丁学名
		沙枣	*Elaeagnus angustifolia*
	沙棘属	沙棘	*Hippophae rhamnoides*
葫芦科	西瓜属	西瓜	*Citrullus lanatus*
虎耳草科			Saxifragaceae
	茶藨子属	黑茶藨子	*Ribes nigrum*
	虎耳草属	大花虎耳草	*Saxifraga stenophylla*
		虎耳草	*Saxifraga stolonifera*
		球茎虎耳草	*Saxifraga sibirica*
	梅花草属	双叶梅花草	*Parnassia bifolia*
		新疆梅花草	*Parnassia laxmannii*
桦木科	鹅耳枥属		*Carpinus*
	桦木属		*Betula*
		垂枝桦	*Betula pendula*
		天山桦	*Betula tianschanica*
		小叶桦	*Betula microphylla*
	桤木属		*Alnus*
		日本桤木	*Alnus japonica*
	榛属		*Corylus*
蒺藜科			Zygophyllaceae
	霸王属		*Sarcozygium*
		霸王	*Sarcozygium xanthoxylon*
		喀什霸王	*Sarcozygium kaschgaricum*
	白刺属		*Nitraria*
		白刺	*Nitraria tangutorum*
	骆驼蓬属		*Peganum*
		骆驼蓬	*Peganum harmala*
	驼蹄瓣属	大翅驼蹄瓣	*Zygophyllum macropterum*
		驼蹄瓣	*Zygophyllum fabago*
夹竹桃科	罗布麻属		*Apocynum*
		罗布麻	*Apocynum venetum*
金缕梅科	枫香树属		*Liquidambar*
金星蕨科	沼泽蕨属	沼泽蕨	*Thelypteris palustris*
堇菜科	堇菜属	堇菜	*Viola verecunda*
锦葵科	棉属	草棉（棉花）	*Gossypium herbaceum*

续表

科名	属名	中文种名	拉丁学名
	蜀葵属	药蜀葵	*Althaea officinalis*
景天科	红景天属		*Rhodiola*
		高山红景天	*Rhodiola cretinii*
		红景天	*Rhodiola rosea*
	瓦松属	小苞瓦松	*Orostachys thyrsiflorus*
桔梗科	党参属	党参	*Codonopsis pilosula*
	风铃草属	聚花风铃草	*Campanula glomerata*
菊科			Compositae
	苍耳属	苍耳	*Xanthium sibiricum*
	刺头菊属	硬苞刺头菊	*Cousinia sclerolepis*
	顶羽菊属	顶羽菊	*Acroptilon repens*
	粉苞菊属	沙地粉苞菊	*Chondrilla ambigua*
	风毛菊属	风毛菊	*Saussurea japonica*
		柳叶风毛菊	*Saussurea salicifolia*
	狗娃花属	阿尔泰狗娃花	*Heteropappus altaicus*
		狗娃花	*Heteropappus hispidus*
	蒿属		*Artemisia*
		艾	*Artemisia argyi*
		白莲蒿	*Artemisia stechmanniana*
		博乐蒿	*Artemisia borotalensis*
		地白蒿	*Artemisia terrae-albae*
		粉花蒿	*Artemisia rhodantha*
		高原蒿	*Artemisia youngii*
		蒿亚属	Subgen. *Artiemisia*
		黑沙蒿	*Artemisia ordosica*
		碱蒿	*Artemisia anethifolia*
		喀什蒿	*Artemisia kaschgarica*
		冷蒿	*Artemisia frigida*
		毛蒿	*Artemisia schischkinii*
		山蒿	*Artemisia brachyloba*
		小蒿	*Artemisia gracilescens*
		亚列氏蒿	*Artemisia sublessingiana*
		籽蒿	*Artemisia salsoloides*
	河西菊属	河西菊	*Hexinia polydichotoma*
	红花属	红花	*Carthamus tinctorius*
	花花柴属	花花柴	*Karelinia caspia*

续表

科名	属名	中文种名	拉丁学名
	黄鹌菜属	细叶黄鹌菜	*Youngia tenuifolia*
	火绒草属	高山火绒草	*Leontopodium alpinum*
		火绒草	*Leontopodium leontopodioides*
	蓟属	蓟（大蓟）	*Cirsium japonicum*
		莲座蓟	*Cirsium esculentum*
	绢蒿属		*Seriphidium*
		新疆绢蒿	*Seriphidium kaschgaricum*
	疆矢车菊属		*Centaurea*
	蓝刺头属		*Echinops*
		蓝刺头	*Echinops sphaerocephalus*
	牛蒡属	毛头牛蒡	*Arctium tomentosum*
		牛蒡	*Arctium lappa*
	蒲公英属		*Taraxacum*
		蒲公英	*Taraxacum mongolicum*
		天山蒲公英	*Taraxacum tianschanicum*
		药用蒲公英	*Taraxacum officinale*
	千里光属	近全缘千里光	*Senecio subdentatus*
		林荫千里光	*Senecio nemorensis*
	蓍属	云南蓍	*Achillea wilsoniana*
	豚草属	豚草	*Ambrosia artemisiifolia*
	向日葵属	向日葵	*Helianthus annuus*
	亚菊属	西藏亚菊	*Ajania tibetica*
		新疆亚菊	*Ajania fastigiata*
	岩参属	岩参	*Cicerbita azurea*
	紫菀属		*Aster*
		紫菀	*Aster tataricus*
卷柏科	卷柏属		*Selaginella*
蕨科	枝脉蕨属	海庞枝脉蕨	*Cladophlebis haiburnensis*
壳斗科	栎属		*Quercus*
		蒙古栎	*Quercus mongolica*
	栗属		*Castanea*
		栗	*Castanea mollissima*
	水青冈属	水青冈（山毛榉）	*Fagus longipetiolata*
	锥属		*Castanopsis*
兰科	斑叶兰属	编花斑叶兰	*Goodyera schlechtendaliana*

续表

科名	属名	中文种名	拉丁学名
		小斑叶兰	*Goodyera repens*
	鸟巢兰属	北方鸟巢兰	*Neottia camtschatea*
狸藻科	狸藻属	狸藻	*Utricularia vulgaris*
藜科			Chenopodiaceae
	叉毛蓬属	叉毛蓬	*Petrosimonia sibirica*
	地肤属	木地肤	*Kochia prostrata*
	戈壁藜属	戈壁藜	*Iljinia regelii*
	合头草属	合头草	*Sympegma regelii*
	假木贼属		*Anabasis*
		短叶假木贼	*Anabasis brevifolia*
		无叶假木贼	*Anabasis aphylla*
		盐生假木贼	*Anabasis salsa*
	碱蓬属		*Suaeda*
		碱蓬	*Suaeda glauca*
		囊果碱蓬	*Suaeda physophora*
		小叶碱蓬	*Suaeda microphylla*
	角果藜属	角果藜	*Ceratocarpus arenarius*
	藜属	藜	*Chenopodium album*
		球花藜	*Chenopodium foliosum*
		香藜	*Chenopodium botrys*
	沙蓬属	沙蓬	*Agriophyllum squarrosum*
	梭梭属		*Haloxylon*
		白梭梭	*Haloxylon persicum*
		梭梭（梭梭柴）	*Haloxylon ammodendron*
	甜菜属	甜菜	*Beta vulgaris*
	驼绒藜属		*Ceratoides*
		垫状驼绒藜	*Ceratoides compacta*
		驼绒藜	*Ceratoides latens*
		心叶驼绒藜	*Ceratoides ewersmanniana*
	小蓬属	小蓬	*Nanophyton erinaceum*
	盐角草属		*Salicornia*
		盐角草	*Salicornia europaea*
	盐节木属	盐节木	*Halocnemum strobilaceum*
	盐蓬属		*Halimocnemis*
	盐生草属	盐生草	*Halogeton glomeratus*

续表

科名	属名	中文种名	拉丁学名
	盐穗木属	盐穗木	*Halostachys caspica*
	盐爪爪属		*Kalidium*
		里海盐爪爪	*Kalidium caspicum*
		盐爪爪	*Kalidium foliatum*
		圆叶盐爪爪	*Kalidium schrenkianum*
	猪毛菜属		*Salsola*
		蒿叶猪毛菜	*Salsola abrotanoides*
		木本猪毛菜	*Salsola arbuscula*
		散枝猪毛菜	*Salsola brachiata*
		天山猪毛菜	*Salsola junatovii*
		珍珠猪毛菜	*Salsola passerina*
		猪毛菜	*Salsola collina*
楝科	楝属	楝	*Melia azedarach*
蓼科			Polygonaceae
	蓼属		*Polygonum*
		萹蓄	*Polygonum aviculare*
		高山蓼	*Polygonum alpinum*
		水蓼	*Polygonum hydropiper*
		新疆蓼	*Polygonum schischkinii*
		珠芽蓼	*Polygonum viviparum*
		准噶尔蓼	*Polygonum songaricum*
	木蓼属	木蓼	*Atraphaxis frutescens*
		沙木蓼	*Atraphaxis bracteata*
	荞麦属	荞麦	*Fagopyrum esculentum*
	沙拐枣属		*Calligonum*
		淡枝沙拐枣	*Calligonum leucocladum*
		沙拐枣	*Calligonum mongolicum*
	酸模属		*Rumex*
		酸模	*Rumex acetosa*
		皱叶酸模	*Rumex crispus*
柳叶菜科	柳叶菜属	柳兰	*Chamerion angustifolium*
	月见草属	月见草	*Oenothera odorata*
龙胆科			Gentianaceae
	龙胆属	龙胆	*Gentiana scabra*
		线叶龙胆	*Gentiana farreri*

续表

科名	属名	中文种名	拉丁学名
		斜升龙胆	*Gentiana decumbens*
		新疆龙胆	*Gentiana karelinii*
鹿蹄草科	独丽花属	独丽花	*Moneses uniflora*
轮叶科	轮叶属		*Annularia*
		纤细轮叶	*Annularia gracilescens*
		星轮叶	*Annularia stellata*
萝藦科			Asclepiadaceae
	鹅绒藤属	戟叶鹅绒藤	*Cynanchum sibiricum*
		牛皮消	*Cynanchum auriculatum*
麻黄科			Ephedraceae
	麻黄属		*Ephedra*
		草麻黄	*Ephedra sinica*
		单子麻黄	*Ephedra monosperma*
		喀什麻黄	*Ephedra kaschgarica*
		膜果麻黄	*Ephedra przewalskii*
		双穗麻黄	*Ephedra distachya*
马齿苋科			Portulacaceae
牻牛儿苗科	老鹳草属		*Geranium*
		草原老鹳草	*Geranium pratense*
		蓝花老鹳草	*Geranium pseudosibiricum*
		丘陵老鹳草	*Geranium collinum*
毛茛科			Ranunculaceae
	金莲花属	金莲花	*Trollius chinensis*
		准噶尔金莲花	*Trollius dschungaricus*
	毛茛属	毛茛	*Ranunculus japonicus*
	水毛茛属	水毛茛	*Batrachium bungei*
	唐松草属		*Thalictrum*
		高山唐松草	*Thalictrum alpinum*
	铁线莲属	甘青铁线莲	*Clematis tangutica*
		铁线莲	*Clematis florida*
		西伯利亚铁线莲	*Clematis sibirica*
		准噶尔铁线莲	*Clematis songorica*
	乌头属	高乌头	*Aconitum sinomontanum*
		乌头	*Aconitum carmichaelii*
美姿藓科	美姿藓属	美姿藓（青藓）	*Timmia megapolitana*

续表

科名	属名	中文种名	拉丁学名
木贼科	木贼属	木贼	*Equisetum hyemale*
葡萄科	葡萄属	葡萄	*Vitis vinifera*
槭树科	槭属		*Acer*
茜草科	拉拉藤属	北方拉拉藤	*Galium boreale*
		车轴草	*Galium odoratum*
		蓬子菜	*Galium verum*
		原拉拉藤	*Galium aparine*
	水团花属	细叶水团花	*Adina rubella*
蔷薇科			Rosaceae
	草莓属	草莓	*Fragaria ananassa*
		绿草莓	*Fragaria viridis*
	稠李属	稠李	*Padus racemosa*
	地榆属	地榆	*Sanguisorba officinalis*
	高山莓属	四蕊高山莓	*Sibbaldianthe tetrardra*
	花楸属	花楸树	*Sorbus pohuashanensis*
		天山花楸	*Sorbus tianschanica*
	梨属	夏梨	*Pyrus sinkianensis*
	苹果属	苹果	*Malus pumila*
	蔷薇属		*Rosa*
		黄刺玫	*Rosa xanthina*
		宽刺蔷薇	*Rosa platyacantha*
		弯刺蔷薇	*Rosa beggeriana*
		腺齿蔷薇	*Rosa albertii*
		野蔷薇	*Rosa multiflora*
	山莓草属	四蕊山莓草	*Sibbaldia tetrandra*
	桃属	桃	*Amygdalus persica*
	委陵菜属		*Potentilla*
		金露梅	*Potentilla fruticosa*
		耐寒委陵菜	*Potentilla gelida*
		茸毛委陵菜	*Potentilla strigosa*
		双花委陵菜	*Potentilla biflora*
		委陵菜	*Potentilla chinensis*
	杏属	杏	*Armeniaca vulgaris*
	绣线菊属	金丝桃叶绣线菊	*Spiraea hypericifolia*
		绣线菊	*Spiraea salicifolia*

续表

科名	属名	中文种名	拉丁学名
	栒子属		*Cotoneaster*
		黑果栒子	*Cotoneaster melanocarpus*
		平枝栒子	*Cotoneaster horizontalis*
		少花栒子	*Cotoneaster oliganthus*
	樱属	毛樱桃	*Cerasus tomentosa*
	羽衣草属	偏生斗蓬草	*Alchemilla cyrtopleura*
		天山羽衣草	*Alchemilla tianschanica*
		西伯利亚羽衣草	*Alchemilla sibirica*
		羽衣草（斗篷草）	*Alchemilla japonica*
茄科			Solanaceae
	枸杞属	枸杞	*Lycium chinense*
		黑果枸杞	*Lycium ruthenicum*
	茄属	阳芋	*Solanum tuberosum*
	烟草属	烟草	*Nicotiana tabacum*
忍冬科	忍冬属		*Lonicera*
		矮小忍冬	*Lonicera humilis*
		奥尔忍冬	*Lonicera olgea*
		刚毛忍冬	*Lonicera hispida*
		忍冬	*Lonicera japonica*
		小叶忍冬	*Lonicera microphylla*
瑞香科	狼毒属		*Stellera*
伞形科			Umbelliferae
	羊角芹属	东北羊角芹	*Aegopodium alpestre*
桑科	大麻属		*Cannabis*
		大麻	*Cannabis sativa*
	构属	构树	*Broussonetia papyrifera*
	葎草属	啤酒花	*Humulus lupulus*
		葎草	*Humulus scandens*
	桑属	桑	*Morus alba*
莎草科			Cyperaceae
	藨草属	水葱	*Scirpus validus*
	莎草属	香附子	*Cyperus rotundus*
	嵩草属		*Kobresia*
		高山嵩草	*Kobresia pygmaea*
		帕米尔嵩草	*Kobresia pamiroalaica*

续表

科名	属名	中文种名	拉丁学名
		嵩草	*Kobresia myosuroides*
		线叶嵩草	*Kobresia capillifolia*
	薹草属		*Carex*
		暗褐薹草	*Carex atrofusca*
		黑穗薹草	*Carex atrata*
		囊果薹草	*Carex physodes*
		细果薹草	*Carex stenocarpa*
山柑科	山柑属	爪瓣山柑	*Capparis himalayensis*
杉叶藻科	杉叶藻属	杉叶藻	*Hippuris vulgaris*
十字花科			Cruciferae
	四齿芥属	沙生四齿芥	*Tetracme recurata*
	糖芥属	小花糖芥	*Erysimum cheiranthoides*
	葶苈属	葶苈	*Draba nemorosa*
	芸苔属	芸苔	*Brassica campestris*
		羽衣甘蓝	*Brassica oleracea*
石榴科	石榴属	石榴	*Punica granatum*
石松科	石松属	石松	*Lycopodium japonicum*
石竹科			Caryophyllaceae
	繁缕属	繁缕	*Stellaria media*
		准噶尔繁缕	*Stellaria soongorica*
	卷耳属	二岐卷耳	*Cerastium dichotomum*
	裸果木属	裸果木	*Gymnocarpos przewalskii*
	米努草属	二花米努草	*Minuartia biflora*
	囊种草属	囊种草	*Thylacospermum caespitosum*
	石竹属	大苞石竹	*Dianthus hoeltzeri*
		石竹	*Dianthus chinensis*
	无心菜属	无心菜	*Arenaria serpyllifolia*
	蝇子草属	蝇子草	*Silene gallica*
	种阜草属	新疆种阜草	*Moehringia umbrosa*
柿科	柿属	柿	*Diospyros kaki*
鼠李科	马甲子属	马甲子	*Paliurus ramosissimus*
	枣属	枣	*Ziziphus jujuba*
双星藻科	双星藻属		*Zygnema*
	水绵属	水绵	*Spirogyra communis*
水鳖科	水鳖属	水鳖	*Hydrocharis dubia*

续表

科名	属名	中文种名	拉丁学名
水龙骨科			Polypodiaceae
	水龙骨属		*Polypodiodes*
		水龙骨	*Polypodiodes nipponicum*
睡莲科			Nymphaeaceae
	睡莲属	睡莲	*Nymphaea tetragona*
松科			Pinaceae
	冷杉属		*Abies*
		冷杉	*Abies fabri*
		新疆冷杉	*Abies sibirica*
	落叶松属		*Larix*
		新疆落叶松	*Larix sibirica*
	松属		*Pinus*
		新疆五针松	*Pinus sibirica*
	铁杉属	披针苏铁杉	*Podozamites lanceolatus*
	云杉属		*Picea*
		白云杉	*Picea glauca*
		黑云杉	*Picea mariana*
		丽江云杉	*Picea likiangensis*
		欧洲云杉	*Picea abies*
		青扦	*Picea wilsonii*
		塞尔维亚云杉	*Picea omorika*
		西伯利亚云杉	*Picea sibirica*
		新疆云杉	*Picea obovata*
		雪岭云杉	*Picea schrenkiana*
		鱼鳞云杉	*Picea jezoensis*
		云杉	*Picea asperata*
		紫果云杉	*Picea purpurea*
桃金娘科			Myrtaceae
蹄盖蕨科			Athyriaceae
	冷蕨属	冷蕨	*Cystopteris fragilis*
铁线蕨科	铁线蕨属		*Adiantum*
卫矛科	卫矛属	白杜（华北卫矛）	*Euonymus maackii*
		中亚卫矛	*Euonymus semenovii*
无患子科	文冠果属	文冠果	*Xanthoceras sorbifolium*
五加科	楤木属	楤木	*Aralia elata*

续表

科名	属名	中文种名	拉丁学名
香蒲科			Typhaceae
	香蒲属		*Typha*
		香蒲	*Typha orientalis*
小檗科			Berberidaceae
	小檗属		*Berberis*
		喀什小檗	*Berberis kaschgarica*
		西伯利亚小檗	*Berberis sibirica*
小二仙草科	狐尾藻属		*Myriophyllum*
		狐尾藻	*Myriophyllum spicatum*
玄参科	柳穿鱼属	柳穿鱼	*Linaria vulgaris*
	婆婆纳属	穗花婆婆纳	*Veronica spicata*
	小米草属	小米草	*Euphrasia pectinata*
悬铃木科	悬铃木属	二球悬铃木	*Platanus acerifolia*
		三球悬铃木	*Platanus orientalis*
旋花科			Convolvulaceae
	菟丝子属	菟丝子	*Cuscuta chinensis*
	旋花属	刺旋花	*Convolvulus tragacanthoides*
		灌木旋花	*Convolvulus fruticosus*
荨麻科			Urticaceae
	荨麻属	荨麻	*Urtica fissa*
亚麻科	亚麻属	亚麻	*Linum usitatissimum*
眼子菜科	水麦冬属	水麦冬	*Triglochin palustre*
	眼子菜属		*Potamogeton*
		蓖齿眼子菜	*Potamogeton pectinatus*
		光叶眼子菜	*Potamogeton lucens*
		小眼子菜	*Potamogeton pusillus*
		眼子菜	*Potamogeton distinctus*
杨柳科	柳属		*Salix*
		白柳	*Salix alba*
		旱柳	*Salix matsudana*
		锯齿柳	*Salix serrulatifolia*
		山柳	*Salix pseudotangii*
		崖柳	*Salix floderusii*
	杨属		*Populus*

续表

科名	属名	中文种名	拉丁学名
		胡杨	*Populus euphratica*
		毛白杨	*Populus tomentosa*
		密叶杨	*Populus talassica*
		欧洲山杨	*Populus tremula*
衣藻科	衣藻属		*Chlamydomonas*
银杏科	银杏属	胡氏银杏	*Ginkgo huttoni*
		银杏	*Ginkgo biloba*
阴地蕨科	阴地蕨属		*Botrychium*
罂粟科	白屈菜属	白屈菜	*Chelidonium majus*
	海罂粟属	海罂粟	*Glaucium fimbrilligerum*
	罂粟属	橙黄罂粟	*Papaver croceum*
		黄花野罂粟	*Papaver orocaeum*
		野罂粟	*Papaver nudicaule*
	紫堇属	黄堇	*Corydalis pallida*
榆科	刺榆属	古刺榆	*Planera antiqua*
	榆属		*Ulmus*
		圆冠榆	*Ulmus densa*
		榆树	*Ulmus pumila*
鸢尾科	鸢尾属	马蔺	*Iris lactea*
		鸢尾	*Iris tectorum*
		紫苞鸢尾	*Iris ruthenica*
樟科	檫木属	檫木	*Sassafras tzumu*
	月桂属	月桂	*Laurus nobilis*
樟亚科	栉羊齿属	东方栉羊齿	*Pecopteris orientalis*
	锥叶蕨属	大同锥叶蕨	*Coniopteris tatungensis*
芝麻科	芝麻属	芝麻	*Sesamum indicum*
紫草科	鹤虱属	鹤虱	*Lappula myosotis*
	勿忘草属	勿忘草	*Myosotis alpestris*
	紫草属		*Lithospermum*
		小花紫草	*Lithospermum officinale*
		紫草	*Lithospermum erythrorhizon*

附录三　图　　版

新疆落叶松 *Larix sibirica*

刺柏 *Juniperus formosana*

雪岭云杉（*Picea schrenkiana*）与小叶桦（*Betula microphylla*）组成的混交林

雪岭云杉 *Picea schrenkiana*

西伯利亚云杉 *Picea sibirica*

铺地柏 *Sabina procumbens*

艾比湖的小叶桦（*Betula microphylla*）

构树 *Broussonetia papyrifera*

圆冠榆 *Ulmus deasa*

艾比湖的小叶桦（*Betula microphylla*）

侧柏 *Platycladus orientalis*

艾比湖稀疏分布的胡杨（*Populus euphratica*）

美国皂荚（三刺皂荚）
Gleditsia triacanthos

蘑菇湖的小叶桦（*Betula microphylla*）

蘑菇湖生长的沙枣
（*Elaeagnus angustifolia*）

尖果沙枣 *Elaeagnus oxycarpa*

旱柳 *Salix matsudana*

柽柳 *Tamarix chinensis*

文冠果 *Xanthoceras sorbifolium*

刚毛柽柳 *Tamarix hispida*

黑果枸杞 *Lycium ruthenicum*

淡枝沙拐枣 *Calligonum leucocladum*

短穗柽柳 *Tamarix laxa*

柠条锦鸡儿 *Caragana korshinskii*

铃铛刺

Halimodendron halodendron

沙冬青 *Ammopiptanthus mongloicus*

喀纳斯湿地生长的越橘
（*Vaccinium vitis-idaea*）

沙棘
Hippophae rhamnoides

白刺 *Nitraria tangutorum*

冷蒿 *Artemisia frigida*+
单子麻黄 *Ephedra monosperma*

骆驼刺 *Alhagi sparsifolia*

蔷薇属 *Rosa*

花花柴 *Karelinia caspia*

单子麻黄 *Ephedra monosperma*

喀什小檗 *Berberis kaschgarica*

戟叶鹅绒藤 *Cynanchum sibiricum*

华北卫矛 *Euonymus maackii*

西伯利亚小檗 *Berberis sibirica*

苦豆子 *Sophora alopecuroides*

巴音布鲁克草原生长的赖草
（*Leymus secalinus*）

准噶尔铁线莲 *Clematis songorica*

盐爪爪 *Kalidium foliatum*

中科院吐鲁番沙漠植物园种植的大麻（*Cannabis sativa*）

阿尔泰狗娃花 *Heteropappus altaicus*

甘青铁线莲 *Clematis tangutica*

中科院吐鲁番沙漠植物园种植的月见草（*Oenothera biennis*）

无叶假木贼 *Anabasis aphylla*

沙木蓼 *Atraphaxis bracteata*

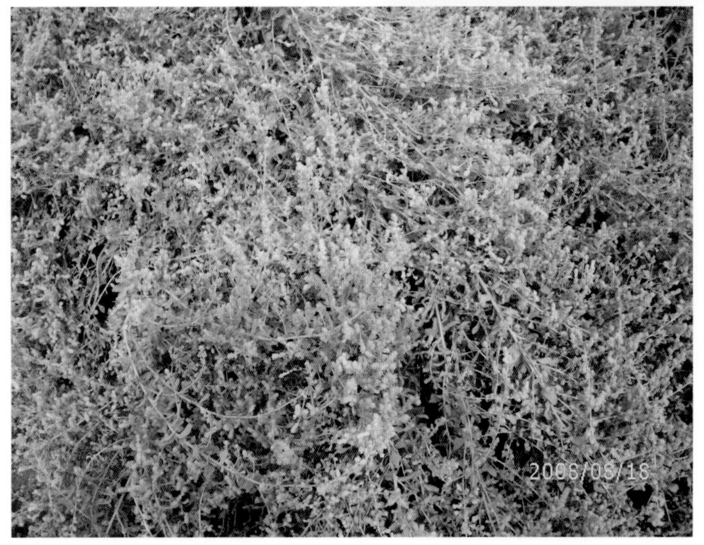

驼绒藜 *Ceratoides latens*

膜果麻黄 *Ephedra przewalskii*

木蓼 *Atraphaxis frutescens*

野罂粟 *Papaver nudicaule*

刺旋花 *Convolvulus tragacanthoides*

昭苏小叶桦湿地生长的巨车前（*Plantago maxima*）

车前 *Plantago asiatica*

莲座蓟 *Cirsium esculentum*

毛头牛蒡 *Arctium tomentosum*

垂穗披碱草 *Elymus nutans*

柳兰 *Epilobium angustifolium*

苦马豆 *Sphaerophysa salsula*

甘草 *Glycyrrhiza uralensis*

在温泉县域内绿化种植的羽衣甘蓝（*Brassica oleracea*）

驼蹄瓣 *Zygophyllum fabago*

柳穿鱼 *Linaria vulgaris*

河西菊 *Hexinia polydichotoma*

蝇子草 *Silene gallica*

白屈菜 *Chelidonium majus*

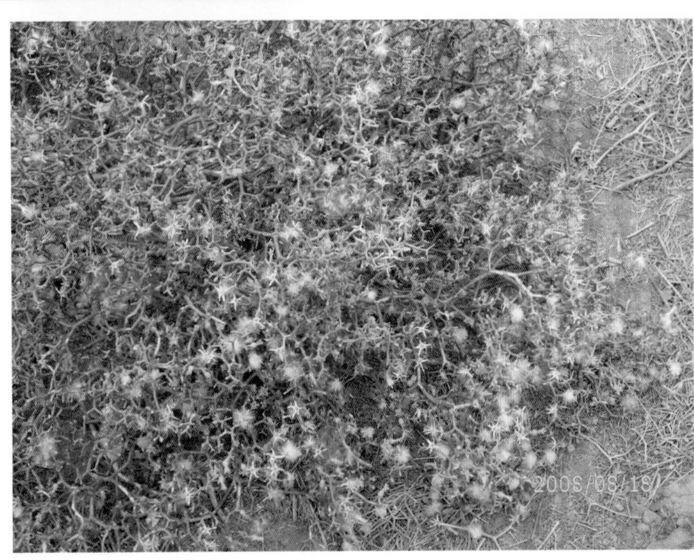

河西菊 *Hexinia polydichotoma*

硬苞刺头菊 *Cousinia sclerolepis*

蓝刺头 *Echinops sphaerocephalus*

紫菀 *Aster tataricus*

苍耳 *Xanthium sibiricum*

顶羽菊 *Acroptilon repens*

天山羽衣草 *Alchemilla tianschanica*

蒙古黄耆 *Astragalus mongholicus*

瓜瓣山柑 *Capparis himalayensis*

盐角草 *Salicornia europaea*

芨芨草 *Achnatherum splendens*

小尤尔都斯的嵩草（*Kobresia myosuroides*）草甸及其上生长的蘑菇

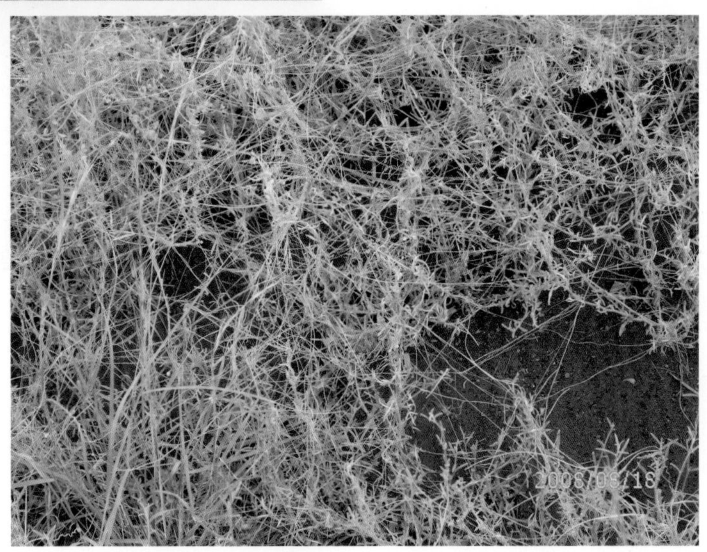

菟丝子 *Cuscuta chinensis*

罗布麻 *Apocynum venetum*

球花藜 *Chenopodium foliosum*

云南蓍 *Achillea wilsoniana*

画眉草 *Eragrostis pilosa*

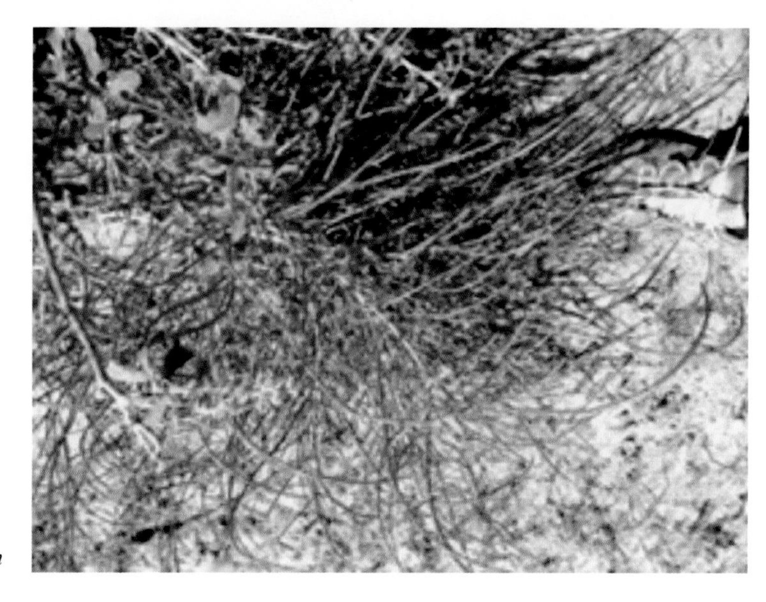

梭梭 *Haloxylon ammodendron*

异燕麦 *Helictotrichon schellianum*

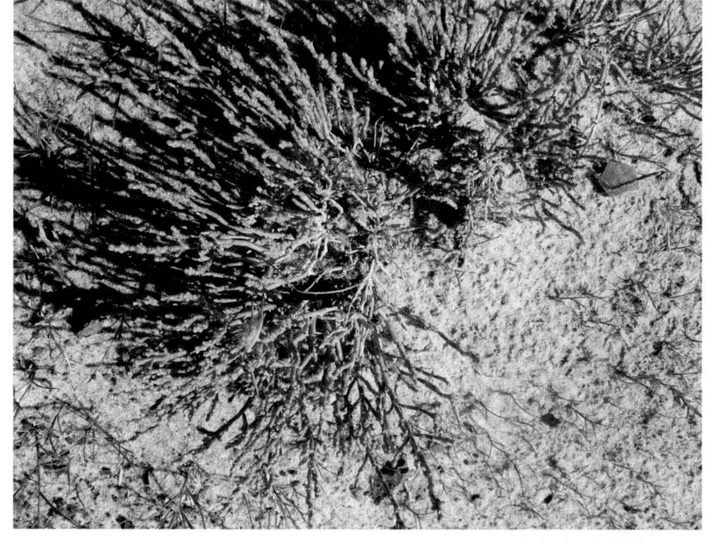

无叶假木贼 *Anabasis aphylla*

新疆绢蒿 *Seriphidium kaschgaricum*

碱蓬 *Suaeda glauca*

地榆 *Sanguisorba officinalis*

心叶驼绒藜 *Ceratoides ewersmanniana*

委陵菜 *Potentilla chinensis*

角果藜 *Ceratocarpus arenarius*

萹蓄 *Polygonum aviculare*

蓟 *Cirsium japonicum*

马蔺 *Iris lactea*

芦苇 *Phragmites australlis*

木贼 *Equisetum hyemale*

昭苏小叶桦湿地生长的酸模（*Rumex acetosa*）

皱叶酸模 *Rumex crispus*

在哈巴河白桦林湿地下生长着茂密的沼泽蕨（*Thelypteris palustris*）群丛

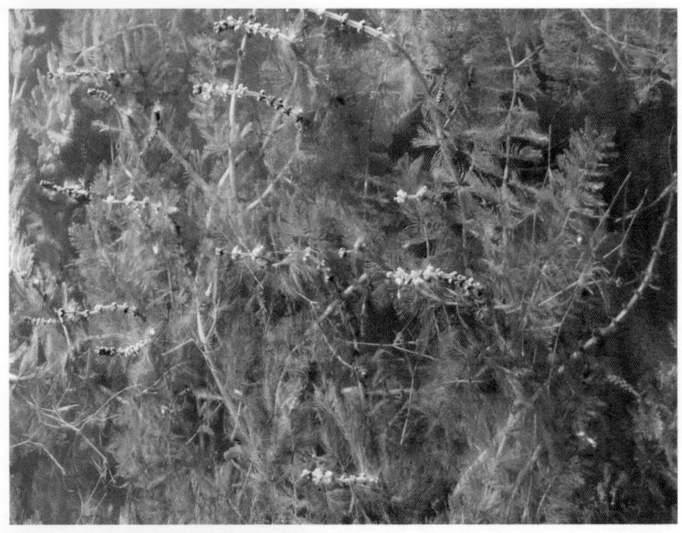

穗状狐尾藻 *Myriophyllum spicatum*

小眼子菜 *Potamogeton pusillus*

水葱 *Scirpus validus*

在石河子蘑菇湖湿地生长的挺水植物香蒲（*Typha orientalis*）和小叶桦植株

在哈巴河白沙湖湖水中生长的睡莲（*Nymphaea tetragona*）和芦苇等

2004 年 3 月刘耕年与孔昭宸照于 1 号冰川前缘

2008 年 8 月毕志伟、孔昭宸、严明疆、杨振京、张芸在中科院吐鲁番沙漠植物园参观

2008 年 8 月巴音布鲁克野外调查，阎顺先生做讲解

2008 年 8 月至巴音布鲁克草原工作合影（从左至右：张芸、杨振京、阎顺、孔昭宸、毕志伟、严明疆）

2010 年 9 月张芸、杨振京、杨庆华在艾比湖桦树林保护站

2010 年 9 月温泉县洪别达坂表土采样

2010 年 9 月在温泉县北鲵自然保护区和屈洪站长合影（从左至右：边警、屈洪站长、孔昭宸、杨庆华、杨振京、司机师傅、张芸、王茜、司机师傅）

2010 年 9 月博尔塔拉河野外调查（从左至右：王茜、侯翼国、孔昭宸、杨振京、杨庆华、张芸）

2011 年 8 月喀纳斯表土花粉采集（从左至右：杨振京、张茹春、阳小兰、司机师傅、刘林敬、孔昭宸、张芸、黄刚）

2014 年 9 月石河子蘑菇湖湿地上生长的小叶桦正在丧失

2011 年 8 月至红山嘴口岸考察时于中哈界碑合影（从左至右：张茹春、张芸、杨振京、孔昭宸、刘林敬）

2013 年 8 月至昭苏小叶桦湿地考察（从左至右：毕志伟、孔昭宸、张芸、张卉、李玉梅、陶冶）

喀纳斯自然保护区的新疆云杉和铺地柏灌丛

喀纳斯自然保护区内的新疆云杉和草原

喀纳斯自然保护区内生长茂密的新疆云杉

阿尔泰自然保护区内的针阔叶混交林

温泉孟克沟森林景观

温泉孟克沟谷内生长的西伯利亚云杉与杨树

夏尔希里自然保护区由云杉、桦和杨形成的针阔叶混交林景观

夏尔希里自然保护区的森林与草原

夏尔希里自然保护区盘山公路，云杉沿阴坡谷生长

乌伦古湖

乌伦古湖中的水生及湿地植物

乌伦古湖岸边的灌丛及杂草类

温泉县生长在冰川退缩后前沿地带的高山铺地柏

温泉县亚高山草甸

温泉县荒漠草原

魔鬼城雅丹地貌

魔鬼城雅丹地貌

魔鬼城雅丹地貌

艾比湖鸭子湾湿地

艾比湖自然保护区桦树林保护站

艾比湖稀疏生长的胡杨

艾比湖乌苏小叶桦湿地

艾比湖地区罗布麻

艾比湖南岸碱蓬及芦苇

昭苏小叶桦湿地生长的小叶桦及酸模

哈巴河白桦林湿地

哈巴河白沙湖景观

石河子蘑菇湖放牧的山羊啃食湿地上生长渐危的小叶桦枝叶

2010 年 9 月在石河子蘑菇湖湿地尚存的沼泽蕨和水葱等

石河子蘑菇湖湿地水沟尚生长香蒲

小尤尔都斯嵩草草甸取表土样

巴音布鲁克草原夕阳西下的天鹅湖湿地景观

巴音布鲁克草原上的湿地景观

吐鲁番煤窑荒漠

艾丁湖

艾丁湖湖水退缩后的盐壳景观

2008 年 8 月艾丁湖湿地剖面Ⅰ的挖掘

2008 年 8 月挖掘艾丁湖地剖面Ⅱ

2008 年 8 月艾丁湖湿地剖面Ⅱ进行样品采集与封袋

2008 年 8 月巴音布鲁克草原采集表土花粉

2010 年 9 月艾比湖中德监测样地人工开挖孢粉取样

2010 年 9 月艾比湖桦树林保护站人工挖掘剖面

2010 年 9 月在艾比湖乌苏小叶桦生长地选点用钻机取样

2010 年 9 月在艾比湖南岸湿地杨庆华与杨振京进行钻孔取样

2010 年 10 月温泉县低山丘陵草原草甸区进行样方调查和植物识别（从右至左：杨庆华、侯翼国、王茜、张芸、孔昭宸）

2010 年 9 月在灌丛地进行现代花粉采集

2011 年 8 月喀纳斯湖岸小叶桦生长地进行植物群落调查

2011 年 8 月杨振京与刘林敬在喀纳斯小叶桦湿地取样

2011 年 8 月对喀纳斯小叶桦湿地钻取出的岩心进行测量和分样

2011 年 8 月刘林敬与黄刚等在吐满德小叶桦湿地取样

2011 年 8 月刘林敬与黄刚在乌伦古湖浅水区钻取岩心

2011 年 8 月乌伦古湖滨钻取出的岩心

2011 年 8 月在新疆哈巴河剖面取样

2011 年 8 月在阿尔泰红山嘴草甸采集表土花粉

2011年8月吐满德小叶桦湿地选取剖面及进行植物群落调查

2013年8月在艾比湖选取剖面Ⅰ进行连续取样

2013年8月对艾比湖小叶桦保护区剖面进行岩性记录

2013 年 8 月在哈巴河三连边防站白桦林湿地取样

2013 年 8 月乌苏挖取的小叶桦剖面

2016 年 8 月在石河子北湖湿地上钻取岩心（举起重锤的是花冬来博士）

云杉 *Picea asperata*

宽苞水柏枝 *Myricaria bracteata*

小苞瓦松 *Orostachys thyrsiflorus*

灌木旋花 *Convolvulus fruticosus*

甘青铁线莲 *Clematis tangutica*

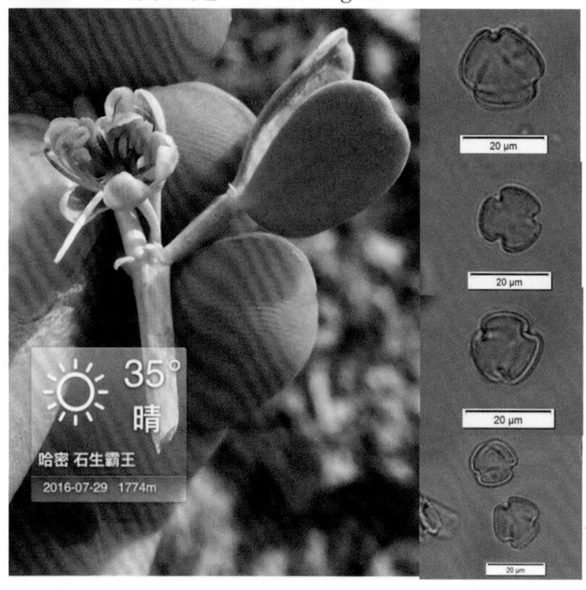

驼蹄瓣 *Zygophyllum fabago*

阿尔泰狗娃花 *Heteropappus altaicus*

线叶龙胆 *Gentiana farreri*

柳兰 *Epilobium angustifolium*

硬苞刺头菊 *Cousinia sclerolepis*

萹蓄 *Polygonum aviculare*

蓝刺头 *Echinops Sphaerocephalus*

细叶黄鹌菜 *Youngia tenuifolia*

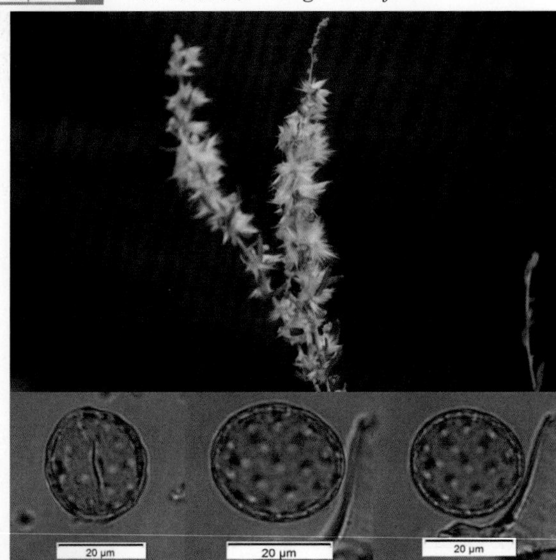

驼绒藜 *Ceratoides latens*

小米草 *Euphrasia pectinata*

风毛菊 *Saussurea japonica*

海罂粟 *Glaucium fimbrilligerum*

香附子 *Cyperus rotundus*

香蒲 *Typha orientalis*

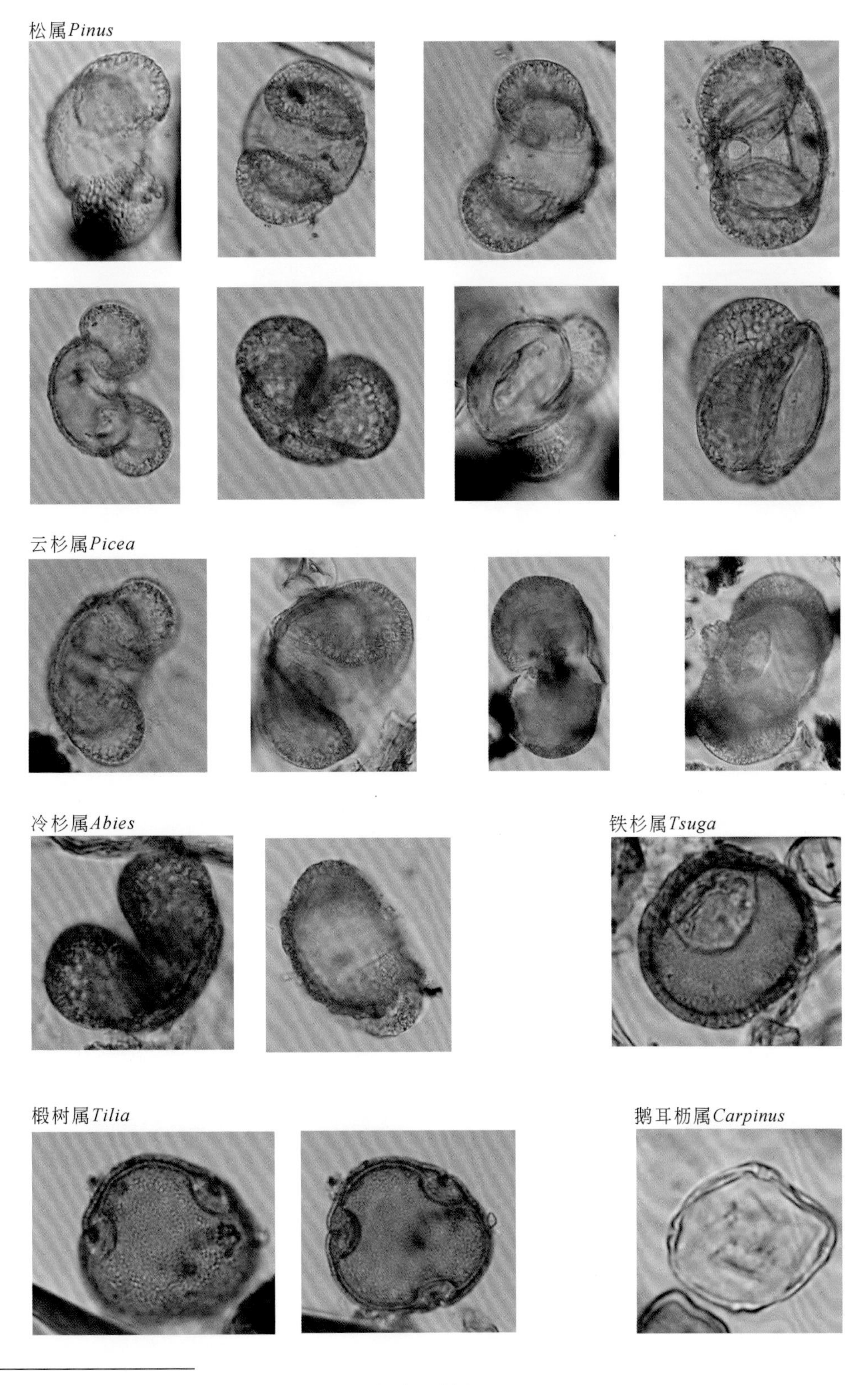

① 孢粉形态图在OLYMPUS镜下（15μm×40μm）采集，图片大小不代表实际孢粉大小。

桦木属*Betula*

胡桃属*Juglans*

冬青属*Ilex*

枫杨属*Pterocarya*

鼠李科Rhamnaceae

榆属*Ulmus*

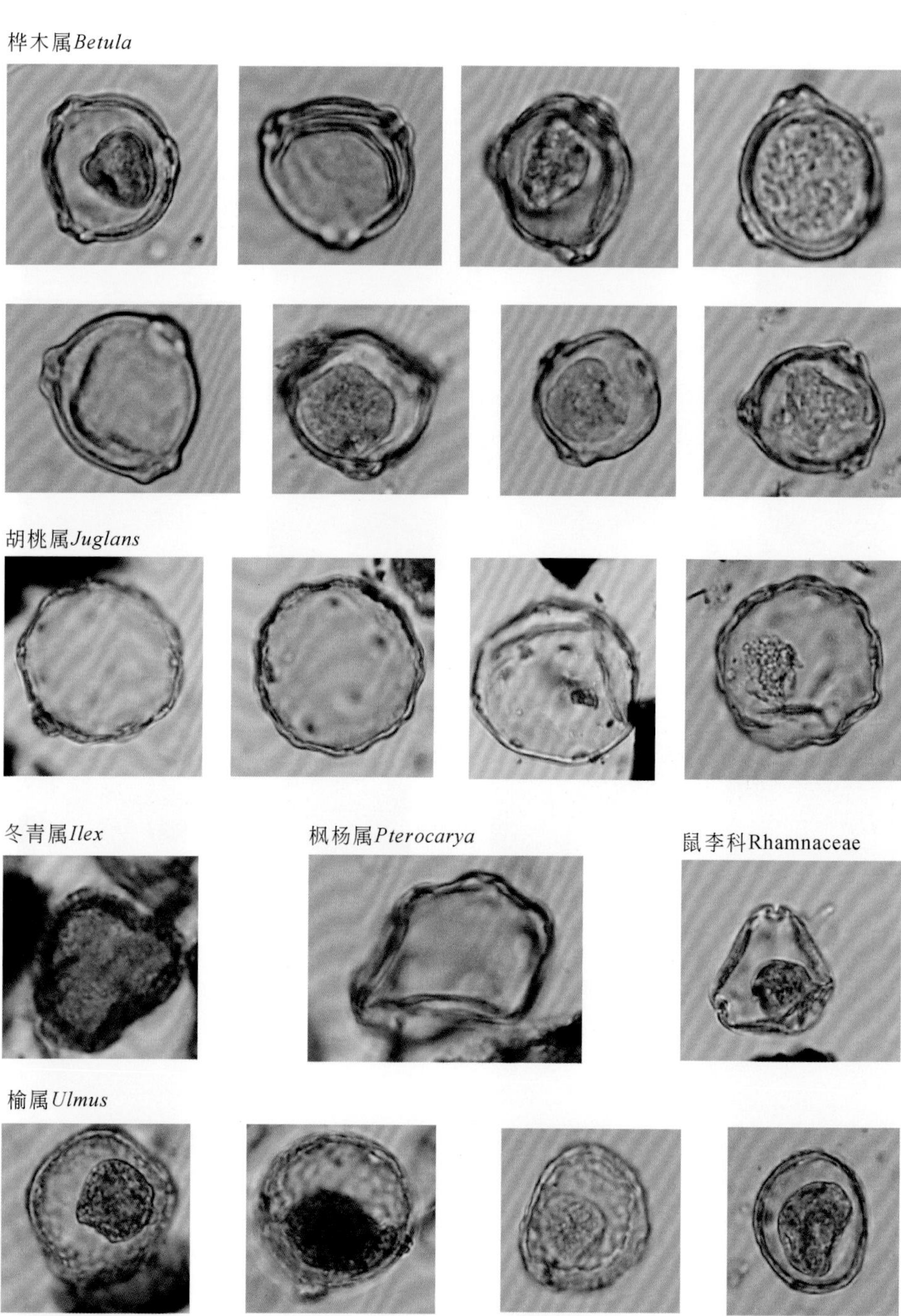

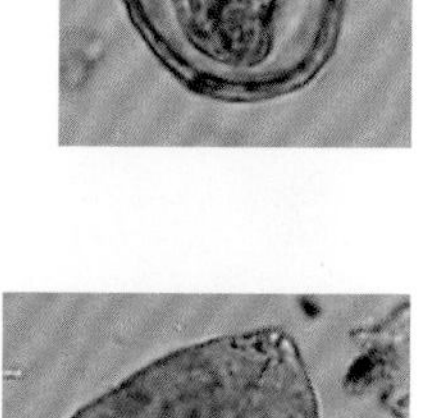

胡颓子属*Elaeagnus*

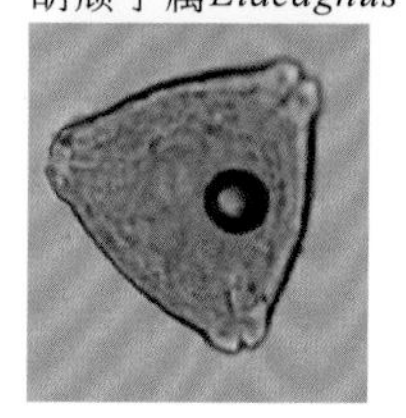

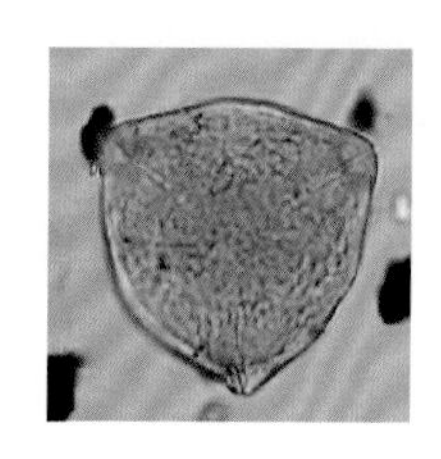

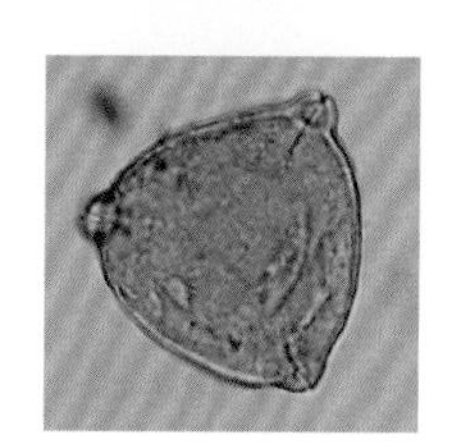

沙棘属*Hippophae*

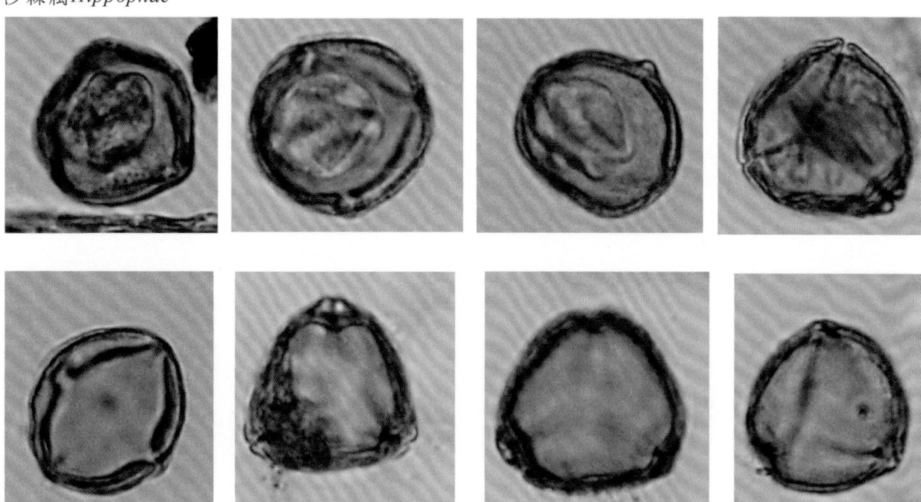

麻黄属*Ephedra*

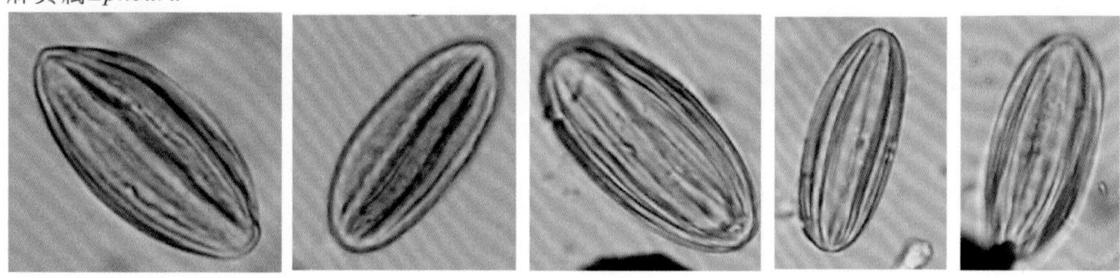

柽柳属*Tamarix*

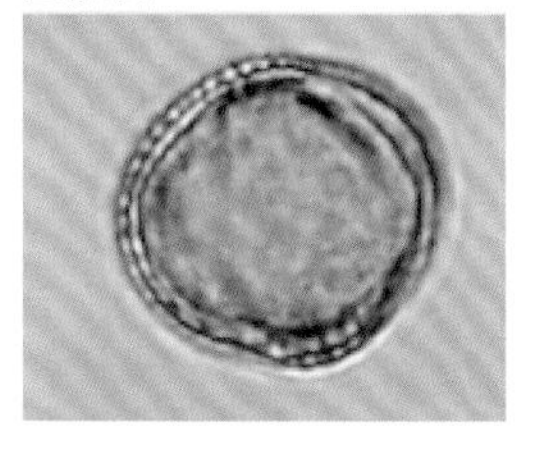

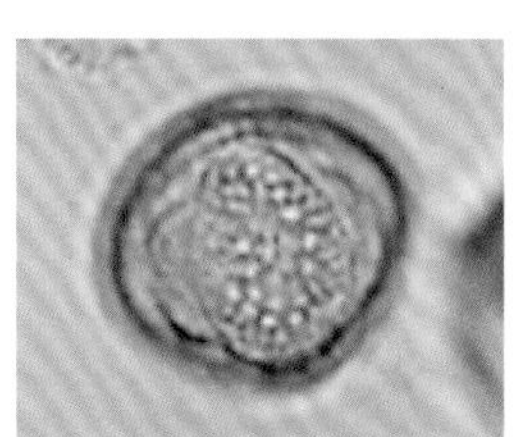

白刺属*Nitraria*

白刺属*Nitraria*

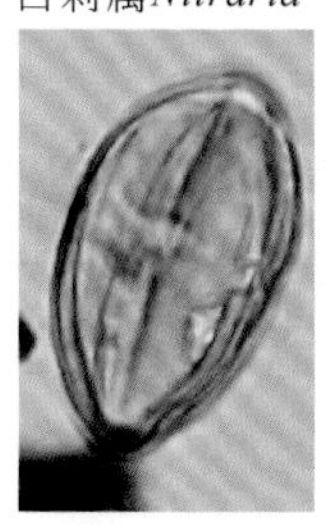

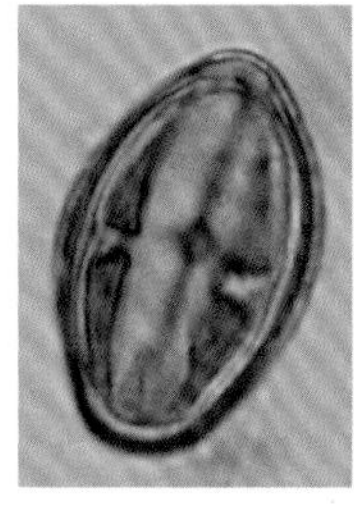

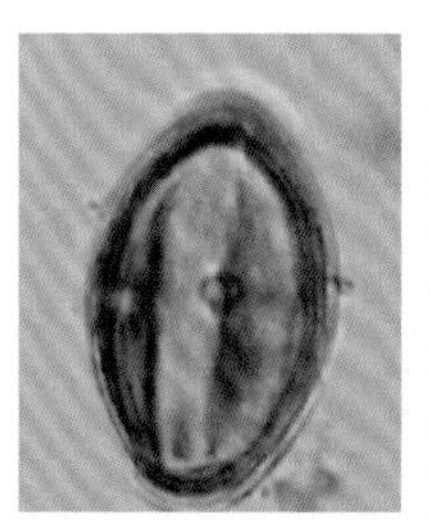

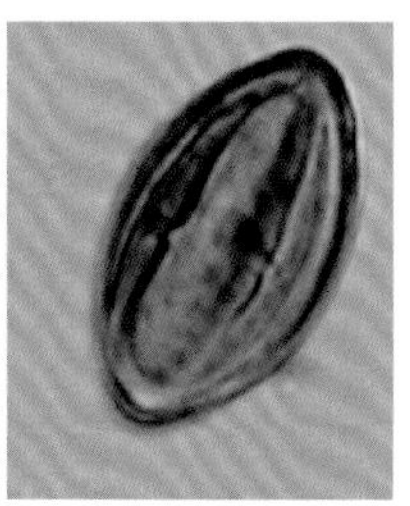

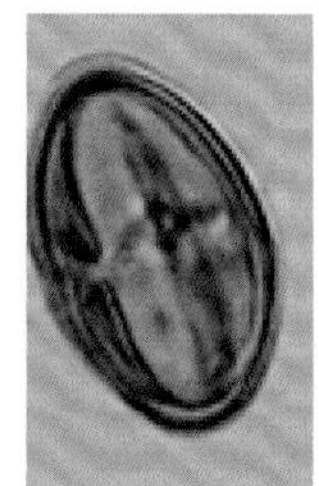

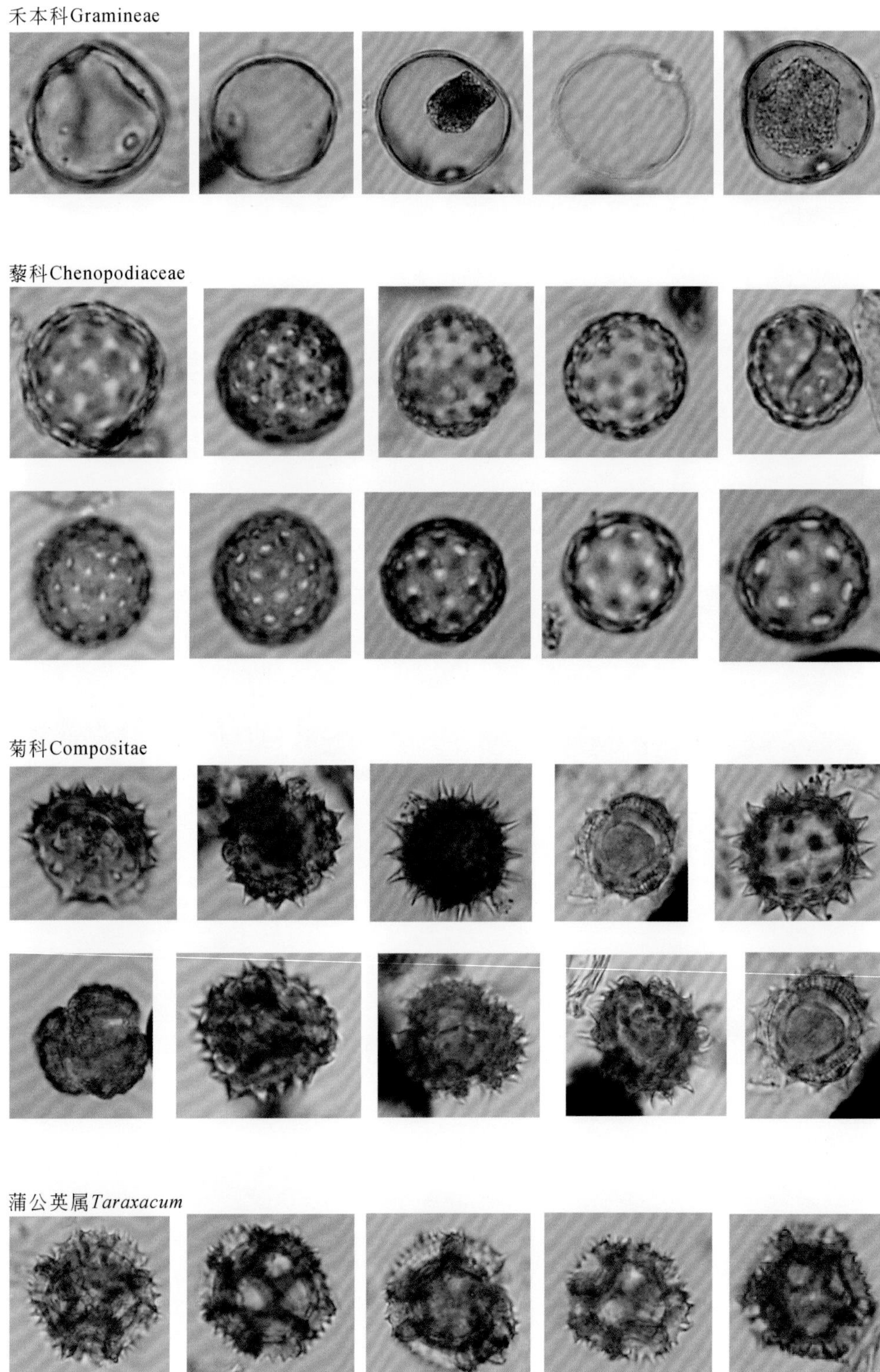
禾本科Gramineae
藜科Chenopodiaceae
菊科Compositae
蒲公英属*Taraxacum*

蒿属*Artemisia*

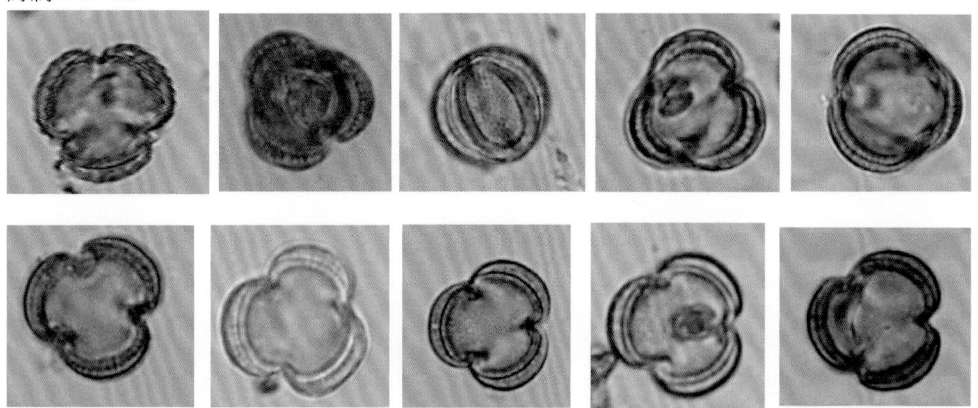

紫菀属*Aster*

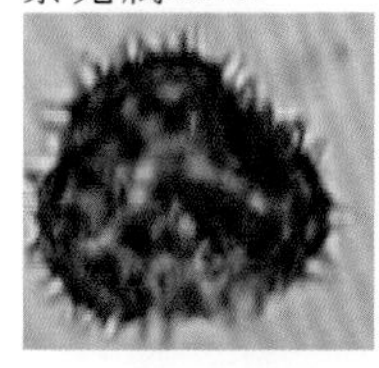
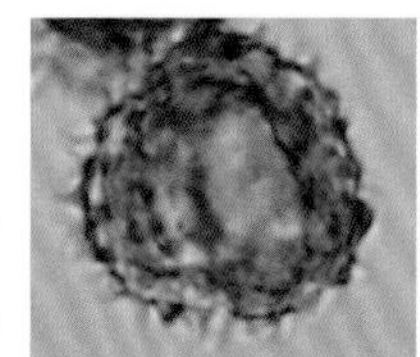
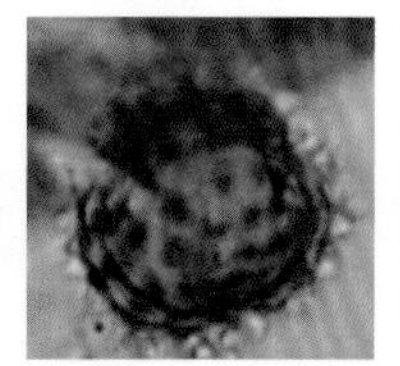
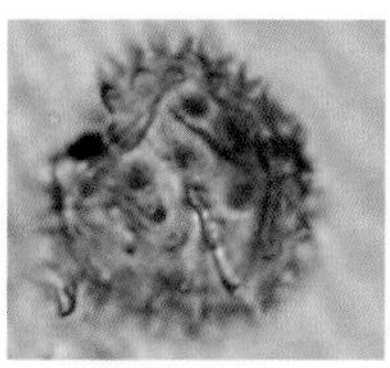
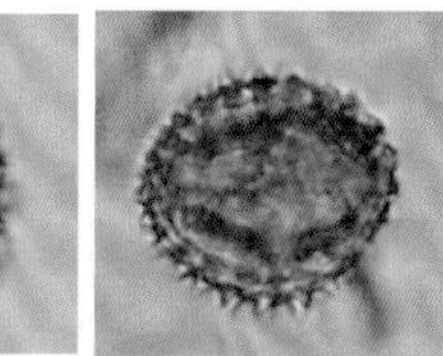

蓝刺头*Echinops latifolius*

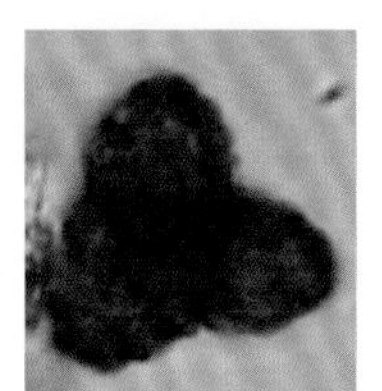

老鹳草*Geranium wilfordii*

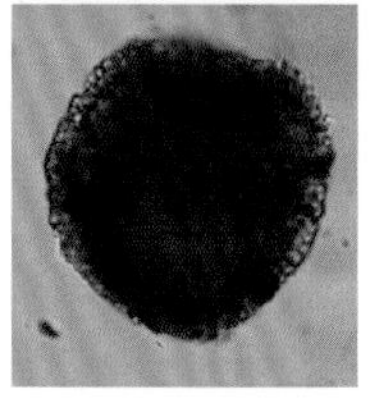
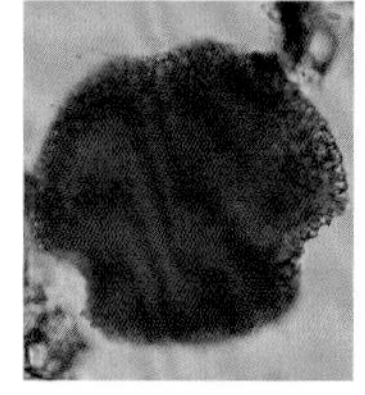

蔷薇科Rosaceae

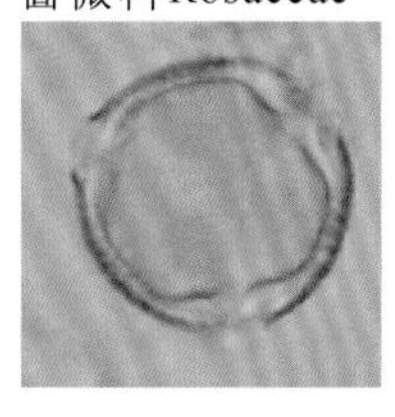
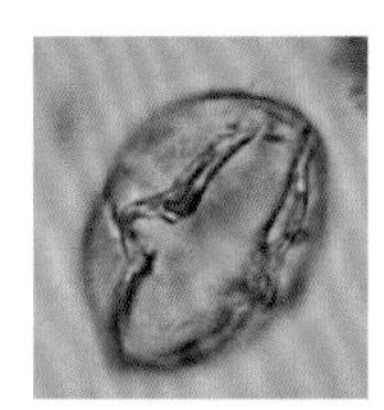
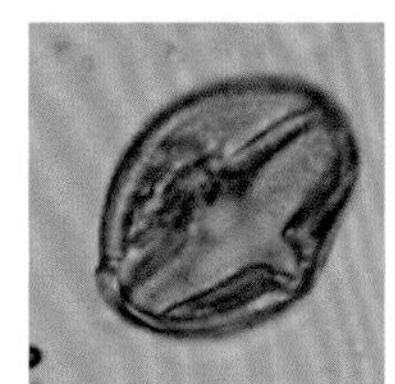
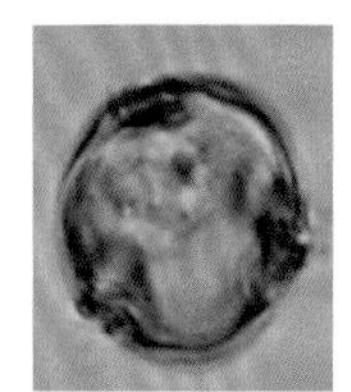
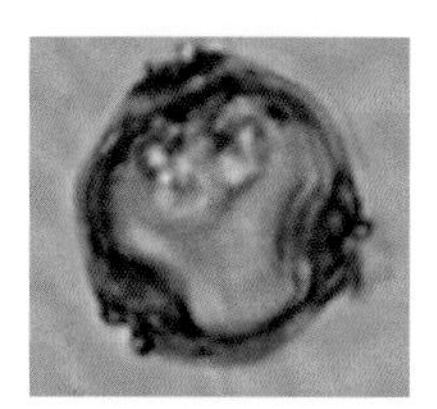

豆科Leguminosae

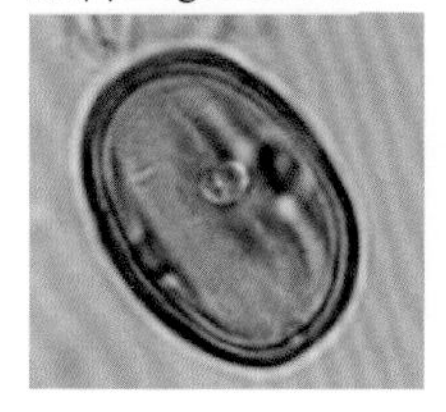
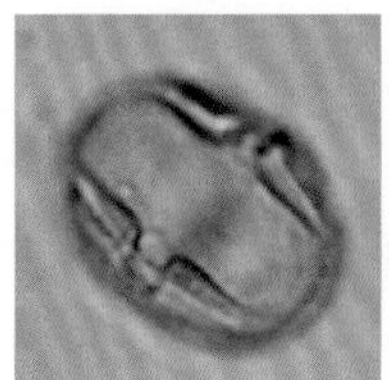
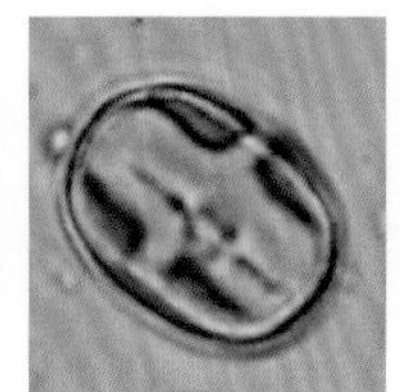
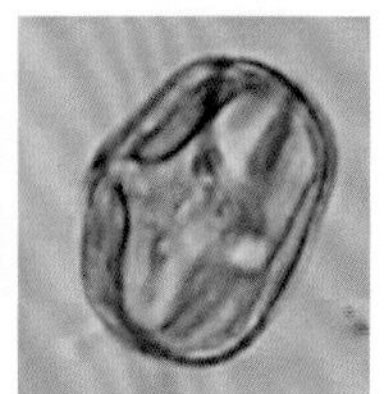
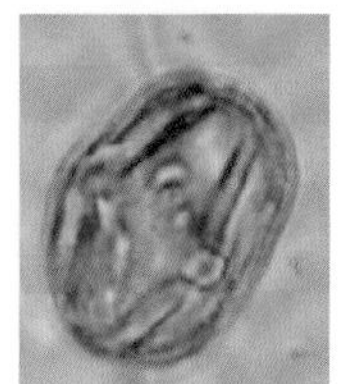

毛茛科Ranunculaceae

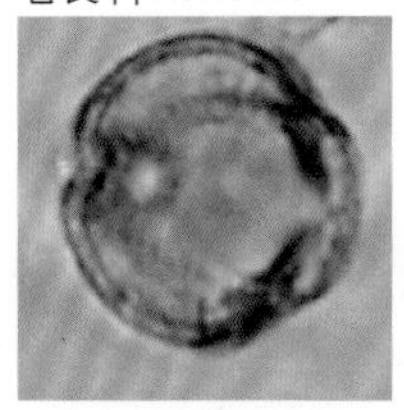
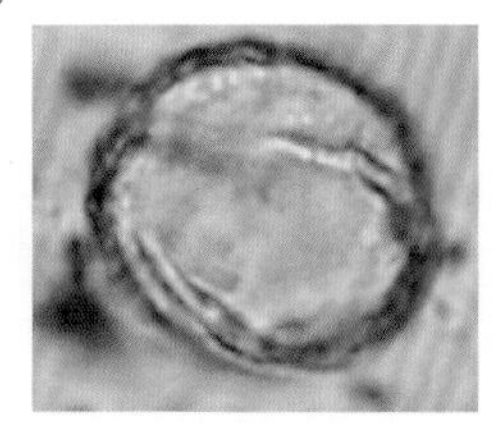
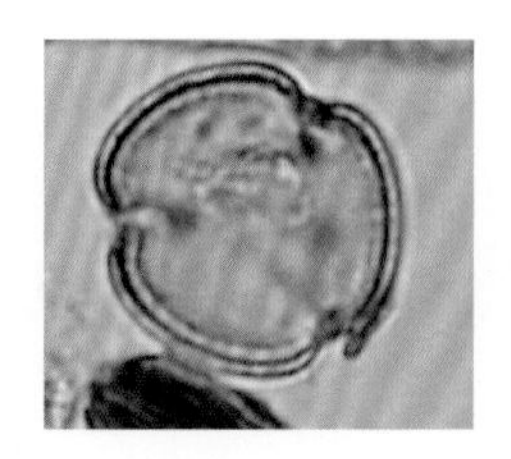
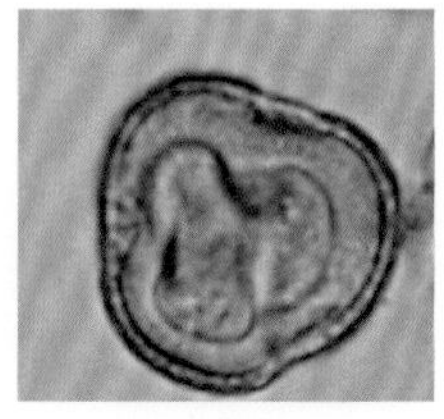

伞形科Umbellierae

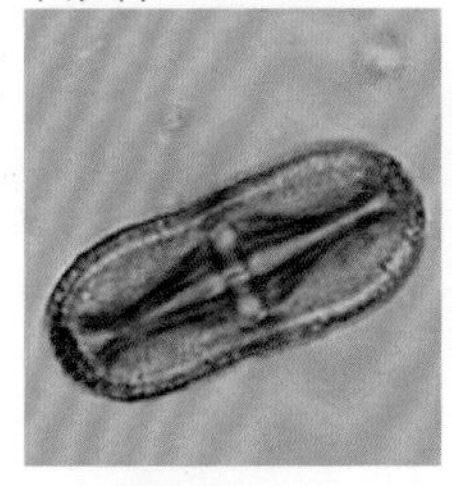
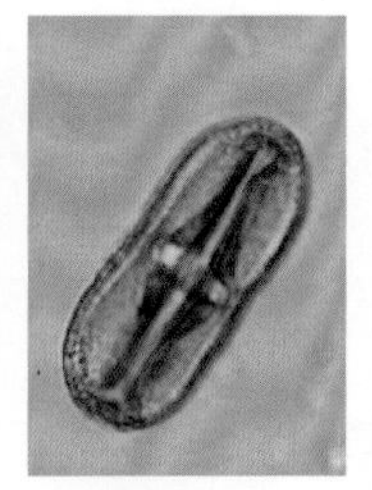
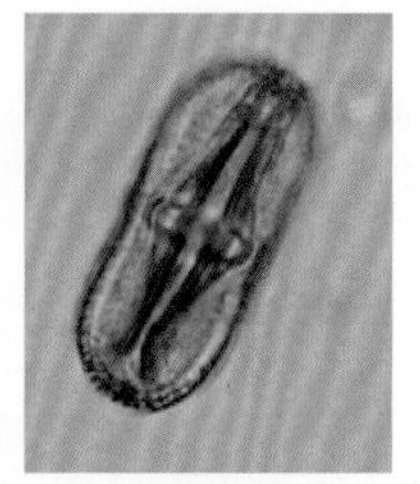

茄科Solanadeae

唇形科Labiatae

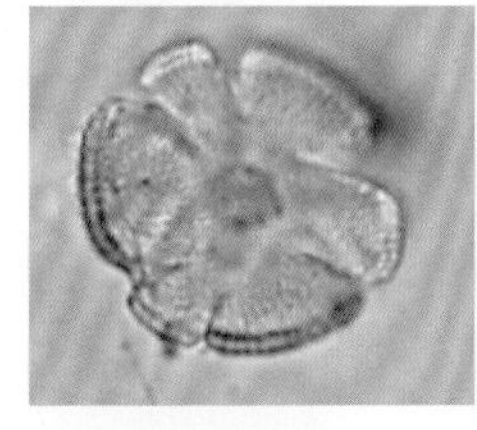
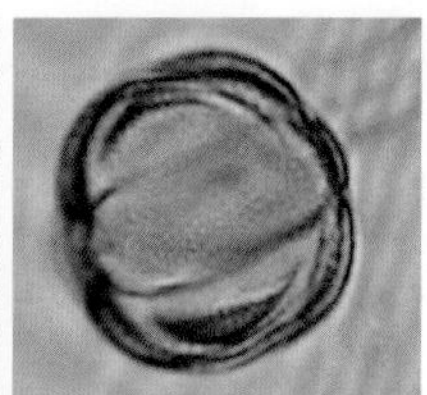

车前属*Plantago*

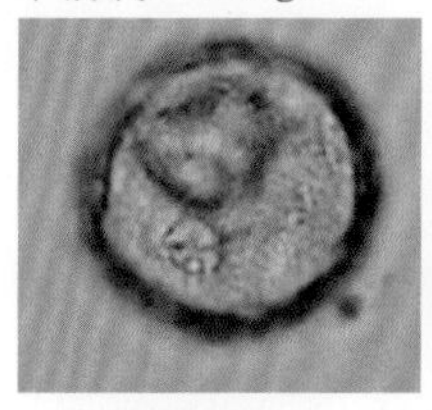
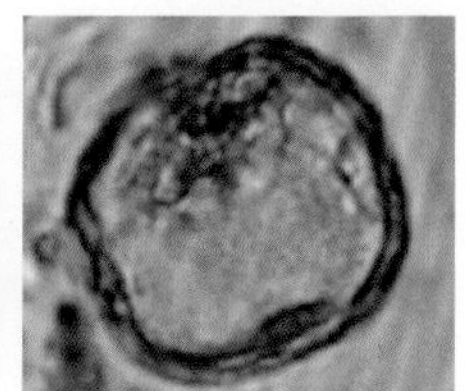

龙胆科Gentianaceae

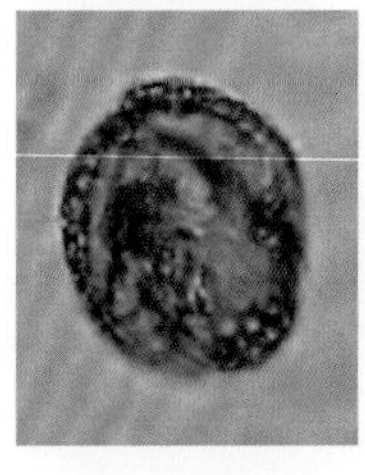
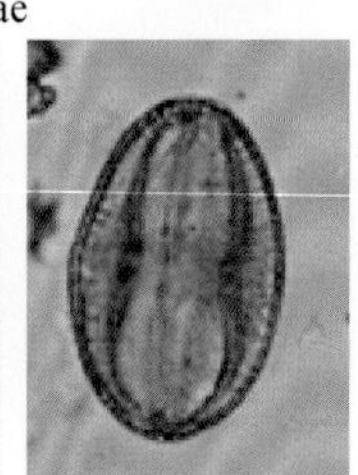
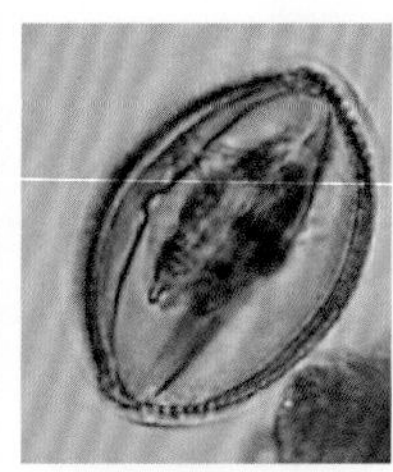
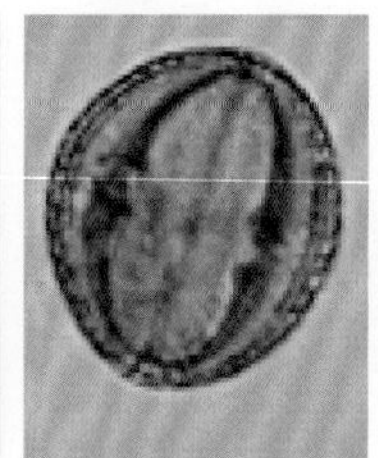
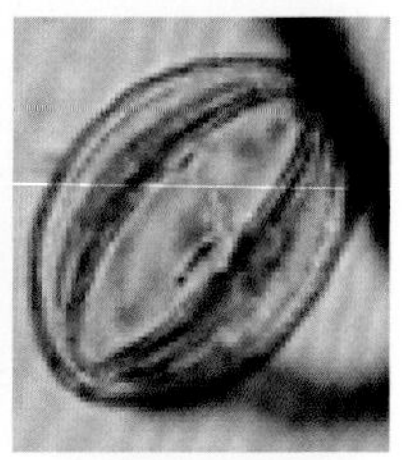

蓼科Polygonaceae

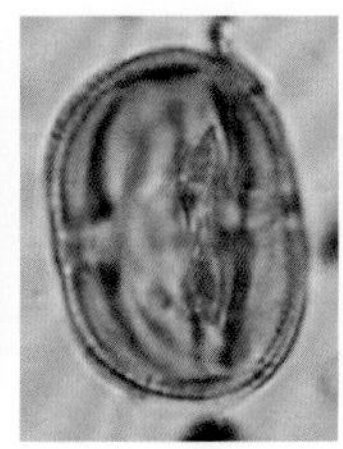
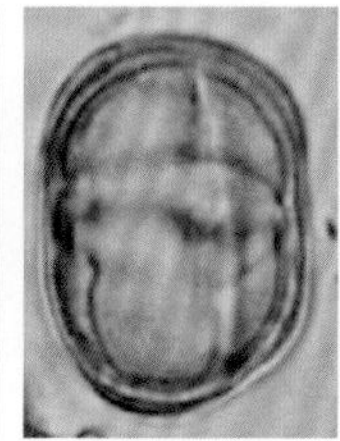
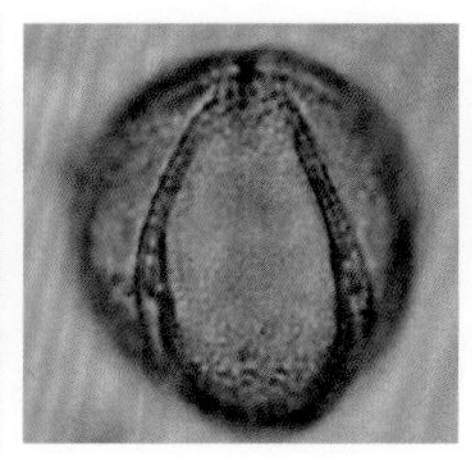

十字花科Cruciferae

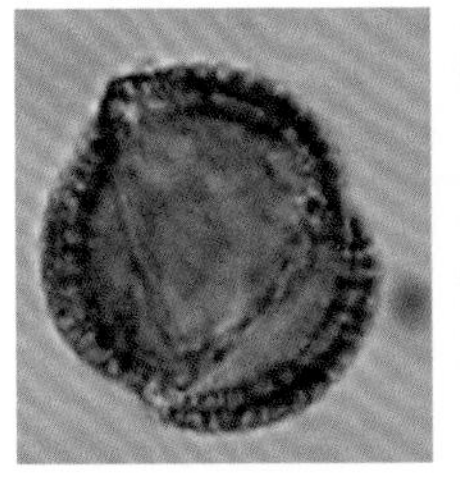
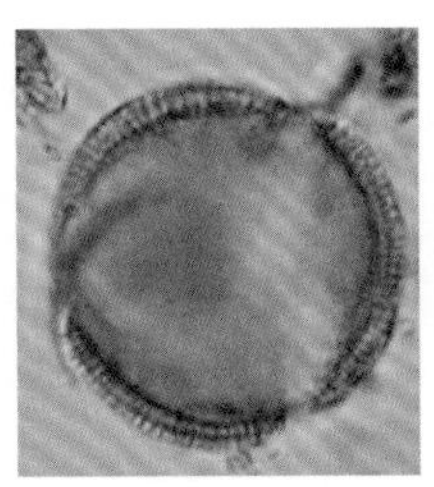
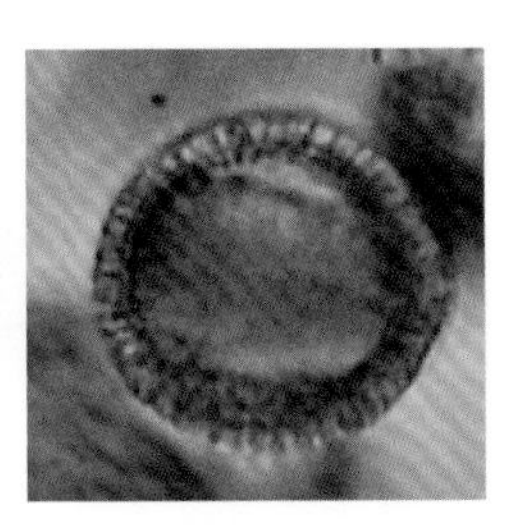

菟丝子*Cuscuta chinensis*

千屈菜科Lythraceae

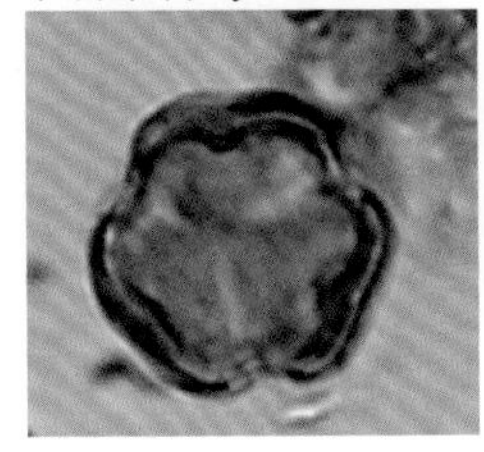
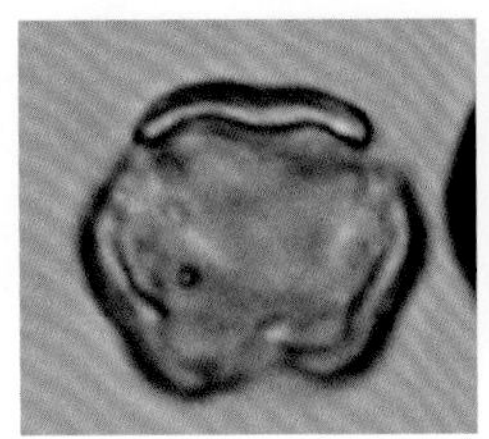
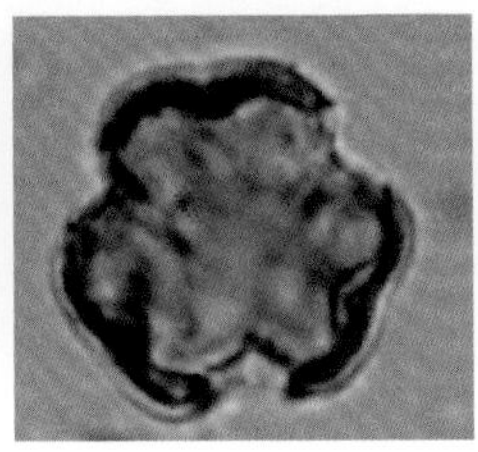
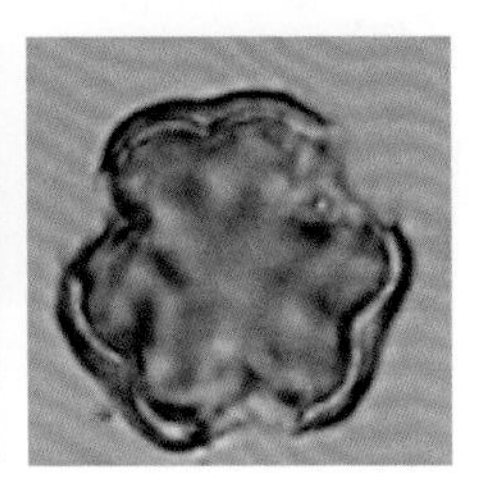

唐松草属*Thalictrum*

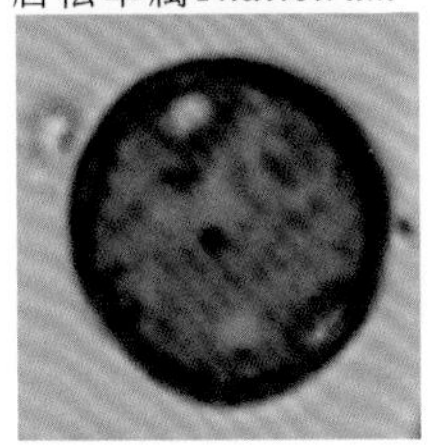
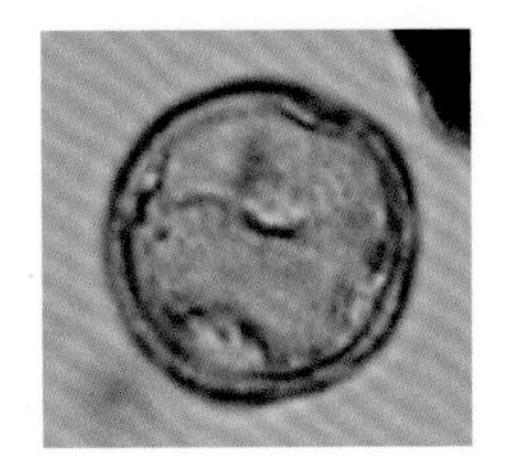
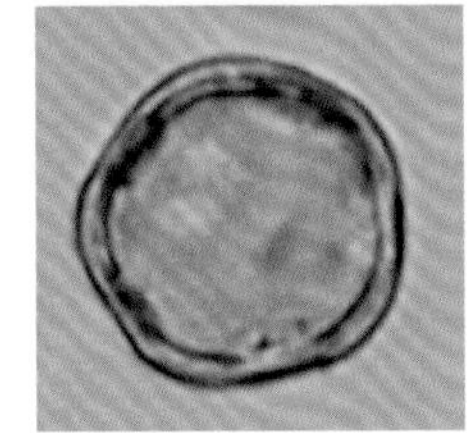
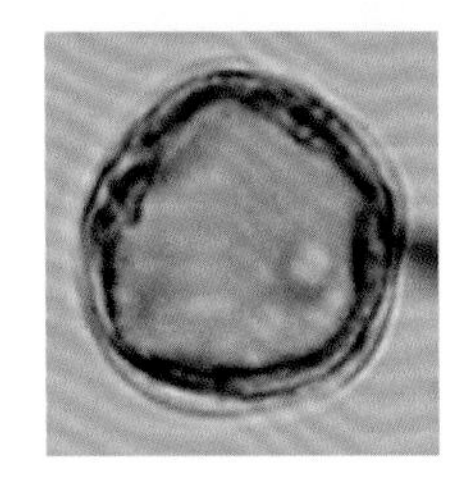

虎耳草科Saxifragaceae

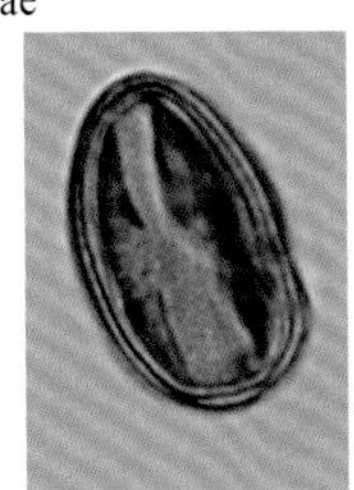
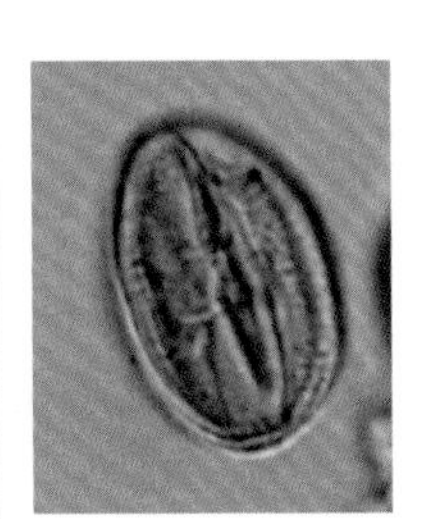

柳叶菜科Onagraceae

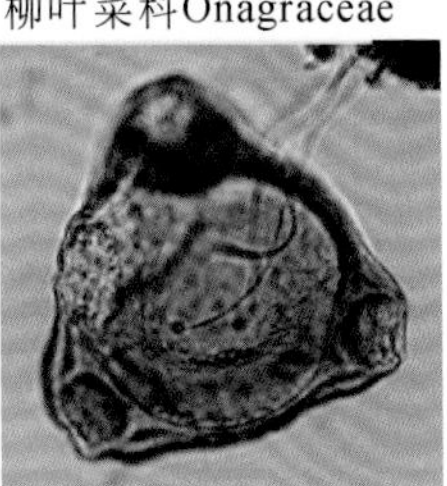

葎草属*Humulus*

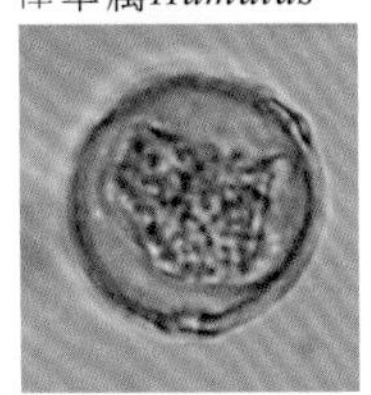
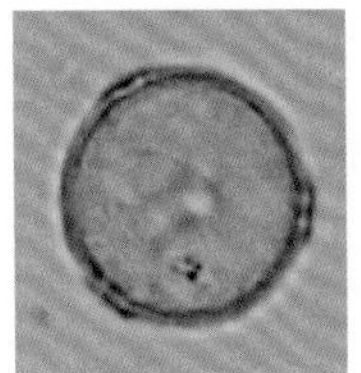
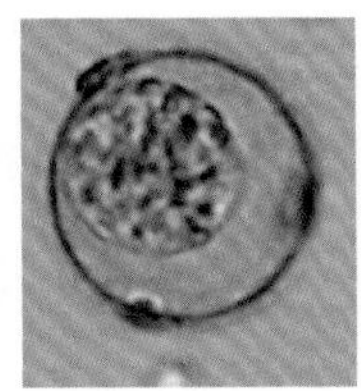
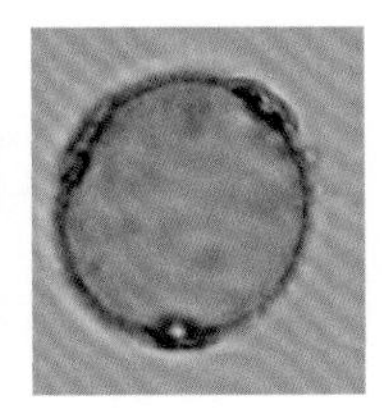
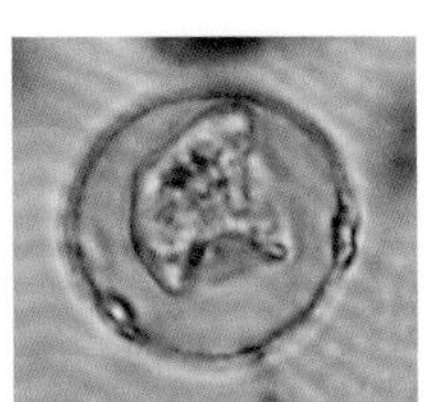

石竹科Caryophyllaceae

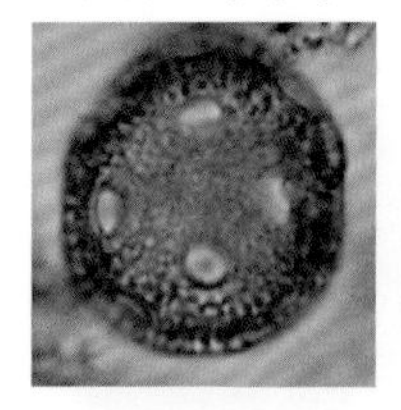 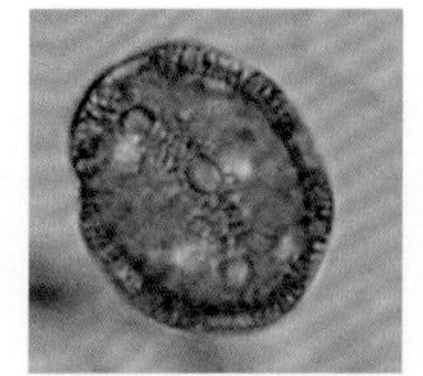 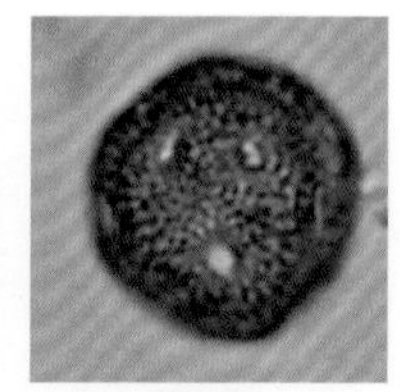 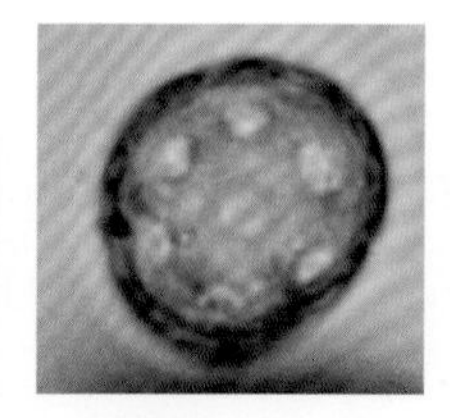 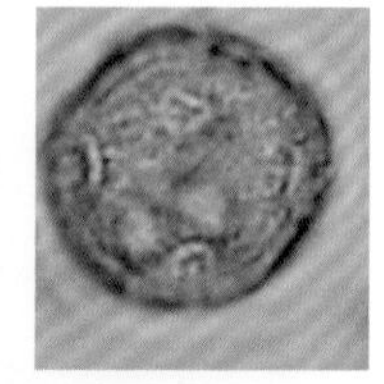

香蒲属*Typha*

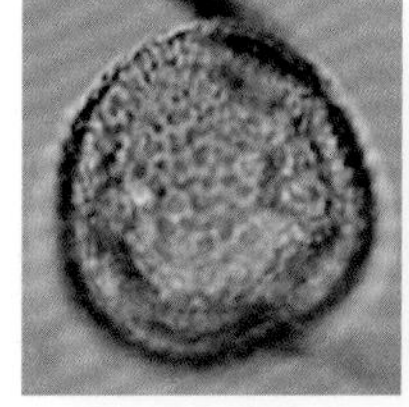 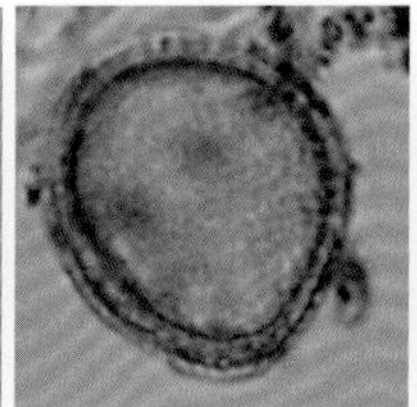 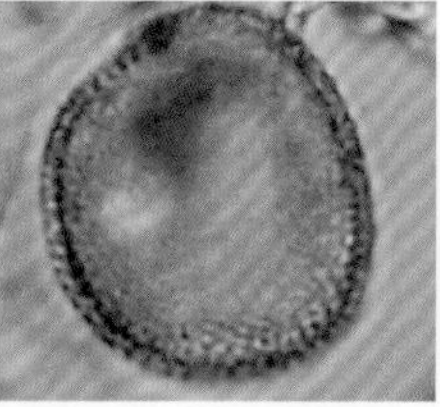 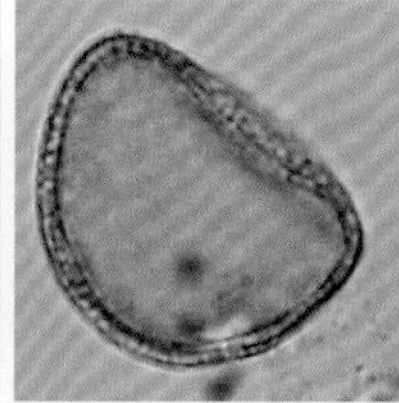 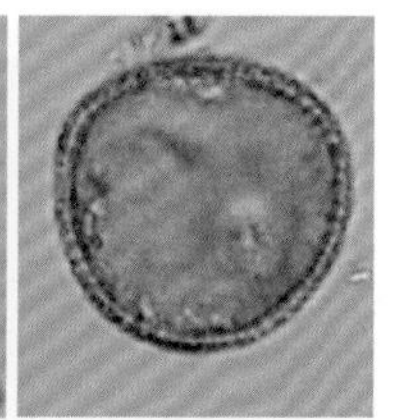

莎草科Cyperaceae

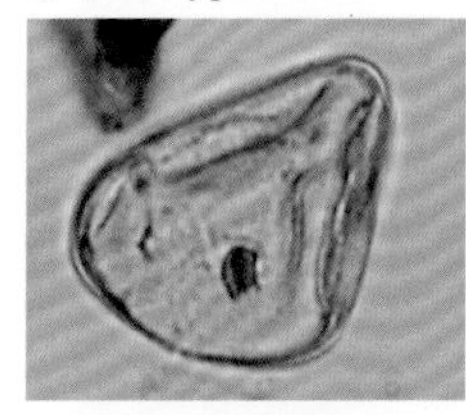 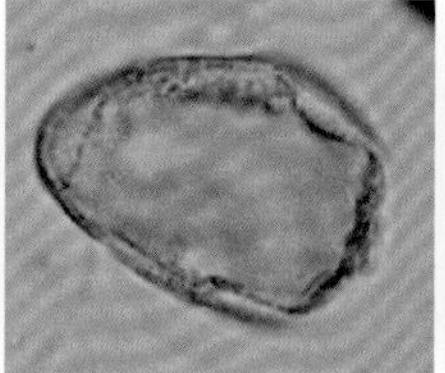 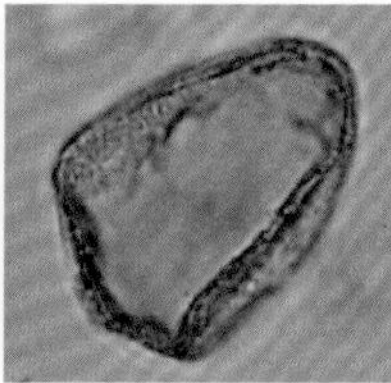 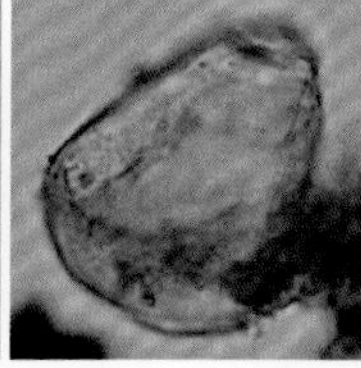 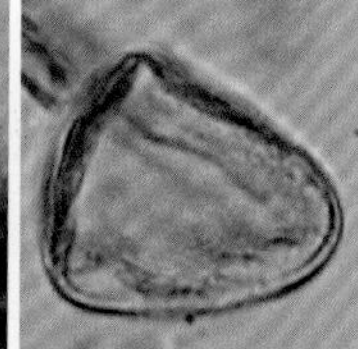

阴地蕨属*Botrychium*

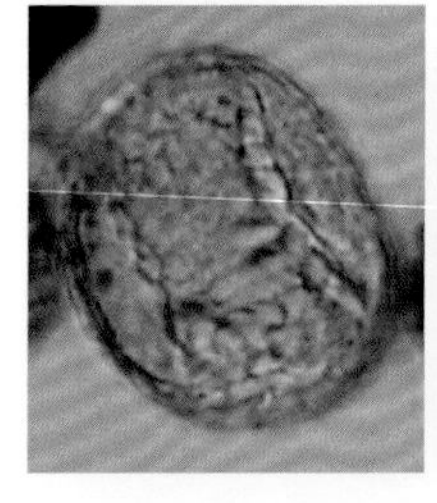 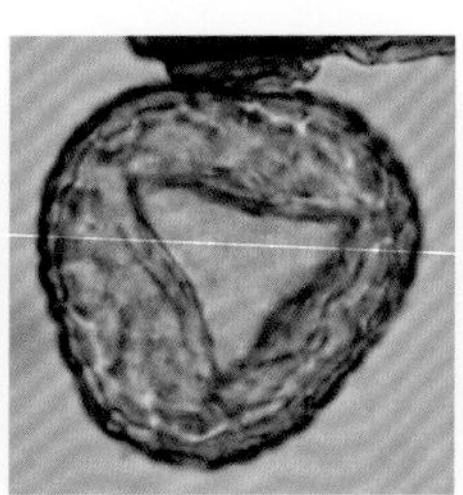 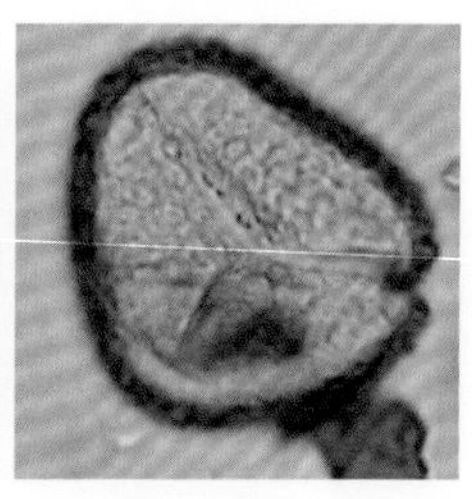

单缝孢*Monolete spores*

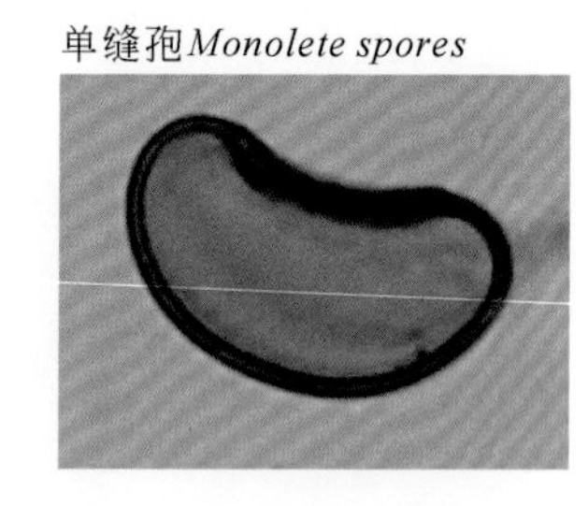

中华卷柏*Selaginella Sinensis*

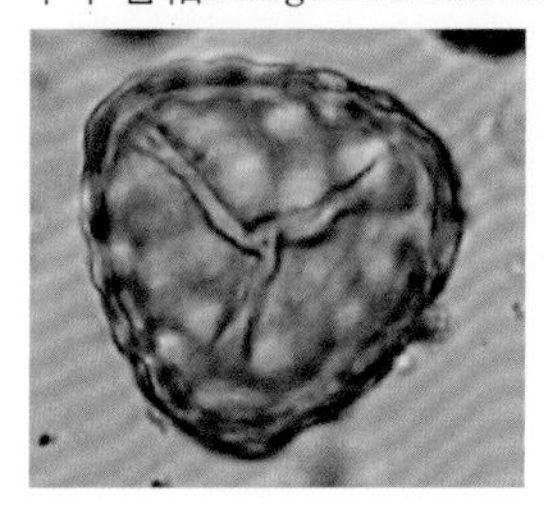 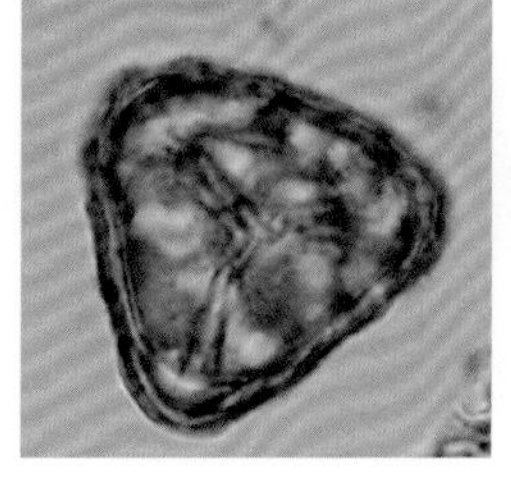 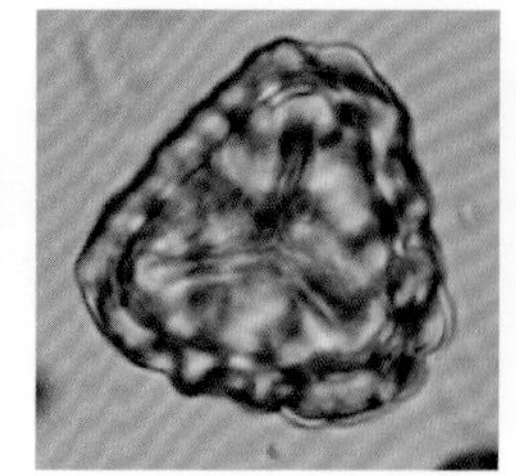 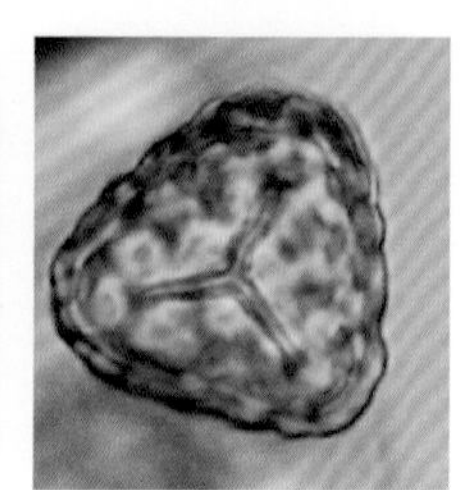

Abstract

With central Tianshan of Xinjiang as the research core, this book is mainly centered on modern, surface and sediment palynological studies of the northern and southern slopes of Tianshan Mountains and their terminal lakes. Based on the relationship between present vegetation and climatic factors such as temperature and precipitation, mathematical models for pollen and climate were developed. Together with AMS ^{14}C dating pollen data of higher time resolution from typical lakes, we quantitatively reconstructed the evolution of vegetation and climate since the middle Holocene in the study area. Using these pollen data, the transportation mechanism of pollen in the northern and southern slopes of the Middle Tianshan Mountains were further discussed, and the changes in vegetation diversity under the influence of climate and human activities were explained. The results not only enrich and supplement the research data about historical vegetation and climate changes in the study area, but also provide an important reference for promoting harmonious development of humans and nature and the protection of cultural relics in Xinjiang.

This book can be used as a reference for teachers, students and researchers in colleges and institutes from the Quaternary environment science, botany, ecology, climatology, sedimentology, geography, geomorphology, environmental change, and related disciplines.

感悟与后记

全球气候变化与局域环境的响应研究，业已成为当前环境与人类和谐发展研究的热点和难点，伴随全新世以来气温的升高，冰川及冻土的消融，海面与湖面变化及人类活动影响的逐步扩大，使人类的生存环境（大气、水、土壤和生物等）出现了显著的恶化，造成了经济发展与环境保护之间的矛盾日显突出。

新疆是“一带一路”和西部大开发重要省份，地广人稀，自然和人力资源的合理开发和利用是当地经济持续发展，生态和文化建设面临的重要课题。植被是环境研究的综合体，在环境逐步改变的情况下，局域植被的生物多样性呈现显著的下降，因此，植被变化研究成为气候变化影响下环境变化研究的主题。古植被与古气候的研究则是过去全球变化的重要内容之一，对具有序列测年支持并有多项理化指标佐证的剖面沉积物的孢粉学研究是恢复古植被、古气候的重要方法，无疑研究古植被首先要通过现代植物多样性与植被信息去建立植被与表土之间的对应关系，从而建立起孢粉与植被间关系的定量模型，再运用模型来定量重建与恢复古植被及古气候。采用“将今论古、将今预测未来”的研究模式，探讨区域与局域植被，气候与人类生存环境的演化及其趋势。

该项研究最早起始于 2000 年由中国科学院植物研究所马克平研究员和中国科学院新疆生态与地理研究所的潘伯荣研究员共同主持的中国科学院知识创新工程项目中所列的西部生态环境演变规律与水土资源可持续利用研究项目下设的干旱区生物多样性课题——“2000 年来新疆中部历史时期植物种类与植被动态古生物学研究”。其中的“10000 年来新疆中部历史时期植物孢粉学研究”的子课题，则是由中国科学院植物研究所孔昭宸研究员和中国科学院新疆生态与地理研究所的阎顺研究员共同负责。2002 年中国科学院植物研究所的倪健研究员又主持了国家自然科学基金重点项目——中国西部环境和生态科学研究计划中的“西部干旱区（新疆天山中段）植被演变研究”。值得提及的是，后续多项目得以持续顺利开展则得益于阎顺研究员含辛茹苦的多年协作，在此还要感谢河北师范大学的许清海教授和北京大学的刘耕年教授的野外选址和取样的技术指导。从 2003 年以来，由杨振京、张芸、毛礼米、冯晓华等青年科研团队又先后申请到多项基金项目，使其能在新疆中天山地区连续进行孢粉与植被变化研究。现已采集到新疆地区表土花粉样品 720 余个，空气花粉样品 400 余个，天山南北坡地层花粉样品 2000 余个，掌握了空气、表土和地层花粉采样方法，构建了表土、空气花粉和地层花粉数据库，现已在国内外具有重要影响的自然科学学术期刊上发表了诸多学术论文（见书后所列出版文章），并因此项目培养出博士后 2 名，博士生 7 名，硕士生 10 余名，这些丰硕成果为解释环境变化影响下的天山地区生物多样性变化研究积累了科学理论基础。尤其是对森林、草原和荒漠植被区的空气花粉的监测研究在该区开创了先例。

本书展现了天山地区植被历史演变及人类活动影响的丰富资料，是集老中青三代科研工作者，紧紧围绕新疆中部 5000 年以来的植被发展和人类活动影响的主题，进行了长达 16 年不间断研究所取得的初步科研成果。也许这些研究可为其他学科研究提供参考。值得提及的是，当本书著者们有意将散见在已刊或未刊的文章结集出版遇到经费困难时，得到中国地质科学院水文地质环境地质研究所提供的出版基金资助。遗憾的是，本书在资料梳理中，某些最新的研究成果未收录其中。由于编者水平的缺陷，再加上研究理论与方法的不断更新，导致本书存在许多不足。本书是集对新疆天山地区孢粉–气候–环境关系研究难得的科研总结，对科学出版社予以出版表示感谢，当然更对新疆地区的后续成果寄予厚望。寄希望中青年研究人员继续工作，争取得到更好、更满意的研究成果，奉献给可爱的国家和新疆人民。

自己庆幸的是，当投身到新疆中部全新世孢粉、植被与人类生存环境相关课题的研究，已正式退休，但基于参加了课题的制定，计划的执行，论文的修改，植被调研和孢粉辅导鉴定而过得十分充实。尤其更要感恩新疆地方政府，科研及学校，国家自然保护区，乃至边防部队及各族兄弟的热情帮助，否则研究将一事无成。因此祝福新疆在“一带一路”的经济、生态和文化建设中取得优异成绩。

孔昭宸 中国科学院植物研究所　研究员

2019年9月